本书受国家社科基金
后期资助项目资助

中国当代美学口述史

李世涛 戴阿宝 编著

中国当代美学口述史

中国社会科学出版社

图书在版编目（CIP）数据

中国当代美学口述史 / 李世涛, 戴阿宝编著 . —北京：中国社会科学出版社，2014.10（2017.5 重印）

ISBN 978 - 7 - 5161 - 4882 - 2

Ⅰ.①中… Ⅱ.①李…②戴… Ⅲ.①美学史—中国—现代 Ⅳ.①B83 - 092

中国版本图书馆 CIP 数据核字（2014）第 223779 号

出 版 人	赵剑英
责任编辑	王 茵
责任校对	韩天炜
责任印制	王 超
出　　版	中国社会科学出版社
社　　址	北京鼓楼西大街甲 158 号
邮　　编	100720
网　　址	http://www.csspw.cn
发 行 部	010 - 84083685
门 市 部	010 - 84029450
经　　销	新华书店及其他书店
印刷装订	北京君升印刷有限公司
版　　次	2014 年 10 月第 1 版
印　　次	2017 年 5 月第 2 次印刷
开　　本	710 × 1000　1/16
印　　张	25
插　　页	2
字　　数	449 千字
定　　价	75.00 元

凡购买中国社会科学出版社图书，如有质量问题请与本社营销中心联系调换
电话：010 - 84083683
版权所有　侵权必究

序

  我高兴地读了《中国当代美学口述史》，读后的第一个印象是：这是关于新中国美学成长过程的一部内容丰富的口述历史。由于接受访谈的学者大多是我熟识的美学界的前辈和多年的朋友，读他们的谈话感到特别亲切，就像过去当面聆听他们的高见一样。他们是这段历史的亲历者、见证人，感谢李世涛、戴阿宝两位对他们的采访给我们留下了一份关于中国当代美学成长发展的真实的记录。

  《口述史》给了我一些有益的启示，我以为这对开展我国美学研究和教学是有重要参考价值的。

  第一，要重视美学的学科建设。中国历史上有悠久的美学传统和发达的审美文化，从叶朗先生主编的《中国历代美学文库》，就可看到我国有多么丰富的美学思想资源。这是我们祖先创造的宝贵的文化遗产和精神财富。但是，毋庸讳言，美学作为一门独立的学科来说在我国产生较晚，而有关的学科建设则可以说基本上是在新中国建立后才着手进行的。《口述史》以翔实的材料描述了20世纪50—60年代美学大讨论和由国家组织全国美学力量编写美学教科书的经过，给予充分肯定的评价，认为是为美学这门学科"奠基"。这一看法是很恰当的。正是从那个时候起，对美学的一些基本问题开始进行较系统的研究，美学的某些分支学科逐步建立，美学的研究队伍逐渐形成，中外美学资料的收集和出版也为研究工作提供了方便，这种种"奠基"的工作确实为后来中国美学的发展做出了重大贡献。当然，美学学科建设的任务还没有完成，尚需继续努力。只有在理论上作了充分的探讨和准备，培养出一支强大的研究力量，积累了大量研究资料，建立起我们自己的有中国特色的美学理论体系，才能真正使中国当代美学发展壮大，成为社会主义精神文明建设必不可少的一门学科。

  第二，《口述史》告诉我们，美学的发展需要有良好的学术环境和宽松的学术气氛。事实证明，在我国，一门学科的建立和发展不仅有赖于学者们的努力探索和辛勤耕耘，而且在很大程度上取决于在这一学术领域内是否坚持和贯彻实施"双百方针"。回顾历史，自从中央提出"双百方针"后，有力地促进了科学和文化艺术事业的进步，但在贯彻落实的过程中也遇到不少阻力，出现一些问题，而到了"文化大革命"，"双百方针"被弃之如敝屣，科学文化艺术遭到了毁灭性的打击。这一沉痛的教训值得我们永远汲取。比较而言，在美学这一学科领域内，"双百方针"贯彻得较好。在学术问题上开展充分的自由讨论，畅所欲言，允许进行多方面的大胆探索，鼓励实事求是的科学研究，在此基础上形成不同的学术观点和学派，一时出现了美学的繁荣。经过"文化大革命"的浩劫，美学研究回复元气也是比较快的，而且得以大踏步前进，取得前所未有的成就，这首先应看作是十一届三中全会后实行改革开放政策、坚决贯彻"双百方针"的结果。

第三，从《口述史》可以看到，我国当代美学发展的一条基本经验就是坚持以马克思主义为指导，把马克思主义美学基本原理与中国实际紧密地相结合。这是中国当代美学的一大特点，也是一大优点。我国美学研究者虽然持有不同学术观点，但他们绝大多数都试图根据自己的理解运用马克思主义观点去解释美学问题，我想这是应该允许的。马克思主义为人们提供的不是对美学问题的现成的答案或教条，而是科学的研究方法，因此在美学领域内马克思主义并没有也不可能穷尽真理，而只是为探索和认识真理提供了科学的手段，开拓了通向真理的道路。要想真正建立一门马克思主义美学，光从经典著作中引章摘句是绝对完成不了任务的，需要付出大量辛勤的创造性劳动，开展深入的理论探讨，切实地认真研究历史与现实，需要有严谨的治学精神，具备深厚的学术积累，绝非一日之功。我们要牢记恩格斯的告诫："即使只是在一个单独的历史实例上发展唯物主义的观点，也是一项要求多年冷静钻研的科学工作，因为很明显，在这里只说空话是无济于事的，只有靠大量的、批判地审查过的、充分地掌握了的历史资料，才能解决这样的任务。"建立马克思主义美学，任重而道远，这是《口述史》读后的一点感想，希望与同志们共勉。

中华全国美学会会长
中国社会科学院原副院长
汝 信
2010 年 3 月

目　　录

第一部分　访谈部分

王朝闻先生访谈 …………………………………………（3）
马奇先生访谈 ……………………………………………（11）
杨辛先生访谈 ……………………………………………（23）
齐一先生访谈 ……………………………………………（38）
敏泽先生访谈 ……………………………………………（43）
周来祥先生访谈 …………………………………………（55）
李泽厚先生访谈 …………………………………………（68）
于民先生访谈 ……………………………………………（81）
刘宁先生访谈 ……………………………………………（89）
刘纲纪先生访谈 …………………………………………（107）
胡经之先生访谈 …………………………………………（129）
李范先生访谈 ……………………………………………（156）
聂振斌先生访谈 …………………………………………（176）
李醒尘先生访谈 …………………………………………（188）
杜书瀛先生访谈 …………………………………………（209）
毛崇杰先生访谈 …………………………………………（232）

第二部分 附录部分

一 关于中国美学史资料的通信(郭沫若、侯外庐等) ·············· (265)
二 朱光潜在纪念《延安文艺座谈会上的讲话》四十周年的
  发言 ··· (270)
三 庆祝朱光潜先生任教六十周年时周扬与朱光潜的通信
  (两封) ··· (273)
四 宗白华、朱光潜、马采复刘纲纪函(十三封) ·················· (275)
五 1980年代胡乔木与朱光潜的通信(两封) ····················· (284)
六 教育部委托全国高校美学研究会和北京师范大学哲学系联合举办
  全国高校美学教师进修班学员名单(1980.10.—1981.1.) ······ (285)
七 中华全国美学学会的机构设置 ································· (286)
八 中华全国美学学会的历届美学会议 ···························· (290)

本书图片(部分) ··· (291)

第三部分 主旨报告及口述资料分析

本课题主旨报告及口述资料分析(之一) ························ (311)
本课题主旨报告及口述资料分析(之二) ························ (348)
本课题主旨报告及口述资料分析(之三) ························ (365)
本课题主旨报告及口述资料分析(之四) ························ (377)
本课题主旨报告及口述资料分析(之五) ························ (384)

后记 ··· (391)

第一部分

访谈部分

王朝闻（1909—2004），原名王昭文，1909年生于四川合江，中国艺术研究院研究员，当代著名的美学家、雕塑家、文艺理论家、文艺评论家，曾任中华全国美学学会顾问、第二届中华全国美学学会会长、中国美术史学会副会长、中国美协副主席、中国艺术研究院副院长。主要美学著作有《审美谈》、《审美心态》、《新艺术创作论》、《一以当十》、《论凤姐》等；艺术作品有《刘胡兰烈士纪念集》、《民兵》、《毛泽东浮雕像》等；主编了《美学概论》、《中国民间美术全集》、《中国美术史》；长期担任《美术》月刊主编。他主编的《美学概论》奠定了新中国美学的学科基础，在美学界产生了广泛而深远的影响。

王朝闻先生访谈

时间：2001年11月
地点：红庙王先生寓所

为了向王朝闻先生请教有关新中国美学建设的一些问题，我们如约于2001年11月4日上午10时来到王先生的寓所。92岁高龄的王老仍然精神矍铄，思维敏捷，十分健谈，原定一个小时的采访延长到两个小时，王老仍然意犹未尽。我们担心影响王老的身体健康，在解老师的提示下，只好结束了采访。我们相信这个访谈会对关心和研究新中国美学的学者们有所帮助，同时也祝愿王老在新世纪里身体健康，有更多的学术成果问世。

采访者问（以下简称"问"）：王老，您当年主持编写的《美学概论》是新中国成立后的第一部美学概论，在中国美学界有着巨大的影响，对普及美学知识、造就美学人才都起到了很大的作用。《美学概论》的编写与当时的政治、文化和学术无疑有着密切的联系，您能否谈谈《美学概论》的编写情况，尤其是，当时为什么选您做新中国第一部美学教科书的主编？

王朝闻（以下简称"王"）：我接受编写《美学概论》的过程是这样的，在一次好多人参加的会议上，突然听说周扬要张光年、王朝闻主持高教部的美学教材的编写工作，最初让张光年当主编，让我当副主编。张光年当众推掉了，周扬就让我来当这个主编，并鼓励我说："要钱给钱，要人给人，你可以按需要从全国调人。"在我开始主持工作并调人之前，已经有几位来自北京大学、中国人民大学、中国科学院社会科学学部哲学所的师生开始做这一工作了。我于是又从《红旗》杂志、中国科学院社会科学学部哲学所、文化部、中央美术学院、北京师范大学、《美术》月刊、武汉大学、山东大学、兰州师院调来几位美学研究者。当时全国搞美学的人很少,我知道的更少。我知道上海有一个叫姚文元的人也在从事美学研究,但我没有点名调他,因为当时就感觉他不是真做学问的人,喜好打棍子。到了"文革",这件事成了我的一条罪状。造反派审问我:"为什么调来的人里没有姚文元?"姚文元是当时的中央领导人,我没敢如实回答。大概他们也怕我如实回答对"首长"不利,审斗只好草草收场了。当时我主持编写这部《美学概论》,觉得最难解决的是"美的本质"这一问题,当年报刊上对这一问题一直争论不休。我从未认真研究过这一问题。究竟什么是美的本质?众说纷纭。因此,在教材的编写过程中,我自己仍从具体的审美活动出发,讲出自己的比较深入的审美感受。当然,作为美学教材,美的本质问题是无法回避的。我采取的方式是集思广益,开学术讨论会时,我有意让大家充分发表意见,相互争鸣,最后达到求同存异的目的。为了让当时的大学生能更好地学习美学,也检验一下这部美学教材的效果,我鼓动大家到各校试讲。

问:您刚才说您的美学兴趣在具体的审美活动方面,那您当时在主持编写《美学概论》之外是如何从事自己感兴趣的美学问题的研究的?又是如何把您自己的兴趣与编写美学教材结合起来的呢?

王:我自己当时想从审美关系的角度写一本《观众学》,已经有一盒有关心得的资料卡片。当时许多地方请我去讲美学,在北京大学、清华大学、中央党校高级理论研讨班和部队艺术院校,我都讲过。记得在北大中文系的一次讲演,从早到晚,我讲了整整一天。除了晚上一些老先生没有到场外,大家都很有兴趣。清华大学学生会约我去讲演,教室的讲台上也坐满了听众,时间不短,没有"抽签"(退场)现象。我在讲演时,非常注意课上课下听众的反应,自己受益不浅。据说,清华大学的听众中有一位女同学看过七遍《红楼梦》,仅凭这一信息就加强了我对审美关系研究的自信。教材编撰不如讲演这么自由。尽管我在编写组始终引导他们关注观众学,研究审美关系,但教材的编写还是要从众。后来经过大家讨论,同意把美的本质写入第一章,第二章写美感,第三章是艺术创作,第四章是艺术欣赏。我自知缺乏系统化能力,关于教材的基本结构只好认可大家的意见。若干年后,我才越发感到,美学教材的顺序应该是先讲艺术创作、艺术欣赏、美感,最后讲美的本质问题。"文革"之后正式出版的《美学概论》是经过刘纲纪、曹景元、刘宁三位同志和我一起修订的,但我仍感不够理想。我也知道，要再集中人力和物力重新编撰一部美学概论是不可能了。我只得口头建议，讲美学课要先从自然美、社会美和艺术欣赏讲起，这样比先讲美的本质好。先教美的本质，教师难以讲得清楚，学生也不易听懂。现在想来，我儿童时代就感受到了自然的美感，可在编撰美学教材时反而把自然美忽略了。倘若对自然美的理解深入一些，是否对理解美的本质更接近一些呢？我同意朱光潜的说法，人们对自然物的感受，有功利目的旺盛与不旺盛的差别。但我觉得，即使人们并不看重自然物的实用价值，也会因审美趣味的不同而在审美感受的选择或判断上产生矛盾。关于自然的美，我倾向于认为它是对人而存在着的审美对象，即自然的人化或人的对象化。譬如，三峡的神女峰，大家都认为它是美的，这与宋玉的《高唐赋》很有关系。但当地的老百姓认为它是秀才看榜。面对这样的矛盾和难题，不可采取表决方式来解决。你说到底是大家说的对，还是当地老百姓说的对？但有一点可以肯定：神女峰绝对不是钦定了的天下老大。当地农民那种秀才看榜（考试的榜文）的说法，带有幽默调侃意味。四川农民很调皮，有一出剧叫《秀才过沟》，表达了他们对知识分子教条主义的不满与讽刺。后来，人民出版社《美学概论》的责编田士章同志约我编撰一本通俗易懂的美学著作，我接受之后撰写了《审美谈》一书，着重讲了艺术美、自然美、社会美与美感，以及它们之间的关系。

问：作为主编，您不仅在 20 世纪 60 年代主持编撰了《美学概论》，在 20 世纪 90 年代，您还主持编写了在美学界和美术史界影响较大的《中国美术史》。请您再简要地谈一下《中国美术史》的编写情况，以及它们之间的联系。

王：可以这么说，《中国美术史》的编写基本体现了我的美学观。我对美术现象的历史研究，简要地说，是把"成教化，助人伦"这一功利目的与审美需要结合起来，再以审美关系为基本线索加以贯穿。《中国美术史》着重强调了论从史出的原则，强调了从感性到理性、从具象到抽象，不能盲从某些既成的学术观点，也不能先有结论然后再作具体分析，所有的结论都应该来自具体的，甚至来自亲身经历的直接经验，顶多把别人的间接经验当做研究对象而不能照搬。研究中国美术史，与编写《美学概论》一样，都没有现成饭式的研究资料。60 年代，《美学概论》编写组探讨美与美感等问题，不只搜集资料，也整理资料。在我看来，资料的收集和整理也是研究工作，这种经过收集和整理的资料也是一种研究成果。"文革"之后，过去只做资料工作而未能参与撰写篇章的同志，大都能够独立作战，教授美学和出版专著，这与当年收集和整理资料是密切相关的。中国美术史上虽已有不少现成的画册、画论著作可做资料，但我们仍然没有忽视资料的搜集和整理。《原始卷》的许多素陶和彩陶照片，都是（美术）所派专人去拍摄的。美术史研究的直接对象，是各个时代的创作实践与理论成果，以及产生它们的政治、文化和自然背景，但相关的美学理论，关于艺术美、自然美和社会美等的观念，关于戏曲等其他艺术门类的艺术实践，也都与美术有着不可忽视的联系，在《中国美术史》的编写中都需要兼顾，进行必要的研究。

《美学概论》和《中国美术史》从某种意义上说是一个有机的整体，从理论到实践，从实践再回到理论。我特别想说的是，（美术）所外中央美院的薛永年、李松涛、杜哲森在《中国美术史》的编写中作用不小，因为他们赞成我提出的编撰思想和学风。当然我的一些研究生也有他们自己的作用。

问：您原来主要是搞美术，搞雕塑，后来却转向了美学和艺术理论研究，能否谈谈这一转变的原因？能否大致讲一下您从事理论研究的情况？

王：50年代，我从雕塑转到美学和美术理论的研究，之所以开始重视理论研究，也是为了提高我的雕塑水平。我有一个观点，不要把各种专业的特殊性绝对化，为此还受过不务正业的批评。其实我的研究范围一直也是不限于美术的。30年代初，我就用心读过《罗丹美术论》、《近代美术史潮论》等理论书。后来，为了避免美术创作的盲目性，我采取双管齐下的方法，一面学雕塑，一面自学理论。到延安以后，我在华北大学教书，曾教过创作方法课。1948年进入北平在中央美院任教，我教的也是创作方法课，并开始发表理论方面的短论。我当时主要是反对艺术创作的公式化而强调艺术的特性，因此，我多次受到批评。1959年，我被当成严重的右倾对象开会受过批判。当然在"文革"之前，我的写作也有错误。比如受命错误地批判过江丰等同志，在称赞农民诗和农民画的文章中也宣传了浮夸风，但我对这些民间艺术的赞赏，出发点在于强调它们所表现出来的艺术性。我的著作并不都是知无不言的。我读恩格斯的《致敏·考茨基》，当时感到其中的一个重要的论点——倾向"不应特别把它指点出来"——非常切合我所理解的审美关系，但写文章时却不敢着重论述这段话。《一以当十》一书就有挨批的遭遇，如果不是当时的中宣部副部长周扬接受我的申诉，提出要查核原书，恐怕我在60年代就被戴上了修正主义帽子，不能再工作了。"文革"后，上海文艺出版社委托刘纲纪选编我的三卷本的论文集,我觉得没什么必须丢掉的观点。我现在比较关心的仍是艺术与审美的关系,其核心实质上是如何更好地认识艺术,关于艺术必须适应和提高群众的审美趣味与审美理想,与低级趣味做斗争,这是30年代和40年代所继承下来的正确审美观。审美个性是非常重要的,但不能说审美个性一定就是正确的。有些作品专门迎合群众的低级趣味,这样的倾向和群众观点是对立的,对它们要学习民兵(王老用手指着桌子上摆放着的民兵雕像)那种高度警惕的精神,这一点在中国古典哲学和美学里有不少真知灼见。我经常记一些有关的感想。"文革"后,我在教育部组织的美学讲习班上给大学美学教师讲述我的美学观点,当时主要是讲审美中的共鸣现象,由彭立勋同志记录和整理发表于报刊上,后来我将此讲演又辑入了我的文集,把题目改为《知音》。审美感受既有个性,也有共性。

问:您做人和做学问的基本态度是什么?您如何看待学术研究与学术创新?

王:我一向尊重别人,对别人的善意批评总是虚心接受的。记得1942年在延安为中央党校大礼堂所做毛泽东侧面浮雕,当时由于尚未按设计安置好,看上去头部显得向上仰着,在场的学员抗议道:"我们的主席不是这个样子的!"当雕塑安正时,他们才和解地说:"这还差不多!""文革"之后,我在广东修订《论凤姐》,百花文艺出版社的一位年轻责编对我说,其中一小节的论证显得肤浅。我很欣赏他的直爽,立即重新写出这一小节,直到他表示同意为止。但我从不与那些动机不纯的言论妥协,有人批评我搞理论是不务正业,我不予理睬。因为即使是为了掌握美术的特性,也不能不了解自然美、社会美和戏曲,不能不重视从具体到抽象、从感性到理性的原则,不能不重视偶然性与必然性之间的联系。如今,我已经没有精力和他们纠缠了,只好等待旁观者做出是与非的辨别。现在的学术界,有人今天这样说、明天那样说,这是不行的。吉林大学有位研究老子卓有成效的教授张松如,和我同样是从延安鲁艺出来的,东北师范大学有一位研究历史的杨公骥先生,是我游长白山后交的朋友,他们的学风正派。研究者要端正工作态度,要有正派的学风,这非常重要。要坚持正确的学术态度和实事求是的学风。做人如果没有独立性,对是非缺乏严肃的态度,就是对文化事业和人民事业不负责任。现在的研究工作有没有精神污染?实际上是既有打肿脸充胖子的现象,也有顺手牵羊、把别人的成果拿来当成自己的成果的现象。现在有些人袭用许多外国名词来唬人,自己并不清楚,外国的东西哪些是精华、哪些是糟粕,认为外国新出现的作品和观点就是好的，这是形式主义和教条主义，这不是正派的学风。

人生有涯，知识无涯。过去，我认为只有人类才能创造工具，现在看来，猿猴、大猩猩有时简直和人一样有智慧。生物学对自然界的认识是否就达到顶点了呢？我看不见得。学术研究的对象的深度是无限的，但知识总有一定的局限性。我们的学术研究不得不受到一定条件的限制，要想驾驭宏观世界谈何容易！《孙子兵法》说："知己知彼，百战不殆"，知彼难，知己也不容易，需要不断完善。新中国成立以来，我们对敌伪占领区的艺术现象还有待于鉴别，有些作品和当时的政治背景的关系还有争议。当时的社会条件、当时的政治环境所起的作用到底是积极的还是消极的，不可轻易地加以肯定或否定。研究工作的困难还表现在研究者自身的矛盾。我不轻易地否定偏爱，但我努力防止与偏爱相关的偏见。当某些观点尚欠稳妥时，不要先入为主，形成背离客观规律的倾向性，那就不好了。

问：您的理论研究与您的即兴写作有没有不相适应的时候？此外，您认为您的代表作有哪些？您如何看待您的美学研究成果及其在中国当代美学界中的地位？

王：我认为即兴写作与理论研究有相矛盾的地方，这也难以避免。不过，即兴写作也不可信口开河，而应以一定的实际资料为依据。资料是我们研究的对象，要全面地掌握它们。当实际资料不够时，必须利用条件发现新的研究资料。资料有不确定性，要考证其真伪。只有这样做到心中有数，才可能有真正意义上的即兴写作。《审美的敏感》和《不到顶点》最能代表我的即兴风格。

我学术著作比较重要的有：《新艺术创作论》、《一以当十》、《论凤姐》、《审美谈》、《审美心态》以及《雕塑的雕塑》。《论凤姐》中有一些新的、可取的观点。写作背景是这样的：我从 1973 年开始写《论凤姐》，当时毛主席倡导要多读《红楼梦》。批林批孔时，在"抗震"棚中，我一直没有间断过对《红楼梦》的研究。老朋友张凡夫出于好心，劝我不要写，担心我受到牵连，我却是伤疤未好又忘了痛。我有专章论述贾母喜欢凤姐，凤姐利用这一点为所欲为。那时倘若真有人搜查我的稿件，一定会说这一章是影射，我当时虽然没有那样的意图，但也会有口难辩。在《论凤姐》的第二版里，我新写了一章，借薛蟠批评唯心主义和形而上学的学风。现在看来，在许多事情中，偶然性中有必然性。我当时确实没有影射现实的意图，但对当时的现实也确实有反感。在写作中，我体会到了矛盾的魅力，矛盾是事物发展的客观规律，矛盾越接近高潮就越有戏剧性。后来读了朱光潜翻译的《拉奥孔》，才发现我和莱辛的论述有共同点。人生和感悟的对象本身都是变化着的，主要看自己对它们是否有所体悟。感性、理性都是反映，要的是有所发现。

至于说到我的理论研究成果，其实大部分是散兵游勇，我写过两本专著，一本是《审美谈》，一本是《审美心态》，价值怎样，只有留待后人评价了。我从不自己吹自己，那是很糟糕的。别人对我的评价已经出了六本书，我个人不想猜测。值得聊以自慰的是，我对客体美丑的感受，尚未因身体的衰弱而衰弱。近期准备搬家，在清理书籍时，随手翻看了金圣叹评改的《水浒》，觉得第三回鲁达在五台山剃度为僧，他舍不得剃掉代表男子汉的胡须，央求说："留下些儿还洒家也好！"金圣叹批的是，从来名士多爱须髯，鲁达也名士风流。我的感受不同：不得不出家的鲁达这话虽属无济于事的废话，却是他那不幸的处境与天性的流露，众人笑他说话的傻劲，我觉得他的话属于含泪的滑稽。你们再来看看这块石头（王老书房茶几上摆放的一块天然石头），这是刘纲纪80年代从黑龙江拣到后送给我的，它的背面显得空阔。如果把它和我在1948年创作的民兵塑像的背部比较一下，就可以看到这块石头与民兵塑像有共同性：二者都显出似在抗争着而有一种潜在的力度。石头是无所谓创造性的，属于自然物，而民兵塑像却是意识形态的产物。几十年后我才发现这块石头和我的创作有共同性，石头和民兵塑像有共同美，都以其富有张力的形状表现出抗争精神。

问：在您的学术生涯中，一定和许多美学家有过接触和交往，最后想请您谈一谈他们给您留下的印象。

王：在与其他美学家的交往中，我对朱光潜先生的印象较深。我曾对他说过：你始终坚持自己的研究工作，真有"春蚕到死丝方尽"的意味，他欣赏我对他的肯定。我对复旦大学教授郭绍虞先生的印象也很好，和他同在天津参加《文学概论》书稿的讨论，会下请他作点考证，他认真帮我查核。在党校，我向主编《中国哲学史》的任继愈先生提出有关《论语》的细小问题，他作了认真的回答。这都是值得记忆的经历。我虽见过宗白华先生，但平日没有接触，他对中国美学史资料的编选起过很好的作用。还值得一提的是周扬。周扬翻译过《生活与美学》，编选过《马克思主义与文艺》，主张美学要研究具体问题。周扬重视理论人才，对朱光潜先生很尊重。60年代，毛主席要在文艺界搞整风，我觉得周扬的处境很尴尬。1965年，江青、林彪召集部队文艺工作者炮制出了一个文艺纪要，说文艺界是黑线专政。周扬不久就被打倒了。当然，当时挨整的何止周扬一个人。

定稿于 2002 年 4 月

马奇（1922—2003），河南焦作人，中国人民大学哲学系教授，曾任中华全国美学学会副会长、中国人民大学哲学系美学教研室主任，主要从事美学、艺术理论研究。"文革"前，他是《美学概论》编写组的负责人之一，还参加了周谷城美学思想批判等多次文化批判活动。主要著作有《艺术哲学论稿》、《普列汉诺夫美学思想述评》等，主编了《西方美学资料选辑》（上下卷）。

马奇先生访谈

时间：2002年11月
地点：张自忠路马先生寓所

为了向马奇先生请教新中国成立后中国美学学术讨论的情况，我们于2002年11月27日下午来到了张自忠路马先生的寓所，80岁高龄的马先生仍然思维敏捷、谈吐清晰，他逐一回答了我们提出的问题。之后，他又对我们整理的稿子作了四次之多的修改，并且多半是在病榻上进行的，他的真诚和认真都令人感动。

采访者问（以下简称"问"）：马先生，首先想请您谈谈您是如何走上美学研究道路的。

马奇（以下简称"马"）：1956年春，在党的"向科学进军"的号召下，我到了中国人民大学哲学系。系上给我的任务是准备开设美学、伦理学、无神论三个"专门化"的课程。哲学系新成立，刚招入一年级学生，这三门课是四年级的课程。我还有三年多的时间来备课，这一下可该关起门来，好好读些书了。没料到，1957年又来了运动，硬让我当个系里的"三把手"，读书便成了副业。只好尽量利用些散碎时间再挤些休息时间读书作文。一边继续写些思想修养和共产主义道德问题的通信，一边读些国内和苏联的美学讨论文章以及美学名著。1960年《共产主义道德通信》出版后，才把运动之余的时间完全用于美学，开始思考些美学问题，逐步形成自己对某些问题的看法。

问：这么说您是在60年代初期就开始关注和参与这次美学讨论的，您是从那个时代走过来的学者，您可能会对当时美学讨论的背景有一些了解和感受。作为美学讨论的直接参与者和见证人，能否谈谈您所知道的美学讨论的情况和与此有关的背景？

马：提起五六十年代的美学讨论，人们很容易得出两个印象。一个是，那些年的讨论，就只是讨论了美的本质问题；一个是，那些年的美学讨论挺热闹，有批评，有反批评，你来我往，真有百家争鸣、学术自由的样子。不像有的学科（比如社会学），不由分说扣个伪科学的帽子，一棍子就闷死了。

前一个问题，我在后面再说，除了美的本质问题外还有别的问题要说说。这里先说后一个问题。

1956 年，确实有一个很短的时间实行过"百家争鸣"的方针。大概是由于社会主义改造的胜利，上边提出个阶级斗争基本结束的说法。因此，学术界也可以自由些了。允许大学开设唯心主义课程，不加批判、客观介绍也可以。北大郑昕先生开了康德哲学讲座，人大马列主义研究班请郑昕先生来讲，还请贺麟先生来讲黑格尔的《精神现象学》（我曾随堂听课，讲得很好，真的讲清楚了，我也听懂了）。真的把唯心主义解禁了。记得还听有的领导说，要相信群众有辨别是非的能力，不必怕唯心主义。

要跟以前相比，真可以说是哲学社会科学的大解放。不用详细回顾以前历次学术批判，只说说批判《武训传》和批判胡风这一头一尾就足以从反面证明百家争鸣深受欢迎的原因了。

1950 年，电影《武训传》上演后，一边发表了很多批判文章，一边批斗电影的编、导、演职人员，小人书《武训传》的作画者，编辑出版人员也同等待遇。罪名是宣传历史唯心主义，宣传社会改良主义。后来江青（当时署名李进）还专门组织个调查组去山东调查，说那个打着兴办义学的乞丐后来成了个不小的地主老财。还拿与武训同时的有个革命造反的"黑旗军"首领宋景诗加以对比，更加揭示出武训的反动本质（江青当时顾不得批判宋景诗打起黑旗——没有扛红旗造反的严重的政治错误），还指示电影厂专门拍一部《宋景诗》来宣传革命精神。只此一端，足以证明林彪大肆夸奖江青的那些话不为过分。武训那个死老头子因为没有跟宋景诗那样干革命，连累了很多活人替他被批判。

1955 年，有个活人胡风，偏偏敢向领导文艺的高官提出 30 万言"意见书"，坚持弘扬他的"主观战斗精神"，这下子，不知道把多少跟他沾边或间接又间接沾点边的，统统划入一个穷凶极恶的反革命集团里，这个反革命集团的大头领被判无期徒刑，余下人分别受到应得的惩处。

单说这两头，罪状都是宣扬唯心主义，宣扬唯心主义就是反对革命，就是反革命分子。这种批评，就是阶级斗争，意识形态领域的阶级斗争，而且是很激烈的你死我活的敌我矛盾性质的斗争。

就在这之后，提出"百家争鸣"这一繁荣学术的方针，在一个很短暂的时间内解禁了唯心主义。很快，就批判了"阶级斗争熄灭"论，认为经过社会主义改造，资产阶级作为阶级虽然被消灭了，但人还在，心不死，时时刻刻都想复辟，恢复他们失去的天堂。因此，阶级斗争仍然存在，而且长期存在，有些时候有些领域的斗争还很激烈。至于"百家争鸣"，不过是资产阶级和无产阶级两家，这种意识形态领域的斗争，虽然实质上是阶级斗争的反映，但一般可作为人民内部矛盾来对待。五六十年代的美学讨论，就是在这种方针指导下来争鸣的，既然不被作为敌我矛盾看待，被批判者可以反批评，批判者也可以相互批评，彼此都不再被确定为反革命，免去了被法办的危险。

五六十年代的美学讨论是1956年从批评朱光潜的自我批评开始的。朱老的文章说，新中国成立前他的美学思想是反动的、错误的，这几年学了马克思主义，试参照马克思主义来检讨自己的过去，现在写出来，请大家帮助他认识错误。实话实说，虽然从整体上看他的思想是错误的，但是某些具体问题上，如距离说等，如果不采取极端的说法，还是有合理之处的。这一下，惹出来好几年好多人的批评。有人说他本性不改还在放毒，有人说他还坚持唯心主义。记得没有一篇文章对他的自我批评表示欢迎的，有的文章是只打棍子，不说理由，只破不立（可能这种人会以为破字当头，立在其中了）。有的文章是有破有立，提出自己的观点。这几年的讨论虽然有棍子、帽子乱打乱戴的，但唯一的好处是朱老可以发表文章反驳辩解，允许反批评，指出批评者的错误，批评者之间也有互相批评的，也有往政治上拉扯的，虽不说朱是反革命分子，但却把他的某个论点说成是反革命的，把他引用苏联美学界的观点说成贩卖反革命修正主义货色。不管怎么看，表面上显现着美学讨论的热闹来，真有点学术自由的模样。实际上，上边的意思是把朱光潜当做资产阶级、唯心主义的靶子批判到底，当做反面教员以提高群众的觉悟。

有例为证。1960年，《哲学研究》发表了朱老关于学习列宁反映论的一些疑惑的文章，意思是说当他用反映论的一些原理来解释艺术创作中的问题时，觉得那些原理不能给出解释，怀疑自己是否对反映论本身理解错了。《哲学研究》编辑部的负责人找我说，我们发表了朱的文章，必须接着发批判他的文章（好像不组织批判便成为编辑部的失职），请你写一篇。我当时按照反映论完全适用于解释艺术创作的想法，认真地反复地读了朱老的文章，深深感到朱先生是下功夫认真学习马克思主义的，他的疑惑不是反对反映论原理，也不是怀疑反映论不适用于艺术，而是对反映论那些原理本身的理解上有偏差。我只是就反映论本身的意思来逐步说明朱老理解的有错误，我是逐条地、心平气和地讲明偏差在什么地方，在两万多字的文章里，没有说他怎么怎么地歪曲了马克思主义。我觉得在美学讨论中，把他在新中国成立前曾经担任过的社会职务摆出来，证明他一贯反对马克思主义，或者在一些文章里故意歪曲马克思主义，都是站不住脚的。他的错误，只能说是他在学习运用马克思主义时理解上的错误。"文革"后报纸上曾发表过朱老在抗战初期给周扬的信，说他和卞之琳当时想去延安参观学习，这能说明朱老一贯坚持反动立场反对马克思主义吗？还有一件事令我感动，我在60年代读过一本美国人哈拉普的《艺术的社会根源》，是朱老译的。后记里说，西山的炮声还在响，为了迎接解放，他译完了这本马克思主义的美学著作，作为他即将开始的新生活的献礼。朱老治学态度严肃认真，别人指出他的错，只要他认识到了，就立即改正。有一天，我读黑格尔《美学》第一卷的一个段落的注释里说，这段话说明了黑格尔的"为艺术而艺术"的观点，我给他寄封短信提出怀疑。他很快就复信说，不能说黑格尔是个"为艺术而艺术"论者，我已记在书上，待以后再版时改过来。朱老在自认为是正确的观点上是敢于坚持的。他对蔡仪的批评很难接受，但1980年昆明第一次全国美学会时，他对我说，蔡仪来信问候他，他一定给蔡仪复信致谢。他说学术观点之争，不应影响同志间的友情。

美学讨论中，你说他唯心主义，他说你机械唯物主义，第三者又说自己既唯物又辩证。过去的唯心主义者，现在发表的文章仍然是唯心主义，一贯的马克思主义者，也可能出现唯心主义的错误。单单一个唯心主义或唯物主义的帽子，不应是判断是非的唯一标准。费尔巴哈的艺术言论有些观点很高明，但不一定比黑格尔的思想深刻。黑格尔是唯心主义的，对具体的艺术问题和艺术家的某些论述则完全是唯物主义的。列宁曾说过，"精巧的唯心主义要比粗鲁的唯物主义高明得多"。恩格斯认为，黑格尔的美学宫殿里，有着丰富的、珍贵的宝藏。（这两则引语，仅为大意。）

还有个问题，为什么非要把世界观和政治联系在一起呢？古今中外的进步的政治活动家并不都是唯物主义者，古代的中外唯心主义思想家并不都是资产阶级的，我国的宗教徒绝大多数都是爱国主义者。周扬早在"文革"前多次提出要划清政治与学术的界限，"文革"中终于被姚文元把政治和学术混而为一的办法打成"反革命两面派"而结束了他的学术的、政治的生命（当然，抓了"四人帮"后他复活了）。

我不在这里复述那时美的本质问题的三派（或说四派）的意见，我没有发表过这方面的文章，但在别的文章中曾提出过"美在形式"的观点（在80年代出版的《普列汉诺夫美学思想述评》中作过较多的论述），曾得到李泽厚同志的赞同。尽管那年月没有勇气正面发表论述，但仍然没能逃过"文革"中造反派的疯狂迫害。

问：刚才您提到了姚文元的名字，姚文元曾经是"文革"中红极一时的政治人物，但他实际上是从文学批评和理论批评起家的，当然批评只是他起家的工具而已。据我们所知，姚文元也写过美学文章，还有相当大的影响。您能否谈谈您所知道的他参与五六十年代美学讨论的情况和他留给您的印象？

马：1960年，文化理论界的"棍子"——姚文元，突然闯入美学界，他发表了短文《照相馆里出美学》，说上海王开照相馆的橱窗布置，就有美学值得研究。紧接着他又在一家大报上发表了整版的大块文章，叫做《论生活中的美与丑》（按我的记忆，姚文元过去发表的文章，全是批评别人的，这两篇发表个人见解的文章是第一遭）。他用领导者的口气，号召美学家走出书斋到生活中来，大有纠正美学讨论脱离实际的气派。我反复读了他的大作，越读越感觉像是专论突出政治的文章。他把社会生活的诸多现象都贴上了美丑的标签，是任何人都不能稍有怀疑的绝对真理。例如："一位工人在路灯杆下捧读四卷红宝书，就是美的"、"一个剥削农民而自己过上舒服日子的'走资本主义道路的当权派'，便是丑的"（读者注意，这位还没有走马上任的"无产阶级司令部成员"这时已经有了如此之高的政治觉悟）。例如："社会主义制度是美的"、"帝国主义、资本主义制度是丑的"（谁敢说他讲的不对呢？）。说到自然现象，这位未来的中央宣传部长说，夏天里骄阳似火，把庄稼晒死的太阳是丑的，春天里使万物复苏的温暖阳光是美的。这位姚先生，还引用了大量的关于狮子、老虎的美丑的辩证法，都是照抄车尔尼雪夫斯基的。读了他的大作让人哭笑不得。他周身铁甲、刀枪不入，谁批他，谁就是反革命。他真是无产阶级革命唯物主义的政治美学家。要是像他那样去观察太阳、野兽的美丑，那就只有经验主义的美学了（我在那篇关于美学对象的文章里，仅仅批评了他的经验主义思想的这一点，就被"文革"中造反派硬说成是攻击他们的最高司令部的成员，遭到残酷斗争、无情打击）。如果理论要真的这么联系实际，就只有政治了，只能是美学的泛美论和庸俗化了，不是有人写过"厕所的美学"吗？提起姚文元，我还想在这里多说几句。此人早就是位"御褒文人"，凭着他比缉毒犬还要敏锐的政治嗅觉成为文艺理论界的名人。一篇批评吴晗的文章，被江青加封为"无产阶级的金棍子"，当时我更加领悟到他那高超的勇敢的造谣诬陷的本领。1978年，当我着手写为陶铸平反的文章时，逐字逐句地把姚的文章与陶铸那两本书对照阅读时，我惊呆了。一万多字的文章里，除了陶铸的姓名和那两本书名完全属实外，其余的文字，全都是经过曲解引申、上纲上线编造出来的（现在的年轻人怎么也不会想到，就这么个人很快就成了我们党的政治局委员、中央宣传部长、中央文革成员）。我怀着无比的愤恨逐条说明陶铸文章的本意和姚文元用什么手段把那些本来正确的言论都变成反革命谬论的。如果姚文元就是姚文元自己，那当然可以随他去，问题在于这个党、国家的要员被年轻无知的或不学有术者当成崇拜学习的榜样，把哲学社会科学界搅得个暗无天日。

问：1960年代，您曾经发表过关于研究美学对象的文章。实际上，这个问题很重要，与美学理论和美学学科建设都有密切的关系，在60年代、80年代都发表过不少这样的文章。尽管这个问题当时不太受人重视，也没有引起过大的争论，但应该说这是您自己的探索和对美学讨论的贡献。能否谈一下当时您研究美学对象问题的初衷？

马：研究美学对象问题的起因是当时读了美学家洪毅然的一篇文章，他在文章中明确提出"美学就是关于美的科学"，而且引用了车尔尼雪夫斯基的话。我反复查对引文的前前后后，发现洪先生把车尔尼雪夫斯基否定的意见理解为车尔尼雪夫斯基正面肯定的意见。联系到黑格尔的美学，普列汉诺夫的理论，马克思、恩格斯直到毛主席的美学思想，难道不都是艺术哲学吗？如果把马、恩、列、斯、毛的美学见解都归结为讲到美、丑的那几句话，就没有马克思主义美学了。

于是，在1960年《新建设》编辑部召开的座谈会上我讲了对美学对象的看法，明确提出美学就是艺术哲学，会上得到朱光潜老人的完全赞同。会后，有人为我惋惜，马奇怎么跟朱光潜持相同的观点，好像我一下子就滚到资产阶级那边去了。我提出这个艺术哲学的观点还有两个隐秘的原因，当时不便明说，一是出于对姚文元观点的憎恶而蓄意唱反调；二是面对饥肠辘辘的人们大谈美丑，好像是一种谎言，比望梅止渴还要残忍的欺骗。

我的文章发表后，从事艺术创作和理论研究的人们有不少赞成的。搞工艺美术的人因为我在文章里没有把工艺美术列入艺术而不满，这是我的失误。我以为有了美术就可以了，我不是因为它的"物质"部分较多而不把它当成艺术的，因为我把建筑还是列入艺术的。

经过一段时间的学习，我意识到我对美学对象问题的看法是片面的，原因是缺乏美学史的知识。后来在河北省美学成立会上，我在讲《什么是美学，怎样学美学》时纠正了自己的错误，讲艺术哲学只是美学的一个部分，那年的《新华文摘》还转载了这篇讲话稿。

问：根据我的理解，1960年代对周谷城的批判是上海乃至于全国文化界的一个重要事件，对周谷城美学思想的批判也是对其整体思想批判的重要一环。周先生是个历史学家，但不知道美学界为什么要批判他？美学界是如何展开对他的批判的？

马：1962年，开始了对周谷城美学思想的批判。报刊上的文章都集中在"时代精神汇合论"上，原因是他的一篇文章里有一句话，说时代精神是各个阶级思想的汇合体，都批评他抹杀先进阶级、无产阶级在时代精神中的主导作用。当时上级通知，所有批判周的文章，都要交给当时全国文联颇有地位的文艺理论家邵荃麟审查通过后才能发表。这大概是总结了以前大批判的经验，防止乱炮齐放，防止乱上纲上线，惹出不必要的麻烦。同时，还摆出学术研究的姿态，以保证批判的质量。可能出于对周谷城特殊身份的考虑，表面上来得温和些，明确定位在人民内部矛盾的阶级斗争上。

我觉得抓住文章里的一句话，便大肆发挥，加以批判，不是实事求是的态度。于是我把周近两年连续发表的关于美学的三篇文章拿来阅读。要批评人家，一定要首先把人家讲的什么弄明白，不能还没有懂得人家的意思，便大加批判。他的四篇美学文章，一篇是讲中国古代的礼与乐的。我读了些中国哲学史家关于古代礼乐的文章，弄明白周把古代的礼乐并举的事实，说成是由礼到乐的规律，是他这篇文章的错误。初读之后，确实感到云山雾罩，他的文章明白如话，但实在难懂。我决心反复阅读，非把它弄懂不可。读懂以后，才发现难懂的原因之一，是周在使用他的那些概念时非常自由。例如，《美的存在与进化》这篇文章里的"美"，就是"艺术"，"史学"就是"历史"。例如"无差别的境界"，有时又称作"绝对境界"，这种境界，有时指个人或特指艺术家个人的一种没有任何矛盾的环境，有时指一个历史阶段，一个没有任何矛盾的十分短暂的历史时期。还有许多类似的例子，因为有些概念是他自己独创的，我们当然感到生疏，需要多读读多想想才能理解。

另一个原因是他的整个哲学美学的体系不好掌握。在反复阅读他的三篇文章时找到周在20年代时出版的一本哲学小册子，才明白了周的历史哲学的体系。大意是说，人类社会生活的原始时期，是没有任何矛盾、任何斗争的，人们的心情都非常舒畅、非常快乐，这个时期就叫做"无差别境界"。后来，有了矛盾、有了斗争，人们在这个时期的心情很苦闷，很难受了,这个时期就是"差别境界"。在这个时期内经过斗争,把矛盾解决了,又进入"无差别境界"。人类社会的历史就是这两种境界的反复交替,无穷循环。

在他的三篇文章里贯穿着这样一种美学体系:艺术的源泉是"情感",艺术的创作过程是"使情成体",艺术的社会作用是"以情感人"。这三个"情",都是艺术家个人的情。什么样的"情",都是艺术家个人在"无差别境界"所产生的那种非常舒畅,没有任何思念、没有一点苦闷的情感。人类历史是两种境界一节一节被切断的,同时又被什么东西相互连接了起来,所以周先生把它简单明了地归结为"断而相续"。周先生进一步说明,那种在"无差别境界"中产生的艺术家的个人情感,经过艺术家加工成艺术品,这种艺术品以情感人后便推动社会历史前进了,进入到"差别境界"了。这就把被"无差别境界"切断了的历史连续起来了。周先生把这叫做艺术"推动历史前进"的巨大作用。

我在彻底弄懂周先生的美学体系后,陆续在三家大报上发表四个整版的述评文章,都是先把他的思想加以说明(有些地方好像是"翻译"过来),再用马克思主义的观点来衡量分析。我弄懂了周先生的美学思想后,认为他是错了,我的批评不是响应上边号召来作的。我认为世界上不存在"无差别境界",历史是不可能被什么东西切断的,艺术没有那么神奇的社会作用,情感不是艺术唯一的内容,艺术还要有思想,即使真的只是感情,也不应该只是艺术家的个人情感,更不应该只是在"无差别境界"里的那种情感。关于这一点,我想不只马克思主义认为是错误的,记得哪位非马克思主义者也认为是错误的,苏珊·朗格在《艺术问题》中说,艺术中的情感,不应是艺术家的个人情感,而应该是整个人类的情感,广义的情感。大家看,这样的批评是不是极左的、不讲道理的?极左的影响也有,但不在这样的内容上而在当时的形势下给戴上的那些帽子:"资产阶级"、"唯心主义"、"个人主义",等等。发表这几篇文章还有个小插曲,有家大报的编辑让我在文章里多引用毛主席语录。在林彪已经极力宣扬毛泽东思想的政治形势下,我已经注意到凡是应该引用的地方都引用了,还要让我增加,我完全理解编辑的苦衷,为了报社的生存自己需要"高举",只好奉命行事。应该不应该这样写文章权且存疑,正为这类遵命文章苦恼时,把一篇早已写好但没有引用语录的文章交给《人民日报》,没料到很快就整版发表了。文艺部的负责人陈笑雨亲自到寒舍面谈,他不是把是否引用语录、引用多少作为判断文章优劣的标准。他在"文革"开始后就离开了这个世界,不知道跟他对待语录的态度有关与否。这真是个例外。

1963年，哲学、社会科学学部召开学部委员扩大会，特意通知我参加。理由是周谷城一定会参加，把我分在他所在的那个小组，如果他要讲他那些理论，我必须及时批评。足见当时对于阶级斗争是何等重视，实践着"阶级斗争为纲"的号召。

1964年的一天，市委宣传部长李琪向我谈，有位名教授（焦菊隐——注），他生活上有些很不好的东西，现在让你把他的著作拿去看看，看有没有问题，能不能批判他。我拿回这些著作分头找人读过后，都认为没什么理论上的错误，然后我向李汇报说，我们应该实事求是，不能批判。至于生活问题，应与学术问题分开处理，他完全同意我的意见。通过这件事我感到"批判资产阶级"日益在扩展推广。如果领导人头脑发热，就会酿成灾难。第二年，史无前例的打着最革命旗号的反对革命的恶浪就汹涌袭来了（那位教授的命运就不必细究了）。

问：在20世纪五六十年代和七八十年代的美学、文艺理论讨论中，有关形象思维的问题被反复讨论过，许多美学家都发表过意见。毛主席还作过"写诗要用形象思维"的指示。我知道，您曾深入地研究过形象思维问题。您能否谈一些形象思维问题讨论的情况和您的看法？

马：关于形象思维问题的讨论，50年代初即在文艺理论界展开。记得是苏联一位文学批评家在评论《收获》这部小说时候提出的，后来美学界陆续有人参加。这个问题的讨论与别的那些问题不同，它一直持续到"文革"以后。这场讨论没有明确的批判对象，绝大多数人持同意的态度，只是在具体阐述中有些不同的看法。拥护形象思维理论的大致有两个方面的根据：一是在创作过程中，艺术家需要想象，形象思维就是想象；二是人的大脑两半球各有分工，有个半球是管形象思维的，艺术家大脑的这个半球很发达，善于使用这个半球，还有人指出过分工还有合作的方面。最早发表反形象思维论的是文学研究所的毛星，当时没有看到反对他的看法的文章。第二个人是郑季翘，1964年发表的文章，记得他也正面提出他的关于艺术创作过程的看法。文章发表后上面曾组织进一步阐明形象思维论的文章，好像没有发表出来。奇怪的是，"文革"后有人批评郑季翘的文章，说他的观点是支持"四人帮"的"三突出"等理论的基础，他反驳了这种批评后就平息下来了。第三个反对形象思维论的是我，1964年我看到郑的文章在发表前的清样稿，我同意他否定形象思维论的某些看法，没接受他的正面论述，我就寄了一篇文章的提纲，大概是因为来了别的工作就把它放下了。"文革"后，1979年我在翻阅退还我的很少的几本笔记本里，发现了1964年寄的那份提纲，仍然觉得它是有道理的，于是就按这份提纲的思路写成《艺术认识论初探》，1980年全国美学会议后，交大《美学》发表了。

我认为形象思维不是一种思维，艺术创作过程不是自始至终的想象过程。至于大脑两半球分工的说法，并不能作为科学的依据。在这种分工论的研究中，如对裂脑人的思维的研究以及思维过程中的脑内的化学变化等，都把分工论看作一种假设。瓦格纳说过，你不必理解我歌剧的歌词，因为我的音乐已经将其表现得淋漓尽致——与人们所说的科学思维是完全一致的（英国学者玛丽利亚·杜夫莱斯在《人类思考的秘密》中表达了这样的看法）。瓦格纳的说法我不敢肯定他就是正确的，但他并没有肯定形象思维。

这个形象思维问题的讨论，除了"文革"后有人对郑季翘的文章提出上纲上线的批评以外，再没有人对别的反对形象思维的人提出严厉的批评。叫人不能理解的是，在这个问题上，要批判反对形象思维论是很容易的，前有毛主席说的"诗要用形象思维"，后来林彪也说过相似的话。但不知道为什么造反派们没有抓住这条反毛泽东思想的大辫子，说不定是上边有话：这是个学术问题，允许自由讨论。

问：在1980年代的"美学热"中，学术界对马克思《1844年经济学—哲学手稿》的讨论曾经形成过一个高潮。这次讨论对于全面而正确地理解《手稿》，以至于马克思主义有很大的作用。从美学建设的角度讲，《手稿》对实践美学的建立也有一定的作用。您参与了《手稿》的讨论，能否谈谈当时《手稿》讨论的情况和您的看法？

马：60年代初，在讨论美的本质问题时，有人转引过苏联美学家引用的马克思这个手稿中的话，有人批评转引者是贩卖修正主义的黑货，因为这是把马克思青年时期的黑格尔主义当成了马克思主义。这就引起了我相反的看法，就是肯定马克思这时已经成为马克思，手稿里的思想是马克思主义的初始形态，已经具备马克思主义三个组成部分的雏形。我又进一步引用马克思手稿里的话，哪些是马克思主义的，哪些不是。例如，《手稿》中有一句话"劳动创造了美"，有人说这是不正确的，因为私有制下的劳动是"异化劳动"，不可能创造美。有人认为是正确的，因为非异化劳动、异化劳动，都首先是一般劳动（亦即劳动），异化劳动不过是私有制笼罩下的一种形式。不论是公有制、私有制，劳动都是人与自然间的物质变换，不同的是私有制下的劳动成果被剥夺了。所以，马克思说"劳动创造了美"，但为劳动者自己创造了丑陋。对《手稿》里说的"自然的人化"、"人的本质力量的对象化"等命题,也有不同的见解,这里就不再细说了。

"文革"后,美学界对《手稿》的研究自发地联系起"文革"的灭绝人性、违反人道的残酷实际,提出《手稿》中的"异化"、"人道主义"的意义,也有希望改进政治的愿望。

"异化"等问题,斯大林死后,在当时东欧社会主义国家曾经引起相当热烈的讨论,我们译过来的论文有好几大本。总题目就是社会主义的异化,人民公仆异化为暴君、欺压百姓的专横的官僚,制造出了无数惨无人道的冤、假、错案。斯大林死后,赫鲁晓夫几次同莫洛托夫商量,建议从集中营等处释放那些无罪的人,但遭到坚持"无产阶级专政"的莫洛托夫的反对。莫洛托夫是只要残忍的专政(虽然他的夫人被斯大林以外国间谍的罪名早已关押起来,直到斯大林死后的第二天才释放出来),坚决反对人道主义的人。在他的《回忆录》里,1980年他曾经对采访者说:"赫鲁晓夫放出了一只猛兽,这猛兽眼下可能给人带来极大危害,……人们把它叫民主……"莫洛托夫把它叫"人道主义"(《莫洛托夫回忆录》第434页)。我这里绝对无意美化赫鲁晓夫,只是复述了莫洛托夫的话。

对于永远叫人不能理解的"文化大革命",是不是社会主义的异化,请看看韦君宜的《思痛录》。1960年发动批判巴人的"人性论"的周扬(周扬当然不是只发动批判过巴人一个人,这里只指批判人性论),亲自体会过当"反革命"分子的滋味后,对自己过去的所作所为做过痛心的忏悔。1983年他在马克思逝世一百周年的报告中因提出应当适当肯定人道主义和社会主义国家也可能(只说是可能——注释)出现"异化"问题,就遭到严厉的批判。

此后,有理论家发表了大块文章批判起"异化"、"人道主义"问题。把马克思的那个《手稿》钦定为非马克思主义的著作:"异化"只是马克思早期使用的概念,后期很少用过,还提出只用过八次。可能我记忆有误,但大致不差。其实,这位理论家如果仔细查查那几卷载着《资本论》的马恩全集附着的索引中"异化"那一条,就可以数出上百次的引用来。在《资本论》第三卷中可以查到好几段跟《手稿》中完全相同的段落来。

"文革"前后,我对《手稿》下过不少功夫,发表过一些自己的看法,但从不敢碰人道主义等禁区。

问:1980年代,随着学术禁区的打破,您也迎来了美学研究的黄金时期。您可以根据自己的兴趣自由地从事美学研究工作。为了使我们理解当时的学术状况,请您谈谈您在"文革"后的美学研究情况。

马：确切点说，"文革"前我学习研究美学的时间是 1960 年至 1965 年底，只能说是业余的，随着大流走，有的还属于遵命文章，谈不上独立研究。

"文革"后才有更多些时间读书写文章。1984 年出版了《艺术哲学论稿》，收集了过去发表过的部分文章，加上"文革"后写的部分文章。有两年时间，我经常在图书馆的阅览室专心攻读马恩的某些著作，为《中国大百科全书·哲学卷》写《马克思、恩格斯美学思想》条目释文。前后写出四种文稿，从七万字、四万字、两万多字到最后的一万多字。尽管作了最大努力，自己始终没有感到满意。交稿后，为了配合朱光潜《西方美学史》的学习，编了《西方美学史资料选辑》，多数选自已有译文的著作，还选入了未发表过的、新译的篇章，可以说是当时国内较为全面的、简要的教学参考书，被教委确定为高校文科教材。

我在中学时期就对普列汉诺夫的艺术理论著作感兴趣，虽然并不真正理解。"文革"中，造反派说我崇拜右倾机会主义的老祖宗——普列汉诺夫；"文革"中，陈伯达等所谓"晚节不保"，一切全错，因为后来的"政治上的错误"，以前的世界观、学术思想也一概否定。这些说法激起我"文革"后重新研读普列汉诺夫的决心。1987 年出版了《普列汉诺夫美学思想述评》，前言中反复论述了政治态度和学术思想、哲学观点可以没有必然联系，可以不相一致，应该把政治和学术区别对待。当阐述普列汉诺夫的美学思想时，反驳了种种对普列汉诺夫的批评，肯定了普列汉诺夫对马克思主义美学的卓越贡献。

1990 年离休后，我读了中国书画函授大学，拖着老弱之躯，全力投入书法的研习。函大毕业创作的题目是自书诗，行体打油曰："古训四十难学艺，吾逾七旬篆楷隶。何以穷年未见疲，老夫婆娑求自娱。"

上述这些，只是我 90 年代前离开美学界的亲身经历。我自信大致不会有错的，因为我的目的是希望能帮助年轻同志知道些当年的实况。

定稿于 2002 年 8 月

杨辛，生于1922年，重庆市人。北京大学哲学系教授，曾担任中华美学会顾问、全国高校美学会副会长、泰山研究所名誉所长、中国书法家协会会员、中国美术家协会会员，历任北京大学哲学系美学教研室主任、北京大学艺术教研室主任。他参加了《美学概论》的编写工作，主要从事美学理论、书法研究，兼顾书法创作。代表著作有《美学原理》、《美学入门》、《美学原理新编》（均与甘霖合著）和《建筑》（法文和中文版）等。

杨辛先生访谈

时间：2005年10月
地点：北大中关园杨先生寓所

采访者问（以下简称"问"）：据我所知，您在北大的美学研究和教学已经有四十多年的历史了，您参与、见证了中国当代美学的建设，而且您的大部分时间是在北大度过的。感谢您提供的这次访谈机会，使我能够向您请教一些有关建国后美学研究和美学界的情况。首先希望您介绍一下您是如何走上美学研究的道路的；也请您顺便介绍些20世纪五六十年代北大的美学研究和教学情况。

杨辛（以下简称"杨"）：1945年抗日战争结束时，我到了昆明，曾住在南开中学同学汤一介家里，一介的父亲汤用彤先生当时担任西南联大哲学系主任。这段时间我的生活很困难，卖过报纸，做过家庭教师，有时也为汤先生抄写书稿，同时积极参加学生运动。1946年西南联大解散，北京大学迁回北平。我也考入北平艺专西画系学了一年。仍继续参加学生运动。1947年投奔东北解放区，辽沈战役时，我在锦州的外围，战役结束后，我在锦州工作了一段时间。1951年，我到东北局做党刊编辑，后来又到吉林省委党校教哲学。1956年夏，北京大学汤用彤副校长把我和汤一介同时调入北大，做他的助手。这次工作变动是我一生中的一个重要转折点。我永远不会忘记恩师汤用彤先生对青年的培养。

到北大后，我的编制在哲学系中国哲学教研室，冯友兰是当时的室主任。汤先生去世后，根据当时工作需要，我转到了美学组，美学组由哲学系的党总支书记王庆淑负责，他对北大的美学专业的开创作了重要贡献。1959年我开了美学的专题课。1960年，美学教研室成立，由于王庆淑担负党组织领导工作，任务很重，由我接替王庆淑负责美学室的业务。朱光潜先生的编制在西语系，但他做的工作都是美学教研室的工作。当时属于美学前辈的有朱先生、宗白华先生、邓以蛰先生和马采先生，年轻些的有我、甘霖、于民、李醒尘、阎国忠等人。朱先生讲西方美学史，宗先生讲中国美学史，我和甘霖讲美学原理，都是专题课性质的。从1958年开始，我和朱光潜等老先生就是亦师亦友的关系，私交一直很好，直到他1986年去世。1960年，北大、人大的美学教研室的部分教师都参加了王朝闻主持的《美学概论》的编写工作。那时，王朝闻担任教材编写组的组长，我、马奇是编写组的副组长，但后来马奇不常去，相当长的一段时间内，实际是由我和人民大学的田丁负责的。

问：在中国当代美学史上，20世纪五六十年代的美学讨论是一次有重要影响和一定价值的学术讨论。尽管当时的学术观点有不少缺陷，但从现在看来，有些观点仍有启发意义，还有学术史的意义尚待研究。翻阅1960年代的报刊，我发现您曾经写过从新民歌角度探讨美的本质的文章。当时许多讨论者主要从抽象的理论思辨角度探讨美的本质，您的这种视角与当时大多数讨论者的视角颇为不同。希望您以参与者的身份谈谈当时美学讨论的情况，以及您现在的认识。

杨：50年代末、60年代初期，我在学校教书，社会上展开了美学讨论。事情是这样的，朱光潜先生写了《我的美学思想的反动性》，进行自我检讨，大家提意见，相互之间又进行争论。这样，逐渐形成了美学大讨论。

我对五六十年代的美学大讨论的认识是这样的。第一，当时的美学讨论是社会发展的一种客观需要。新中国成立后，人民的生活改善了，对精神生活也提出了要求，文艺的发展也提出了一些问题，这些都需要开展美学研究，以回答现实和文艺发展提出的问题。第二，当时的美学大讨论主要是围绕美的本质展开的，实际上只是讨论了解决美的本质问题的哲学基础。把美的本质理解为主观、客观、主观与客观的统一，但并没有解决"美是什么"的问题。这样的好处是把美的问题从日常生活经验层面提高到哲学的层次上进行思考。但是，参加讨论的人动不动就上纲上线，扣各种"帽子"：客观唯心主义、主观唯心主义、机械唯物主义，甚至修正主义，火药味很浓。尽管如此，讨论主要还是关注学术问题，注重对美学基本问题的哲学基础的探讨。讨论时，还结合了许多生活、艺术的例子来论证，吸引了相当多的人来关心和参与讨论，这都起到了积极的作用。1959年，我开始研究美学，也被吸引参加了讨论。第三，当时的美学大讨论为后来的美学研究打下了基础，促使美学与教学结合起来，标志便是组织编写美学教材。

当时，宗白华等先生都提出，美学讨论应该注意结合现实，结合艺术实践来讨论，我也有这样的想法。这样，我就写了从新民歌的角度探讨美的文章，现在看来也有局限，但还是想从实践、从时代的发展中引导美学讨论关注现实，使讨论更有生命力。但如果没有认真地钻研基本理论，结合实践也往往是只限于表面，所以，美学讨论也暴露了很多问题。但总的来说，现在不是考虑哪一家对或错在什么地方，而是应该考虑，通过美学讨论了解到每个人思考这个问题的角度：有人看到的是正面，有人看到的是反面，有人看到的是侧面，不管他得出的结论是否正确，但他促使你去考虑这个问题的方方面面，使你更全面地看待问题。讨论也涉及如何以马克思主义哲学来解决美学问题、从哪些基本问题入手来研究美学，后来，就逐步转到编写教材。

问：从中国当代美学的发展来看，《美学概论》的意义绝不仅仅是一本普通的美学教科书。应该说，编写《美学概论》已经被定格在中国当代美学中，构成了一个有多重意义的"事件"。编写教材的过程，也是充分发挥集体智慧的过程：全面地搜集美学研究资料、积极研究美的本质等疑难问题、培养美学研究队伍。从这种意义上讲，《美学概论》的编写为中国当代美学的发展奠定了基础。您参与了王朝闻先生主持的《美学概论》的编写工作，还是编写小组的副组长，作为当事人，请您谈谈当时编写《美学概论》的情况。

杨：编写《美学概论》的主要目的是为了满足当时教学的需要，北大、人大都有美学教研室，但全国还没有一本《美学原理》教材。人大用的是根据苏联专家的讲义编写的《马克思主义美学》，很枯燥。只靠美学讨论，是不能代替教材编写的，这样，就提出要编基本教材。周扬很支持这个工作，我觉得，他在这个问题上是有贡献的。王先生的文艺经验很丰富，周扬看准由他担任《美学概论》教材的主编是有道理的。当时，王朝闻先生是教材编写组的组长，我、马奇是副组长，因为全国高校中北大、人大的学术基础比较好。成立了编写组后，开始调人，当时调了周来祥、刘纲纪，社科院的叶秀山、李泽厚、朱狄等同志。

开始在北京城里，后来搬到了中央高级党校，住在那里专门编写教材。当时，王朝闻先生外面的活动较多，不常在那里，他不在时，我和马奇负责，后来，马奇因返回人大哲学系，编写组的组织工作主要由我和田丁担任。从我了解的情况看，教材编写组实际上就是一个美学队伍的培养基地。编教材时考虑到难度，不能把各派的观点都罗列上去，总要有倾向性意见，只能根据我们讨论时对马克思主义的理解来处理学术问题，但不要在上面去批评别人，要讲正面的意见。但什么是真正的马克思主义，就需要认真地学习，要逐步调查研究。我觉得需要肯定的，一是开展调查研究。当时编了几本资料汇编：马克思、恩格斯论美，中国美学资料选编（于民、叶朗等），西方美学家论美和美感（李醒尘等），苏联当代美学讨论，马克思《1844年经济学—哲学手稿》论文选，中国当代美学讨论，西方主要国家大百科全书《美学》词条的汇编，这些材料在当时起了很大的作用，后来有的还出版了。朱先生为我们提供了他翻译（但还没有发表）的资料，宗先生对中国美学资料很熟悉，他们实际上也参与了搜集资料的指导工作，甚至郭沫若也对选编中国美学史资料提过意见，他建议把《书谱》全部选入。实际上，编写资料广泛地征求了社会上各方面的意见。编写资料很重要，资料建设是美学研究的基本建设之一，也是学风的问题：既不要完全抽象地谈美学问题，也不要完全陷于经验描述，而是要扎扎实实、全面地思考这些问题。二是培养严谨的学风。周扬曾经说过："至少要查一查门牌号，关于美的本质，历史上有哪些人谈过这个问题？对，对在哪里？错，错在什么地方？这个工作一定要做，一定要做好调查。"这些话是对的，对当时美学研究的意义也很大。我们除搜集资料外，还征求了不少人的意见。朱光潜先生对教材大纲提的意见非常具体、认真。他认为，不能罗列各种意见，对于学术上不同的意见，就要明确分歧点，让同学们自己去思考。

我们也有思想准备，好多问题是不可能在教材中一下子都解决了的，尽量逐渐地接近真理，要启发学生去进一步研究它。这些思想都是比较明确的。有的章节反复修改好多次，而且也不是由一个人执笔，但最后都由主编敲定，王先生治学很严谨，艺术经验非常丰富，结论不全面，或不符合实际，他很快就能够鉴别出来。中间经过很多次讨论，学风是实事求是的，有些难点经过严谨的思考、讨论，能明确的就明确，不能明确的也不要轻易地下结论。当时，周扬就谈到，你实在得不出结论，你把历史上怎么讲的讲给学生也行，这也比空头发感想要好，他的指导对编写教材起了重要的作用。虽然关于美的本质列了专门的章节，但具体的论述还是比较慎重的。这样，教材编写就经过了三年多的时间。

在编写教材时，我参加过两次会议。一次是在中宣部，还有一次是在北京饭店（或民族饭店）开的，都是由周扬主持的。

问：刚才您谈到了《美学概论》的一些编写情况，使我们这些年轻人了解了这本教材和当时美学界的许多情况，也很有趣。应该说，教材编写工作取得了相当大的成果，也积累了一些经验。希望您能对这个事件做些反思,谈谈您目前对这个事件的认识。

杨：现在看来,当时王朝闻先生坚持马克思主义,从资料入手,从调查研究入手,积极而谨慎地处理一些主要问题,给我的印象较深。应该说,这些都是美学研究应该汲取的经验。具体而言,我的认识大致是这样的：第一,他肯定美的本质这类难题是可以逐步认识、逐渐接近真理的。当时朝闻同志曾幽默地说："这个问题好像在草堆中抓兔子,反正兔子就藏在草堆中,跑不掉,我们可以逐步缩小包围圈。"教材并没有回避美的本质这样的难点,而是设了专节,以探索的精神来论述。第二,在新的哲学基础上去探索美的本质。在教材编写中,我们是以马克思主义对"生活本质"、"人的本质"的科学理解为指导去探索美的本质,也就是从实践中主体与客体的辩证关系中去探索美的本质。既不是把美看作与人的实践无关的自然属性,也不是把美看作意识精神的虚幻投影。并且,还克服了车尔尼雪夫斯基的由人本主义思想给美的理论带来的局限。在教材编写中,马克思主义的实践观点开拓了美学研究的广阔的领域。第三,他强调在编写过程中学习马恩有关著作。我们是一边编写教材、一边学习。当时重点学习了马克思的《1844年经济学—哲学手稿》、《关于费尔巴哈的论纲》等著作。讨论起到了集思广益的作用,重要的章节或难点都是在反复讨论的基础上,多人轮流执笔修改,最后由主编定稿。所以,这本教材可以说是集体劳动的成果。

美学讨论吸引了更多人关注美学,但培养美学研究队伍是从编写教材开始的。1981年周扬曾经说过："一个大儒（学者）在一个地区招一批徒弟（门生）,一个带一批,在一批中又出几个,由这几个再去带一批,这样不断滚雪球地成长起来,形成一支队伍。"王朝闻实际上担当了我国美学事业的带头人。据我的理解,以王先生为代表的是我国美学队伍的第一梯队,其中还包括朱先生和宗先生,他们是前辈；马奇、我和刘纲纪这一批人为代表的是我国美学队伍的第二梯队；1981年全国高校美学教师培训班的三十名学员,是我国美学队伍的第三梯队（现在大多成为高校美学骨干,并担任教授）；这些学员培养的学生是我国美学研究队伍的第四梯队、第五梯队。

事实证明,组织教材编写是成功的,对于教材建设、培育好的学风是有好处的。而且到目前为止,《美学概论》的印数已达六十余万册,是美学教材中发行量最大、影响面最广的一本书。

问：从刚才您介绍的情况看,您1956年到北大后,就长期与朱光潜先生、宗白华先生和邓以蛰先生在一起从事美学的研究和教学工作,您是在他们的直接培养和影响下逐渐成长起来的。应当说,美学把你们联系起来,也为你们之间的相互了解、认识提供了契机,你们在交往中也建立了密切的私人友谊。从这个意义上讲,由您来谈北大这三位美学家的情况,是再合适不过的了。希望您能从你们交往的角度,谈一些他们的情况,以及您对他们的认识。您还是先从朱先生谈起吧!

杨:50年代的美学讨论有局限,动不动就往政治上扣帽子,既伤害感情,也无助于学术研究的深入,这也是文化领域中的不健康的风气。实际上,只要把对不对的道理讲清楚就可以了。

人的经历往往是很复杂的,新中国成立前,朱先生在政治上肯定有过这样那样的问题,但这要做具体分析。在纪念朱先生执教60周年时,周扬写信祝贺他时说:"四十年前您曾经给我一信,虽经'文化革命'之乱而犹未毁。信中亦能够足见您的思想发展的片鳞半爪,颇为珍贵。特复制一份赠送给您。(十月十六日)"复制的朱先生写于抗战时期的信中说:"我觉得社会和我个人都需经过一番彻底的改革。延安回来的朋友我见过几位,关于叙述延安事业的书籍也看过几种,觉得那里还有一线生机。从去年秋天起,我就起了到延安去的念头。所以,写信给之琳、其芳说明这个意思。我预料十一月底可以得到回信,不料等一天又是一天,渺无音信,……所以离开川大后又应武大之约到嘉定教书。……既然答应了朋友在这里帮忙,半途自然不好丢着走。……如果早到一个月,此刻我也许不在嘉定而到了延安和你们在一块了。"实际上,朱先生看不惯国民党的政客,想到延安去,但周扬的信晚了一个月,结果别人已经聘了他,他也就没能如愿以偿。朱先生信任我,生前曾经让我看过这封信,我特复制了一份保存至今,希望这封信的部分文字能够说明朱先生当时的思想状况,也有助于帮助大家了解和认识朱先生。

新中国成立后,他诚恳地一再地批评了自己在解放前的唯心主义美学。后来,他确实是而且是非常认真地在学马列主义,他是真诚的,而不是迫于政治压力。朱先生认真地钻研过马克思的《1844年经济学—哲学手稿》,他感到有翻译不准确的现象,自己就重译了与美学有密切关系的重要章节。朱先生把《1844年经济学—哲学手稿》和马克思后来写的《关于费尔巴哈的论纲》、恩格斯的《劳动在从猿到人过程中的作用》结合起来研究,而且,这几部著作也是当时我们美学教研室老师和研究生教学中的必读书目。在第一届全国美学教师进修班上,他写了一首十四行诗,其中说:"马列主义第一义。"我们关系很好,他不会跟我说违心话的。特别是对《关于费尔巴哈的论纲》的研究,朱先生在1980年所写的

《谈人》一文中谈到他在 50 年代国内美学讨论中自己观点的转变过程："我自己是从'美是主观的'转变到'主客观统一'的,当时我是从对客观事实的粗浅理解达到这种转变的,还没有懂得马克思在《关于费尔巴哈的论纲》中关于主体与客体统一的充满唯物辩证法的阐述的深刻意义。"所以,朱先生美学观点转变的一个关键环节就是对马克思主义实践观点的理解,也就是从实践中主客体的辩证关系去探索美。《中国大百科全书》美学卷中的"朱光潜"条目是蒋孔阳先生撰写的,其中讲到朱先生的美学观点如何从"主客观统一论"发展到实践中主体与客体的统一。我曾经在朱先生去世前两个月问过他是否同意蒋先生的表述,朱先生的回答是肯定的。

朱先生非常勤奋,不论是假期还是平时,他都坚持工作。从早上八点钟开始一直到吃午饭他都在工作,而且常常是在家人一再催促下才放下工作用餐的。而且,他的工作、生活非常有规律,我感觉像时钟一样。所以,我找他也都在下午或晚上。他的论著和译著的总数达七百多万字。单就他的译著来看,完成的数量和质量都受到同行的称赞,他的翻译工作很严谨,通常情况下,每天能译出两三千字,特别是在 85 岁高龄时,他还翻译了维柯的《新科学》。在翻译这部著作时他曾对我说,这是他一生中感到最难翻译的一本书,工作很艰苦。他开玩笑地说:"翻译这部著作简直像身上脱了一层皮。"有一次我到他的书房,看见他的书桌上摆满了译稿,因为稿子修改多了,页码接不上,别人也无法插手帮忙。这时他已经白发苍苍,但仍用他颤抖的手核对页码。朱先生译完维柯的《新科学》以后,家人都劝他好好休息,但他仍然闲不住,为此,他的家人有时不得不把书藏起来。朱先生的这种敬业精神是非常值得敬佩的,现在,从美学学科的发展来讲,如果没有朱先生的翻译,我国对西方美学的研究会遇到许多障碍。

他在写《西方美学史》的过程中,自己重新翻译了不少原著。当时他为了了解苏联研究西方美学史的情况,还请颜品忠翻译了苏联学者写的西方美学史。1983 年他在给我写的朱熹《观书有感》诗的下面还加了一句话:"生平爱此源头活水。"所谓源头活水,在他看来,就是研究思考一个问题时,必须占有和掌握大量的资料进行研究,这是做学问的基本功,他在这方面对自己的要求非常严格。朱先生也为不少同志写过这个条幅,主要是强调美学研究不能脱离实践经验。

人都是在不断地变化,变化是很自然的。在美学讨论中,朱先生遇到没有想通的问题,绝不轻易承认它错,即使你给他扣帽子。一旦他认识到错了，就加以改正。"文革"时，他已经 70 多岁，他受到的冲击相当大，但"文革"后他照样勤勤恳恳地工作。这说明，朱先生有他的心胸，绝对没有一点挨整后就消沉的表现，而是更加勤奋地工作。朱先生在去世的前半年还对我说过，他对自己过去所做的理论概括还是不太满意，还想再作研究。我说，如果需要，我可以请一位研究生帮他整理。他听了很高兴，但后来考虑到他病后的健康状况，不宜过多用脑，因此，这个愿望就未能实现。他去世后，我为朱先生写的挽联是："春蚕吐丝尽　织锦存人间。"

我感到，朱先生的学风严谨，严格要求自己，实事求是地对待问题，不断追求进步。根据我的体会，这些都是很不容易的。我们接触的时间比较长，我觉得我还是比较准确地反映了他的精神状态的。

问：朱先生的认真、严谨在美学界是出了名的，您的介绍对我们今天进一步认识、理解他的人品、学识和学术成就无疑有深刻的启示。据刚才的介绍，您与宗白华先生也有很多交往。在我的心目中，宗先生似乎是与朱先生不同类型的学者：他生活闲散、潇洒，很有艺术家气质；文章不多，但很有分量。希望您谈谈你们的交往，以及您对宗先生的认识。我还想请您借这个机会谈一些邓以蛰先生的情况。

杨：宗白华先生是另外一种类型，他更接近诗人气质。宗先生的生活是美学散步，以一种散步的形式写他的著作，很随意，但绝不等于随随便便、很轻率。可以说，他通过另外一种方式表现了他严谨的作风。他的观点给人的印象很深，没有严谨、深入的思考，绝对得不出那样的结论。他常常是中西比较，但他不是过多地强调西方，他对中国美学有独到的、深刻的理解，并肯定中国的特色、中国的美学价值。他是研究哲学的，搞艺术的人看了也感到非常亲切，很受启发。其实，搞艺术的人更喜欢他的美学著作，因为他的观点完全是从艺术实践中总结出来的，以散步的形式，表现了自己的深刻理解。他的著作在美学和艺术界，喜欢的人很多。

他的艺术鉴赏力非常高，他的鉴赏以广博的知识为基础，古今中外的知识都很丰富，通过比较得出的结论也非常启发人的思想，而且文章也很美。作为独立的山水画，隋朝展子虔的《游春图》是很早的。他是这样看待这幅画的："如果我把隋唐丰富多彩、雄健有力的艺术和文化比做中国文化史上的浓春季节，展子虔的这幅《游春图》便是隋唐艺术发展里的第一声鸟鸣，带来了整个的春天气息和明媚动人的景态。这'春'支配了唐代艺术的基本调子。"这个见解非常深刻。宗先生非常重视民间艺术。他认为，中国古代一些重要的艺术理论的形成，都离不开民间艺术的实践经验，例如"气韵生动"的理论就不是凭空想出来的，而是总结了汉代雕塑、绘画的经验。他认为，艺术史上一种新的境界的产生往往和民间工匠的创造分不开。古代的青铜器，如春秋时期的《莲鹤方壶》就表现了当时造型艺术要从装饰艺术中独立出来的倾向，展现了一个时代对新的艺术境界的追求：顶上站着的那个张翅的仙鹤就很特别，它象征着一个新的精神、一个自由解放的时代。他还多次谈到云南昆明巧竹寺的五百罗汉像，认为它们"完全可以与欧洲文艺复兴时期的那些大雕塑家的作品相媲美"。

我认为，宗先生对意境的分析很有贡献。在他看来，艺术的意境是情与景的结晶，表现在艺术作品中便是诗与画的统一，诗是一切艺术的灵魂，虚实结合是意境的结构和表现深刻意蕴的要求。他说："化景物为情思，是对艺术中虚实结合的正确定义。"也就是"艺术通过逼真的形象表现出内在的精神，即用可以描写的东西表达出不可以描写的东西"。意境的妙处在于虚，实的东西是为了引发你去想象虚的东西，没有虚就没有想象的余地。如果完全逼真地写现实就没有意境，把画面填得满满的，就唤不起任何想象。意境要求虚实结合，要"化景物为情思"，但情思是虚的，通过景物唤起情思，情思是看不见的，你只能看到景物，但景应引导你去想象、体验情思。宗先生从多方面论述意境，在理论上融会贯通，使哲学的深度和审美的敏感达到高度的统一。一次，我请他谈谈庄子说的"虚室生白"与意境的关系。宗先生说，过去儒家对庄子的一些深刻思想未注意去阐发，庄子的艺术观不是纯客观地表现事物，而是强调在艺术中表现意蕴。他认为，"虚室生白"可以用来解释艺术意境的结构，而理解这句话的关键在于"白"字。我问宗先生，从艺术的角度看，是否可以把"白"字理解为"光辉"，房子空出来了以后，就显得光亮、光辉，"白"也是艺术的"意蕴"和"美"。他说："我看可以这样理解。"还风趣地补充说："一间房子如果被杂乱的东西塞得满满的，光线就进不来了，那就没什么'光辉'了。"谈话中，他还为我书写了"虚室生白"、"意境是情与景的结晶"等题字。宗先生还强调人格修养和提升人的境界。你看他给我的题字："书者如也，当如其人"，它的意思就是书法应该像人一样，体现人的精神面貌。

宗先生治学的名言是："多看、多听、多研究"，他强调研究美学要注意多接触艺术作品，特别是我们民族的珍贵遗产，培养审美的敏感必须多看多听，否则，对艺术的美就没有深切的感受和体验，写出的文章也就难免流于空洞。宗先生是位修养深厚的诗人，对艺术的研究也很广泛，对绘画、雕刻、书法、篆刻、工艺、戏曲、建筑、音乐也都有很大的兴趣。去世的前几年，他已年逾八十，仍独自乘公共汽车进城看展览。有一次，他去天安门广场历史博物馆看湖北随县曾侯乙墓出土的编钟展览，回来后很高兴，对我说这些乐器上能够体现中国古代音乐美学中"和"的思想，要我们也去看。

宗先生超脱的思想也贯穿于他的人生之中。他的生活看似很闲散，外出经常背着书包，有时候，一边走路，还一边吃东西，非常随意，但他有他的境界，很超脱。我和他相处二十多年，从来没有听到他在名利的问题上发过什么牢骚。那时候，朱先生是一级教授，他是三级教授，在我们看来，让宗先生作三级教授显然是不合理的。但他从来不谈这个问题，从来也没有为此发过牢骚。宗先生重病住院，我和守护在他身边的亲属正低声交谈病情，处于半昏睡状态的宗先生突然说了一句话："我有一个问题。"我们问他有什么问题，宗先生断断续续地说："长城……为什么在汉代……后来到了明代……"接着再无力说下去了。

我认为，这两位学者有一些共同的特点。第一，他们都是在北大，都是美学事业的带头人，他们的治学都很严谨，但表现的形式不同。朱先生像时钟一样准确、有规律；宗先生是散步的、诗人式的学者，但同样很严谨。第二，他们的生活都很简朴。一个北大理发师傅说过，你要不说的话，我还以为他（朱光潜——注）是看门的老头，想不到这个老头还是个大教授！第三，他们都有乐观的精神，他们的心态始终是平和、乐观的，甚至在病重的时候，也没有看到过他俩发过愁。在我们接触的过程中，也没有看到过他们暴躁的时候。朱先生生活态度很乐观，他曾经谈到过"三此"，即此身、此时、此地，意思是"随遇而安"。"文革"期间，他遭受过人格上的污辱，但事情过去之后，他再也没有放在心上。朱先生的女儿朱世嘉在《光明日报》发表的一篇文章曾经说，我们家属认为，朱先生一生中最应该感谢的有三个人：一个是修脚工人，朱先生走不动时，那个工人还到他家为他修脚；还有就是阎宝瑜和杨辛。朱世嘉认为，我们在工作上、生活上一直是真正关心朱先生的，即使在"文革"期间也是如此。应该说，北大的美学建设能有今天，应感谢朱先生、宗先生等人的努力，也可以这么说，在北大，没有他们，就没有我们的现在。

从这里可以看出，看一个人，还应该从整体上看。不要孤立地、静止地看某一件事，从整体上看，你可以看出他是不是善良的、是不是不断地追求进步的。这完全可以非常准确地看一个人。这两位老先生对中国美学是有贡献的，也是值得怀念的。但每个人一生中都有问题，历史上都有走错路的时候，连伟人都不能例外，何况一个普通的知识分子，而且还有各种复杂的社会情况。因此，回头看时，应该看宽容些。

还有一位特别值得怀念的美学前辈邓以蛰先生。在朱先生、宗先生、邓先生三人中，邓先生最年长，他是1892年生，1973年去世。朱先生、宗先生都是1897年生，比邓先生小五岁。

邓先生是书香世家，他是清代大书法家、大篆刻家邓石如的五世孙。邓以蛰先生也擅长篆书、行草，对书法的美学探讨有精辟的见解，他认为书法是"完全出诸性灵之自由表现之美，画的意境尚须得助于自然景物，书法则毫无凭借而纯为性灵之独创"。如古人所说"书乃心画"。宗白华先生和我们谈话中也常称赞邓以蛰先生在中国书画理论研究上取得的成就。

邓以蛰先生在1952年由清华大学转到北京大学任教授。邓先生年老体弱，患有肺病，所以当时未承担教学任务。但对培养青年一代很热情。给我印象很深的例子，就是邓先生对刘纲纪的指导和鼓励。刘纲纪在1960年出版了《"六法"初步研究》一书，邓先生在病中读及，对此书评价很高，认为"实当今用历史唯物主义和辩证法观点研究六法及一般画论之第一部著作也。虽曰初步，顶峰实已在望矣"。还写道："掩卷之际，不禁叫绝，快甚、快甚。"刘纲纪先生对邓以蛰先生学术上的成就作了深入全面的研究，发表了《中国现代美学家和美术史家邓以蛰的生平及其贡献》的文章，这篇文章填补了中国现代美学史研究中的一项空白。

邓以蛰先生还有一件鲜为人知的重要贡献，就是对他的公子邓稼先的培养和鼓励。邓稼先是我国杰出的科学家、两弹元勋。在1940年，邓以蛰先生就曾写信鼓励邓稼先："稼儿，以后你一定要学科学，不要像我这样，不要学文。学科学对国家有用。"邓稼先生不仅在科学上取得巨大成就，也喜爱文学。在研制氢弹成功后，他写过一首诗："红云冲天照九霄，千钧核力动地摇；二十年来勇攀后，二代轻舟已过桥。"2006年我在北大举办书法展览时曾书写过这首诗，稼先先生的大姐和公子还特地来参观这次展览。

1962年，邓以蛰先生将家藏的三十六件邓石如精品墨迹捐献给国家，表现了他的高度爱国主义精神。文化部向邓先生颁发奖状予以表彰。

问："文革"后，我国的美学事业才逐步走上正轨，也开展了一些活动，您也是这时候恢复自己的研究和教学工作的。您能否谈谈"文革"后我国美学界拨乱反正的一些情况？

杨："文革"期间，谈美色变，美学被视为资产阶级的东西而遭厄运。我们哲学系的十七位同志被打成"黑帮",朱光潜先生作为"反动学术权威"被迫在劳改大院改造,受到的冲击很大。

"文革"后,美学活动逐渐恢复。美学界成立了中华全国美学学会,举办了几届全国的美学会议。全国美学学会还办了多次全国高校美学教师进修班。朱光潜先生、王朝闻先生、马奇先生和我都讲过课,还出了论文集。现在大学中的美学骨干不少都是当时的学员,美学教师进修班对全国美学发展也起了很大的作用。

王朝闻先生主编的《美学概论》也是在那时出版的,为该书的出版,我和刘纲纪还住在颐和园修改了一段时间。记得是 1983 年 11 月,我与刘纲纪一起住在颐和园颐寿堂修订此书,那里是古建筑,不能生炉火,夜里冷得难受,纲纪就用狂草写我创作的登泰山诗,结果,墙上到处挂的都是他的书法作品。鉴于此,我还创作了一首诗以志纪念:"黑夜沉沉窗独明,空庭但闻谈艺声。兴来挥毫风卷雪,满纸烟云笔底奔。新作悬壁光照眼,故人促膝语倾心。事如曲廊生谐趣,涵洞同游知春亭。"《中国美学史资料选编》、《西方美学家论美和美感》也是在那时陆续出版的。北大的美学课也陆续恢复。适逢全国的"美学热",有一学期,我开的美学原理课,教室容纳不下,由于选课的学生多,曾先后换过三次教室,最后是在能容纳四五百人的办公楼礼堂上的课。这种现象表现了年轻人对美学有强烈的渴求,以及文革后精神上的解放。

既然美的本质的研究没有一致的结论,有人就干脆研究审美。实际上,研究美的本质不但不妨碍研究审美,还有助于深化对审美的研究。从60 年代到 80 年代,我国美学界对马克思主义(特别是对《1844 年经济学—哲学手稿》、《关于费尔巴哈的论纲》和恩格斯的《劳动在从猿到人过程中的作用》这些经典著作)的学习是逐渐深入的,从实践中主体与客体的辩证关系探索美的本质的哲学基础,逐渐形成了共识。《美学概论》编写组、朱先生和我们这些从事美学教学的教师都是以此为根据的,感到这确实是研究美学的一条宽广的道路。在美学教学中,我们不回避美的本质,但又重视审美的主体素养。譬如,我们在教学中很重视美和人生的关系,培养青年的正确审美观,我和甘霖合作编写了《美学原理》,我还承担了校内和中央电大的《美学原理》教学任务。我尽量地把美学原理的阐述和艺术实践结合起来,特别是充实了中国古代美学思想和艺术杰作赏析的内容。教学中使用了幻灯片,把中外艺术作品带到课堂上,都引起了学生们的极大兴趣。《美学原理》最早被评为全国美学优秀教材。在教学中不断听取同学们的意见,不断补充科研中的新成果,多次做了修改。现在已经印刷了20多次，发行了近90万册。

问：据我所知，在20世纪80年代，您在继续研究美学原理的同时，也注意对具体艺术门类的研究，您在书法和古建筑等方面的研究都很有成就，您的书法作品深得人们的喜爱。不知您做这些研究方向调整的初衷是什么？能否谈一些您在这方面的研究情况？

杨：我在研究美学原理的同时，也注意对艺术门类的研究。实际上，对艺术门类的研究能够使美学原理的内容更加充实和深入。我开始对古建筑产生兴趣是在1958年前后，因为长期生活在北京，北京的古建筑很多，故宫、天坛、颐和园、长城都是很有名的。过去学术界对这些古建筑的历史价值、科学价值的研究较多，对美学价值的研究较少。我自己对古建筑完全是门外汉，所以首先要学习。我多次游览过故宫。我还实地考察过长城，和一位青年教师一直走到玉门关、阳关，在一次长城国际学术会议上作了《长城美学考察》的学术报告。在20世纪80年代、90年代，我曾发表过有关北京古建筑的多篇美学论文。2000年，我和法国学者唐·昂热列可·舒尔乡合著《建筑》一书，其中收有我写的有关故宫、天坛、颐和园、长城的四篇美学文章。此书出有中文版、法文版、意大利文版，上述内容还通过专题讲座录像带的形式在美国公开发行。此外，我还在北大校内每年给国外文化团体举办讲座。我觉得离休后做这些工作很有意义，也很有乐趣。在1987年故宫、长城被联合国教科文组织列为世界遗产后，近年来颐和园、天坛也都相继被列入世界遗产。我觉得作为一个中国人，作为一个美学工作者能够为弘扬祖国的传统文化做一些工作是很自豪的。我现在是中国紫禁城学会的顾问，参与学会的一些活动。在今年紫禁城学会第三次会员大会上我有一个发言，我觉得对故宫等世界遗产开展多学科的研究是很必要的。我认为加强对世界遗产的美学研究，有助于更全面深入地了解文化遗产的价值。

我的另一项工作是在美学原理的指导下练习和研究书法，研究书法怎样才能产生美的效果。我曾经在国外办过多次书画展，还在日本讲过书法美学。书法是一门很富有民族特色的艺术，简单地说是汉字书写的艺术。在生活中汉字书写主要是交流思想，是实用的功能，但是在中国，汉字的书写能从实用上升到一门独立的艺术，这体现了我们民族的创造和智慧。邓以蛰、宗白华先生对中国书法美学的研究成果启迪我对中国书法的特征、价值有一个新的认识。我从事书法实践还要感谢两个人，一位是老朋友钱绍武；一位是北大法律系教授李志敏。这两位朋友可以说是我在书法上的启蒙人。邓先生、宗先生是从理性上使我认识书法；钱绍武、李志敏是从他们的书法实践中启迪我感受到书法的魅力。我逐渐体验到中国书法是"无形而具图画之灿烂，无声而有音乐之和谐"。我也感悟到书法是"心画"、"心迹"。书法是心灵的艺术，是"情感的心电图"。在书法实践中，我感到自己不仅是用手在写字，更重要的是用心在写字。写字过程实际上是一种美的追求，充满了愉快。所以，我感到书法可以使人"忘老"，对于养生大有好处。我在书法创作中很重视对传统书法的继承，但也有一些新的探索，在我的独字书法中，我把传统的书法和现代的审美趣味融合在一起。例如我写的"春"字，是在草体的基础上有些变形，用流畅而柔和的线条表现春天的愉悦。但我表现的并不仅仅是季节上的春天，而是一种人生感悟，在"春"字旁我题写几行字："春为岁之始，夏乃春之生，秋是春之成，冬实春之藏，是谓长春。"春是生命的象征，青年是人生的第一个春天，幸福晚年是人生的第二个春天。这个"春"字体现了我晚年的心态。有的朋友看了这幅字，说这个春字像一位姑娘在翩翩起舞。但我书写时并没有这么想，欣赏者的想象是一种再创造，他可以丰富作品的内涵。

　　书写古诗也是情感的自然流露，如我曾书写朱熹的诗《观书有感》："半亩方塘一鉴开，天光云影共徘徊。问渠哪得清如许？为有源头活水来。"写"天光云影共徘徊"时，连笔较多有一种流动感。写"活水来"之字时，用笔很酣畅，特别是"来"字写得很舒展。我现在虽然87岁了，但手不颤、眼不花，这也算人生中之幸事了。

　　在我的晚年生活中，除了对部门艺术的研究，最主要的活动就是对泰山的美学研究。说来我和泰山也是有缘，1979年全国美学学会在济南开会，会后我和刘纲纪教授一起去泰山游览，这是我第一次登泰山，从一天门前第一个台阶一直到玉皇顶，全是徒步，而且下山时也是走下来的。我和纲纪在岱顶住了一个晚上，第二天在日观峰看云海日出，非常高兴。后来到了80年代中期，泰山申请世界遗产项目，北大组成一个组，论证泰山的文化价值，由我担任泰山美学价值的研究，因此有机会对泰山作较全面的考察。我1986年写出了《泰山美学考察》一文，受到国家建设部的奖励。在80年代，我还写了30多首歌颂泰山的诗。其中《泰山颂》一诗，由我的老友钱绍武书写成大幅横幅曾挂在中共中央政治局会议厅；1999年这首诗由我自己用行草书写刻在泰山南天门景区朝阳洞附近的岩石上；2000年《泰山颂》一诗仍由我用隶书书写刻在泰山天外村。这首诗的全文是："高而可登，雄而可亲；松石为骨，清泉为心；呼吸宇宙，吐纳风云；海天之怀，华夏之魂。"2008年12月我又把《泰山颂》写成丈二横幅由人民大会堂收藏。

《泰山颂》还由已故著名作曲家刘炽谱曲，由北大教师合唱团演唱。我书写的《泰山颂》曾于1998年在美国旧金山市、休斯顿市展出；2004年在法国巴黎中国文化年期间展出。

问：最后，再次感谢您接受我的学术访谈！也祝您身体健康！

定稿于 2009 年 5 月

齐一，生于1922年，中国社会科学院哲学所研究员，担任过中国人民大学哲学系领导、中国社会科学院哲学所副所长、哲学所美学研究室主任，兼任中华全国美学学会秘书长。"文革"前，他担任过高等院校文科教材编选办公室哲学组副组长，负责编写哲学类教材的组织和协调工作。发表有《中国审美思想传统刍议》、《美·美学·美学研究——关于美学的对象和方法的探讨》等论文。

齐一先生访谈

时间：2006年5月22日
地点：顺义齐先生寓所

采访者问（以下简称"问"）：请谈谈您本人的工作和学术活动的经历。

齐一（以下简称"齐"）：从1946年到1949年，我在华北联合大学作研究生、助教，一直到作华北大学的教员，后来在中国人民大学哲学系任教。在人大工作期间，我主要从事哲学系的教学和管理工作。此外，还在校外担任过高等院校文科教材编选办公室哲学组副组长。1963年，我被调到中国科学院哲学社会科学学部哲学研究所任学术秘书。"文革"后，我在中国社会科学院哲学所任研究员、美学研究室主任、学术委员会委员。同时，还担任中华全国美学学会秘书长、中国大百科全书哲学卷编辑委员会委员等工作。实际上，我在美学研究室工作的时间并不长，从事美学研究的时间也很有限。随后，我就到哲学所做些管理工作。退休之后，在一所学校教过一期《美学概论》，发表过《中国审美思想传统刍议》，载于《跨世纪国际名人名作·中国科技卷》，由美国世界名人书局出版。

问：据我所知，人大哲学系的美学教研室是新中国成立后我国高等院校中成立最早的美学教研机构之一，教学和研究活动开展得都比较早。请您谈一些人大美学教研室成立的经过和最初的教研情况。

齐：当时，我在那里教书。在新中国成立后的一段时间，我国对一些学科采取了一种不重视，或者说压抑的态度。例如，许多大学没有开设过美学课程。一些学术工作也受到抑制，主要原因是那个年代的教条主义的谬误起了破坏作用。

按当时的理论原则行事，有些学科被批判的多，该接受的少，甚至可以取消。似乎只要有了马列主义，有了辩证唯物主义和历史唯物主义，社会学、政治学都不必另设，马克思主义原理已经把这方面的问题都解决了。在当时"极左"思潮的影响下，有些研究工作不可能有大的发展。

那时，基本上是照搬苏联教材。美学、伦理学研究不受重视。有很长一段时间，社会缺乏审美教育，道德教育的效果也有问题，旧道德被否定，新的道德一时又难以建立起来。所以，中国社会的精神文明建设依然任重道远。当时，人大开设了美学课程，马奇主持美学教研室。

最初，开美学课是很不容易的。那时不可能请北大的朱光潜先生来讲课，就接受人大教新闻学的一位苏联专家的妻子讲美学，但当时有的专家就认为她没有资格担任教学工作。当然，苏联专家也有比较优秀的，建系之前，担任哲学课程教学的凯列就是一位坚持真理的学者，在苏联，他也屡受打击。后来，他在改革开放时期来访，在中国社会科学院的一次座谈会上，有人问："我们常在苏联刊物上看到批你的文章，这是为什么？"他说："无非是我的话早说了几年，差点被开除党籍。"

这些都说明，美学教研室所走的路非常艰辛。在当时的条件下，美学发展极为艰难。

问：您在人大工作的时候，我国美学界就展开了美学讨论，一直持续到60年代。从现在看，这次讨论还是有积极意义的。您作为历史的见证者，能否谈些这次讨论的情况？

齐：我没有参加讨论，也没有写过文章。当时是要批判唯心论美学，因此，朱光潜难免就要遭到批判。蔡仪认为，美是客观的，自己坚持了马克思主义，但也有许多人不同意他的看法。

问：您在人大工作期间，还在校外兼任过高等院校文科教材编选办公室哲学组副组长。当时，在你们的管理和协调下，编出了不少有价值的大学文科教材，其中，也包括了那本在美学界有相当大影响的《美学概论》。您是这个活动的参与者，请您谈些有关编写《美学概论》的情况。

齐：当时，我主要负责哲学组的工作，哲学组的组长是艾思奇。教育部也有相关机构参加了这个活动，由杨秀峰牵头，胡沙、季啸风具体负责日常工作。他们受中央宣传部教育处一名姓吴的副处长的领导，他直接对周扬负责。

实际上，周扬是这个时期的文科教材编选工作的主要领导者，许多重大问题都是由他决定的。因此，有时他亲自召集各组组长开会。我难忘的一次是在有冯至等人参加的小型会议上，他突然说："有人说我们是中世纪，是吗？"大家沉默不语。他接着说："我看有点儿，我们是红衣神父嘛！"说罢，他哈哈大笑。谈到这里，我不禁联想到，在"十年浩劫"后文代会的准备会上，他沉痛地忏悔。在谈到对文化人进行政治迫害的年代自己犯下的罪过时，他泪流满面。由此可见，在那段反常的历史时期，他的思想是复杂的，有些行为的恶果不该由他完全负责任。应当肯定，在文科教材编选之类具有建设性的工作方面，他是起过积极作用的，那些从无到有的自编教材取得了良好的社会效益。

当时，我做的美学方面的工作多些。我亲自去找朱光潜先生，希望由他来写《西方美学史》，他不但答应了，也认真地完成了这项工作。我还找过宗白华，想让他负责编写《中国美学史》，他也接受了，但最后没有编出来。当时规划了包括各学科的基本教材，但是，有好多都没能编成，如计划内由任华作主编的《西方哲学史》也没有编出来。

编写《美学概论》的工作，让王朝闻作主编是周扬定的。他是美术界的知名人士，理论水平较高，他写过不少美术、戏曲方面的文章，在学术界有一定的影响。编写教材时，考虑到主编应该是党员。蔡仪写过《新美学》，已经担任《文学概论》的主编。所以，还是选了王朝闻。王朝闻为人很好，我做了些具体的协调工作，参加者有马奇、杨辛、李醒尘、李泽厚、叶秀山、朱狄等人。

《美学概论》的编写很艰苦，前期工作做得比较多的是李泽厚，后来出版的《中国美学史》基本上是刘纲纪写的。最后，《美学概论》由王朝闻定稿。应该说这本书还起了一定的作用，无论如何是中国人自己编写的，是集体创作的成果，许多人都付出了不少精力。

问："文革"后，中国社会科学院哲学所成立了美学研究室，美学室对推动新时期的美学研究起到了非常重要的作用。您是研究室的主任，能否谈些建立美学室的情况和你们进行的学术活动？

齐：社科院美学研究室、伦理研究室是在"文革"后由我建议成立的，那时我刚恢复工作不久。我原来的专业是哲学，对美学只是有兴趣。李泽厚、郭拓是副主任，他们对美学做过一些研究。还有几位从事美学门类研究的人员，如朱狄是学绘画的；王世仁是学建筑的；张瑶均是研究电影美学的。此外，还有从《新建设》杂志调来的聂振斌等人。

我在美学室工作时间很短，成立中华全国美学学会是为社会做了一件好事。第一届全国美学会议是在云南昆明召开的，我觉得那次会开得很好，也可以说是空前的。因为美学学会从无到有，大家都很兴奋，讲话的顾虑也比较小，吸收了很多知名学者，把大家的积极性都调动起来了。之后，研究中、西方美学的论著也日渐增多。

此外，我认为在第一届美学会上产生的那封倡议信是很重要的。当时中国教育方针是"德、智、体",不提美,开第一次全国美学会时,我们请朱光潜、伍蠡甫等四名专家写了一封很恳切的信,向中央、教育部门提议,把"美"加入教育方针。好几年之后,有关部门才把教育方针改为"智、德、体、美、劳",不知什么原因,后来终于改为"智、德、体、美"。总算接受了蔡元培早已倡导的美育。

问: 在您的工作经历中,您接触过不少的美学家,有的已经去世,而健在的也都是高寿了。他们是在特殊的历史时期和艰难的条件下从事美学研究的,为我国的美学事业做出了开创性的工作,其人格魅力和学术品格都是美学界应该继承的宝贵遗产。希望能谈些您对他们的了解。

齐: 先从朱光潜谈起。要组织编写《西方美学史》,我才去拜访他。他是一位真正的学者,做事非常认真,一开始就慷慨地承担了这项工作,而且独自写成了一部颇有学术价值的著作。他有教养,有学者风范,确实是一位让人尊敬的老人。后来,我不做美学方面的工作了,我请他到我香山的住处去聚餐,他还带了故乡特产的好酒。尽管我们交往不多,但和他谈话就能感受到他很诚恳,谈问题深刻,学术修养很好,在老一代学者中,这样的人也不是很多的,所以他给我留下了很美好的印象。朱先生身体瘦弱,但非常勤奋、用功,是一位很少见的真正学者。他在逝世前,遭遇到在"拨乱反正"之后掀起批判人道主义、异化学说等浪潮。在这段时间里,由于朱先生对沈从文、老舍评价特高,惹出不该有的麻烦,心情很不愉快。我去看他时,他曾对我说:"有位大人物来看过我,安慰我。"他去世后,我曾和北大哲学系硕士生印云去看望过他夫人。

宗白华是位杂家,很有学问,也很自由,可惜晚年成果较少。他非常喜欢北京的一些传统文化,经常背着一个书包,到处去走一走,看一看,生活很潇洒。他对中国美学体会较深,他的《美学散步》是能够经得起历史检验的。

在编写《美学概论》时,我与王朝闻接触很多。他有修养,知识面宽。他不大习惯写大块头的理论著作,编《美学概论》对他是个难题。但是,他领导大家完成了这项工作。我和马奇共事多年,在经受严峻考验的特殊年代,我们的行动总是一致。他在美学教学和研究方面做出了许多贡献。近日从《风范长存——马奇先生纪念文集》中,看到你们采写的他的访谈录。

我与蔡仪接触得不多,他认为他自己的美学观是马克思主义的,有些人则认为他的美学是机械唯物主义。在我看来,审美是人的心理活动,应当加强审美心理学和其他先进科学的研究,在这个基础上,推动美学成为一门经得起检验的学科。我的美学观点主要集中在《美·美学·美学研究——关于美学的对象和方法的探讨》一文中（《美学与艺术评论》第三辑，复旦大学出版社1986年版）。

由于我从事美学研究活动的时间不长，知道的东西有限，只能谈这些，非常抱歉。

问：您提供了不少有价值的材料，最后，让我再次表示对您的感谢。

定稿于 2006 年 6 月

敏泽（1926—2004），河南渑池人，中国社会科学院文学所研究员、中国社会科学院研究生院教授，主要从事中国古代美学、文艺理论研究，曾经担任《文学评论》主编。他担任过《文艺报》理论组和古典文学组的组长，参与实施了《文艺报》组织的对朱光潜美学思想的批判，并编辑了二卷《美学问题讨论集》。主要著作有《中国文学理论批评史》（二卷）、《中国美学思想史》（三卷）、《中国文学思想史》（主编）等。

敏泽先生访谈

时间：2001 年 10 月
地点：潘家园侯先生寓所

2001 年 10 月，我们就当代美学的论争问题，请教了侯敏泽先生。侯先生早年供职于《文艺报》，因错划为"右派"下放劳动。在"文革"的动乱年代中，他没有放弃自己的学术研究。随着国家文化事业的拨乱反正，他又于 20 世纪 70 年代末重新开始了自己的研究，他的《中国文学理论批评史》、《中国美学思想史》相继出版，产生了一定的影响，后来又担任《文学评论》的主编。侯先生参与了新中国美学的建设，是新中国成立初美学讨论的历史见证人之一。就我们所提的问题，侯先生为我们讲述了自己的亲身经历和对这一段历史的思考。

采访者问（以下简称"问"）：50 年代的美学讨论是特定历史时期的文化现象，有其社会和文化土壤。当时整体的思想文化状况如何？

侯敏泽（以下简称"侯"）：谈到 50 年代的思想文化状况，应该对它有所分析。历史地看，可以分为前期后期，即反"右"前与反"右"后两个时期。两个时期既有一致的地方，又有很大的不同。新中国成立后，由于推翻了国民党封建、腐败的政府，铲除了娼妓、毒品，出现了夜不闭户、路不拾遗的情况，共产党的威信非常之高，人们对它也很信赖。党在新中国成立后很重视宣传马克思主义和清除资产阶级思想的影响，从而巩固新生的政权，这自然是合理的。这一基本思想在前、后期也是一致的，并无原则的差异。但早期相对来说还有一些学术自由的空间，进行批判一般也不会带来严重的政治后果。如批判《武训传》时，曾批评上海文化方面的负责人夏衍，却并未给他带什么帽子。反"右"后，以上两点就都荡然消失，不复存在了。反"右"是我国政治文化生活急剧"左"倾化的重要转折点，它对思想文化领域的影响是极为深刻、无处不在的。

譬如说,反"右"之前还可以批评周扬,报刊有可能发表的话,后来就根本不可能了。这是有很大差异的。

从1956年开始,由于毛泽东同志提出了"双百"方针,政治文化思想比较活跃。当时对待马克思主义的理论虽然也较普遍地存在着简单、幼稚的情况,但也有少数人还是较为清醒的,能够认识到粗暴简单的做法及推行教条主义的严重危害性,敢于对之进行比较求实而又尖锐的批评。反"右"是我国政治文化生活急剧"左"倾化的重要转折点,反"右"继之以反右倾,不断增强的高压政治使人们失去了讲真话的自由,学术自由更无从谈起。

反"右"前,虽然进行了批判《红楼梦》、《武训传》和胡适等文化活动,但都不像后来那么简单粗暴。在批判胡适时,毛主席还指示,胡适的功劳不能一笔抹杀,应肯定其提倡白话文的功劳,这不同于后期的大批判,当时没有什么政治后果,也没有政治帽子。学习马克思主义热潮在当时是相当普遍的,相当多的知识分子都有这样的要求,抵触的比较少,而且批评和反批评是比较自然的事。如朱光潜先生、程千帆先生,原来并不是研究马克思主义的学者,后来感到马克思主义确实了不起,就开始认真学习,并自觉地运用于对文艺的阐释上,这是一种普遍的情况。1953年,中央政府提出了过渡时期的总路线,提出要在意识形态领域内清除资产阶级思想的影响。1956年前后,唐达成和我都写了批评教条主义、庸俗社会学和对待知识分子宗派情绪的文章。整个50年代并不是一锅黑,前后期还是有区别的。在《文艺报》上看到过洪子诚的一篇文章,对50年代的看法相对说就是有分析的。例如,在文化思想上反对封建主义的问题。80年代有些"精英"提出了这个问题,并且颇为自诩,认为是他们的首创。其实早在1953年我就撰文尖锐地提出过:"克服这种思想(封建思想——注),甚至比推翻反动政权还要费事,因为人们可以自觉地去推翻反动政权,却又可以不自觉地维护自己的落后思想和照习惯地去服从旧的一套生活。"后来发生的"文革",就是这方面的明证。又如关于对教条主义和庸俗社会学的批判的问题,一些人在"文革"后提出了这个问题,也以首创之功自居,而实际上,有些同志在50年代就曾尖锐地提出并批评过这些问题了。例如,1957年在《解放军报》举行的一个座谈会就很典型,我当时在《应当按照艺术的特点领导艺术》一文中就尖锐地批评过周扬、陈沂的教条主义和庸俗社会学的做法。后来的许多批评还没有我们当时批评得那么尖锐。这篇文章过去一直不曾引起人们的重视,直到最近才开始受到人们的重视,并且人们对它给予了很高的评价。当时的学术批评虽然有时比较尖锐，但由于没有政治后果，情况就很不一样。

问：与 50 年代人文社会科学领域的其他专业相比，美学讨论显得"一枝独秀"，为什么美学讨论进行得比较顺利？

侯：当时的学术气氛相对来说还比较自由。批评有时虽然比较尖锐，但由于没有政治后果，情况就很不一样。80 年代初，叶嘉莹先生来内地，曾给我带来一批台湾学术界六七十年代关于学习西方文论问题的争论材料，有位学人对台湾大学外语主任的批评使用言词之尖锐，在内地都是极少见的，由于没有政治因素的介入，批评照样进行得很热烈。50 年代前期，虽然发生过以"反革命"罪对胡风的错误批评，但对当时美学讨论影响并不大。这其中可能有这样一个原因，当时关于美学的讨论是由主管学术文化的周扬定性的，主席未直接或间接地过问过。周扬认为，朱光潜先生的美学思想在新中国成立前的旧中国消极影响很大，应该清除，并与朱先生商讨，是否可由他写一篇关于这一问题的自我批评，并展开讨论。我当时是《文艺报》古典文学和理论组组长，这事经过《文艺报》领导传达给我，要求我来负责具体组织、实施这一讨论。说起 50 年代中期关于美学问题的讨论，还应该提到一点历史情况，即全国解放之后，在新中国宣布成立 20 多天之后的《文艺报》第 3 期上，就发表了一篇蔡仪同志批评朱先生的文章：《谈"距离说"与"移情说"》，接着在该刊第 8 期上又同时发表了黄药眠、蔡仪先生批评朱先生的文章：《答朱光潜并论治学态度》和《略论朱光潜的美学思想》，以及朱先生对蔡先生批评的答复：《关于美感问题》。这些批评和反批评虽然彼此的见解很不相同，但争论双方的态度都是较平和的，并没有什么火药味。50 年代中期的讨论在一定意义上可以说是这一讨论的继续。当 50 年代中期，领导上决定讨论朱先生的美学思想时，我是持积极拥护态度的。我当时也认为：鉴于朱光潜的学术影响比较大，应该做些批评清理工作。后来经过酝酿，于 1956 年初开始讨论，贺麟、黄药眠、蔡仪等先生先后写文章批判朱光潜的美学思想。我在《哲学研究》上也发表过一篇批评朱光潜的长文。当时我二十八九岁，年轻气盛，加上受到"左"的影响，文章写得比较粗暴、简单。"文革"之后，我对此做过很多口头的和书面的自我批评。当时，关于美学的讨论进行得很热烈，有时也很尖锐。不仅是单向度地批评朱光潜先生的美学思想，而且，随着讨论的展开，相互之间也有很多的批评。例如，朱先生不仅做了自我批评（发表在《文艺报》1956 年 6 月 30 日出版的第 12 期上，题为《我的文艺思想的反动性》），同时还坚持对蔡仪先生的美学思想进行批评，如发表在 1956 年 12 月 25 日《人民日报》上的朱先生的文章《美学怎样既是唯物的,又是辩证的》就是如此。这是他主动写的,并没有人组织他写。蔡仪和黄药眠之间也有互相批评,我本人也曾对蔡仪和其他先生的美学思想提出过批评。由于没有外在的政治干预和政治后果,主要一点就是毛主席没有干预,所以,学术气氛相对说是比较好的。否则,那后果就可能比较严重了。总体上说,美学问题的讨论是开展得比较顺利的。它由批评朱先生美学思想开始,接着转入了正常的美学问题的广泛争论和探讨,为以后的美学问题引起学界广泛关注和这一学科本身的建设和发展,起到了极其重要的开创性的作用。

这次美学讨论之所以开展得比较顺利,概括起来说,主要是两方面的因素促成的。第一,是1956年相对说比较宽松的政治文化环境的作用,没有当时比较宽松的政治文化环境,对朱先生美学思想的批评就很可能产生更大的偏颇,而且也不可能在以后顺利展开比较健康的讨论。第二,朱先生本人的积极态度,这也是很重要的。在当时的特定历史情况下,朱先生通过学习马克思主义,从内心里感到自己以前的美学思想是有缺陷的,应该清理,因而对于这一批评采取了积极配合而非抵制的态度。同时作为一个真正的学者,他具有非常谦逊的治学态度,又敢于坚持己见。他并不认为自己所有的看法都是非科学的;相反,他认为对的,他仍然要坚持(并且一直是如此,直到他谢世),并不动摇;而对于他认为错了的,他却始终能够虚怀若谷地接受各种各样的批评,甚至是十分尖刻的批评。例如,尽管我当时所写的批评朱先生的文章是少有的尖刻,态度很不好,用朱先生的话说,就是"谁也没有你骂我骂得凶",但是朱先生却认为我的意见他是"心服的",并因此建立起了友谊与信赖。当然,从今天来看,要重新评价是另一回事。

问:美学小组是在什么样的背景下成立的,它是如何成立的?对当时的美学讨论有什么影响?

侯:朱先生在受到对胡适文艺思想批判等的影响下,要求清理自己以往的美学思想,发表了自我批评,并展开讨论一段时间之后,《文艺报》美学小组成立了。这是全国解放之后最早成立的一个美学组织。之所以成立这个小组,是由于参加讨论的学人都感到美学方面的很多问题需要展开长期探讨来促进其发展。关于美学问题的正式讨论都是从美学小组开始的,美学小组是由黄药眠先生、朱光潜先生和我倡议建立起来的。由我担任美学小组的秘书,负责会议的联络和组织工作。

大约在1956年七八月份成立了美学小组,是采取自由结合的方式建立的。当时参加的有黄药眠、蔡仪、贺麟、宗白华、朱光潜、张光年、王朝闻、刘开渠、陈涌、李长之和我，一共有十多人。新中国成立前，美学研究方面有影响的著作是蔡先生的《新美学》、朱先生的《文艺心理学》（实际上也是美学）。除陈涌、张光年外，其他人都曾参加过美学小组召开的讨论会。参加次数最多的是朱、蔡、黄和刘开渠诸先生。当时的讨论有大体的意向，当然也有即兴发言。关于美有许多不同的看法。美学小组成立后，前后一共开过三次讨论会，都是在《文艺报》编辑部举行的，先是在鼓楼东大街152号，后来是在王府大街64号。讨论会开得很自由、很随便，发言也很热烈。《文艺报》1956年第23期还专门做过一次较详细的报道。

记得有一次会议讨论雕塑的美学问题，刘开渠同志提出，文艺复兴以"人"为中心，摆脱了宗教的影响，但与中国的雕塑却有很大的不同。中国的雕塑发达在魏晋之前，都是以宗教问题为中心，而非以"人"为中心的；现在我们要以表现建设社会主义的人为中心，又要继承民族形式。那么，什么是雕塑艺术的民族形式呢？朱光潜先生对大家的批评发表了感想，认为有很大的帮助和启发，但是，他感到有建设性的问题很少。他提出了一些他感到不能解决的问题，如美的主观与客观的问题。蔡仪、黄药眠也就这些问题进行了讨论，整个讨论涉及的问题很广：美学的对象问题、美的主观与客观问题、美的主观规律性问题、美感的差异性、形象思维和逻辑思维在创作和欣赏中的原则等问题。在讨论蔡仪的观点时，黄药眠、朱光潜、贺麟的观点都不相同。当时由于大家的年龄都还不算很大，所以这次会议一下子开了六个小时。谈到中西美学的差异时，有人提出，希望将来有机会组织大家到希腊、罗马和埃及看看，这样可以比较中西的雕塑、建筑、绘画究竟有什么不同。

美学小组的成立，有力地推动了美学问题讨论的开展。《文艺报》当时发表过褚斌杰的讨论中国古典美学的文章，当时哲学所的曹景元同志（后来担任过《哲学研究》副主编）也写过文章。我本人1957年在《学术月刊》上发了一篇探讨美的主、客观的文章，此后就再没有写过这样的文章了。因为我想，抽象地讨论美是永远不会有结果的，应该从美学史和与美相联系的实际来看待美的问题，才能讲清楚。当时，美学是新的学科，50年代我到上海见到了蒋孔阳先生，他正在讲《文学概论》，我对他说，文学概论没什么意思，劝他转向美学研究。他后来从事美学研究，倒取得了不小的成就。

为了推动当时美学讨论的开展，1956年底，我将报刊上已发表的文章及《文艺报》当时收到却未及刊出的几篇文章汇集在一起，编辑了两本《美学问题讨论集》，前面的说明也都是我写的。1957 年我被打为"右派"，以后就由别人编了。1959 年，美学讨论的重心转入《新建设》，《文艺报》发的文章也就不多了，《文艺报》在美学讨论中的作用逐渐减弱。我离开《文艺报》后，美学小组也就没有再活动了。

问：从当时美学讨论的情况看，哪些是意识形态的？哪些属于美学建设？

侯：这次讨论是从讨论怎样清除朱光潜先生的美学思想的消极影响开始的。讨论时，大都着眼于政治，主要是为了清除其唯心主义思想的影响，及其远离现实、不积极参与现实变革的倾向，可以说对朱光潜美学思想的讨论政治所占的比重很大，这次讨论的目的是为了清除其政治上的影响，以后才逐步转向美学讨论的，1956 年后的美学讨论相对地转到学科本身的建设方面。《我的文艺思想的反动性》也主要是从政治上检讨自己的美学思想的，从批评和被批评两方面看都是充分意识形态化了的。发表朱先生文章的按语是我写的，按语中说："我们认为，只有充分的、自由的、认真的相互讨论和批判，真正科学的、根据马克思列宁主义原则的美学才能逐步地建设起来。"从这种意义上讲，这次讨论既是意识形态的，也是美学的，美学小组成立以后，美学讨论更加关注美学自身的问题，探讨了一系列重要的美学问题，也更具建设性。

问：上级领导对这次美学讨论有没有指示？

侯：我前面已经谈到了，当时周扬作为党的高层领导，对这次讨论有过简单的"指示"：通过讨论消除朱先生美学思想的消极影响。其他就没有了。后来我们提出美学讨论的具体设想，选题先报到了中宣部，并没有更进一步的批示。插一句，当我们把批评朱先生的文章的油印稿寄给周扬后，他当时还说，批评是不是太尖锐了，不利于团结。别的就没有了。实事求是地讲，从整体上评价周扬是复杂的，但他对这次讨论的态度还是比较好的。

问：美学讨论与当时的文学思潮、文学批评有什么关系？

侯：当时美学讨论主要是讨论朱光潜的美学思想，并没有考虑当时的文学创作实践中提出的问题。当时带着特定的时代烙印，这是难免的。但现在对朱光潜先生的美学思想的评价是否有些偏高了，这可以研究，钱钟书先生也基本上是这样看的。现在谈朱先生的美学思想，只讲他前期的东西，不讲他学习马克思主义后的东西，学习马克思主义他也有简单化的倾向，但这毕竟是不能够完全否定的。朱先生后期对马克思主义的信仰是出自内心的、坚定不移的，这一精神非常可贵，不能否定。新中国成立后，在哲学上，对唯心、唯物看得比较重，实际上，有些唯心主义思想家在政治上还是很进步的，而有些唯物主义思想家在政治上不一定进步，如王夫之是杰出的唯物主义思想家，但在政治、社会思想上并不是很进步，有时还很落后，起码比黄宗羲就差得很远，所以不能简单地贴上唯物、唯心的标签来衡量。从现在看，新中国成立初期，在宣传《讲话》时，要求从生活出发，深入生活对于克服主观主义是有一定影响的，但不是直接的。

问：50年代美学讨论的动机是什么？

侯：50年代的美学讨论包括两方面的内容：对于朱先生美学思想的批评和关于美学问题本身的讨论。二者相联系、相衔接而又各不相同。关于这两面的讨论，其动机、目的，前面实际上都已谈到了，这里不再重复。但可再简单补充一点，就是：为了建设社会主义的新文化，就应该和必须展开对封建主义和资本主义的文化思想的批判，这是历史的要求。但用搞政治运动的办法解决学术问题是绝对行不通的，历史已经充分证明了这一点。新中国成立后，毛主席很关心思想文化界的状况，这种关心主要都是从政治上着眼的，并且几次大的运动都是由他批示发动的，而一旦发动，就成为政治运动，这是大家都了解的，也造成了许多消极、负面的影响。譬如说，全国解放初期，姚文元曾是上海卢湾区青年团的一个工作人员，曾经担任过《文艺报》的通讯员，1962年写信还称我为老师。他曾写过一篇东西，发表在《文艺报》，被毛主席看到了，很感兴趣，跟当时《文艺报》的主编冯雪峰讲了。当时批胡风，毛主席也谈到姚文元。冯雪峰有一次将这一情况告诉了姚文元，姚文元当时就兴奋得跳了起来，这都是冯雪峰当时对我讲的。后来姚文元就平步青云，走向了党的高层，但最终还是走向了历史的反面。毛主席一关心，事情就大了，包括《红楼梦》批判在内，冯雪峰还因为《文艺报》没有及时地发表这一文章而挨了批，并开始整顿《文艺报》。

美学讨论，由于没有毛主席的干预，所以总体上说，进展得还比较平稳，并很快顺利地转入了学科建设本身的讨论。回想起来，这算得上是一件比较幸运的事了。

问：从您与朱光潜先生、蔡仪先生的交往经历看，请您谈一谈您对他们的印象。

侯：朱光潜先生是我非常尊敬的一位学者，但对他的认识却是非常曲折的。

解放初期，像我这样进城接管过旧政权机构的青年人，现在想来，当时实际上患着一种非常肤浅的革命幼稚病。对从旧社会来并和旧政权有过牵连的人，总是心存疑虑，不大愿意接触、来往，看人家的问题，也很容易联系过去，上纲上线。50年代，我写的批评朱先生的文章，就是这种情绪下的产物。为了写这篇文章，我虽花了较大的力气，不仅看了朱先生的全部著作，连克罗齐的《美学》，当时在国内找不到，我还辗转托人从香港找了一本英国1922年出的英文版来阅读。但由于自己比较了解朱先生的过去，所以文章的火气很大，就和这种偏见分不开。

当时的偏见使我仅仅着眼于政治，对朱先生的学术贡献不置一词，后来想起，很感惭愧。但我的文章发表后不久却接到了朱先生的一封信，意谓：他认真地阅读了我的文章，在所有批评他的文章中，只有我的文章骂他比别的文章都骂得凶，但很多批评他的文章他并不服气，只有我的批评或者说"骂"，他是"心服"的。并约请我有机会到他家去作客，表现了一个真正学人的风范。当时我在内心深处还不想和他多来往，也畏此举会遭到的种种"革命"性的流言蜚语，所以拖了很长时间未去，当然，后来还是去了。我当时对朱先生的认识也较肤浅、片面。

1957年我被打成了"右派"后，除家属和机关外，当时几乎没有人知道我的行踪，为了避免给别人添麻烦，我自己主动地断绝了和别人的一切联系。劳改后到天津、河北文联工作，一天突然收到了从北大寄来的复印的东西，打开一看是朱先生寄来的，还附有一封信，说自己写了篇美学讨论的文章，系里不久要讨论，请我无论如何给看一看，提些意见，赶快寄给他。我感慨很多。自己从革命者一夜之间成了革命的敌人，他还敢和我来往，也不知他是从哪里打听到我的地址的。他确实有大家的学术风范和气度。"文革"后，1978年我回到北京，在《文学评论》编辑部见到朱先生的一篇文章已经签署待用。当时的政治气氛需要尽快刊登一些老学者的文章。我看了文章之后，感到无论如何不能发，应该改一改。一方面他是"文革"的受害者；另一方面他也中毒太深，他的文章还把"阶级斗争"为纲也抬出来了，仍然是"文革"中的调子。尽管我本人当时思想上仍有许多框框，但感到这样讲实在不行。我讲，老学者"文革"后第一次发这样的文章，对刊物和他本人都没有好处，我去给朱先生说一下，请他改一下再发。当时有的人就抹去了铅笔签好的同意发表的意见。我见面寒暄并向朱先生说明来意后，他说他实在改不了，修改的事就全权交给我了，我愿意怎么改就怎么改，他对我绝对信赖。回来之后，我认真修改了三整天，送给他看后，他还是满意的。朱先生逝世后，他家人通知我，要我一定去参加他的追悼会。朱先生后来学习马克思主义是真心实意的，为了准确地理解马、列主义的原著，他自己还刻苦学习俄语。我在韩国汉城大学做过一次关于美学的讲演，在之后举行的座谈中，有人问，朱光潜先生后来学习马克思主义是否是真心的？我讲，是的，朱先生后期是坚持学习马克思主义，是全心全意的。

再说说对蔡仪先生的交往和印象。蔡仪先生是我国最早宣扬马克思主义美学思想的学者，应该充分肯定他在这方面的历史功绩。他在治学和为人的很多方面，都是值得人们深深尊敬和学习的。在治学方面，他学风十分严谨、一丝不苟，从不朝三暮四，而是一贯以之。和时下那种并无一定的理论或变化"无线索可寻，而随时拿了各派的理论来作武器的"、"流氓"式（鲁迅语）的"学"人，不可同日而语。他人品很好，正直善良，深深受到人们的尊敬。但从美学问题讨论开始，我们的观点就一直有分歧。在美学上，我也是坚持马克思主义美学思想的，但我不赞成美是客观的观点，这种观点在理论上和实际上都是讲不通的。美是离不开人的，地球毁灭了，物质还存在，但还有美吗？所以美是客观的也就难以成立了。人的审美观念也并非一成不变的，而是随着历史的演进不断发展变化的。我的《中国美学思想史》中对这一观点作了充分的阐述，可参阅。我批评他的观点，他也从不以此为忤，绝无白衣秀士王伦那样的小气。而且，批评、争议很少影响到私人关系。"文革"之后，他办美学刊物，还主动约我写文章，并作了一些认真细致的修改。他主编的一套美学丛书，诚恳地希望我能挂个副主编的名义。这事我虽然谢绝了，但对此心存感激。这正是老一辈学人的风范，你给他提意见，他还要表示真诚的感谢。

问：请您谈一下80年代人道主义讨论的情况。

侯：大家知道，在"文革"之前的很长一个历史时期内，人性、人道主义都是一个理论禁区，这些概念几乎就是资产阶级和修正主义思想的同义语。而在"文革"之前的历次政治运动中，整人、伤害人、灭绝人性的事情却愈演愈烈，到"文革"发展到了极致：封建法西斯主义横行一时。因此，"文革"之后，人们很自然地要为人性、人道主义从理论上正名，群众中有人甚至说：人道主义怎么也比兽道主义好。我在1981年《文艺理论研究》发表的文章指出，要突破文艺的禁区，敢于描写人的精神世界，并应该对人性、人道主义给予应有的重视。理论上和实际上都证明了：没有人性只有阶级性，还能是人吗？有共性就有人道主义，否认人的共性的实际危害太大了，不承认这些，就不是马克思主义。

在80年代人道主义的讨论中，周扬是赞成人道主义的，他也认为应该为人道主义正名，但应该看到马克思主义的人道主义与资产阶级人道主义的区别。周扬的文章发表后，当时我给他写信讲，应该讲人道主义，但马克思主义的人道主义与历史上的人道主义不一样,因此也应该讲马克思主义的人道主义与资产阶级的人道主义的联系与区别,他的文章的缺点是马克思主义的人道主义与资产阶级的人道主义的联系讲得不少,但区别讲得太少,容易授人以柄。至于后来由此展开的关于社会主义不存在"异化"问题对周扬进行的批评,问题就比较多了。我当时也是认为社会主义是不存在"异化"问题的,现在看来,这个看法是有问题的。现在看,异化是事实,而且是普遍存在的事实,几乎无处不在,因此,从这方面对周扬进行的批评未必是正确的。

问：您的三卷本的《中国美学思想史》在学术界有一定的影响,您也花了很大的功夫。请您谈谈关于这部美学史的一些情况。

侯：80年代,有很多出版社的人对我讲,希望我一两年之内,写出一部美学史交他们出版,争取以中国第一部美学史问世云云。我对这样的好意一一表示了感谢,并说美学史大概是要写的,但我不想赶,也无意去争什么"第一部"之类。什么时候写,以后再说。在我的文学理论批评史出版并做了一次大的修订之后,我就立意要写一部中国美学思想史。当时我在《文学评论》担负着一些领导工作,本来就急着想退下来到研究室动手写美学史,这时领导又劝我出任《文学评论》主编,我知道这顶帽子戴上易,摘下难,于是就找领导反复恳求,经一年多的恳求,终于获准。于是从1982年开始,我就全力进入了美学史写作的准备阶段（其实这种准备在此前很久就开始了）。这时李泽厚他们想搞一部美学史,他曾多次劝我能够参加他们的主编工作,为他们主编一段或几段（指历史阶段）都可。我都婉言谢绝了,把全部精力投入自己的美学思想史的搜集材料和写作中。

再说特点和被大家公认为独创的地方。我想重要的是以下几点：

第一,以充分的历史考察为依据,从中国文化和思维特点入手,考察中国美学思想史的发生和发展,指出中国美学思想的根本特点是："以法自然的人与天调为基础,以中和之美为核心,以宗法制的伦理道德为特色。"中国美学思想的根本特点,是由中国文化的独特性造成的,这个概括是花了很大力气从研究、思考中得出的,是一个比较全面而科学的论断,为许多学人所公认,而为其他著作所缺乏的。

第二,从发生学上考察中国美学思想的形成和发展,即从居住在中华大地上的原始先民的审美意识的发生和发展的考察入手,来论述审美意识的形成和演变。这是一项难度极大的工作,至今无人从事过这项工作,因此,没有现成的著作可资参考和借鉴,要阅读大量的考古文献、考古报告、出土文物、金文、甲骨文，等等。这一部分论述在我的书中虽然只有几万字，但却花了近两年多的时间。这完全是一种开创性的工作，是此前无人进行的。一般的美学史都是从论述老子、孔子的美学思想开始的，这根本无法科学地说明中国美学思想史的形成和发展。中国文化和美学思想在孔、老之前已经有了很长久的历史，孔、老时期已经达到了一个很高的水平，远非美学史的源头。

第三，书中一个令人瞩目的特点，就是不仅考察、论述每一历史时期的重要美学家的思想（相对来说这是比较容易的），而且考察、论述了每一个历史时期在特定的历史文化状态下所产生的有重要影响的美学概念，其萌发、产生及发展的历史，这是一项难度极大的工作。它们的原始资料，常常只有只言片语，隐藏在大量的历史文献中，将它们钩稽出来，加以梳理，实在是一件十分费力气的事，这也是一般美学史所欠缺的。

第四，在具体的论述中，有很多独到精致的创见，难以赘述。这里只举几个例证，以见一斑。

（1）在全书第一编《史前至商周时期》的论述中，以大量的事实为依据，证明了在中国古典早期，审美与模仿同样是分不开的，不只是西方早期才有艺术产生于模仿之说，中国早期也毫不例外；向来国人论述《诗大序》的"言之不足，故嗟叹之……永歌之不足，不知手之舞之、足之蹈之也"，都承认这段话说明了中国早期诗、乐、舞之一体，但也都到此为止。笔者却从世界范围内早期诗、乐、舞关系的历史考察中，指出诗、乐、舞一体是人类早期艺术发展的共同规律，《诗大序》那段话说明的也正是这一规律，这是此前从未有人提出过的。

（2）"文革"之后，最早比较系统论述佛教对于中国艺术理论的影响的，是拙著《魏晋至唐关于艺术形象的认识——兼论佛学输入对于中国艺术形象理论的影响》（《文学评论》1980年第1期），当时曾受到钱钟书先生很高的谬奖；《中国美学思想史》中关于佛教输入对于中国审美意识发展的影响的论述，也曾同样受到钱先生出于关心后学的谬奖。

（3）关于苦瓜和尚《一画论》的论述，著名画论家和美学家、已故的伍蠡甫先生读后写信给我说，《一画论》问世后，几百年来许多问题争议不休，也说不清楚，迄今未有令人信服之论，谬奖我的著作"剖析精到"，于《一画论》微旨"说得一清二楚"，令人口服心服，等等。

其他如为张岱年先生谬奖过本书关于明清文化思想特点的分析是独具识力的；程千帆先生称我对叶燮的分析，不愧为叶氏身后之桓谭，等等。难以例举。不仅在许多重大问题的分析上，本书有自己的创见，即使在一些细小方面，这种独特的创见也屡见不鲜。举一例，如论述清初之思想文化特点时，从钩稽出的资料中令人信服地指出：清初传教士张英1691年应康熙之命对中西戏剧所作的比较评价，"是现存的最早的中西戏剧比较的文字"，等等。

第五，本书虽非比较美学著作，但在进行重要的历史文化与美学问题的分析与论证时，常常都有一些恰切地，而非牵强附会地；精道地，而非人云亦云地中西比较，时有创意。在方法论上，本书很重视综合创造的特点，并且也较好地体现了历史与逻辑、形上与形下、忠于历史与当代意识的统一，等等，也是它的重要的特点。

本书第一卷出版于1986年，由齐鲁书社印行，1989年三卷本出齐。出版后受到了学术界广泛的重视，先后获得了1990年中国图书一等奖、全国第一届古籍整理一等奖、中国社科院优秀成果奖等五种省部级以上奖励，还被国内许多大学作为美学教育的重要读物。前几年，著者本人应邀到韩国汉城大学美学研究所讲学时，该所领导人在会后告诉著者：本书是该所指定的博士研究生少数必读的参考书之一。

定稿于2002年10月

周来祥（1929—2011），山东人，山东大学中文系教授，主要从事美学理论、中国古典美学研究，历任山东大学美学研究所所长、山东大学文艺美学研究中心名誉主任。他参与过五六十年代的美学讨论，参加了王朝闻主编的《美学概论》的编写，他提出的"美是和谐"有一定的影响。主要著作有《马克思列宁主义美学原则》、《美学问题论稿》、《论美是和谐》、《文学艺术的审美特征与审美规律》、《论中国古典美学》，主编《西方美学主潮》、《中华审美文化通史》等著作。

周来祥先生访谈

时间：2002 年 5 月
地点：山东济南桃园宾馆

采访者问（以下简称"问"）：周先生，请您介绍一下，您是从何时开始喜欢美学的？您的美学研究是如何起步的？我想，这一定与您自己的求学经历密切相关。

周来祥（以下简称"周"）：我是在 1950 年入山东大学中文系。当时比较喜欢诗歌，喜欢创作。记得一年级时开设了一门理论课，叫政治经济学，是由吴大琨先生讲授的。政治经济学一开讲，在山大出现了一股政治经济学热，当然这股"热"实际上也可以说是一股理论热。理论的结构、方法以及严格的逻辑系统，一下子把大家都卷进去了，创作的兴趣也都被冲掉了。这时我接触到了马克思主义以前的哲学家和美学家，如黑格尔和费尔巴哈，自然也就接触到了美学。当时吕荧先生给我们讲文艺学，但他也研究美学，成为 50 年代的四派之一。他也促进了我对美学的爱好。那时我还读了朱光潜先生的《文艺心理学》。当时介绍西方美学理论的书不多，朱先生的这部书比较集中地介绍了西方心理学美学。从黑格尔和费尔巴哈，又接触到了德国古典美学康德、席勒等人。当然，这些东西在当时看来都是唯心主义的一套，是要用批判的眼光来看的。当时还读了周扬翻译的车尔尼雪夫斯基的著作，还有周扬编译的《马克思主义与文艺》，再就是俄国的"别、车、杜"的文艺美学思想，这些对我的影响最大。后来又开设了世界文学课，使我眼界大开。从古希腊的神话、三大悲剧家开始，还涉及亚里士多德和柏拉图，文艺复兴时期的画家和雕塑家，18 和 19 世纪的浪漫主义和现实主义等。当时我们看作品和看理论是一起的。说一个小插曲。那时我们班有 86 人。图书馆的书少，一种书通常只能借到一本，就由一个同学在课堂上念。《奥勃洛莫夫》就是这样念的，念了一个多月。他很懒嘛，总是不起床，念了好几天还没起床（笑）。那时我寒暑假不回家，读长篇小说。《战争与和平》，四本，一个寒假看下来的。一面看理论，一面看作品。很多想法都是从看作品里面出来的。

  当时也写一些理论上的东西。记得读了朱光潜先生的《文艺心理学》，就写了一篇文章。在批判朱光潜文艺思想时，我把这篇文章寄给了《文艺报》。《文艺报》说要用，下期就用，但下期出来一看，没有用，而是用了黄药眠先生的那篇文章，《论食利者的美学》。我一看就明白了。我那时是一个青年，在地位上与黄先生相差很远。文章的内容也大不一样。黄先生的文章标题是非常符合当时的政治气氛的，这也理所当然。我最早发表的一篇文章是批判胡适和俞平伯的，发在《新建设》上。《新建设》在当时非常有影响，是社会科学领域唯一的一家理论刊物，又是张友渔当主编，它的影响比现在的《中国社会科学》似乎还要大。当时还有一个刊物叫《学习》，是一个政治理论刊物。《新建设》是一本理论刊物，涉及哲学、美学、伦理学、逻辑学等。翻开目录就知道，上面都是名家。我的文章能在上面发表，在老师和同学中间引起不小反响。那篇文章更多地是受别林斯基、车尔尼雪夫斯基等人的影响。尽管那时也读过黑格尔、康德、席勒等人的东西，但总认为他们是属于资产阶级唯心主义的，不是属于唯物主义的。当时的口号是一边倒嘛。在批完胡适、俞平伯后，就出现了胡风反革命集团。那时是一个批判的年代。学理论的要是不写批判文章，就好像没什么可写的。你的文章即使有点观点，你也要先批判。批判已经成为一种惯性了（笑）。不批判就好像立场不鲜明，立场不坚定。

  问：从您的讲述上来看，您是从写批判文章进入美学研究的。当然，也正如您所说，这是当时整个学界的一个比较普遍的现象。那么，依您之见，五六十年代的那场美学大讨论是如何在一片批判声中开始的呢？美学大讨论为什么还能够有所讨论呢？

  周：美学大讨论，我的想法，不是仅从批朱光潜先生开始的，从大的背景看，在批判胡适和胡风时实际上就已经开始了。我那篇文章的结语写到，指导我们思想的理论基础是马克思列宁主义。这一点就反映出当时的一个思想：在整个意识形态领域要确立马克思列宁主义的指导地位。这一目的非常明朗，包括我们这些小青年也是非常明朗的。胡适属于旧社会的上层建筑，他是从美国回来的，继承杜威衣钵，把杜威的思想搬到中国来，说"有用就是真理"。他的这一思想影响到俞平伯。俞认为《红楼梦》就是一部自传。实用主义实质上就是经验主义，自然主义也是经验主义。不要典型，不要概括。那时主要是批俞平伯的自然主义、自传说，我的那篇文章就是从这一点出发的，因为俞平伯的自传说正好与别林斯基的典型观相对立。我那篇文章后来收入了《胡适批判集》。批胡适之后就是批胡风。胡风提倡"主观战斗精神"，而唯物主义，特别是别林斯基，强调现实的力量。现实战胜主体，这才是现实主义。胡风却强调"主观战斗精神"，强调主观拥抱现实，燃烧现实。这显然是与别林斯基的观点不一致的，不是唯物主义，而是唯心主义。我又写了批判胡风的文章，题目叫《胡风的同路人》，批判的对象是冯雪峰。他们之间的思想是有密切联系的，主要批判"主观战斗精神"和世界观问题。这两场斗争都是政治色彩非常浓的，而且基本上是批判，对方是没有发言权的。当时，全国报刊一片批判声，火药味非常浓，"左"得可以，之后才提出了朱光潜的问题。

  对朱光潜先生的批判当时可以说是思想斗争、意识形态斗争深入的一种表现。当时认为胡适和胡风都是敌对力量，敌对力量里面的非马克思主义，而朱光潜还是属于人民内部矛盾。对朱光潜的批判，是要在人民内部里面扫除资产阶级意识形态，所以是意识形态批判深入的一种表现。对朱光潜的批判不是开始于外部批判，而是他自己先写了一篇自我检讨。这在方针上也可以看出是内外有别，在敌我矛盾和人民内部矛盾之间的一种分寸。尽管说朱光潜和胡适、胡风在性质上不一样，但朱光潜也是从旧社会来的，是为旧社会服务过的，上纲还是要上到一定高度。最明显的就是黄药眠先生的那篇文章，在文章的结束处，他说，朱光潜是为资产阶级的政治服务的。我记得很清楚，当时看了一愣，说是人民内部矛盾，但这"纲"可是上的和胡适、胡风差不到哪儿去了。我的那篇文章就没有上这个"纲"，就显得不够分量了（笑）。当时，批判朱光潜的气氛还是比较紧张的，因为朱光潜是一位著名的老学者，像他这种情况的人还有一些，自然会在一些知识分子中间产生影响和波动。当时还有一个现象，就是写文章的都是革命阵营里面的，即使不是党员，也是进步分子。黄先生和蔡先生都是国民党时期的进步分子。写这种批判文章是有一种优越感的，显示出我是当然的马克思主义者，是革命的批判家。值得注意的是，对朱光潜的批判，到蔡仪先生的文章一出来，情况开始有所变化了。

  蔡仪的文章是针对黄药眠来的，说黄药眠你也不是一个唯物主义者。这样一来，批判的气氛有所缓和。你看，革命内部也可以相互批评，你说错了，别人也可以批评你。后来又发表了朱光潜的文章，说怎么才是唯物的，怎么才是辩证的。应该说，这篇文章是这场批判开始学术化的一个标志。朱先生这个人真勇敢。他敢于反戈一击，敢于进一步探索，并不是一批我，就倒了，不行了。说他"勇敢"，是因为那个时候，就是到了提倡"百家争鸣"之后，一说起批判谁，那还是带有方向性的，就是说他在方向上是有问题的。这是当时的一种气氛。被点名批判后，虽然也可以反批判，但在思想上大家就先有了一个成见，你是被批判者。一旦遭到批判，被批判者好像就再难理直气壮了。被批判者一旦出来说话，可能遭到更大的批判，还不如好好认识自己的问题。或者是等一等，看看批到什么程度再说。朱先生不一样。朱先生有勇气，马上就站出来反驳，而且反驳得很有道理。我当时对朱先生确实另眼相看。稍后李泽厚出来试图解决这一问题，说怎么才能是"辩证"的呢？他提出，美既是客观的，又是社会的。当然，解决这一问题并不那么容易。问题没有解决，但问题开始深化了一步。一开始是批主观唯心主义，之后是批人的人也被批，李泽厚出来之后把双方都作为批判对象。这就是一个进步。不久又出了高尔泰，还有吕荧。吕荧先生的文章写得比较早。吕荧的文章是在《文艺报》上发表的。《文艺报》在当时的地位，现在的《文艺报》自然没法比。《文艺报》是党的喉舌，是党的政策的体现者，在大家心中有着崇高的地位。当时的《文艺报》一发文章，就以为是党中央的声音，都是要仔仔细细读的，那时觉得，这都是党中央研究过的东西（笑）。高尔泰的观点一出来，讨论更加学术化了。这场讨论虽然开始于朱光潜的自我检查，但最后是四家鼎立，没有哪一家被否定，这一局面根本不同于大批判，还是体现了"百家争鸣"的精神的。

不过当时的大讨论政治色彩还是很浓的。谁是唯物，这个帽子大家都争着要戴。后来又有新发展：唯心的、机械唯物的和辩证唯物的，两顶帽子变成了三顶帽子。谁是辩证唯物主义者，这成为问题的关键。当时，朱先生讲，我也是唯物的，也是辩证的。他批判蔡仪，说你是机械的。所以，在批判蔡仪美学理论的机械性这一点上，朱光潜和李泽厚有了共识（笑）。这是一个基本问题，也可以说是特点，就是把哲学和政治直接联系起来。唯心主义、机械唯物主义和辩证唯物主义，它们之间的哲学纷争实质上就是一场政治斗争和阶级斗争，是人民内部的阶级斗争和政治斗争。这种把政治和理论挂起钩来，一弄不好就可能出问题，出政治立场问题。当时在学校教文艺理论的都是党员和进步分子，或是从解放区来的，或是受过马列主义教育的。当时文艺理论课和政治课差不多。当然，美学稍微差一点，因为美学与哲学关系更密切一些，但也无法与政治相脱离。

我们那时受的教育有这样一个特点，就是过去的人再伟大，他也都有历史的和阶级的局限性，所以对历史上的伟大人物从来没有一种五体投地的崇拜感，包括黑格尔。黑格尔讲绝对嘛，好多东西都是从他的逻辑体系演绎出来的、猜测出来的。这实际上是一种政治意识而非哲学意识，这种意识的烙印给我们这一代人打得太深了。记得当时我的老同窗李希凡对别林斯基很崇拜。哎呀，那《文学的幻想》写得真好。别林斯基既有黑格尔的哲学素养，又有文学天赋，他融合了这两个方面。他写出来的评论文章有哲学家的深度，有文学家的风采。他和席勒不太一样。席勒的东西是哲学味多，诗意也多，但风采不多。他的《论素朴的诗和感伤的诗》，哲理多，风采少。我当时也崇拜别林斯基，但在接触了黑格尔之后发现，别林斯基在逻辑上跳跃太大，也是一种缺憾，我很不满足。不过话又说回来了，美学毕竟与政治远一点，所以相对地还能讨论起来。记得周扬说过一句话：你们可以大胆地发表意见，大不了就是个唯心主义。这可能也是一个重要原因吧。

问：您讲到，当时的你们一方面强调不迷信历史，包括历史上的伟大人物，如黑格尔，但另一方面却迷信政治革命，或者说对红色的进步政治、进步权威有相当的崇拜，这无疑是那个时代创造出来的一个神话。五六十年代的美学讨论也可以说是这一革命神话的实践。那么具体来说，您觉得该如何评价这样一场讨论呢？这是一场当时少有的没有成为纯粹批判运动的"百家争鸣"。

周：当时的情况确实比较复杂。对朱光潜先生的批判，无论从哪一点来说，都与现在的学术讨论不一样，与当时对胡适和胡风的批判也不一样。朱光潜是可以说话的。黄药眠先生是进步的评论家，但大家认为他在宣传唯心主义，照样也批判他。所以，情况确实不同以往，有点"百家争鸣"的味道。当时，我的老同学甘霖写了一篇有关的报道，是关于这次美学大讨论的第一篇综合报道。从这个报道可以看出，讨论是在进一步学术化，因为已经不光是在批判朱光潜了，而是变成三家争论了，后来又变成四家争论了。1959年开了一个座谈会，大家希望把问题展开。这样一来，批判的成分越来越小，讨论的问题越来越广泛了。可以说，这时已经进入第二阶段。到了第二个阶段，形成了四家学说。接着，在四家学说的基础上，又提出不要老在美的本质这些问题上打转儿，要把眼界开阔一些，比如讨论美学对象问题呀、艺术问题呀，甚至讨论个别门类的艺术问题。我的印象大体就是这样。

如何估价这场大讨论呢？从消极方面说，更多地是在划分"唯物"

和"唯心"上兜圈子,更多地是为了分清阶级界限,分清一种理论它服务于什么,为哪种政治服务,为哪个阶级服务。所以,当时的荣辱就是看戴一顶什么样的帽子。从这个意义上说,这场讨论对美学学科的建设没有很大的作用。尽管也形成了三派或四派,唯心主义一派,机械唯物主义一派,辩证唯物主义一派。这光是从哲学上划分的。究竟在美学上应该划分什么样的流派,这一本该关注的问题却没有引起大家的重视。当然,形成四派,也是成果,只是这一成果更多地是为了确立辩证唯物主义和历史唯物主义的统治地位,是要大家把辩证唯物主义和历史唯物主义作为指导思想,把这样一个马克思主义的世界观贯彻到美学研究中去。当然,让美学研究适应马克思主义的意识形态,这对社会主义制度的确立来说,对一个新生政权的确立来说,是有它的必要性和历史必然性的。只不过回过头来看,"唯物"就能解决美学问题吗?"唯心"就不解决美学问题吗?说它是客观性、是社会性,就等于美吗?就等于获得审美特质了吗?再说,到底什么东西可以说是客观的?什么样东西可以说是社会的?当时对这些问题思考得不够。只要说我的思想是唯物主义的,不是唯心主义的,或再进一步说,我的思想是辩证唯物主义的,就满足了。这成为当时的美学大讨论的一个标志。这就是历史的局限。

这次讨论也有一个很大成果,就是把很多人引到了美学这条路上。当时参加讨论的七八十个人,发表的文章有一百六七十篇,出版了《美学问题讨论集》,六集,大概收了五十几篇文章吧,不全。关于这场讨论,有三个综合报道,可以作为参考。第一个是甘霖写的,是一个初步的综合。第二个是彬思写的。在这篇报道里,也说客观性和社会性解决不了美的问题。从客观性和社会性到美的欣赏之间需要有中间环节,审美态度就是这个中间环节。从这里可以看出,李泽厚经过辩论也发现了自己观点的不足之处吧。蔡仪先生的变化好像不大,到后来 80 年代的南宁会议、武汉会议,他都有一个总结发言,总的倾向是说,我的美学观是马克思主义的,对我的批判,我都可以驳倒。他仍然坚持他的客观性和典型性的观点。在我看来,典型这一概念对于古典美来说是准确的,我提出古典和谐美就是这个意思,因为那时追求的就是一种范本式的美,美得不能再美的美,充分典型的美。但到后来,就不准确了。他没有把美放在关系里,而只是放在了客体对象里。其他人也有一些发展,比如高尔泰后来说美是自由的象征,是有变化的。总之,这场美学大讨论有四点值得注意:一是确立了马克思主义哲学的指导地位,推动了辩证唯物主义和历史唯物主义的学习与研究;二是形成了美学的四家学说,为新中国美学的发展打下了基础；三是虽然讨论是从朱光潜的自我检讨开始的，但最后没有否定谁，也没有定于一尊，而是相互有所推动，初步发扬了学术民主的精神；四是美学本身的问题讨论较少，对美学学科建设的意义不是很大。

问：在已经回顾了五六十年代美学大讨论的一些情况之后，您是否继续谈一谈七八十年代以来的美学发展，美学在这一时期出现的一些新变化。通过比较，可以使我们对新中国成立以来的美学发展和特点有一个相对完整的认识。

周：七八十年代美学讨论的特点，总地来说，有这样几条：第一是领导意图没有了，来自上面的指挥没有了。这是一个大背景。第二是整个国家开始改革开放，西方美学大量进入，美学好像一下子国际化了。西方19世纪末以后的东西，从叔本华、尼采一直到后现代，大部分都是在这个时期介绍进来的。以前只介绍到黑格尔和费尔巴哈，还是受批判的。当然还有车尔尼雪夫斯基，但也就到此为止了。我们当时的感觉是，资产阶级的文化是没落阶级的文化，都是垃圾。改革开放以后，才意识到，那根本不是什么没落文化，也是人类文化的新发展嘛。第三是没有批判背景了，可以自由发表意见，自由探讨问题，学科建设的意识也逐步增强了。大家不再忙于批判谁，批判什么问题，而更多地是考虑学科建设问题。比如文学，这一学科该如何发展。过去文学等于是政治的工具，没有自己，没有自己的学科体系，也不把文学当做科学来对待。美学尽管要好一些，但也存在类似的问题。所以，一旦批判的背景消失了，大家都开始真正抱着学术的态度来建设学科了。第四是多元化的出现。什么文章都可以写，什么理论都可以发表，各写各的，好像每个人都是一派，都想自己说一套，绝不服从他人（笑）。第五是开始出现了新的观点。美学上的老四派随着年龄的增长，自然规律的作用，老的老了，死的死了，有的到国外去了，有点后继无人。老四派的时代结束了，一些新学派也开始萌芽发展了。比如，现在一些人主张的"后实践"美学。据我观察，"后实践"美学，说来说去，就是主张"生命"美学，强调感性、生命嘛。这一特点不是从"实践"美学发展而来的，与实践美学没有关系。我在一篇文章里曾说过，干脆就叫"生命美学"吧。严格地说，"实践"美学不是一种美学主张。实践，是一个哲学基础问题。"实践"就是美学吗？当然不是，它只是探讨美学的一个哲学基础。我觉得，还是应该把如何规定美作为研究美学的基点。比如李泽厚的"自由形式"，我的"和谐为美"，也就是想探讨美的本质特征在哪里。这个东西不是它的一般前提，而是最基本的前提。什么东西是美的？这需要根据美自身的规律来思考、来辨别，而不是根据所谓的"唯物"、"唯心"来认识。后者只能是哲学上的，而前者才真正是美学上的。当然，你的出发点对不对，是另外一个问题，但起码是向这个方面发展了。比如封孝伦提出"自由""和谐""生命"，说这是当代美学发展的三个阶段，这也是一种提法、一种新的观点吧。这都是美学学科建设的新现象，新时期里美学学科的新发展和新变化吧。现在看来，美学的发展比相关的学科似乎更突出更有成就。有人说美学后来已落入低谷，我不太同意这种看法。表面上现在的美学研究不如五六十年代和80年代热闹，但实际上真正执着于美学事业的人，研究是更深入了、更扎实了、更系统化了，那理论上的贡献和创造，随着历史的发展将日益显现出它的价值。

问： 您能否再谈一下您对各位美学家的印象。他们现在大都作古，风采不再。您跟他们或多或少都有一定的交往，您记忆中的关于他们的学问、他们的为人是怎样的呢？

周： 先说吕荧先生。吕先生是我的老师，给我们上过文艺学课。他身体修长瘦弱，天很热了，好像还穿着很厚的衣服，脚上也未脱下冬天的棉鞋。他戴着眼镜，深沉而文雅，猛一看，长得很像瞿秋白的一张照片。他讲课有条有理，逻辑性强，没有废话，我们可以逐字逐句记下来，不加修改，就是一篇好文章。1951年他在山（东）大（学）遭到不公正待遇，《文艺报》发表了批判他的文章，全系也在大礼堂开大会批判他，他不满于这种批判，拂袖而去。他为人正直。1957年反胡风"反革命集团"，中央开大会批判胡风，他在会上站出来发言，说胡风没有问题，当即被赶下台去，戴上胡风分子的帽子，但查了半天，也没发现他和胡风有什么联系。他只是有那种看法。这看法现在看来一点问题也没有，但在那批判的年代，敢于在大会上直言，这需要多大的勇气。他发表了一些美学论文，成为新中国50年代主观论美学的代表，虽然我不太同意老师的观点，但他的理论探索，却影响和促进了我对美学的追求。他翻译的《列宁论作家》、普希金的《欧根·奥涅金》，都是我们当时学习的主要读物之一。

朱光潜先生我曾登门向他求教过。我记得他住的是一个二层，他住在楼上，孩子们住在楼下。高教部组织编写美学教材时，他负责译介西方美学的材料，供编写组参考，后来这些材料以《西方美学家论美和美感》为题出版了。他给我的印象是一个严谨而和善的老人。他对科学真诚而执着。他曾为了追求真理而认真检讨过自己的美学思想。他也很有科学家的胆量和勇气，在他当时几乎是在被"批判"的情况下，他发现蔡仪的美学有"见物不见人"的缺陷，就大胆直言，反戈一击。为了追求对马克思思想的准确理解，他曾亲自翻译了《1844 年经济学—哲学手稿》的一些重要段落。1980 年，在昆明召开的第一届全国美学大会时，他身体还很好，不但到会讲话，还不时同大家交谈，而且还同我们一起去龙门，游滇池。他为人宽厚。50 年代不少人批判过他，我也写过批评文章，但他不在意这些，对我依然如故。80 年代初，我出版《论美是和谐》、《文学艺术的审美特征与审美规律》、《论中国古典美学》三部书时，我写信请他题写书名，他欣然应允，很快寄来六张墨宝，每本书两张，一横写，一竖写，让我选择，并歉意地说，手发抖了，写不好了。不过我看那"朱光潜"的签名几乎和《文艺心理学》的签名一模一样。后来把它全部交给了贵州人民出版社。出书时前两种都用了横的，到出《论中国古典美学》时，当时的责编熊冬化同志因故去世，书改由山东齐鲁出版社出版，去信索要题签时，已找不到那六张原稿，迄今也未找到，只好重新设计，但至今仍感到十分遗憾。朱先生的美学思想是不断发展的，这也是很可贵的。他看到了审美对象的主观方面，是有意义的，但对审美对象的客观性认识不够，是片面的。对美的本质特征论述得不够鲜明，崇高、丑也都是物甲在主观观念中产生的物乙，它们和美如何区别开来？

蔡仪先生是个老革命，是位忠厚的长者，他对人和蔼诚挚，很关心人，但比较严肃刻板一点，很少谈笑。20 世纪 60 年代初，在北京中央高级党校为高等学校编写教科书时，我们美学组、哲学组住北楼，蔡仪他们文学概论、现代文学组住南楼，一日三餐，同在一个餐厅，时常见面。又加上美学和文学理论联系紧密，又都是周扬亲自抓的，来往也比较多。"文革"后，大约是 1979 年，我曾在北京拜访过他，记得他同夫人住在一个东屋里，是平房，只有两小间。他很关心我的美学研究的进展。80 年代初，他在武汉、南宁召开美学会议，我都带着研究生去参加了，希望研究生能学习各家各派的意见。蔡仪先生很自信，坚持自己的观点。我记得在武汉、南宁两地的会议上，他都说过，"他们的观点（指朱光潜、吕荧、李泽厚等人的观点）都是可以驳倒的"。我觉得蔡先生只讲客体、自然，不讲主体、社会，只讲唯物主义，不讲辩证法，不讲人类实践是片面的。他讲美是典型，我觉得对古代来说是对的。他的美的理想观念还是倾向古典的。

李泽厚同志是我的同辈。他可能是 1931 年生人，比我小两岁。我是在美学编写组认识和熟悉他的。大约是 1961 年，我从山东大学去北京不久，他从中国科学院哲学所也调进高等学校教科书编写组，同住在中央高级党校，朝夕相处，天天在捉"红毛兔子"。这是王朝闻先生的一个比喻，因为美学教材的编写，首先要探讨和统一对美的本质的看法，而掌握美的本质又是那么艰难，所以，朝闻先生就用"红毛兔子"来比喻之。"文革"以后，80年代在济南召开全国第一次社会科学规划会议，其中有一个美学组，李泽厚也来了。那时，他的《批判哲学的批判》刚出版，他带来一本送给我，在书上郑重地签上了自己的名字。他对这本书看得很重。以后在全国美学会上经常碰到，还曾一起到兰州、敦煌全国美学研究班讲课，同游过塔尔寺。李泽厚是一个很有个性的人，不大奉承人，不大巴结人，但也不苛求于人，不注意小事，与人相处友善而真诚。他的哲学功底很深，理论思维能力很强，很有哲学头脑。但在美学编写组的讨论会上，他的意见常常一时表白不清，就连说"说不清啦，说不清啦"，倒是叶秀山很能猜测到他的真实想法，常常起来代他说明，并问他是不是这样，他多半都点头称是。在他的美学中似乎缺乏历史主义，他的范畴如美、丑、崇高等似都在一个平面上，都是共时的。他的逻辑中没有历史，共时似没有与历时结合起来。同时，他同朱光潜、蔡仪、吕荧都有一个共同的局限，都没有突破对象性思维，都没有上升到关系思维和系统思维。以上是我个人的感受印象，不一定准确，仅作参考而已。

我自己始终有一个原则，对美学上的各家各派，不要有成见，要善于吸取他们的合理之处，避免他们的缺陷。而且，观点是观点，友谊是友谊。我希望自己是这样，我希望我的学生们也是这样。

问：我们已经就新中国50年美学的发展和变化谈了许多，最后，我想还是把问题集中到您身上，请您再来谈谈自己，谈谈您的美学思想是如何发展的，您对美学研究采取怎样的态度，您如何评价自己的美学理论。

周：做学问，要真正啃一点东西，必须几十年不放松，坐得下冷板凳。不要管你讨论什么，他讨论什么，你感兴趣就参加，不感兴趣就不参加。你所应做的就是自己去思考，去研究，这样才能获得比较有价值的东西，获得真正合乎规律的东西。少受浮躁的影响，少受随意性的影响，这才是真正意义上的研究。有些人打一枪换一个地方，写一篇文章变一个观点，还美其名曰说接受新东西快，不断有新的见解，这种现象是值得注意的。

搞研究要有自己的想法。我在写批判朱光潜先生的那篇文章时就已经开始试着探索自己的路了。当时既是针对李泽厚的客观性和社会性的观点，也可以说是从他那里受到了一点启发，因为李泽厚当时说，美是社会性统一于客观性的，就是在那里客观存在的，这太玄了。我当时已经隐约感觉到美的现实形成是一个大问题。如果人不在现实中感受美，不在现实审美关系中参与美的生成，美好像是找不到的。西方经验主义美学家，他们在找美的时候，找来找去只能找到物的物理属性，比如黄金分割、波浪型等。我就发现，美在客观上是找不到的，找到的只能是物的自然属性，所以，美应该是在现实中形成的。当时，我还没有提出审美关系。我当时的想法多少也受到朱先生"物甲"、"物乙"说的影响。"物甲"还不行，得有一个主体的东西参与到里面去，与主体形成一种关系，然后才可能在现实中形成美。我强调美是现实形成的，既针对李泽厚，也针对蔡仪，当然也不同意朱光潜主客观在意识中的统一。我后来主张的审美关系说，就是从这里开始的。

有人提出，和谐美学，你的本体是什么？和谐美学是不是本体论美学？这是一个问题。我在审美关系论中提出，美是在审美关系中生成的，美是审美关系的载体，审美关系的属性在美身上呈现出来。现在的问题是，关系是不是本体？我们通常认为，存在、实体是一种本体。其实，关系就是一种存在，关系属于本体应该是无疑义的，而且关系这一存在比那最早的实体存在还更深化一步。事物的本质不仅是由这一事物本身来决定的，事物的本质并不仅仅是这一事物本身的属性。一个事物，它的本质是在一定的关系中决定的。从这个意义上说，它的本质有好多层次。它本身孤立地有一种属性，但一进入关系网络、进入系统之后，它本身的属性就降低为要素的层次，原来的本质不成其为本质，而成为要素。这样一来，这一事物的本质是由这一事物的要素之间的关系决定的。要素间的系统关系决定了整个事物的本质，也反过来影响每一个要素的性质。比如，李泽厚的客观性和社会性说，社会性与客观性之间本来是一种关系了，但他又说，这个社会性就统一在那个客观性上，这实质上是把关系抹掉了。这一点表明他还是在受对象性思维的局限。如果他当时有关系性思维、系统性思维的话，他就不会把社会性统一到客观性之上了。他和朱光潜辩论的时候也不必用这一点来与朱先生相区别，完全可以用关系的客观说来加以区别。关系、系统的引入，使得研究深入一步，也就是说，由对象性思维进入了关系性思维或系统性思维。美是一种系统的东西，它不光是客体的问题，光在客体上是分析不出美来的，光在主体上也分析不出美来。难就难在这里。为什么古人解决不了这个问题呢？因为古人没有关系思维和系统思维。只有达到这一层次，问题才得以深化。

最后谈一下美学体系建立的问题，这也是我多年来一直思考的问题。对体系，美学界一直存有不同看法。西方现代美学是没有体系的。在黑格尔美学体系之后，西方占主导的是非理性的美学思潮，就是不承认体系，要打垮体系，认为体系是过时落后的东西。不过你要注意，西方是经过了体系时期，经过了康德、黑格尔那样的大体系，所以，他们现在发现体系中有不好的东西，许多东西都被大体系给埋起来了。他们反对体系。他们有资格反对体系嘛。这也是有道理的。事物的发展都是辩证的。没有体系的时候，要发展出体系来；当体系发展到一定程度、太崇拜体系的时候，体系的弱点就暴露出来了。许多东西无法包容在那个体系里面。这时就一定会出来反对体系。理性过于膨胀的时候，感性就受不了，就反抗，也要膨胀。这是符合辩证法的。可你要注意，中国从来就没有一个严格的逻辑形态的体系。从老祖宗起就没有。刘勰的《文心雕龙》算一个体系吗？从逻辑上看，他只是分了一些方面，很难看到其中的概念有逻辑关系。近代以来，一些大学者，包括王国维，他们可以说是有思想上的体系，但缺乏理论形态的体系。毛泽东的《实践论》和《矛盾论》是按照逻辑体系来构架的，但像马克思《资本论》那样的著作，像黑格尔《小逻辑》、《大逻辑》那样的大体系，中国是没有的。从这个意义上说，中国是一个缺乏大的理论体系的国家。60年代的时候，周扬提出，我们没有体系，要搞体系，我们需要马克思主义的理论体系。说实在的，建立任何形态的理论体系都是难的。写一篇、两篇文章容易，表述在一个逻辑形态里、一个范畴的逻辑发展里，就非常难。我一直在探讨如何把古代美、近代美、现代美的美学形态，以概念的逻辑体系呈现出来，写出来。这很难说是成功的。把自己的美学思想表述在一个稳定的理论形态里面，不是过去的那种仅在思想上有些联系的形态，而是在理论形态上有内在联系的体系，这应该说是有意义的。在中国学界，体系是迫切需要的，尽管现在还没有出现真正成熟的理论形态的范畴辩证运动的体系，但也有了一些苗子。或许后人研究现在的美学时，会指出其中存在的体系内涵。这一点无疑是令人欣慰的。

有人说，你的三大美的理论，中西方两大美学体系的理论，够宏大的，但个别的感性的分析少了，是否有像黑格尔体系的局限。这个问题也是我从开始就深为忧虑的，但我思来想去总觉得无别的路可走，走别的路，很可能是舍大取小，也因为离开了关系、系统，而得不到准确的把握。任何事物都是有两面性的，只能取大长处，舍小短处，然后再想法把小的短处弥补起来。方法、体系也如此。当年马克思、恩格斯就曾说，在逻辑和历史相统一的方法中，就必然要删去那些个别的、偶然的、曲折的历史细节，就必然要在生动的感性中找出那最简单、最基本的内在联系，不这样，就找不出事物的基本规律和主要发展线索，就只能迷失于感性的汪洋大海中，随波逐流，到处漂泊。就是西方现代的结构主义也如此，因为它要寻找藏在作品后面为许多作品所共有的深层结构，它就要"简化"，也被人认为是牺牲了个别，但这牺牲是必然的，从另一方面看又是必要的。因为只有掌握了基本规律，理清了主要线索，才能回过头来，从抽象上升到具体，真正理解具体的、个别的事物，真正分清哪是主潮，哪是迂回曲折。我50多年来的沉思，主要集中在具体上升为抽象上，再由抽象上升为具体，逻辑展开为历史上，只走到由古典和谐美（由壮美、优美到崇高的萌芽）经近代崇高（由崇高、丑到荒诞）到现代辩证和谐美，由古典主义经近代崇高艺术（浪漫主义和现实主义艺术）、现代主义（由自然主义到超级写实主义和由具象表现主义到抽象表现主义）、后现代主义（荒诞戏剧到黑色幽默、法国新小说派）到社会主义艺术。但在此基础上，再继续向具体上升，这任务是更为繁重的，也是我今后更为着力的。但我已年逾古稀，虽身体还好，但总觉得时日不多，这也就是我整日惶惶然，匆匆忙忙地奔波于宿舍和美学所之间的原因。我希望能有更多的具体的研究成果。我努力着、奋斗着。我想当大家走过一段真正科学研究的道路后，也可能会有和我同样的感受和体验。

我不同意黑格尔最后的绝对，我也不认为谁能掌握绝对真理。我们只能在有限中研究美学。倘若我们在有限的探讨中发掘出几颗真理的种子，在我们相对的认识中，日益趋向于客观真理，就很满足了。

定稿于 2002 年 10 月

李泽厚，生于1930年，湖南长沙人，著名美学家、思想史家，中国社会科学院哲学所研究员，主要从事美学、哲学、思想史研究，曾任中华全国美学学会副会长、中国社会科学院哲学所美学研究室主任，1988年，当选为英国巴黎国际哲学院院士。在五六十年代的美学大讨论中，他成为三派中的独立一派，参加了王朝闻主编的《美学概论》的编写工作，也是实践美学的最主要的理论家。他的研究跨越美学、哲学、思想史等多个领域，成果丰富，许多观点都产生了很大的影响。研究主要著作有《美的历程》、《批判哲学的批判》、《中国古代思想史论》、《中国近代思想史论》、《中国现代思想史论》、《华夏美学》、《美学四讲》、《历史本体论》等。主编《中国美学史》（与刘纲纪合著）、"美学译文丛书"等。

李泽厚先生访谈

时间：2002年2月
地点：香港城市大学中国文化中心

采访者问（以下简称"问"）：新中国美学已经走过了50年。今天我感到非常荣幸，有机会与您面对面谈谈美学，谈谈您对新中国美学50年的看法，也谈谈您个人的美学经历和成就。我想我们就从发生在五六十年代的那场美学大讨论开始吧。五六十年代的美学大讨论，您不仅是参与者，而且还创立了一家之说，由此形成当时的美学"三派"，也有人说是"四派"，您说是"三派"。今天，其他两派的代表人物都已不在了，您作为唯一健在的一派代表人物，无疑是最有权威来回顾这一段历史的。那么，您如何评价这场美学大讨论？如何评价当时的美学三派？如何评价各派的理论贡献或理论不足？

李泽厚（以下简称"李"）：先说一说"三派"和"四派"提法的由来。"三派"是朱光潜首先在文章中正式提出来的。我当时还年轻，26岁，哪敢说自己是一派，特别是在当时的那种情况下。尽管我知道，我的意见的确与他们的不一样，而且也的确有不少人赞同我，但不敢声称自己是一派。朱光潜用了"李泽厚派"一词，我当然很高兴了。"四派"的提法，怪我。我当时在一篇文章中提出有四种意见。这一提法看来是不能成立的，因为所谓的"四派"就是把吕荧、高尔泰也算作一派，但实际上，他们的理论，从系统和思辨的广度和深度上，都难构成一派，而且引述他们理论观点的人也不多。朱光潜、蔡仪倒各是一派。蔡仪有自己的体系，尽管你可以不相信他，但他有自己的一套，而且有他的学生坚决追随他。

下面就说说这场讨论。"不识庐山真面目,只缘身在此山中。"正因为我是当年讨论的参与者,所以让我回顾这段历史,作一个所谓的客观评价,比较困难。我只能说说个人的看法。我说过,我是比较顽固的。到现在为止,我还是坚持当年的看法。我的第一篇文章谈美感的两重性,同时认为美是客观的、社会的,我现在还是这么认为,基本观点没有什么变化,所以对他们两派的观点的看法也没有什么变化。蔡仪认为,美是客观的,没有人就有美。我觉得这不通。没有人,谈什么美,谈什么善,这不是神学吗?善和美都与人有关系。在这一点上,我与朱光潜是一致的。我与朱光潜的区别,过去是现在也是,他把美等同于美感,美和美感基本上是一个东西;我认为美与美感有区别。我认为美的根源是人的物质实践,朱光潜认为美是人的主观意识加上客观对象。我的美学观点主要在《美学四讲》一书里。《美学四讲》以后,我就告别美学了。回想起来,我比较高兴的是,从讨论开始,赞成我的人相当多,尽管我当时还比较年轻。即使今天,赞成我的人也还是不少,虽然现在有些人说要超越实践美学,主张后实践美学、主张生命美学,等等。

我认为美的本质与人的本质是相联系的,不可分割。这也可以说是我的哲学思想。现在西方强调以语言为中心,我不赞成。我还是主张物质工具的基础性作用。从《批判哲学的批判》这本书开始,我始终强调人通过制造工具来实现自己。马克思、恩格斯虽然讲过这一思想,但没有展开。我以人如何可能回答康德的认识如何可能。人的这一套认识结构,如因果范畴、时空关系等感性形式,是从哪里来的?康德认为这是先验的。我认为这些不是人想出来的,不是从人的思想、意识本身出来的,而是人在物质实践活动中、在制造和使用工具中,慢慢地生长出来的,贮存、保留在意识里面。所以,康德说的认识如何可能,也就是人如何可能,而人如何可能也就是美如何可能。在《美学四讲》里面,我强调把美的对象与美的根源区分开来。Aesthetic object(美的对象)并不就是美的根源。在讲美的对象上,朱光潜的说法是有道理的。他说,主观是带有意识的,通过感受那个客观对象,那个对象就是美的。他强调美和美感是一个东西,所以,产生美感的对象就是美。我讲的是,人所以对那个对象产生美感,有客观方面在起作用。我不对一个乱七八糟的东西产生美感,而对花产生美感,为什么?有客观方面的原因。在注意到客观方面,蔡仪是对的。但光有客观方面也不行,客观方面和主观方面作为条件的根源在哪里呢?我认为,根源就在人的实践。我和其他两派的区别也就在这里。我虽然主张美是客观的和社会的,但我一直认为主观的美感是重要的。美是美感的基础，美感来自于人的社会生活，人的物质实践引发了人的美感。

如果我今天讲得不清楚的话，可以看看《美学四讲》第二章，虽然比较抽象，哲学分量很重，但基本意思都在那里了。蔡仪的不足在什么地方，朱光潜的不足在什么地方，那里都讲了。现在，我对这些问题从50年代起始终没有什么大的改变。有所改变的是关于形式美的问题。50年代我把它说成是自然美，但在《美学四讲》里面，我认为形式美也不是自然美，而是社会实践的结果。我把沃林格所说的抽象放入生产实践中去。形式美不是对自然的美感形成的，而是在实践中形成的。这非常重要。我在《美学四讲》第二章里就讲了这个。我觉得好多东西不需要多少变化。2加2等于4，一千年前是这样，一千年后也是这样。

问：关于这次讨论的历史过程，您能否给我们一些具体的回忆？比如，在您的记忆当中，您是如何参与这次讨论的，您经历过哪些有趣或值得追忆的事情。

李：这一过程很简单。最早是朱光潜在《文艺报》发表了一篇文章，叫《我的文艺思想的反动性》，作自我批判。周扬看了这篇文章以后很满意，表明朱光潜愿意接受马克思主义，改造自己，是知识分子的代表。他这样一个大教授，地位是很高的。当时毛泽东正提倡学术问题可以"百家争鸣"，美学讨论就这样开始了。黄药眠写了一篇文章，在《人民日报》（李先生的记忆有误，应为《文艺报》，文章的题目是《论食利者的美学——朱光潜美学思想批判》——采访者注）上发表，批判朱光潜。我不太知道具体过程是怎样的。王若水或李希凡大概知道。接着，朱光潜又写了一篇文章，讲美学既是唯物的，又是辩证的。蔡仪也写了一篇文章，批判朱光潜（蔡仪文章的题目是《评"食利者的美学"》，虽然也批了朱光潜，但主要是批了黄药眠的美学观——采访者注）。我也写了一篇文章，讲美的客观性和社会性。这样一来就有四篇文章，但因为黄药眠的文章没有提出什么理论，于是就变成朱光潜、蔡仪和我三家之争。这也就是三派的由来。实际上，我当时是写了一篇大约两万字的长文，就是在1956年12月《哲学研究》上发表的那篇。发表之前，有人拿给《人民日报》的编辑看了，他说，你写一篇短的吧。于是，我就写了一篇短文章，就是那篇长文章的要点。那篇长文章是油印稿，送给一些人看过，其中有贺麟。贺麟看了以后，又送给朱光潜看。贺麟告诉我说，朱光潜给他写了一封信，说在批判他的文章中，这一篇是写得最好的。贺麟把那封信给我看了。我很感动，因为那时年轻嘛。大家批判朱光潜，都给他扣了一大堆帽子，什么反动、腐朽、资产阶级，我也扣了不少，但好多人的文章没有讲什么道理。我的这篇文章之所以受到朱光潜的称道，大概是因为我讲了一点道理，提出了自己的一些看法。我当时感觉，批判人家并不难，说人家这不是、那不是，很容易，难的是你是否能够提出正面的意见。我在这篇文章里就提出了一点自己的东西，比如美感的两重性，等等。1994 年，快 40 年了，蔡仪还在批判我的美感两重性。美感的两重性，就是说美感既有功利的方面也有直觉的方面。在他们看来，这是大逆不道。因为那时强调的是马克思主义的认识论和列宁的反映论，所以讲美感的直觉性是不行的。在直觉性这方面，当时我是想写下去的，但不能写。直到 70 年代末，通过形象思维的讨论，在刘再复主编的杂志《文学评论》上，我谈了创作的非自觉性、无意识性。这虽然是很普通的现象，但当时大家都还不能接受。这其实就是美感两重性的延伸。在 50 年代，这些更是绝对不能讲的。讲弗洛伊德，就是反动，罪莫大焉。蔡仪就批判弗洛伊德。一些年轻人不了解当时的历史情况，不知道那时候讲无意识是不得了的事情，现在这些都是常识了。在那样一种情况下，我还是强调要研究美感。我的第一篇文章就把美感放在第一的位置上，之后才讲美，但是这思想在当时是不可能深入进行研究和讨论的。

问：您在《浮生论学》一书里已经讲了七八十年代的"美学热"。我的问题是，希望您能够从历史发展的角度来谈一下七八十年代的"美学热"与五六十年代的"美学热"的关系。比如，它们之间的区别，以及为什么会有这样的区别。

李：七八十年代，整个语境发生了根本性变化。在五六十年代，美学讨论的参与者，包括朱光潜，都称自己是马克思主义者，都争着戴马克思主义这顶帽子，而绝不愿戴唯心论的帽子，当时唯心论是一个贬义词，几乎是政治上的罪名。到了七八十年代，情况就不一样了，唯心论不是罪名了。这就是区别。但应该说，五六十年代的美学讨论为七八十年代的"美学热"做了准备。比如在人的方面，有那么多人对美学感兴趣，有那么多人写文章。五六十年代参加美学讨论的人，在当时大都是青年，到了七八十年代就是中年、壮年了，比较成熟了，许多人是大学副教授、教授。五六十年代中国的美学讨论就比苏联的讨论水平高。苏联也有过类似的讨论，也分了社会派、自然派，等等。中国的讨论在 60 年代便抓住了马克思的《手稿》，80 年代又着重讨论了这《手稿》，理论水平要高一些，苏联则浅一些。再有，形象思维的讨论对"美学热"也有不小的作用。王小波的父亲王方名是逻辑学家，他说，形象思维也有逻辑。但怎么能在形象思维即艺术想象和创作、欣赏中找出形式逻辑的同一律、矛盾律那样的东西呢？那是不可能的。一些人说，既然形象思维是思维，就应该有逻辑。我讲，那是情感逻辑，不是矛盾律那样的逻辑。形象思维的这一特点与美感两重性有关。这主要涉及了艺术不同于科学、不同于一般思维的重要特征，对文艺从当时各种政治教条下解放出来起了作用。形象思维的讨论是七八十年代美学大讨论的一个先声吧。其后，美学讨论的范围比较广了，题目也分散了，逐渐转入更为专业化的领域，如书法美学、电影美学、戏曲美学，等等。不再只争论美的本质，美是客观的还是主观的，尽管还有这方面的文章。此外，还出现了一个值得一提的现象，那就是外国美学理论的翻译。五六十年代基本上看不到西方的东西，但七八十年代开始翻译大量的西方的美学著作，包括了各种不同流派。我和滕守饶主编的那套美学丛书，许多搞美学、搞艺术的人都买了，他们说有用处。那套丛书是在所有的丛书里最早的。不过，当时翻译西方的东西是禁区。就有人警告我，说你不能搞这个。现在的年轻人都不会理解，当时的情况就是这样。翻译西方的东西竟是不得了的事情。一些人好心地劝我，翻译这些东西，可能会是一个罪名，因为你是在贩卖资产阶级的东西嘛。七八十年代，美学的书出了很多，一大书架，在书店里占据显赫位置，其他没有什么书。刊物也是这样，美学刊物就有七八种，影响很大。美学变成了一个大家族，因此也出现了一些荒唐的事情。美学变成了一块招牌，什么爱情美学、军事美学、新闻美学、伦理美学……都出来了。什么都挂一个美学，荒唐！军事美学，难道打仗也讲美学？但这也表现出大家受"美学热"的影响。我讲过"美学热"是一个很好的博士论文题目，因为这是古今中外没有过的事情。把这种事情放到特定的历史语境里面看，是很有意思的，很值得研究。外国人根本不了解。他们对80年代的"文化热"还了解一些，但对"美学热"不了解。就是中国人自己，过一段时间也都会忘了。现在的年轻人便不知道了。

为什么改革开放一开头会出现"美学热"而不是其他什么热？"美学热"为什么可能？它表征了一种怎样的意义？记得当时工厂也请我去讲美学，当然我没有去，有些人去了，讲了一通。工厂讲美学，很奇怪吧。女工也买美学书，买回来一页也看不懂，她买的是黑格尔的《美学》第一卷。在大学里，甚至理工科、医科，也开设了美学课。理工科、医科开设什么美学课呢？这是古今中外也没有的事，可当时就是那样。为什么？似乎可以说"美学热"象征着也带动了整个社会的复苏。"文革"时期，在所有报刊中没有"美"这个字。谈美就是资产阶级的。"文革"以后，包括女工买美学书，一般人也都讲究一点穿衣打扮，把自己的房子环境、家具弄得好一点。"文革"时养花都是不行的，是资产阶级。毛泽东就把他自己院子里的花改成种白菜。只从这一点看，也就了解当时美学为什么会有那么大的普遍性。它表现出一种很有意义的东西，也就是说，"美学热"不简单是一个学术问题，它具有深层的社会含义。比如，在70年代末80年代初，便有几个反复，穿喇叭裤呀、留长发呀，便都被说成是资产阶级，是精神污染。到底什么是美，便成了一个大问题。讨论美便有了非常具体的现实意义。又如，一些本来是伦理学问题却成为美学、趣味、风尚问题。伦理学在西方是非常重要的，比美学重要得多，但伦理学在当代中国一直讨论不起来。为什么？因为它与政治的关系太密切了。一讲伦理，就是共产主义道德，这就讲不清楚了嘛。与伦理学相比，美学的自由度要大一些。五六十年代美学之所以能够讨论起来，也是由于这个原因。其他学科，讨论讨论就变成批判了，包括历史学，最后都有一个政治结论。美学讨论，尽管大家相互扣了许多政治帽子，包括朱光潜也扣了别人许多政治帽子，但谁也没有在政治上被禁止。三派始终是三派，谁也没有凭政治势力一统天下。

90年代美学又有新的发展。实践美学受到"后实践美学"或所谓"生命美学"的挑战。说实话，我对"后实践美学"的东西读得不多，知道一些人在搞而已。他们说的"后实践美学"到底是一个什么东西，我并不清楚。我只觉得，有时候好像在前进，而实际上是退回，因为讲来讲去，还是在说生命力。那么生命力是什么东西呢？讲穿了，就是原始的情欲，或者说是一种神秘的什么东西。那么这些东西是从哪里来的？原始的情欲，神秘的生命力，这些东西过去好些人已经讲过，现在不过是用新的话语重新表述。当然，我赞同有各种意见发表，但是"后实践美学"或"生命美学"到底能够解决多少美学问题、艺术问题、哲学问题，如何讲美和美感，我持怀疑态度。总地来看，现在的美学研究正在朝实证的方向发展，国内的高建平、滕守尧就在进行这种比较具体的研究。我仍然更倾向于支持实证研究。

问：现在国内美学界讨论最多的问题是审美文化问题，一些人借用西方大众文化理论，针对国内市场化的现实，来重新思考日常生活中的美学问题。这也可以说是美学研究的延伸，是一种比较实证化的美学研究。您如何看待审美文化？

李：首先有一个概念问题。什么叫审美文化？我以为，所谓的审美文化也就是对大众文化中人的趣味的研究。不一定就是审美，讲审丑也可以。为什么在新中国成立初期女同志穿列宁装感到漂亮呀，一下子和穿旗袍来个一百八十度的大转弯？为什么今天有人喜欢穿西装、打领带，有人又开始喜欢穿中国传统的唐装？年轻人为什么不愿意看京剧而喜欢听流行歌曲？京剧比流行歌曲的审美价值小吗？当然不是。为什么会出现这种现象？是一种什么审美心理在起作用？这不能全怪年轻人，因为京剧就是太慢，京剧的节奏和现代生活的节奏距离太远了。我以为，这方面的研究大有可为。全球化带来了文化上的趋同，同时也刺激多元的开放。人的审美趣味的复杂化和多样变化与心理的关系、与社会的关系，很值得研究。做实证性研究，也可以得出一些理论甚至哲学的结论。这种研究很有用处，但一定要具体研究这种种审美文化心理。光空谈什么审美文化，没有太大的意义。我发现，现在中国学界有一种空谈的风气。我在文、史、哲中最喜欢看历史书，因为历史书比较具体。我是搞哲学的，但我经常讲，历史是基础。读历史不仅是知识问题，还可以得到很多具体的感受。感受历史可以丰富人生。

问：前面您讲过，您的美学思想一直没有什么变化，但我以为您的美学思想很有一些变化，甚至是根本性的变化。您是从美学研究起步的，50年代专注于美学研究，但后来您把视野拓得很宽，从哲学到中国思想史，并逐步形成一个体系，您的《己卯五说》就是对这一体系的总结和描述。从这一角度说，美学在您的思想中发生了变化，开始处于您的思想体系的最高位置。您是否能够解释一下这种变化？此外，在您50年的学术研究中，最感困惑或最感成就的是什么？

李：我讲我的美学没有变化，是说我的美学的基本观点没有变化，对美和美感的基本看法没有变化，对他们那两派的看法没有变化。但就美在我的思想中的地位而言，就美学在我的理论结构中的位置而言，那是有变化的，因为后来我的美学思想成为我的哲学思想的一个部分。这种变化与我后来研究康德哲学和中国古代思想史有关系。有人说，你又搞中国古代思想、又搞康德哲学、又搞美学，弄不到一起呀。我呢，恰恰是在思考哲学的根本问题时，三位一体了。所以，讲美的本质，后来就发展了。美与人密切相关，那么，回到康德的那些问题，它的哲学意义自然就增强了。再有美学的地位问题。因为中国没有宗教，没有什么东西能够代替宗教的那个境界，所以我把美学提得很高。这与研究中国思想史和康德哲学是有关系的。这些思想慢慢形成了一个完整的东西、一个哲学结构。在西方，美学本身就是哲学嘛。我谈具体美学问题很少，但把美学摆得地位很高。

至于学术研究上的困惑和成就，我好像没有想过，回答不出来。我讲美感是情感的数学方程式，它是由许多不同的心理因素，如理解、感觉、情欲、想象、期待、意向等，结合而成的不同比例的结构体。但这只是一个设想，没法说服人呀。这算是一件很困惑的事吧。我只能这样冒一句，不敢多讲。我想，这种问题恐怕要在一百年之后才有可能得到答案。例如，看电影和欣赏书法，都有审美因素，但大不一样，这个不一样，就是因为心理的各种结构、关系、成分、比例不一样。但到底如何，恐怕一百年后才能弄清楚。现在心理学还很不发达，人的心理和动物的心理都还没有区别开来，所以我说，美学离成熟的时候还早。美感搞不清楚，别的也就谈不上了。我只是在哲学上概括一些美学问题，不做具体的实证研究。我也只能停在这里，无法多言。我讲过，要么作艺术社会学研究，要么作审美心理学研究，但我自己不打算搞，所以就告别美学，搞别的东西了。至于成就，我是搞哲学的，哲学美学，现在看来已经没有什么用处了。

问： 您在自己的理论中一直强调实践，强调人类制造和使用工具，给它一个基础性的地位，后来您又提出情感本体。工具和情感，这两者是否有矛盾？该如何理解这两者之间的关系？

李： 我是讲两个"本体"。当然"本体"这个词是很成问题的，没有别的词好用。不管是现在的西方还是传统的中国，都不讲现象与本体的区别。讲本体，就好像前面有一个现象，本体是现象后面的东西。这种看法在后现代是不认可的。本体就是讲最后的实在，最根本的东西。我是讲两个本体，但是有先后。第一个，我讲的是"工具"本体，也叫"工具—社会"本体，第二个叫"情感—心理"本体。这都与我讲的自然人化有关系。人与整个自然界的关系，人与动物的区别，是工具本体造成的。但人本身也是一个自然，人的各种生存需要，人的情感、欲望，动物也有的这些东西，它是怎么人化的？这就是美学所要解决的问题。我讲，美学是一种情感的方程式，这种情感不是动物的情感，而是人类自己建造的情感。如同人类自己建造了外在世界物质文明一样，人类的心理和意识也是经过长久的历史过程被建造起来的。表面看来，人好像没有变化，实际上，人类的情感已经使人明显区别于动物。比如说，奶牛听音乐产奶多，但是它分不出是什么音乐，是谁的音乐。牛见了红的东西就兴奋，但它分不出是红旗还是红布。只有人才能够做到这一切。人的所有的内在自然，都是自然人化的结果。所以，这两个方面在我这里没有什么矛盾，恰恰是构成了一个整体。以前，也许强调实践，强调外在方面多了一些，但那是一个基础呀，而且是与五六十年代的语境相联系的，当时美感的两重性不能多讲嘛。到了七八十年代，讲内在的自然人化多了一些。针对康德的认识论，我讲内在的自然化是从实践来的，只不过在变成人的心理之后，倒好像是先验的。情感本体、心理本体和外在工具本体是相对应的，也是有先后之别的。

问：您在《浮生论学》里有这样一句话，说"美学在中国的地位很高，这与人在中国思想史中的地位很高有关"，这是一个重要的思想，您是否再给我们一个进一步的解释？

李：这个说法是比较重要。西方是一神教的国家，从犹太教到基督教到伊斯兰教，都是一神，最高的主宰是神，神与人的区别是绝对的。神全知全能，人只能在神面前请罪。人是不能参与上帝的事情的。中国不是这样。中国强调天、地、人三才。人能够参天地，赞化育，参与天地的工作，那就很不一样了。人的地位很高，这是中国古代的人本主义或人道主义的一个非常重要的特点。天人之隔在中国没有西方那么严重。在这个问题上，我就非常同意汤因比的一些意见，他讲了一神教的问题。他这位在一神教传统里长大的大历史学家都这么说，所以我不赞成盲目追随西方。中国有自己的特点，中国文化的特点是一个重要问题。那么，这些特点是怎么形成的？我在《己卯五说》里讲，这与巫有关。我认为这是我的得意之笔。人家也发现了这些特点，但没有讲出足够的道理来，到底是怎么形成的？我认为我是找到根源了。这样就可以把许多问题说清楚。中国不讲实体，讲功能，不讲 being，讲 becoming。这些东西恰恰又与后现代主义接得上。中国文化的这样一些基本特点，是很重要的。人的地位这么高，也是很重要的。70 年代，我写孔子文章时已经意识到，把巫术与礼仪放到一起。我现在讲是由巫到礼，便更清楚了。

问：那么，如何再从美学的视角来把这一思想贯通一下？

李：美的根本问题与人的根本问题是联系在一起的，是跟人的生存而不仅仅是跟人的思想联系在一起的。人要生存，那首先是要实践。这些都是联系在一起的。人的地位那么高，美的地位也就很高。中国人没有神作依靠，正因为没有这个依靠，所以要自己建立依靠才特别的辛苦，才更加具有悲剧性，当然也就可能更加深刻。在这方面，我还没有详细讲。西方有悲剧意识，实际上，由于中国人的这种状况，恰恰才是最艰辛，也是最具悲剧性的。这样就可以把中国的哲学也好，思想也好，提到一个更高的境界。美学当然也如此。

问：我们已经谈了许多理论问题，下面是否可以离开理论来谈一谈中国美学界的一些人和事。您是否能回忆一下您与其他美学家的交往？

李：我的个性是不爱交往。我不仅和美学家，我和很多人都没有交往。蔡仪和朱光潜，我是去拜访过他们。记得我的那篇文章刚刚在《人民日报》上发表时，当时一些人想要蔡仪到哲学所来，我很赞成，我为此去找过他。因为蔡仪是老革命、老党员，是马克思主义者，年纪也比我大很多。我当时拜访蔡仪，他板着脸，不高兴的样子，大概就因为我批评过他。实际上，我对他还是很尊敬的，毕竟我是晚辈，我说，我们现在群龙无首，希望他来。他说，你后来居上嘛。他以观点划界，包括他的学生。他有一种捍卫马克思主义的责任感，他认为我反对马克思主义，当然就对我不满意。朱光潜当时我是不是拜访过，记不清了。我记得是在"文革"的时候，我带着酒和他喝，他很高兴，但我们从不谈美学，谈的多是中外文学和哲学。朱光潜送给我两大函线装的《五灯会元》，还送给我两本英文书，那是在70年代，现在都捐出去和送给别人了。大概是1974年，朱光潜当时在翻译联合国文件，就是把外交文件的中文本翻译成英文或英译中，这在当时是重用他。他一点怨言都没有，我却颇为愤慨，完全是糟蹋人才。我一次把一首我填的词拿给他看，记得他当时仔细斟酌了音韵，大概觉得还不错，最后说"牢骚太盛防肠断"。我那首词里是有一点牢骚。他还告诉我，每天晚上喝点酒，经常绕未名湖散散步。宗白华，我是1956年我的那篇文章在《哲学研究》上发表后，特地去拜访过他，就去过这一次。后来，他出集子，出版社要我写序，原来我不答应，因为我年轻，怎么能给一位老人写序。后来出版社一定要我写，那就写吧。但在写序的前后，包括书出版后，也一直没去看过他。这个例子就看出来我不和人交往到了什么程度。只是以后开会时遇到他，也就是闲谈几句而已。当时对宗白华，大家根本都不知道，连搞美学的人都不知道这个名字，因为他的那些文章在新中国成立以前都是散发在报刊上，根本没成集子。我当时看过一点，也很少。宗白华在新中国成立后没有发表过什么东西，就一两篇吧。宗白华当时在美学界确实没有什么影响，在北大也没有什么影响。我上学的时候，北大不开美学。美学课是"文革"以后才有的。朱光潜当时也不在哲学系而是在西语系教英诗。可现在宗白华的影响倒是超过了朱光潜，引他的文章很多。我不仅跟美学家来往不多，就连哲学所的那些领导，我都从没有去拜过年。我这次到香港这么久了，港大、中大，一次也没去过。科大据说很漂亮，我也没去过。也谢绝一切讲演的邀请。这没有办法。我从小就是这样。个性使然。

说起王朝闻，我们在60年代一起共过事。当时编写《美学概论》，周扬点名要他当主编。他开始依靠周来祥，后来依靠我，再后来就是依靠刘纲纪。王朝闻自己并没有多少理论，他的特点是对艺术有很强的敏感。王朝闻的艺术评论文章是超过许多艺术评论家的。例如他的《一以当十》

里的短文章，千把字，讲这个东西、那个作品为什么好，总是能讲到点子上。他讲川剧怎么好，高腔怎么好，梆子怎么好，这要有非常充分和敏锐的艺术感觉才行。那么，为什么要他来当主编呢？因为朱光潜是党外人士，不行，还是唯心主义的。蔡仪嘛，周扬不喜欢他。当时有这样一个逻辑，认为政治上是马克思主义，那学术上也一定是马克思主义，便一定要高明一些，但到了蔡仪那里就行不通。周扬就是认为他不行。我讲过，他当时在文学理论组评博士导师，没评上。我这个年轻的都评上了，因为他讲的东西太离谱了。他讲美是典型，典型是种类个体最能表现种类共性的那个东西。那么，最典型的苍蝇就是最美的苍蝇。这讲不通嘛。月亮就一个，那如何说典型呢？稍微懂点文艺的人，都不接受他那一套。周扬也不接受。真正对文艺作品有感觉的，那还是王朝闻，没有别人。他当主编，那是很自然的。当时参加美学概论编写组的，有我、李醒尘、周来祥、叶秀山、刘纲纪、田丁、杨辛、甘霖。60年代出租车少极了，我们坐公共汽车，有时王朝闻会请我们坐出租车。他当时出了几本书，有不少稿费。只有他有能力坐出租车，我们都没有钱。

你刚才提到《批判哲学的批判》我请某人写书评的事，我记得没这回事。我从来不求别人写书评之类的东西。当时《哲学研究》倒是发表了一篇黄楠森推荐这本书的书评。我与黄素无来往，其来由我就不清楚了。我现在倒愿意相信新历史主义。回忆录、历史记载等，很多都是不可靠的。有这样一件事，有人告诉我，冯友兰的女婿在一篇文章里说我向冯先生求字。其实，我一辈子从不求人写字，也不求人画画。尽管我认识的画家和书法家不少，我家里却没有任何收藏。事实是冯先生听说我提出"西体中用"的说法，很高兴，他主动给我写一副对联，"西学为体中学为用，刚日读史柔日读经"。冯先生的女儿冯宗璞打电话给我，说她爸爸给我写了字，问要不要，我说那好极了，当然要，就去取来了。当然，求字也不坏，而且我去求字也符合情理，是一件好事情，但这件事确实不是那样。现在冯先生的这幅字还挂在我的客厅里，是我仅有的收藏。你可以查到，在一篇文章里，我讲过冯友兰先生主动送字给我，当时冯先生还在世。求字与否，这事毫不重要，只是说明：一，我个性不好，不太主动；二，对一切历史记录都未可全信，联系到自己，类似的事还有好几件，不必多说了。这里可以说的是，冯先生不搞美学，却是最早给予《美的历程》最高评价的人，我非常感谢他。这本书出来以后便挨骂，但一直销得好。很多人保持缄默，冯先生却高度肯定它，说是一本大书。

七八十年代，我能说的事也不多。当时出版了一个美学杂志，就是那个大本的美学，一年一期或两期，说有一个编辑部，实际上就我一个人在干，从策划到组稿、审稿、发稿。我那时只看质量，不看人。"大美学"当时大家的反映还是比较好的。《美学译文丛书》也是我搞的，我觉得应该介绍外国的东西，给大家提供一些有益的资料。还有和刘纲纪合作写《中国美学史》，是他执笔写的，所以我始终不把这部书列入我的著作中，尽管我提供了某些基本观点。现在回想起来，我当时主要就是做了这三件事情。我还筹备和参加了1980年的第一次全国美学会议。那次会是哲学所主办，在昆明开的，开得很愉快。蔡仪没有到会，朱光潜去了，年纪比较大的还有伍蠡甫、洪毅然等人，也都去了。后来他们说，第一次会开得好，我们很得意。以后的会我都没参加了。我不爱参加会。

问：最后请说几句您的治学经验，比如您的研究是否受外界影响？您认为治学最重要的是什么？

李：我没有想过这个问题。我好像不太受外界影响。我说过，如果"四人帮"晚倒几年，我那本康德的书还会更厚一些。我到海外以后，接触到各种文献，中文的，英文的，当然环境的变化，使我对儒学考虑多了一些。至于说治学，我讲要彻底，就是要把问题想彻底，所谓的"打破砂锅问到底"。例如讲先验，那么先验是怎么来的？为什么这个是先验的？那个便不是先验？我以为在治学中，选择和判断是很重要的，要培养识别能力，知道什么是真正有价值的，什么是虚有其表，并无价值，不能公说公有理、婆说婆有理，自己没有主见，跟着风头跑。我50年代就说过，没有新意即自己的见解就不要写文章写书，我不赞成"天下文章一大抄"的观点，但现在在这种跟风头和抄袭风越来越恶性发展开了。还有，不要怕批评和批判，凡是新意见总会遭人反对的。当年从康德到爱因斯坦这些伟大的人物都遭人激烈攻讦过，何况今天我们这些小人物，不要在意。我历年写的各种文章，总是有各种批评和反对，有的骂得极凶极粗暴。尽管有人反对，但是越来越证明我的某些看法是对的，有的文章甚至今天可以一字不改，当然这不是指美学文章。50年代我那些美学文章是相当幼稚、不能再看的，特别是文字嚣张浅陋，用词激烈，自己看来都觉得汗颜之至。前面讲到不要跟风跑，要有自己的主见。例如，现在大家都讲"天人合一"，"天人合一"如何来的？我认为来自巫，正由于不是犹太—基督的一神教，人的地位高，而自然的地位也不低，自然不是创造出来受人支配利用的，它可以有神性等，只有这样的背景才可能产生"天人合一"的思想。这就是我的主见，而不是人云亦云地讲"天人合一"。一方面不受外来影响，不管毁誉，自己知道工作的意义就行了；另方面是清醒认识自己的局限和缺点，永不自满，我经常以从零开始的态度来对待写作，这可能对自己很有好处。这也可以说是治学经验或对你的提问"是否受外界影响"的回答吧。

定稿于 2002 年 10 月

于民，生于1930年，河北唐山人，北京大学哲学系教授，在北京大学哲学系美学教研室从事古典美学的研究和教学工作。"文革"前，他参加了《美学概论》编写组，主要负责中国古代美学资料的整理工作。主要著作有《春秋前审美意识的发展》、《气化谐和》、《中国美学思想史》等，编过多种中国古典美学资料选本。

于民先生访谈

时间：2005年4月
地点：海淀区于先生寓所

采访者问（以下简称"问"）：据我所知，您是王朝闻先生主编的《美学概论》的编写组成员，参加过编写教材的一些活动。作为当事人之一，我希望您能谈些您自己亲身经历的一些事情，以帮助我们了解那一段历史。

于民（以下简称"于"）：在记忆中，我最早的活动是去了位于西单的教育部招待所，第一次见到王朝闻。那时候，编书名义上由王朝闻和张光年主持，但实际上，张光年根本就没有去。后来，马奇去了，就以他们两个为首了，大家也都是在那里认识的。我对王朝闻的印象是，他思想比较开放，而且，有些认识也是较为超前的，不同于那些按部就班的人。具体表现是，当时提到要调一些人来，因为那时调来的美学人才不多，主要就是马奇他们人大几个，杨辛我们北大几个人。当时，中央美院的佟景韩和音乐研究所的吴毓青还没去，李泽厚、叶秀山和刘纲纪也没去。最初，我们讨论的主要议题是怎样写。刚开始，要先搭架子，决定调哪些人过来，而从调动人才的决定上就可以反映出王朝闻同志的心胸还是比较开阔的、非常重视人才的。那时对调李泽厚外面曾有些异议，朝闻同志指出要起用李泽厚，编写组的成员对此意见基本一致，到高级党校的时候，就把李泽厚给调过来了。朝闻同志没有因为原科学院对他有看法就影响了人才的使用，实际上也促进了业务的开展。实践证明，他的决定是正确的。另外，还有洪毅然，好像也有点小问题，后来也给调来了，因为他也算是之前美学讨论中的一派。在我的记忆中，他好像唯有对一人摇头，表示不同意调，就是姚文元。他的看法是有远见的，因为这人在政治上确实狂热。所以，在调人方面，我对王朝闻同志的印象还是比较深的。

朝闻同志那时也不是经常来，在讨论问题方面，主要是由马奇同志掌握的。我们的工作是在1960年开始的，待转到高级党校时，已是第二年

（也就是1961年）了。那时，正赶上梅兰芳逝世，梅兰芳的逝世让朝闻同志深感悲伤，他也向我们提及梅兰芳怎么样怎么样，包括当时到台湾去很危险，等等。到高级党校后，基本上该调来的人都来齐了，也开始着手做研究了。参加的人员有《美术杂志》的王景宪、中央美院的佟景韩、音乐研究所的吴毓青，其他的还有刘纲纪、周来祥和朱狄。开始时，在"美的本质"上做了一段时间的讨论，以后就开始为《美学概论》的编写搭架子。而从开始讨论以后，我基本上就很少参加了。刚开始时，曾考虑写不写中国美学史简介这一段，后来决定要写，并让我来写，我说我写不了，最后就转给刘纲纪写了。刘纲纪同志是一个学风严谨扎实又博学多才的人，对中国古代美学史早有研究，写这一段很合适。后来，朝闻同志对我说，作为《美学概论》编写组的成员，你主要负责中国美学史资料的选编。所以，我在编写组三年，主要都是搞资料，很少参加《美学概论》的讨论和编写。

问：应该说，那时的美学研究还处于起步阶段，面临的问题很多。在这种情况下，清理资料工作就显得更为重要。而且，中国古典美学资料非常丰富、分散，尤其是面对中国古代的浩如烟海的典籍。那时你们是如何整理中国美学资料的？

于：《美学史资料选编》原来是北大美学教研室的项目，当时趁着宗白华先生还健在，希望发挥其特长，先把这个资料给编纂出来。在这方面，我与叶朗整理了很长一段时间。

我先讲讲宗白华先生的看法，宗先生认为，应该先有史，后有资料。我们对此的看法角度不同，其间也有争议。宗先生在作学问方面，要求得比较严、比较高；而我觉得，干什么都得从实际出发，要先做些资料的搜集和整理工作，然后再搞史。最后，教研室决定要搞这个资料，让宗先生来当主编，他也就不再坚持己见，点点头，表示同意认可了。

整理古典美学资料，现在觉得够简单的，但那时可是挺麻烦的，因为连什么是美、什么是美学还在争论。为此，我们发了不少信去征求专家们的意见，郭老、侯外庐、魏建功、郭绍虞、黄药眠和刘大杰都有回信。特别是郭老，他亲自回信，连大信封上的收信单位和寄信人的名字都是他亲笔写的，我们收到时特别感动！他看过我们寄的目录后，认为前面分量太重，应该减少些，并警告我们说，千万不能害"大头症"。其他如侯外庐等老先生，提的意见也都非常仔细。

最初，我们把凡是与审美、艺术有关的资料都摘录下来，与文论史的有关资料进行了区分。因为对美学对象的看法始终不太一致，最终我们还是确定到审美、艺术上。最初我们搜集的资料很丰富，但到最后，经宗白华先生审定，砍掉的将近一半。我们到图书馆，把凡是与美、审美有关的书都翻了，经史子集都有。我们大部分时间都在图书馆翻书，然后把书拿回来再摘录下来，大量的图书都被调到党校。在借调、整理、印刷等工作中，北大美学教研室的金志广也做了不少工作。在这个过程中，我们也逐渐摸索到不少规律，掌握了不少线索。

按宗先生原来的意见应该这样：先搞出史来，比如画论史、文论史，逐一搞完后，再加以综合。开始，我也有疑问，宗先生的兴趣怎么今天这样，明天又那样？后来我才明白，那不是兴趣转移得快，而是有他自己的目的的。刚开始，他对古代建筑美学特别感兴趣（现在人们对春秋前"崇高"的认识，基本上都沿用了他的观点，接受了他现成的东西），过了些日子，他又说中国书法美学最重要，又转向书法美学了。宗先生留学德国，西方哲学根基深厚，又有中国哲学的底子，对具体的艺术门类也很熟悉。中国古代的艺术，他可以随便地谈。但在当时也只有他可以这样做啊！

选资料过程大体上是这样的。经过整理，最后油印了几份（"文革"时，这些资料大多被人抄走，有人在"文革"后联系了出版社还想以自己名义出版）。到"四清"（也就是1963年）时，大体就编完了，编写组也基本结束，就剩下几个人了。我们也就回来了，我回来后接着搞。

问：你们编写的资料后来是如何处理的？你们好像还出版了不少其他中国古典美学的研究资料。

于：我们整理的材料1980年由中华书局正式出版。后来，我与孙通海编辑了《中国美学名言选》，由中华书局出了两期。孙通海认为出得太慢，又转到吉林人民出版社出了一期。我们还编过一些资料，但由于篇幅太大，出版社要我们删去一部分，我们只好忍痛删了不少好东西，如琴论、《二十四品》等，最后由安徽教育出版社出版了《中国古典美学举要》。

后来，我和叶朗商量课如何开。那时候，我研究上古、前面的比较多，叶朗主要考虑后面的，叶朗就着手开了"小说美学"的课程，并出版了他的专著。1980年开全国第一次美学会议时，确定让我负责由北大哲学系写出一部《中国美学史》。后来，我们分工，我搞上古部分，葛路搞魏晋部分，叶朗搞元明清部分。实际上，我也不愿意搞上古，太费劲了。后来，叶朗想单独搞，便与上海人民出版社的朱一智联系后，签了合同。后来，朱一智来京时，征求我的意见，我也表示同意。过了两年，叶朗就出版了他的《中国美学史大纲》。

问：在编写《美学概论》过程中，由于工作关系，您应该与王朝闻先生有一定的接触。如今，王先生已经去世，但他为新中国的美学建设所做出的巨大贡献是有目共睹的。希望谈一些你们在学术上的交往。

于：刚才我已经谈了些我与王先生的交往，我这里再补充一点。我与他的关系一直是比较好的。虽然我以后也参加过《美学概论》组的讨论、定稿等，但主要任务还是资料的编写与整理，所以我最终对《美学概论》编写组的贡献真的是没什么。但王先生对我的关心却是一点一滴的，包括在《美学概论》短短的后记中，曾两次提到我，包括我提的建议，等等。

20 世纪 80 年代末，朝闻同志主编一套文艺美学方面的丛书，计划让我承担一本。但我想谈我的真实想法，又担心损害他主编的身份。后来，朝闻同志曾给我写了两封信，大意是说，你不要先考虑你的观点是否符合我们的要求，你自己有什么观点，就发表什么观点，没什么限制，你的想法还是好的。这给了我很大的鼓励，也解除了我的顾虑。以后做具体工作的张赣生、朱立人找我谈话，也是这个意思。实际上，与 1984 年他说的也是一样的。1984 年在武汉开中西比较美学会议时，王先生就鼓励过我。在那次会议上，我讲：王老，我想结合"气"（那时还不叫"气化"）来谈些我自己的意见，不知是否合适？他讲，你就随便谈吧！不要顾忌这个那个的，能自圆其说就行。之后，他还说："你用气化和谐观点把两本书贯穿起来，我给你出。"

问：您一直在宗白华先生的指导下整理中国古典美学资料，又长期在同一个教研室工作，应该说，您对他是比较了解的。您是如何看待宗先生、他的学术研究以及他对您的影响的？

于：宗先生知识面广、学贯中西。他的朋友大都是这样，徐悲鸿是他最好的朋友。他家有两样东西最有特色，一个是徐悲鸿的素描，现在很少见，可能他已经捐献了；另一个是魏晋的佛像。这两个也就代表了他总的审美爱好，中西都有。有他这样的基础，他搞中国美学是最合适的。他写的文章，是没有人比得上的。应该说，在他们这一代人中，他对审美理论的研究是最出色的。他对意境的认识，现在还没有人能超过他。他综合中西哲学来探讨意境，探讨得非常深入，是一般人难以发现的。他说，虚实是意境的底线，这抓住了意境的核心。离开虚，就没有了意境的存在，只能是西方的写实。中国的音外、画外、笔外，都是由实到虚，没有虚，什么也谈不上。他之所以对王夫之特别感兴趣，就因为在意境问题上，王夫之谈得很深。

去年，我们教研室的章启群写中国现当代美学家，其中对宗白华谈得比较多，他认为宗白华是现当代首屈一指的美学家，这是对的。朱光潜先生介绍西方的比较多，虽然对中国美学也有研究，但他不是专门搞这个的。邓先生主要研究书法美学、绘画美学，他的研究没有像宗先生这样深，有哲学色彩。

当时，我们有了问题就去找宗先生，一起讨论材料的取舍。在谈论的过程中，他的有些观点现在看来还很有启发，是我们搞中国美学的血脉。我谈春秋之前的许多东西都是受他的启发，气化和谐、魏晋审美的变化，主要也是接受他的观点。他认为，中国从文到人与西方不同，审美的变化很明显。他的思想境界、作风受中国哲学影响太深了，但他并没有具体搞过养生，他对意境的理解就只能限于哲学的层次，如果再深入些就更好了。

他受中国传统文化影响太深了，我可以举个例子，中国古代士大夫的超脱在他身上是非常突出的，他不太在乎名利。新中国成立初，他是南京大学哲学系的系主任，院系调整时把他调到北大哲学系，给他评了个三级教授，实在是不大合适。但宗先生既超脱，又爱国、追求进步。在重庆时，毛主席也曾经跟他说过话，主席对他是有所了解的。他也关心政治，关心政局变化，但总地来说，他是超脱的。在为他开85岁寿辰纪念会时，张岱年先生曾经说过："像宗先生这么个遭遇，他不拿当回事，还是乐呵呵的，我是比不了，也是很少人能做到的！"张岱年在我们系就够超脱了，当年被打成"右派"揪斗，一个人被关进房子里，但他始终不吭不声，是乐天派。我们感到，张先生本身就够可以的了，但他这样评价宗先生，可以看出宗先生有多么超脱。那时候，我们从政治上考虑得多，我们的观点不一定对，但宗先生不大在乎这个。我的文章在谈到魏晋人审美观时，我说，这些魏晋的士大夫，如王羲之的一些话，应该是表现了腐朽阶级的意识，有什么可以肯定的呢？当时，主要是针对宗先生对魏晋人的论述，可他看了后没说什么，同意我拿出去发表，这也说明了他的宽容。

宗先生很随便，上课是这样，平时生活也是这样。80年代初，还穿个黄衬衫、挎个包，挤公共汽车去看画展，我们都替他担心，那时他已经80多岁了。据我所知，他一生就发过一次牢骚，这是我亲耳听到的。临终前，他身体不太好，医院却叫他从这儿到那儿，又从那儿到这儿，被折腾得疲惫不堪。他就跟我说："本来应该是大夫看我，不能是我看大夫，我都这么大年纪了。"他受古代养生学的影响是很大的，但自己并不练功，这对他的学术研究可能有一定影响。这是我自己的看法。我认为，搞中国古代哲学、中国古代美学、中国古代思维，如果自己不能亲身体验一下养生的话，你的理解就不够深刻。比如对中国的阴阳五行的认识，原来我也认为是牵强附会，我教书时也带领学生否定过，但我后来练功时确实感到，如果不亲自体会，你是不能领会他的要义的，如金木水火土与审美有什么关系，跟五脏有什么关系，这不完全是牵强附会吗？后来我练鹤翔桩时，才有了更深的体会，感到有很多合理的地方。

宗先生生病住院也不顺，原因是级别不够，部级干部才能上北京医院住，包括中文系的杨晦先生都受过挫折。我听张少康说过一件事，他曾对医院说，你知道杨先生原来是干什么的？"五四"时火烧赵家楼的就有他。提这话本来也没什么用，但人家考虑考虑名望，也就放松了。宗白华是三级教授，不知怎么说的，也就被放进去了。他的追悼会，也由于他跟政治上没多大联系，有影响的人物谁也没来。

我与宗先生接触较多，他对我的影响也比较大。我的基本观点主要是接受他的，我也同意他的大部分观点。我觉得应该把气化的观点加进去，以反映中国古典美学发展的真实面貌。但我的观点，有的人并不怎么同意，有人写本书，说现在已经是西方科学的宇宙观了，气的思想很落后，关键是他不理解我所提出的气化论。实际上，在魏晋时，文艺气化论已经很成熟了。这里我谈一点对范文澜先生的看法。因为他不懂气化论和由人到文的审美变化，应该是把虚静、养气等放在前面，然后才顺理成章是神思等，结果他把整个文章顺序表的有些内容就弄反了。宗先生好多基本观点，我都接受了，这是宗先生对我的影响，他的主要路子在我的研究中都有体现。

问：谈到北大的美学研究，不能不谈到朱光潜先生。虽然朱先生主攻西方美学，但对中国古典美学也很有研究。能否谈些您所了解的关于朱先生的情况？

于：编中国美学史资料时，我去找过朱光潜先生好多次，借过《词话丛编》等书。朱先生虽然主要从事西方美学的译介，但他很重视中国美学。他说，你们搞资料意义挺大，将来应该发挥中国美学应有的作用。

那时，朱光潜名义上在我们哲学系里，但他也是西语系的老师，在西语系还有课。实际上，两边他都跨着。朱先生的生活特别有规律，什么时间干什么事情都是计划好的，每天晚上必定出去散步、做眼保健操。临去世前，他还让我教他"六字诀"。

朱先生去世时，我参加了他的追悼会。开追悼会时，邓颖超都去了，追悼会的规格相当高，人数也比较多。我看到，王力先生一到，朱先生的夫人就让她的子女给王先生下跪，王先生也因此受了刺激，不久也就去世了。可能他俩是老朋友了，经不起这种打击。

问：您经历过"文革"，不知道宗先生、朱先生是如何度过这段苦难的岁月的？

于：在"文革"中，我与他们接触不多。开小组会，小组会学习，组里有我和搞逻辑的晏成书组织他们天天学习毛主席的著作，最老的是黄子通，其次是朱谦之、宗白华，还有些老人。在学习过程中，管牛棚的造反派也不通知我们，突然来抓人，今天提审这个，明天提审那个。我亲历过的就是把朱谦之抓到牛棚，后来宗白华也被弄去了。为什么被抓去，什么时候放出的，我都不知道，也不通知我们。

问：邓以蛰先生也主要从事中国古典美学研究，您一直从事中国古典美学资料的整理和研究工作，你们同在哲学系工作。您能否谈些邓先生的情况？

于：我与邓以蛰先生接触得不多，我与杨辛他们到他家里去过几次，他把画拿出来给大家看，我们对他比较尊重。他最后的结局不好，让哲学系工宣队揪斗，当时他正患肺炎，工宣队队长张光明（新华印刷厂车间主任）一定要让他来参加对他的批判，有的年轻教师还真是上纲上线，他受了很大的刺激后很快就去世了。他挺有名望，他的儿子又是"两弹元勋"，可也没能保住他的父亲。开完追悼会后，我听到许德珩、金岳霖一边走一边说："他死了，下回我们俩该轮到谁呀！"这二老在参加完朱光潜先生、宗白华先生的追悼会后，也先后走掉了。

问：刚才听您说，您在对中国古典美学的认识上与李泽厚先生有所不同。能否详细地阐述一下？

于：李泽厚的《美的历程》挺不错的，他很有才气，写东西很快、很敏锐，有时候难免有些考虑不到的东西。我的《春秋前审美意识的发展》主要针对他欠缺的地方或强调得太厉害的地方做点补充。如对饕餮的看法，我就写了文章在北大学报上刊发了。说实在的，也就是仅仅做点补充。我对他与刘纲纪都比较尊重，他们在中国美学思想的研究上，应该是贡献最早、最大的两位学者。

问：您认为，您自己研究美学最大的体会是什么？

于：我主要是用气化和谐的思路、养生学的思路来研究中国的美学和思维的。我认为，养生有科学的东西，但不是实验科学，而是体验科学。

我们不能完全照搬苏联的、西方的审美观点。西方的认识，是一方面的认识，但并不能代替整个人类、东方的认识。新中国成立后，中国的美学研究一直按西方的路子走，以西方的认识套中国的东西，甚至有的把中国自己的东西都丢掉，这是不应该的。写《美学原理》、《美学概论》时，我都坚持了这个思想。在后来中国美学史的研究中，我更是坚持这个思想。否则，不仅会将许多珍贵的特有的内容丢掉，还将使中国的不像中国的。

问：您谈了不少自己的经历，也讲了不少宝贵的经验，再次感谢您的支持与帮助！

定稿于 2006 年 2 月

刘宁（1931—2009），湖北省汉川市人，北京师范大学外语学院教授，曾经担任北京师范大学苏联文学研究所所长。主要从事俄苏美学、文艺理论和文艺批评史研究，参加了《美学概论》的编写和最后的定稿。主要著作有：《俄苏文学批评史》（北京师范大学出版社1992年版，获北京市哲学社会科学优秀奖二等奖）、《俄国文学批评史》（上海译文出版社1999年版，获北京市哲学社会科学优秀奖一等奖）；翻译作品有《历史诗学》（百花文艺出版社2003年版）等。

刘宁先生访谈

时间：2005年4月
地点：北京师范大学"红楼"刘先生寓所

采访者问（以下简称"问"）：刘先生，首先感谢您抽时间接受我的采访。我知道，您长期致力于俄苏文学的教学与研究工作，参加过王朝闻先生主持的《美学概论》的编写工作，经历了新中国成立以来的许多学术活动。因此，我希望您能够通过您的经历帮助我们了解些当时的情况。我想问的第一个问题是，在许多人的印象中，您一直从事俄苏文学的教学与研究工作，但您却被选入《美学概论》编写组，能否介绍一下其原因吗？

刘宁（以下简称"刘"）：我想，这主要是由我的求学经历引起的。我过去一直对俄苏文学感兴趣，1950年考入清华大学外文系，学的就是俄语。那时全国刚解放，我学俄语不到一年，就爆发了抗美援朝。出于爱国热情，我报名参加了军干校。军干校又把我分到中国人民大学学俄语，因为人大有俄语系，也有苏联专家在那儿教俄语，我准备念完两年书后到部队从事俄语工作。当时，北京俄语专科学校院长师哲给主席写信建议说，他们老一辈俄语翻译者要退下来了，需要派一批年轻学者去苏联学习，最好从大专学俄语的本科生中直接选派人去学，这样培养的俄语人才才地道。1952年，中央开始从全国抽调一批人到苏联专门学俄罗斯语言文学，结果，从全国的大学和俄专抽了几十人到苏联学习，我也是其中之一。1952—1957年，我一直在苏联学习。最初我在萨拉托夫大学语文系学习，1954年我转入了莫斯科大学语文系学习。在学俄罗斯语言文学时，我对苏联文艺学、美学、批评史也很感兴趣，我写的学位论文就是有关革命民主主义的美学家杜勃罗留波夫的典型论。我不仅听莫大语文系的文学史和文学理论课程，也到哲学系听奥符相尼科夫的美学课。他主要研究德国古典哲学、美学，他后来写了《马克思主义美学》，还编辑出版过五卷本的《世界美学史史料》，搜集了从古到今的美学资料。他在莫斯科大学专门开了黑格尔美学的讲座，我系统地听了他的美学课，引起了我对西方美学史和马克思主义美学的兴趣。在莫大时，我还听过一些著名的文学史家和文艺学家的课，当时给我们讲《文学概论》的是波斯别洛夫先生，他于20—30年代师从过弗里契和彼列威尔泽夫，刘宾雁曾经翻译过他的著作《论美和艺术》。社科院文学所的钱中文后来到莫大时，也曾跟他学过，他是钱中文的导师。80年代我去苏联访问时，波斯别洛夫还记得钱中文，并问过钱中文的情况。我们这批人回国后大部分被分配到高校：北大几个、师大几个，社科院外文所的张羽也是我们这一批的。后来陆续又有人去学习，回国后主要被分在外交、新闻和出版部门工作。

当时我们学得较全面，19世纪的俄罗斯文学、苏联现当代文学和外国文学，我自己则偏重于文学理论和美学。所以，我回国后，被分配到北师大中文系任教，因为当时外国文学教研室设在中文系，而外语系只教俄语。1957年回国后，国内正在开展"反右"运动，当时，北师大中文系满目疮痍，许多名教授大部分成了右派，其中包括文艺理论教研室主任黄药眠，古典文学教研室的钟敬文、李长之、启功，师大的学术力量受到了很大的打击。外国文学教研室正副主任穆木天、彭慧也成了右派，外国文学课就没法开了，只好由穆木天他们带的助教请北大的老先生来讲。最初，我和谭得伶从苏联回来后一块被分配到师大，又一块主讲俄苏文学，大概有一年多时间。这时，文艺理论教研室缺人，又没有骨干，黄药眠先生的大弟子、教研室副主任钟子翔当时也不能支撑局面，就把我调到那里。当时，我在中文系教文艺理论课，同时主持文艺理论教研室的工作，还要参与编写《毛泽东文艺思想》，大家都没有经验，也不知道该怎么弄。60年代初，中央为了整顿高校教学和秩序，提出统一编写全国文科教材的任务，从全国各地高校抽调一批专家、教师来京集中编写。当时，我们系参加编写现代文学教材的教师多些，古代文学也有人参加。另外，我们中文系的党总支书记陈灿同志调到中宣部文科教材办公室工作，中文系的副系主任刘谟同志也是从延安出来的，他在"鲁艺"待过，他认识王朝闻同志，大概是他俩人把我推荐给朝闻同志的。当时，全国第一次编美学教材，他们知道我在苏联学过有关课程，又对美学有兴趣。1958年，我在《北师大学报》发表过《别林斯基的美学观》，比较早、比较系统地论述过别林斯基的美学观。过去介绍别林斯基，都把他作为文艺批评家，对他的文艺批评谈得多，对他的美学思想谈得少。当时国内编写《美学概论》还是首倡，要求几个主要的大学都得有人去，我想回来后就可以开美学课，我自己当然也愿意参加，这样就去了。我听说，朝闻同志对选拔人才还是很挑剔、很严格的。他首先要看发表过的文章，我的文章中（包括《别林斯基的美学观》）也有带大批判性质的文章；也有集体合写的，如《毛泽东文艺思想》教材中的"文艺是阶级斗争的工具"那部分；还有在外国文学教研室时写的《萌芽与高峰》。当时外国文学课改革，要打破过去的条条框框、突破西方文学中心论，即只讲西方文学，不讲东方文学，只讲资产阶级文学，不讲无产阶级文学。我们把无产阶级早期的文学，如巴黎公社诗歌，东方文学的优秀作品与西方文学的高峰来比较，大部分都是根据当时的政治要求、意识形态的需要来写的。朝闻同志给我印象较深，我觉得他既是一位宽厚的革命长者，又是一位热情、敏锐的艺术家。见面以后，朝闻同志同我谈话，他了解了我过去的经历，开门见山地谈到他对我的文章的印象，当时给我印象很深。1958年、1959年的评论文章大都有政治化、简单化倾向，我的文章也未能免俗。朝闻同志一针见血地指出，你的这些文章的观点都是很正确的，但是我们搞文艺理论也好，美学也好，要解释文艺之所以为文艺的原因，文艺不等于政治口号，文学是有自己规律可循的，而且文学是一种艺术创造，是讲究技巧、品味的。我们搞理论，应该对文艺创作、文艺欣赏有指导作用，搞文艺学不能只要有政治性就行了。在当时的那种形势下，大家都怕犯错误，怕不突出政治，却不怕违背艺术规律。朝闻同志这样讲给我的印象很深，有一种振聋发聩的启示作用。当然他也知道我的背景，知道我从苏联学习回来，对俄苏文学和美学还是比较熟悉的。这样，我就参加了编写组。

问：当时为什么要编写《美学概论》？编写美学教材的背景如何？

刘：1958年全国大跃进，受极左思潮影响，把旧的教材都否了，要重新编教材，北大出现了学生集体编写文学史的事情，师大也自己编教材，文艺理论也要重新弄。但是到了60年代，"大跃进"已经暴露出弊端，其中有很大的浮夸风，大跃进变成了大衰退，农村连饭都吃不上，学生浮肿，我们教师也浮肿，我上完课还晕倒过。1960年要进行整顿，实际上是纠正前一段的错误。当时，主要是文科比较乱。1950年代初学苏联，从教材、教学大纲，甚至院系调整、学科建设全都从苏联照搬过来，当然也包括文艺学建设。

新中国成立初，就进行了全国规模的院校调整。当时把全国高校打乱后进行调整，原来师大外语系英语专业比较强，焦菊隐曾经当过师大外语系的主任，结果把英语专业并入了北大，师大只是搞俄语，1964年才恢复英语。同时，也把其他学校搞教育的都弄过来，把辅仁大学并到师大。后来恢复教学秩序，主要是文科搞得比较乱，在邓小平的主持下，中央对教育、文化进行了整顿，这样才提出了文科教材的建设问题。这个工作主要由周扬亲自抓，当时中宣部和高教部还联合成立了全国文科教材办公室。当时处于困难时期，吃、住很困难，也只有中央出来才能够调得动全国的人才，集中全国的力量来编教材。当时编写的文学教材有《中国文学史》，唐弢主编的《中国现代文学史》，杨周翰等主编的《欧洲文学史》，文艺理论南北同时编：蔡仪主编了《文学概论》，叶以群主编了《文学的基本原理》。最有意思的是美学，当时美学最薄弱，也没系统的教材和教学大纲。朱光潜、宗白华先生只是在哲学系开一些讲座、专题课，基本上介绍黑格尔、康德等西方美学。我记得到人大时，侧重于学习《政治经济学》、《马列原理》、《联共党史》等课程，以及法律、外交等方面的知识，没有美学课，美学也不像其他学科有成型的东西。提出来编美学，一方面主要是国内开展了美学大讨论，美学在社会上也有影响，学术界也有兴趣；另一方面，也许与主持《美学》教材规划的周扬同志有关系，他喜欢美学，发表翻译过美学方面的文章。所以，他把美学列入教材规划中。

问：谈到向苏联学习，据我所知，当时全国的许多大学都从苏联请了一些专家到中国亲自授课，北大请的毕达可夫很有影响，北师大也请了苏联专家来讲学。您能否介绍些北师大请苏联专家讲学的情况？

刘：当时北大请的是毕达可夫，北师大请的苏联专家是柯尔尊。据我了解，这些人在苏联不是很有名的，都是普通教文艺学、文学史的教师。柯尔尊还是个讲师，不是教授，并不是对学术有系统、独到的看法。但当时只是急于要把苏联的那一套搬过来，主张一面倒，结果把他们讲的课都看成是金科玉律。师大还专门成立了苏联专家工作室，当然也包括教育系请的苏联专家。柯尔尊来后，我们师大还办了苏联文学研究班和苏联文学进修班，把全国师范院校教俄苏文学的四五十名老师直接调到北京学习，有的已经是副教授了。柯尔尊不直接给本科生讲课，只给研究生上课，专门抽调了俄语教师给他当翻译，整理讲稿，后来的讲稿也出版了。他主要讲从古到今的俄罗斯文学、苏联文学，还要讲一部分文艺理论。我1957年回来时，柯尔尊还在，可能他们在1954年院系调整时就来了。

到了60年代，中苏关系趋于恶化，展开了意识形态大辩论，苏联专家都被招回了国。当时中央提出要加强对国际问题的研究，要高校成立相应的研究机构，于是师大成立了外国问题研究所，下设苏联文学研究室，还有外国教育、苏联哲学、美国经济等研究室。我从中文系文艺理论教研室调出，负责筹办这个所和《苏联文学》（后来改为《俄罗斯文艺》）。研究所人员主要从中文、教育、历史、政教等系抽调，我兼外国问题研究所副所长，所长是党委书记兼任的。此后，我就脱离了《美学概论》编写组。

问：依您的观察，为什么要选王朝闻先生做主编呢？你们平时是如何工作的？

刘：既然决定了要编美学教材，就先要选定主编，当仁不让就选了王朝闻同志，这很合适，也说明周扬同志很有眼光。因为当时美学讨论的几方争执不下，都把对方说成是反马克思主义、机械唯物主义或唯心主义，让他们担任主编显然不合适。而被誉为"马克思主义大师"的黄药眠又成了"右派"。朝闻同志无论从他的经历、学识、声望，还是他的为人来说，都比较合适。他从"鲁艺"出来，本来就是艺术家、文艺评论家，有深厚的艺术功底和敏锐的艺术鉴赏力。过去文艺界、搞文艺理论的很容易犯错误，动辄被扣上各种帽子，但他比较稳，既能坚持马列主义、毛泽东文艺思想的基本观点，又比较灵活，注重理论联系实际，尊重艺术规律。他从延安来，亲身经历过解放区的文艺运动，文艺为工农兵服务，普及与提高对他来说都不是空的。而且，他自身就是雕塑家、美术家，创作了像毛主席浮雕、刘胡兰塑像等家喻户晓的作品。此外，他知识渊博，艺术修养确实很好，各种门类艺术、各种地方戏曲、古典文学他都是无所不知、无所不晓。他不是从书斋里出来的学者，而是融艺术创造、艺术欣赏和艺术评论、美学理论为一体的革命文艺家。所以让他出来召集，从全国高校、社科院选拔人才，组成美学教材编写班子，可以说是深孚重望的。我到那儿比较晚，班子基本上都搭起来了，他们在中央高级党校已开始讨论大纲了。初次见面，朝闻同志给我印象比较深的，是他为人坦率，很有气魄。他对我讲，我们现在编美学教科书真正是白手起家，我自己过去也不是搞美学的，我们在延安的时候，主要是搞文艺创作、文艺评论，就是从事革命宣传工作，基本上没有受过系统的大学教育，西方的美学经典我读的也很少，我们一起来摸索、学习、讨论。他的态度也是很开明的，他很信任我，对我说："你很熟悉苏联那儿的情况，希望你在这方面多下功夫，多出力。"他认为，编写教材当然要以马列主义、毛泽东思想为指导，但要搞美学教材，不了解中外美学史和名家名派的美学理论、美学见解，不掌握丰富的资料，不了解前人所做的工作，那是绝对不行的。所以他很强调搜集资料，安排我们分头搜集整理、编辑各种中外美学专题资料汇编。那时已经是60年代了，在所谓大跃进年代，大学生奋战一段时间，就能写出一部文学史已不足为奇了。但我们这些美学教材参加者，虽然都有一定的教学经验和科研、写作能力，却埋头于中外图书资料的搜集整理和研读，并不急于撰写教材。

　　当时，我们集中住在党校，党校提供吃住。我们每人一间屋，可以看书、写东西，吃饭主要在集体食堂。党校学员们主要都是各地的党委书记，当时是困难时期，供应由上面保障的，连抽烟也供应烟票，应该说当时的条件确实不错。组织要求我们住在那儿，关起门来搞研究。那时，我平时住在党校，但也需要回师大处理一些教研室的事情，所以我周五回到师大，周一再去党校继续工作。刚开始，党校无法提供编书用的图书资料，只有自己带书去。《中国文学史》编写组依靠北大图书馆就行了，蔡仪主编的《文学概论》则依靠社科院中文所的图书馆，但美学组不像其他组，没有专门的图书资料室可依靠。朝闻同志十分重视抓资料工作，他要求分别从人大、北大和师大借调部分有关中外文图书到党校使用。

　　据我的感受，在当时的编写组中，属我们组最活跃，这与朝闻同志的领导作风有关。他鼓励大家解放思想、畅所欲言，为了一个大纲，大家讨论几十次的情况都有。他启发大家各抒己见。当时，山东大学周来祥提出"美是和谐"，就让他详细地谈谈，通过讨论引发大家思考。大家讨论得面红耳赤，但又不伤和气。朝闻同志相当开明、大度，在他领导下，我们这些成员关系也处得不错，知道各有所长，取长补短。而且，除了朝闻同志，大家都比较年轻，只是马奇稍大些。回想起那一段，大家都很惬意，心情比较舒畅。遗憾的是，大家反复讨论，迟迟定不下大纲，延误了写教材的时间，等到教材写出来不久，就到了1964年，也就是"文革"前夕，也来不及集中修改了。当时全国正在进行《海瑞罢官》的讨论，各校让我们回去。实际上，我们只弄出了个初稿，后面的工作也就被迫放下了。

　　问：您曾经在苏联留过学，也非常关注苏联美学界的情况。您认为，苏联当时进行的美学讨论和我国进行的美学讨论有什么关系？对你们编写美学教材有没有直接关系？

　　刘：50—60年代，苏联也展开了美学大讨论，我国的美学讨论实际上是在它的影响下进行的，像李泽厚的那些观点苏联早都有了。朝闻同志在主持美学教材编写期间，非常关注苏联最新的美学研究情况。苏联美学、文艺学的发展在50年代初有个大的变化，像它的文艺思潮所发生的变化那样，1953年斯大林去世，文艺界最早反映出思潮变化的是爱伦堡的《解冻》，从此出现了所谓解冻的文艺思潮。苏联的文艺学、美学具有深厚的民主主义、人道主义和现实主义传统，可以说源远流长，也有很多派系，但仍然以革命的、进步的美学占主流。19—20世纪的俄国解放运动中，涌现出了诸如普希金、果戈里、屠格涅夫、托尔斯泰、陀思妥耶夫斯基等大文学家，他们大都是接近人民、关心人民，富有人民性、民族性。俄罗斯作家从18世纪学习西欧，反过来在很多方面又超过了欧洲，如音乐、绘画、芭蕾舞剧等。涌现出这么丰富多彩的文学艺术创作成果，才形成了文艺学、美学上的独到之处。即使普列汉诺夫、卢那察尔斯基这些马克思主义文艺批评家也都很尊重古典文艺遗产，他们都试图用马克思主义的观点来解释文艺，包括普列汉诺夫的《没有地址的信》等美学论著、列宁的《论托尔斯泰》等论著，不管从任何一个角度看，都能自成一家，在美学发展史上还是应得到承认的。革命民主主义、马克思主义美学思想在苏联总地说来还是促进了社会主义文艺的繁荣发展的。问题出在30年代国际的形势和苏联内部的斗争：一个是30年代希特勒上台，苏联在国际上面临被孤立、被消灭的威胁；苏联国内也有问题，搞的农业集体化、工业化都树了很多敌人，阶级斗争、阶级关系都是很紧张的。在这种形势下，斯大林逐渐放弃了列宁的早期文化上的民主、开明的做法，搞一言堂，对不同的言论加以限制。这个时期，创作上也有不少好的作品，但到了1934年，召开了全国第一次作家代表大会，讨论成立了作家协会，就显示了一些弊端。成立作协的好处是把作家队伍团结起来，克服了"拉普"的关门主义、宗派主义，但制定了一套创作上的规则，如社会主义现实主义，在创作方法上独尊现实主义，排斥其他创作方法，甚至浪漫主义都成了消极的、反动的。实际上，在二三十年代文坛上可以说是"百家争鸣"、流派纷呈。当时存在着未来主义、象征主义等不同风格的现代派，有许多现代派与西方是同步的，尽管马雅可夫斯基、勃洛克都属于现代派，其实思想立场还是很革命的。

30年代作家队伍的统一，有其好处，但也有弊病。思想上、理论上逐渐统一口径，把社会主义现实主义定为统一的创作方法，要求内容上宣传社会主义。由于社会主义可作不同的解释，加上苏联不断的政治运动，动辄就把文学问题政治化，结果使社会主义现实主义越来越成为束缚创作思想的清规戒律。在文艺理论、美学方面，三四十年代的马克思主义文艺理论、美学研究还是比较有成绩的，特别是批判了以弗里契、彼列韦尔泽夫为代表的庸俗社会学以后。其实，这些人也是一些在大学任教的学者，他们追随普列汉诺夫，尝试把马克思主义运用到文艺学、美学上，但强调要把文艺直接与社会经济制度、意识形态挂钩，找等价物，彼列韦尔泽夫甚至把艺术风格也分为资产阶级的和无产阶级的，这就弄出了好多庸俗的东西，实际上也把普列汉诺夫的美学思想歪曲了、简单化了。在批判、克服了庸俗社会学之后，在苏联，对马克思主义文艺学、美学贡献比较大的有两位，一位是卢卡契，一位是里弗希茨。中国曾翻译过他们的论著，里弗希茨的《马恩论艺术》在我国有相当大影响。马、恩关于艺术的论述大都是片段的，比较完整的只是些书信，但里弗希茨做了大量的工作，搜集整理了马、恩早期到晚期著作中关于艺术的论述，可以看出其中确实是有系统的观点和一个体系，功不可没。应该说，他们对宣传和研究马恩的美学思想作了比较大的贡献，尽管他们的观点也有片面、错误的地方。但到后来，卢卡契受到了批判、清算，苏联文艺理论也越来越贫乏了。

　　直到 20 世纪 50 年代，苏联文艺学、美学日趋僵化、教条化，片面地强调文艺的思想教育功能而忽视艺术的审美特征和艺术形式的作用。在这种情况下，苏联文艺界、评论界被一种越来越浓烈的所谓"形式恐惧症"、"审美恐惧症"所笼罩。在这种气氛下，"形式的"与"形式主义的"，"审美的"与"唯美主义的"似乎成了同义词。诗学研究、美学研究也越来越成为令人生畏或生疑的领域了。当时苏联通行的文艺学、艺术学教科书都把艺术看成是意识形态的形象表现，当然用的是别林斯基的说法，"艺术是形象思维"，但对思维的理解很狭隘，认为先有主题，主题先行，作家的世界观既决定创作的思想倾向，又决定创作方法，甚至艺术风格、艺术形式。在艺术创作上，又出现了"无冲突论"，只能歌功颂德、写正面人物，而不能揭露、讽刺社会阴暗面。理论和创作互相影响，使创作越走越窄。苏联文艺学、艺术学的教科书几乎不涉及艺术与美的关系，不涉及艺术的审美本质。例如，大学主要用季摩菲耶夫的教科书。在理解艺术本质时，季摩菲耶夫认为，艺术是一种社会意识形态，其特点就是形象化。这样，艺术和其他意识形态也就没有多少区别了。艺术院校大多采用涅陀希文的《艺术概论》作教科书，该书也认为"科学和艺术只不过是社会的人认识周围世界的不同形式罢了"。1956 年，苏联出版了布罗夫的《论艺术的审美本质》，影响很大，但也引发了争论。布罗夫针对以前占统治地位的观点提出，艺术的本质不在于和其他意识形态的共同点，而在于它具有特殊的形象、特殊的内容，其本质是审美。这被认为是苏联理论界"对待艺术审美特点的态度有了急剧的改变"的"标志"。布罗夫强调，艺术不是一般的社会意识形态，而是审美的意识形态，艺术的审美本质根源于它的特殊对象，即"活生生的人的性格"以及人的本质力量在自然中的对象化。这突破了过去的框框，回归到过去的人本主义思想。19世纪的人道主义思想认为，艺术的内容就是完整地体现人的思想，艺术中的人不是抽象的人，不是阶级的概念、阶级的符号，而是有血有肉、有个性的、活生生的人，人通过艺术创造才成为典型，这动摇了原来的传统艺术观念。艺术审美本质论出来后，支持者、反对者都很多，引起了一个新的思潮，在苏联的美学界出现了一个新的美学派别，即所谓"审美派"。老的学者骂他们标新立异，认为虽然他提出了艺术的审美本质问题，但没有解决美的对象、审美的本质，也没说明美究竟是什么，这才是美学的根本问题。当时有个年轻的学者斯托洛维奇出版了《现实与艺术中的审美》（1959）一书。他认为，人与世界、自然之间存在着一种审美关系，这种审美关系区别于人与自然界的其他的关系，如实践的关系、实用的关系、宗教把握的关系、理论把握的关系。而艺术则是人与世界的审美关系的集中体现，在日常生活中，不是艺术家同样可以欣赏自然、人与人之间的美好关系、美的情感与事物、悲欢离合，等等，审美关系之外的其他关系则往往与实用的关系、劳动的关系结合在一起，而在艺术中则得到了集中的、纯粹的体现。后来，他还把这种观点贯彻下去，形成了他的艺术体系，以此解释了艺术的规律、艺术的法则，影响很大。斯托洛维奇的观点里面有一点很特别，就是他吸收了早期马克思、恩格斯的思想，特别是《手稿》中讲的为什么"自然的人化"会产生审美对象的观点。他强调美的客观性在于社会性，美的客观属性依人类社会与现实的审美关系为转移。于是在苏联美学界引起了关于美的根源在于自然本身的属性，还是在于对象的社会属性的大讨论。

  1956—1966年期间，苏联关于美的本质、艺术的本质的争论文章大都陆续翻译过来。当时，苏联有什么东西，我们这边很快就会翻译过来，而且出了几个专门译介外国文论的刊物，如社科院文学所、外文所编辑出版的《古典文艺理论译丛》、《现代文艺理论译丛》等。这些文章都被翻译过，后来在这些文章的基础上还出过一些比较系统的美学专著、美学教科书。例如，高尔基世界文学研究所的学者鲍列夫就把斯托洛维奇等人提出的"社会说"观点进一步发挥和系统化了，他出了本《美学范畴》。1985年，我还专门访问过他。鲍列夫从社会说观点探讨了美学的基本问题，并且把审美学派的观点贯彻到各个审美范畴中去。他还出版了《论悲剧》、《论喜剧》等专著，把这些观点贯穿到悲剧、喜剧、崇高、艺术、典型等概念中，并出了教科书。后来他对我讲，他还用这些观点到一些音乐学院、艺术学院讲过课，担任那里的兼职教授，很受学生欢迎。他本人是高尔基世界文学研究所的研究员，但是对电影、戏剧等艺术很感兴趣，写过电影评论，出过关于电影美学的书。这样，这个学派就不仅在美学界、理论界占据了一席之地，而且渗入了艺术院校，对艺术界产生了影响。当然，高校还有一些学者、教授，如莫斯科大学的波斯别洛夫先生，他一直坚持批判新起的审美学派，他出版过《论美和艺术》（刘宾雁译），一直坚持美是自然属性，艺术是一种特殊的社会意识形态的观点。他也出版过好几本教科书，到 80 年代末才去世的，1984 年他还在讲课。也就是说，并不是审美学派这一派独占鳌头，已经有些百家争鸣的味道了。同样，美学、文艺学在高校可以有不同的版本，教授可选择不同的教材，这就是对原来禁锢的反弹。李泽厚虽然搞西方美学，但对苏联美学的发展动态还是关注的。另外，斯托洛维奇这一派也不是凭空而谈的，他们吸收了从黑格尔到早期马克思《1844 年经济学—哲学手稿》的许多东西。我整理介绍的苏联美学界的情况，包括他们编写美学、艺术学教材的情况，引起了朝闻同志和美学组成员的莫大兴趣。

问：王朝闻先生要您负责整理苏联美学界的情况，苏联美学界的情况也是非常复杂。实际上，整理资料在整个教材的编写活动中占了很大的分量。你们是如何进行资料的整理工作的？

刘：当初我们编教材的时候，面临很多问题，对国内美学的讨论需要总结，对国际（主要是苏联）美学讨论要了解，加以整理，这么多派别、这么多理念，我们究竟如何选择、如何借鉴呢？朝闻同志的领导作风很有特色，从我个人来说，我受到很大的教益。其中，他非常重视资料建设。中外、西方、苏联的美学资料他都很重视，中国古典美学思想他更重视。所以，一开始就成立几个资料组，于民负责搞中国古典美学资料，陆续编出了一些专题资料，后来还印成了书出版；李醒尘、朱狄搞西方的；搞苏联的没有别人，只有我从苏联留学回来，所以朝闻同志要我负责苏联美学这一块。他要求我把苏联五六十年代有哪些美学派别，每一派别的观点、代表性的言论，尽量系统地整理出来。而且，当时国内翻译过来的美学资料很有限，质量也参差不齐。那时，我确实花了相当大的功夫，查阅了大量俄文有关图书资料。我编写了十几万字《苏联五六十年代美学讨论情况》，拿到我们学校打印后，供大家参考。我翻阅了大量的从 50 年代到 60 年代的苏联学术杂志上的文章，我们教研室、图书馆都订有这样的学术杂志，如《哲学问题》、《文学问题》，与文艺理论、美学有关的杂志。这些杂志每期我都要拿来看，有关的讨论我都加以摘录，我是按照问题分门别类地加以整理，主要涉及美的对象、美的本质、艺术的本质、美育问题、艺术欣赏与批评等问题，从 50 年代一直到 60 年代。有意思的是，我分的那几个问题，正好是我们教科书的体系，前面还有个历史的追溯，涉及苏联文艺思潮的变化。而且，我是按时间顺序来处理材料的，每个学派的理论观点最初是在哪儿发表，然后又有哪些反驳、同意的文章及其出处，每个问题讨论的进程和发展趋势等。材料整理出来后，朝闻同志非常高兴，如获至宝，其他人也使用这个资料。周扬同志接见我们的时候，还专门肯定过我们所做的资料整理工作。由于编写的是内部参考资料，当时教科书还没有出，这些材料都没有公开发表过。

1980 年代《美学概论》定稿后，刘纲纪在武汉编辑出版了《美学述林》丛刊，他约我在第一期上发表了《50—60 年代苏联美学界争论的几个问题》的专文，所依据的就是我在美学组编写的那份专题资料。在黄山召开第一届马克思主义文艺学研讨会时，大会要请我去讲苏联美学界的情况，我又加了些新材料做了《苏联美学关于艺术本质的讨论》的报告，他们特感兴趣，会后又发表在 1982 年的《文学评论》上，但基本材料都是 60 年代的成果。1980 年代，北京师大举办了第一届全国美学教师进修班，邀请我去做了一个介绍苏联美学界情况的报告，后来北师大出了《美学演讲录》一书，里面收有我关于苏联美学情况的一篇，其中一些主要材料也是从 60 年代的那份专题美学资料中引用的。我们组非常重视资料工作，有件事给我的印象很深，至今我还记得。当时，有人从国外寄给洪毅然一些材料说，马克思曾经给美国的大百科全书写过美学的词条，这个消息惊动了周扬。我们组将它翻译出来后，请朱光潜等一些专家来鉴定、讨论。如果真有此事，就可以解决大问题了。但朱光潜等专家的意见认为这词条不会是马克思写的，其观点并没有超出黑格尔、康德的美学框架。后来发现，苏联也研究讨论过这种见解，连当时最权威的苏联马列主义研究院的版本里面也没有收进这一词条，我们怎么就能认为是马克思写的？后来基本上否定了这个观点。估计是马克思曾经答应给美国百科全书写美学词条，但马克思一直没写，后来由人代写了，里面用了马克思《手稿》中的原话，这部分基本上是没有多少创见的美学史概述，但我们却错误地当成了马克思本人的东西，弄得大家都兴奋了好一阵子。这说明整理资料，也必须实事求是、去伪存真。

问：据我所知，您曾经在 1980 年代参加了《美学概论》的修订工作。作为当事人，希望您谈一些修改教材的情况。

刘：具体的修订工作是在 1980 年代进行的，那时我已被调到苏文所，

1980年又办了个刊物，事情特别多。80年代又是一个百废俱兴的时候，再用过去的老教材已不行了，但又没有新教材，这时60年代集中力量编写的全国文科统一教材又有了用处，关键是集中了国内的专家，老、中、青三结合，集体编写的，代表了当时能达到的学术水平，应该说，这些教材都还是比较能站得住脚的。其他文科教材陆续都出版了，但唯独美学教材只写出了一个约40万字的讨论稿，还没有来得及修改出版。教育部拨款让我们重新修改，负责出版此书的人民出版社也希望能抓紧加工修改，争取尽快出版。

那时，美学编写组已解散，回各校的几位教师手头的事也很多，集中起来较难。于是朝闻同志准备找几个原编写组的人做助手，利用了1979年的一个暑假，到外地找个地方进行讨论、修改，以防止外界的打扰。朝闻同志找我、曹景元（他原是北大哲学系的研究生，任职于《红旗》杂志，理论修养比较好）和武大的刘纲纪，我主要负责苏联、马列的资料，偏重于艺术部分。这次修改，作了较多的删节，删繁就简，只是有争议的问题，则采取了实事求是的态度，不作武断结论。但全书的基本论点和章节安排未作大的改动。由于时间较紧，我们三人每人负责几章，分别提出修改意见。我们先到哈尔滨，但由于请朝闻同志去作报告、看戏、参观画展等活动的人太多，经常受到干扰，我们只好又转移到了牡丹江的镜泊湖。那里很幽静，我们用了近一个月的时间，从头到尾讨论了一遍，每章怎么改，都在旁边加了说明。当时不能带多少书，当地也找不到多少可参考的书，我随身带了一套黑格尔的《美学》，大家都把它当做宝贝，随时传看查阅。因为大家思想比较一致，也能领会朝闻同志的意思，又有多年来教学方面以及"文革"、学术批判的经验教训，我们在修改讨论中还是实事求是、从实际出发的，要如何地完善也不大可能，因为是第一本教科书。只能尽可能全面地反映出美学学科已有的学术成果，力求比较客观、系统地评介本学科的基本知识。我们在理论上力求以马列主义、毛泽东思想的基本观点作指导，但不直接照搬领袖的言论。同时，我们也认为，对美的理解不能那么狭窄，既不能把美理解为纯形式、纯技巧的东西，也不能把美等同于真善，把审美等同于其他社会意识。应该把人创造世界的实践与审美活动结合起来，从社会实践的观点出发强调美的社会性、客观性和能动性。教材写得很通俗，没什么深奥、玄妙的东西，凡写进去的，我们尽量依据材料加以论证，使其站得住脚，使读者能读得明白。讲不清楚的，就回避，存疑。朝闻同志有丰富的艺术实践经验，他认为，艺术是一种审美的创造性活动，无论艺术创作中的构思与传达，都有其规律可循。

而艺术欣赏则是一种再创造，反过来又影响艺术创作。审美客体与主体之间处处是一种能动的辩证的关系。教材关于艺术创作、艺术欣赏部分吸收了他的许多观点，在修改教材中，我们也尽量体现他的艺术观点。

问： 在建国后相当长的一个历史时期内，苏联对中国文化、文学和教育的影响实在是太大了，应该说存在着值得总结的经验和教训。作为俄苏文学专家，特别是这一段历史的见证者，您是如何看待这段历史的？

刘： 建国初期，新中国受到西方的包围、封锁，只能实行"一边倒"政策，派大批留学生去苏联、东欧学习。当时苏联有我国和东欧的许多留学生，我们也确实亲身感受到苏联人民对中国人民的友好。而且，应该说苏联也确实有值得我们学习的文化科学的优势。从学术方面讲，像莫斯科大学、列宁格勒大学等大学都有悠久的历史，培养出不少世界一流的科学家、学者，我们感到他们的学术水平非常高。他们基本上从彼得大帝开始就学西方，也有比较严格的一套科研、教学制度。他们重视科研，大学时就要求学生进行课堂讨论、发表独立见解，每学期要写学年论文，毕业要写毕业学位论文。研究生要求写硕士论文，他们的副博士论文相当于我们今天的博士论文水平，他们的博士论文不是在学校中由导师指导写出来的，而是在多年工作中独立进行科研的成果，有的是当了大学教授好多年才写出来的。当年巴赫金的博士论文答辩都没通过，当然有观点上的分歧，但确实有严格的制度，其中有好的方面需要我们借鉴。

要考虑建国后的世界格局，当时世界分为两大阵营。毛主席说，我们要一边倒，向苏联学习。第一个五年计划、工业化建设，都是在苏联的帮助下进行的。那时，西方不援助我们，只好靠苏联。我们学苏联的先进科学文化，包括苏联的教育、学科建设。我觉得有它积极的地方，实际上，高校有很多学科，不仅理工科，也包括文科，我们原来并没有，如文艺理论、美学，过去就没有比较系统的体系。但问题出在我们所犯的教条主义错误，我们缺乏对苏联的东西进行批判的分析，也缺乏独立创新，只是直接照搬，这样做导致的危害确实很大，其教训也值得我们认真思考。

此外，中苏政治上的关系支配了学术文化，关系好的时候好得不得了，苏联的什么东西都是宝贝；关系破裂了，一下子又成为修正主义，什么东西都成了修正主义。那时，为了加强国际问题的研究，我们学校成立了外国问题研究所，下设外国教育、苏联文学等研究室，要我们出一个内部刊物，当时的刊名就颇费周折。按当时通行的看法，是不能叫《苏联文学》的，因为这就等于承认苏联还是社会主义国家，南京大学的外国问题研究所就出个《苏修文学》刊物。当时我校兼任所长的一位领导很有眼光，说我们还是用"苏联文学"作刊名，他们那里好的、坏的，我们都要反映，本来就是内部刊物。"文革"结束后的80年代，外国问题研究所又分成了外国教育研究所和苏联文学研究所，我们正式出版了《苏联文学》杂志，创刊时，茅盾先生为刊物题了词（西江月一首），巴金、戈宝权等名家赐稿，为刊物增光不少。苏联解体后，又把刊物的名称改为《俄罗斯文艺》，由启功先生题名，刊物印数虽减少了，但在国内外的影响一直延续至今。

我们对外国文化的学习，应该是在了解、引进、学习、研究、分析的基础上，然后再决定取舍，不能一棍子打死，对西方文化、俄苏文化都应该如此。改革开放以后，一度学习西方的热潮高涨，而对俄苏文化则有所冷落，如今对包括苏联、西方在内的外国文化的学习，就采取了比较理性的态度。

问： 周扬主持大学文科教材的编写工作，他对美学又很感兴趣。在编写教材其间，也许你们会有所接触。请您谈谈您对他的印象。

刘： 我到编写组去得比较晚，我记得，我到编写组后，周扬来过两次。第一次还带有一定的引见介绍性质，他一个一个地问，他可能和李泽厚见面时就认识了，显得比较熟。见到我时，他就问我留苏的情况，搞过哪些方面研究，他还强调，要把苏联的美学情况搞清楚，进行认真的分析研究，对各家各派的观点要客观地评介，不急于下结论，既不盲从，但也不能完全否定，因为那时已经把苏联看作苏修了。那时，朝闻同志让我整理苏联美学讨论的情况，资料编写出来之后，朝闻同志很欣赏，我尽量清楚地介绍每一派的观点，也受到周扬的表扬。还有一次，就是涉及马克思"美学"辞条的事件，他也来过一次。

每年的国庆节或春节，他都会到党校来，因为主要由他来管这一摊，他也来看一看，了解一下进度，有时候可能与主编谈谈就完了，把全体人员召集到一块儿谈，不是太多。朝闻同志很重视领导的意见，但他不是完全照搬，所以，我脑子里没有他告诉我们周扬有什么指示、周扬要我们应该怎样做之类的印象，也许周扬就根本没有作过这样的指示。

问： 如今，你们经历的事情已经成为中国当代美学史的重要组成部分，王朝闻同志也已经辞世。从您的亲身经历来看，王先生给您的影响有哪些？

刘： 朝闻同志他不是哲学家，不像朱光潜、宗白华那样，有一套自己的理论。但他有丰富的艺术创作实践经验和艺术欣赏经验。他的文艺思想、美学思想来源于他的革命实践和艺术实践，而不是来源于书本，他一贯注重理论联系实际，注重艺术与群众相结合，把艺术创作与艺术欣赏、艺术评论融于一体。他最感兴趣的是艺术中的各种辩证关系，但把艺术提高到审美角度看时，他很欣赏苏联提出的审美关系，他后来还专门写了《审美关系》。但他理解的审美关系没有哲学上那么玄，他着眼于艺术创作与艺术欣赏之间的互动关系，认为审美就是主客体之间的一种能动的辩证关系。党校编书之余，他与我们一起散步时，常常触景生情，从哪儿他都能发现美、发现艺术，从看到的一山、一水、一石、一木，他都能给我们讲出其中蕴涵的美学道理，使我们感到，美学并不是那么抽象。记得在颐和园散步时，他给我们讲了很多有关中国园林艺术的审美特色，怎样在园林布局中做到动静结合、曲径通幽，怎样以小见大、以一当十，等等。他认为生活中到处充满了审美关系，处处可以发现美。到镜泊湖时，他一路上还采集了很多奇异的石头，当做艺术品来欣赏，有的石头挺重，他还兴致勃勃地带回北京去玩赏。他是以艺术家的眼光来看世界的，认为生活可以当做艺术来欣赏。我几乎看不到朝闻同志有教条主义，譬如，虽然他对苏联的文学艺术非常欣赏，但他从没有照搬某本书、某篇文章的观点，包括审美关系。虽然"审美关系"这个词是从苏联来的，但他有一套完全是自己的解释，有他自己的体会和创见。他认为，不能纯粹地从色彩、线条等客观的形式因素中去探讨美，审美活动不能脱离生活实践，但也不能把劳动、社会实践直接视为美。社会实践涉及人对自然的审美关系，人不只是把自然当做生产对象、生活资源，而且也看作他栖息休憩的地方、赏心悦目的环境。

我认为，他有很多思想是相当开放、相当有远见的。他从来就不认为，不同种类的艺术、各种地方戏曲有高低贵贱之分。他认为，民间有许多好东西、艺术珍品，包括各地方的民间戏曲艺术，民间艺术家也特别喜欢找他交流、咨询，他总能在各门各派艺术中发现相通的东西、规律性的东西。但他又不像黑格尔、康德那样，有一套先入为主的东西、有一套抽象的哲学体系，然后用这套哲学体系来套艺术，以艺术作为例子来说明他的哲学观念。

与朝闻同志的交往，使我受益匪浅，也是我非常感激的。他与我们的关系都很好，当他写东西涉及苏联问题，而且他把握不大时，就会给我写信、打电话，客气地让我帮他把关。有一次，他写文章涉及列宁的反映论问题，主要是列宁的《唯物主义与经验主义批判论》，他看到国内的某些文章后，就问我："列宁对认识论的解释是不是太简单化了？"后来，我给他解释一下，那时已经是80年代后期，戈尔巴乔夫上台，出现了否定马列主义指导意义的所谓新思维，也有人开始否定列宁。他就说："那我不引用了。"

根据我的接触，他对包括苏联在内的俄罗斯文学、艺术都相当熟悉。我刚开始带博士研究生的时候，就曾经带领第一批博士生访问过他，请他给他们讲讲艺术与审美的关系，他讲得很生动，引用了不少中外古今文学艺术作品的例子。特别是他善于引用一些俄苏文学作品中不易为人注意的细节、场景，从中发掘出一些引人入胜的艺术奥妙。我主编《苏联文学》刊物时，曾约他给我们刊物写篇文章，1982年，他写了《〈复活〉的复活》一文，谈《复活》的开篇，连苏联人研究《复活》的专著也没有他对《复活》开篇观察分析得那样仔细！关键是艺术家之间有心灵的沟通，仅《复活》的开篇，他就洋洋洒洒地写了近万字，由此开始他写成了一本书，把小说开头与《聊斋》进行比较，还把其中的许多细节与中国传统文艺进行比较。朝闻同志的深厚艺术功底和敏锐鉴赏力使我与研究生都大开眼界、深感钦佩。

后来，为了庆祝朝闻同志从艺60周年，艺术研究院在老舍茶馆为他举办了一个庆祝会。于民、朱狄、杨辛和我都去了，朝闻同志很风趣，大家谈笑风生，愿意说就说几句，给我的印象很深，觉得朝闻同志真是一位在文艺界深孚众望，具有长者风度和大家风范的艺术大家。朝闻同志还很有童心、善于仔细观察儿童，对生活保持着一种童趣。他有个最小的儿子叫毛毛，他外出旅游经常把毛毛带在身边，同他有说有笑，我们能感觉到老人对儿子的亲情。他对我们说，他把小儿子当做研究对象，他研究儿童的心理，研究儿童是如何看待世界的，如何看电视、讲述故事的，与我们的审美趣味有什么不同。

问：朱光潜先生独立撰写《西方美学史》，您专门整理苏联的美学资料，二者有重叠的部分，可能会使你们之间有学术来往。实际情况如何？

刘：我与朱光潜先生很熟悉，他给过我很多帮助和指导，我觉得，我也很感谢他。朱先生与朝闻同志虽然都是学术大家，但两人的作风和治学路子很不一样。朱先生学贯中西，求学西欧，精通数门外语，有深厚的西方哲学、美学的功底，同时又有深厚的国学修养，对中国文化艺术的底蕴了然于胸，是一位学院派的美学家。朱先生的《西方美学史》也是当时规划的文科教材之一，是由他独立完成的，而且他有自己独特的方法，就是先翻译原著、再写成文章。1962年，赫尔岑诞辰150周年，学报约我写一篇相关的纪念文章，我写了一篇《赫尔岑的美学观和艺术观》，发表于1962年的《师大学报》上。我听说朱先生正在写《西方美学史》，估计里面可能涉及俄国部分，就请杨辛、李醒尘把我的文章转请朱先生审阅，让他提意见。他们后来跟我讲，朱先生本来准备要写赫尔岑的美学思想的，但看到我的文章后，觉得没有必要再写了。所以，在书中就特别加了一个注：关于赫尔岑的美学思想，可以参看刘宁发表在1962年第2期《北京师范大学学报》的文章。之后，朱先生约我到他家里去，与我亲切交谈，他问了我一些苏联美学界和一些专家的情况。后来，读了他的书以后我才知道，朱先生晚年还学俄文，他写别林斯基、车尔尼雪夫斯基时，还认真地参阅了不少苏联学者撰写的文章，有不同意见，还和他们辩论。例如，苏联一位权威学者拉弗列茨基企图竭力洗刷别林斯基早期的唯心主义错误，而朱先生在他的美学史中予以批驳，实事求是地指出，别林斯基即使在晚期"也始终没有完全摆脱黑格尔的影响"。朱先生确实了不起，那时他已经60多岁了，为了依据第一手材料来研究俄苏美学，还学会了俄文。他还亲自翻译过《1844年经济学—哲学手稿》的一部分，他依据的是德文版的原著，他对苏联和我国马列编译局的译文都不满意。我参加过在和平饭店召开的中华全国美学会的筹备会，当时朱先生、李泽厚等人都去了。在那次会上，他严厉地批评了马列编译局翻译的《手稿》，他说："研究马列主义美学，连最基本的马列主义经典都翻错了。"他还举了好些例子，这些因素可能是他要重译《手稿》的考虑吧！

后来，姜椿芳他们要编辑出版《中国大百科全书》，出的第一卷就是外国文学卷，由叶水夫同志负责编俄苏文学部分，我参加了这部分的编辑工作。朱先生一人承担了主编外国文学卷的外国文学理论，里面最重要的条文都是他自己独立撰写的。后来大百科出版社的编辑跟我说，朱先生承担的条目太多、太累，他准备让你写现实主义和浪漫主义。我对朱先生讲，对俄苏文学这部分我比较熟悉，但现实主义、浪漫主义不能只谈俄苏的，很大一部分是西方的。朱先生说："没关系，你就写吧，我给你把关，需要改的我给你改！"他这么一讲，我就只好承诺写了。现实主义、浪漫主义是两个大辞条，每条都接近一万字。朱先生看了我写的条目初稿后给我的意见是，现实主义写得不错，这可能因为19—20世纪俄罗斯文学就是以现实主义、批判现实主义发达而闻名于世，你对它比较熟悉，所以，你对理论和创作都概括得不错。但浪漫主义这一辞条欠妥，因为浪漫主义在西方，特别在英国、法国、德国都很重要，可能有些东西你不熟，也许你是根据苏联的观点和材料来写的。重写时，我又看了一遍，发现朱先生提的意见很对。我基本采用的是苏联对浪漫主义的看法：高尔基就把浪漫主义分为积极浪漫主义和消极浪漫主义两种，按照这种看法，雪莱、拜伦、海涅等是积极的浪漫主义，而柯尔律治、华兹华斯等则都成了消极的、反动的浪漫主义，这是错误的、片面的，也不符合历史事实。所以，我彻底打破了原来的构架，按照时间的先后和国别的演变，根据实际情况来描述，朱先生对第二稿做了个别的改动，基本上肯定了。朱先生不愧是个大学者，他研究西方美学，尽管有人把他说成是克罗齐的信徒、坚持唯心主义，但他有自己独立的见解，也敢于坚持。他努力学习马列主义，晚年还亲自学俄文，对照德、英、俄几种文本来翻译马恩原著，对他来说，确实不容易！我在20世纪60年代开始参加编写美学教材时就能亲身受到王朝闻、朱光潜两位美学大师的指导和教诲，真是受益匪浅、终身难忘！

问：最后，再次感谢您抽出宝贵的时间接受我的采访，也衷心祝您身体健康！

定稿于 2007 年 8 月

刘纲纪，生于 1933 年，贵州普定人，武汉大学哲学系教授、武汉大学人文社科资深教授，主要从事美学理论、马克思主义美学、中国古代美学研究，曾经担任中华全国美学学会副会长、湖北省美学学会会长、武汉大学哲学系美学所所长。他参加了《美学概论》的编写工作和最后修订，参与了 80 年代的美学论争，是实践美学的主要理论家。主要著作有《"六法"初步研究》、《艺术哲学》、《〈周易〉美学》、《哲学与美学》、《中国美学史》（二卷本），主编美学学术丛刊《马克思主义美学研究》。

刘纲纪先生访谈

时间：2004 年 2 月
地点：武汉大学刘先生寓所

采访者问（以下简称"问"）：刘先生，在美学理论和美学史研究方面，您都取得了相当大的成就。请问您最初是如何接触到美学，并由喜欢美学发展到研究美学的呢？

刘纲纪（以下简称"刘"）：从小学五六年级到初中，我一直非常喜欢文艺，特别是绘画、诗歌、音乐。大概 13 岁时，我就拜了贵州一位著名的书画家为师学习中国书画，他是贵州遵义人，名叫胡楚渔。我认为他是一个很有创造性的画家。年轻时，我想成为一个画家。但当时学画，要入专门的艺术学校，收费比较高，我父亲也不赞成我学绘画。这样，我就开始看了一些中国绘画史和中国绘画理论方面的书，读过《石涛画语录》、《山静居画论》等，也读过丰子恺的《西洋画派十二讲》。研习绘画史、绘画理论，很自然地又把我引向一般艺术理论，看了一些艺术理论的书。艺术理论又是与美学相关的，也因此看了些美学方面的书。我的班主任王德文对我很好，他赞成我的兴趣。初二时，他在贵阳买了本朱光潜先生的《谈美》送给我，就成了我的美学启蒙读物。解放初，我的一位在贵阳工作的老友廖宁买了本周扬译的《生活与美学》送我。到了 1951 年，我在贵阳一中读高三时，又买到了王朝闻的《新艺术创作论》。这三本书对我后来的美学研究很有影响。

从绘画到绘画史、绘画理论、艺术理论、美学，自然又会涉及哲学问题。从初三到高中二年级，我对哲学产生了兴趣，读了些哲学方面的书，包含艾思奇的《大众哲学》、胡绳的《思想方法论》，那时是国共合作抗日时期，思想比较开放。在解放前，我是一个比较左倾的学生，对现实的一些东西不满，当时我已经读了些马克思主义，也认同马克思主义。从那时到现在，我一直坚持马克思主义，自以为是一个坚定的马克思主义者。

考大学时我报的第一志愿就是北大哲学系。当时全国的哲学系都合并到了北大，我考北大哲学系有两个考虑：第一，因为我要搞美学，需要学哲学，而且当时对哲学很有兴趣；第二，全国只有北大有哲学系，考上了我就必然到北京了，到北京就可以见到我敬仰的学者或文艺家，也可以看到故宫绘画馆的那些绘画珍品了。后来，我被录取了，这当然是我一生中的重大转折。另外，还要说一下，我青少年时期正值抗战时期，文化上比较开放，当时许多进步的文化人逃难到贵州我的家乡安顺，使安顺有了进步的文化气氛，我就是在那里成长的。贵州很偏僻，如果不是抗战，大批的文化人不会到贵州去。由于他们去了，把新文化带到了很偏僻的贵州，给了我很大的影响。"五四"时的启蒙思想对我影响很深，如"人生而平等"，在我心中根深蒂固。我主张充分尊重人，即使对方是一个很普通的老百姓。在很大程度上，我是个"平民主义"者，我讨厌摆架子，再大的成就也不应该摆架子。所以，我与我的学生的关系既是师生关系，也是朋友关系，是平等的。我不要求学生的观点与我相同，也不会因为观点不同而不让他毕业。

问：调动全国的美学研究人才，用四五年的时间来编写《美学概论》，这是中国美学史上一个绝无仅有的事件。作为撰稿人之一、修订者，您参加了教材编写组的许多活动。能否谈谈这方面的情况？

刘：我从北大毕业后，就被分配到武汉大学，是我国第一代著名的马克思主义哲学家李达校长要我到武大去做他的研究生。但我的兴趣是在美学方面，他得知后就说，将来我们武大哲学系要开美学课，你干脆就再回北大进修美学。我在武大呆了两个月，就又重回北大了。我至今仍十分感谢李达同志支持我搞美学，并且还专门给北大党委书记江隆基同志以及著名美学家蔡仪同志写了介绍信。在北大进修完毕回武大后，我开了些美学讲座，1962年上半年正式开美学课时，我自编讲义，写出了绪论，铅印后发给了学生。

这时，从宗白华先生给我的信中得知，王朝闻同志在北京组织了一批人，准备编《美学概论》。后来，我知道我的同班同学叶秀山也参加了编写组，我就请他转告王朝闻，希望参加编写。我同王朝闻认识得很早，1956年我在《美术》上发表一篇文章后，他就注意到了我，让我去参加美术界的一些会。由于我在《美术》上发表了一些文章，他也乐意调我。我是1962年3月到北京参加教材编写的。《美学概论》是中国第一部系统的马克思主义美学教材。王朝闻的办法就是群策群力，让大家先讨论一些问题，有时还故意挑起我们争论。由于当时的参加者大都是同学、朋友，说话比较自由，也就能充分地争论一些问题。通过看看大家的看法如何，王朝闻再根据自己的判断决定怎么做。王朝闻有很丰富的艺术实践经验和理论创见，他知道如何权衡取舍。这个群体非常活跃，王先生采取与大家平等的态度，要大家讨论怎么做，将大家的创造性发挥出来。

当时，每个人都有自己负责的部分，写完后再互相传观讨论、修改。最初，我负责写绪论，后来由北师大的刘宁负责，我负责艺术创造这章，主要写艺术创造活动。审美对象和审美意识由李泽厚写，这两章是全书的难点所在，因为直接牵涉到从1956年下半年开始的关于美的本质的大讨论。当讨论时，我对李泽厚的一些观点提出质疑，但不是否定由他最早明确提出的实践观点，而是说怎样才能把实践与美的本质的关系讲清，没有理论上的漏洞。李泽厚写出，并经大家传观后，王朝闻就让我修改，审美对象这一章是经我改过的，我就把我的一些看法塞进去了。把这一章与我后来的文章加以对照，就知道许多东西是我写进去的，如强调实践创造的重要性，真、善、美的区分等，都与李泽厚的看法不同。应该说这一章包含了我的看法，我修改后，王朝闻也就按修改稿发了，他没有大动。

在《美学概论》编写过程中，王朝闻很重视搜集资料、分头编写资料。关于中国美学史方面的资料的编写，专门成立了一个资料组，由北大的于民负责，叶朗、李醒尘也参加了。李泽厚编写的西方现当代美学的材料，后来作为文章发表了。我负责编马克思、恩格斯论美的材料，通过编写这个材料，我对马克思主义美学作了比较详细的回顾和研究。在这个过程中，我接触了席勒的美学，当时已经翻译出了席勒的《审美教育书简》，他的主要观点是：美是自由的表现。我觉得，这个观点与马克思的思想是相通的，区别是马克思在实践的基础上谈自由，席勒基本上在康德的意义上谈自由。我当时已经形成这个观点："美是人类在实践中取得的自由的感性表现"，以此阐明美的本质，并在编写组讨论时提出，但没有很详细地讲我的想法。后来我在修改李泽厚写的"审美对象"这章时，基本上把我的想法写进去了。但为了照顾各方面的反映，没有像我后来讲得那么鲜明。

我认为，从总体上看，这本书还是不错的，编写时曾参考了苏联当时出版的马克思列宁主义美学原理。但苏联的东西相当教条，缺乏深度，各方面都有缺陷。我们的书绝不是苏联教科书的翻版，因为编写者都是能独立思考的，绝不会照搬。这本书一方面比苏联的书深刻得多，另一方面有中国特色。1965年，我们印出了写成的讨论稿（16开，人民文学出版社出版），美学编写组就解散了，王朝闻也到下面去劳动改造了。当时，周扬较肯定我、欣赏我，他调我去参加中宣部的一个写作组的工作。我从青年时代开始就把周扬看作马克思主义知识分子的卓越代表，党在文艺理论和美学方面的权威。我对他很尊敬，至今仍认为他的成就和贡献是不能否认的。我在中宣部工作了半年，直接在周扬领导下工作，当时还有孟伟哉、马畏安等人。"文革"来了，我们的美学讨论稿就报销了。这稿子的写成历时四五年，集中了一大批人，最多时有30多人。

粉碎"四人帮"后，美学又热起来了，大学也迫切需要教材。因此，我就写信给王朝闻，建议将讨论稿修改出版。他接受了我的建议，并决定由曹景元、刘宁和我三人参加修改。先后改了两次，最后由王朝闻审定，于1981年出版。到现在为止，这本书的印数已达60多万册，这是罕见的。同时编的文科教材，留下来的有几本？

我自以为，从参加编写到最后修改出版，我为这本书献出了自己的力量。修改时，将原来只是一节的"艺术家"扩大为一章，初稿也是我写的。我感到欣慰的是，除了自己的美学写作外，我和曹景元、刘宁一起为《美学概论》的修改贡献了力量，挽救了一本有价值的书。当然，我绝不否认原来参加编写的许多同志的贡献，但如果不修改出版，这本书就完了。长达四五年之久，许多人通力合作、辛勤劳动的成果就付之东流了。

问：20世纪的五六十年代，是您求学和开始美学研究的时期，那时在全国范围内展开了一场引人注目的美学大讨论，请谈谈您了解的情况。您是如何看待这次美学大讨论的？

刘：中国当代美学的发展一定要了解50年代美学讨论的情况。因为当代美学的发展与50年代的美学讨论也是分不开的，不了解当时的讨论就无法理解现在美学的发展，这对青年一代美学研究者尤为必要。

大概在1951年、1952年展开了批判胡适唯心主义的运动，由此扩展到批判一切学术领域中的唯心主义。这样，就涉及美学领域，引发了对朱光潜美学思想的批判。据朱先生告诉我，批判开展后，周扬见到朱光潜，对他说："你不要怕，有不同见解，你照样可以发表，大家争鸣"（大意如此）。这给了朱先生鼓励，他对别人的批评也大胆发表了自己的看法。当时的美学讨论能够不以完全政治高压的形式最后解决问题，能够大胆展开，有周扬的作用在里面。这也和周扬不仅是中宣部副部长，同时还是一个有深刻见解的马克思主义美学家，深知美学问题的复杂性分不开。

讨论开始主要是在朱光潜与蔡仪之间进行的，后来半路中杀出了个李泽厚，当时李泽厚还不到30岁，他已毕业，在哲学所工作。蔡仪主张美是客观的，朱光潜认为美是主观的产物。这样，美是主观的还是客观的就成了美学讨论的一个主要问题。李泽厚认为，美既有客观性，又有社会性。这个看法的意思是：他承认美有客观性，就是表示赞成唯物主义的，与朱光潜的看法不一样；他主张美有社会性，表明他反对蔡仪，因为蔡仪仅从物质的属性来讲美。李泽厚认为美是客观性与社会性的统一，在两条战线作战，就成了独立的一派。蔡仪与朱光潜也不同意李泽厚的观点，因为世界上的许多东西都既有客观性、又有社会性，但不一定美啊！这就是朱、蔡反驳李泽厚的主要论据，这个反驳是对的。因为美的事物都有客观性，也有社会性，但不是任何有客观性和社会性的事物都是美的，李泽厚不能不对此做出回答。大概他看了1956年出版的马克思的《手稿》的第一个中译本，较早提出用马克思的实践观点来解决问题，他提出实践的观点是比较早的，具体的时间现在也来不及细查了。虽然说他提出这个观点时间上较早，但不能说这个观点的确立或者说这个观点成为美学界占主流地位的观点就是他一个人搞出来的。如果这样，就抹杀了其他人的努力。虽然这个观点是他较早提出来的，但经过了其他许多人的阐发，这个观点才得到了较充分的论证，并为美学界多数人所认可。

在论战后期，比李泽厚稍晚或差不多同时，朱光潜也转到实践观点上来了。我认为这是他美学思想上的一大飞跃，而且我认为他是真诚的，绝不像台湾有人骂他的那样："朱光潜受不了中共的压力，改变观点，向中共投降。"他真诚地学习马克思主义，思考自己过去的观点，这是无可怀疑的。但他过去在长时期中形成了自己的思想、观点，建立了自己的体系，再重新建立新的观点，对于一个老人来讲，确实是相当困难的。因此，我常感到蔡先生对朱先生的批评有些过火。对于一个老先生，他愿意学习马克思主义，重新思考自己过去的美学观点，即使从统一战线的角度上讲，也应该欢迎，不要挖苦、讽刺。

在辩论的过程中，实践观点逐渐成为主流。坦率地讲，阐明实践观点，也有我的一份功劳。如果只有李泽厚的那种说法，实践观点不一定能够得到很普遍的接受。我对阐明马克思主义的美学也作了很多努力，或者说"贡献"，但我从来不宣传自己，我谈的是事实，这是我愿意借这次访谈加以说明的。总的评价，这次美学讨论具有哲学的深度，它深入美学的哲学基础方面的重大问题：美的本质是什么？主体与客体、主观与客观与美的本质的关系是什么？对这些问题作了反复多次的，而且经常是非常激烈的交锋论战，使解决问题的关键都相当清楚地呈现了出来。

讨论的最大成果就是确认了实践的观点是马克思主义美学的根本观

点，这一点非常重要，应该说是中国美学界对世界美学的贡献。美学问题当然非常复杂，关键是要找到解决问题的根本道路，找到历史和逻辑的起点。否则，就要摸索，这样说，或那样说，或跟外国人跑，是不能解决问题的。这个历史的和逻辑的起点就是马克思主义所说的实践。找到这个起点不等于就解决了美学中的一切问题，但为所有问题的解决开出了一条正确的道路。

我讲过，苏联的马克思主义美学是一种反映论、认识论的美学，它认为，审美是认识的一种特殊形式，是反映世界的形式。它只承认人对客观世界的美的反映与实践有关，不承认和认识不到那被反映的客观世界的美同时就是人类社会的发展和实践创造的产物。它站在一种机械的反映论的立场上，认为承认了这一点就是唯心主义。

总之，我国过去的美学讨论很有哲学深度，为当代美学的发展奠定了哲学基础，把美学的哲学基础搞得比较清晰了，树立了马克思主义的实践的根本观点。美学界的年轻同志不太了解这次讨论的情况，很可能也没有把当时的文章拿来仔细读过。因此，在我看来，过去已经解决的（或基本解决的）问题现在又成了问题，又在争，好像还成了很新的问题。关于50年代到80年代的美学讨论，就讲到这里。

问：同为实践论美学的代表人物，您也在实践的基础上建立起了您自己的美学体系。请比较一下您与李泽厚先生的看法的异同？

刘：李泽厚提出实践观点比较早，但实践为何和怎样产生美，他没有做出很好的阐明。我与他的区别就在于：我认为我比较具体地谈了实践为什么能产生美和怎样产生了美，美的最本质的规定性是什么。这一点，我觉得他的回答不是很清楚，讲得相当含糊。

在他的《美学三题议》中，他对朱光潜先生的批评基本上是正确的。朱先生讲美是主客观的统一，李泽厚认为可以讲主客观的统一，问题是统一的基础是什么？是以意识为基础的统一，还是以实践为基础的统一？这个问题提得比较深刻，我赞成。以意识为基础的统一是意识形态的结果，是意识活动的结果，这样美就仍然只能是主观意识的产物。但他对美的本质的解释我不太赞成，他一开始就受到了康德的影响。关于美的本质，他实际上讲了两点：第一，美是真与善的统一；第二，美是"自由的形式"。这都是从康德那里来的。康德的《判断力批判》是讲美学的。在此之前，他写过《纯粹理性批判》，主要讲"真"的问题；《实践理性批判》主要讲"善"的问题。两者之间有鸿沟，需要沟通起来，于是，就又写了《判断力批判》。根据康德的思路，李泽厚提出，美是真与善的统一，我不认为这种说法没有价值，但不能说所有真与善的统一都是美。我的看法是：只有当真与善的统一表现为人在实践中掌握必然以取得自由的创造性活动时，才能成为美。我认为这是关键。真与善是通过实践统一的，如果这种统一表现为主体的一种创造性的自由活动，而且感性地表现出来，那就是美的。如果不是这样，就不会有美。所以，我反对笼统地讲，真与善的统一就是美，但我不否认美是真与善的统一。我要说明的是，在什么情况下，真与善的统一才是美的？过去我对这一点已讲过多次，这里不重复了。再就是他说的"美是自由的形式"。说实话，在编写《美学概论》时，我就提出过"美是自由的感性表现"，但我从来不提"美是自由的形式"。这种说法也是从康德那里来的。康德认为，美在于形式，而且仅仅在于形式，并把与任何目的概念都不发生关系的"自由美"（纯粹形式的美）摆在最高的位置。李泽厚认为"美是自由的形式"，这样容易引起误解，使人认为美就只在形式问题，我认为不对。我讲"美是自由的感性表现（或显现）"，这是从黑格尔那里来的，但我是从马克思的实践观点来理解的。一切美的形式都是自由的感性显现，不是自由的感性显现，就不可能成为美。我所说的"自由的感性显现"本身就包含了形式。这种提法的好处，就是能够避免美只在形式的误解。这一点也与李泽厚的看法不同。

此外，李泽厚的思想有个发展的过程。早期是比较正统的马克思主义，80年代初之后，我认为他有些脱离马克思主义，去迎合外国的一些新的思潮。我不是说要脱离外国新思潮，但不能去迎合。如果这个思潮有正确的东西，就应该肯定一下，并将其引导到正确的道路上去。但同时也应该指出错误的东西，加以批评。这并不是要搞"大批判"，要讲道理，讲它为什么不对。不能一味地迎合外国的思潮，这样会误导青年。要对青年人负责，必须把一些比较正确的观念给他，不能把错误的观念塞到他脑袋里。因为你是一个有影响的人物，别人会认为你说的就是正确的，容易产生不好的影响。李泽厚的《美学四讲》中断言，马克思主义美学是功利论的美学，把它贬得很低。他认为，马克思主义美学主要是一种讲艺术与社会的功利关系的理论，是一种艺术的功利理论，这个论断我不能同意。至少就马克思的《手稿》来讲，不能得出这个结论。从马克思主义的观点来看，我认为功利是美的基础，但美又是超功利的。马克思主义认为，艺术要达到的最终目的是推动人全面的发展，从必然王国到自由王国，但要做到这一点又必须以生产力的高度民主发展、物质财富的极大丰富为前提。他后来的一些观点，我都持保留意见。他在写《批判哲学的批判》及之前的观点我基本同意，但也有些保留意见。而这本书之后的观点，他自以为很新的一些观点，我有很多保留意见。如说马克思主义哲学是"吃饭哲学"，这是对于马克思主义哲学的极大的简单化、庸俗化，我坚决反对，不能这样概括。

我想对李泽厚的历史本体论作个简单的评述。他把他的哲学归结为三句话："经验变先验，历史建理性，心理成本体。"他企图批判康德的先验主义，但我认为他没有把问题讲清楚。经验变先验，先验还是存在的，这不能成立。如毛泽东所说，通过实践，从感性认识飞跃到理性认识，然后用理性认识来指导实践。这个理性认识，就不能说是先验的。经验的东西不可能变成先验的东西，是经验的就不是先验的，是先验的就不能是经验的，怎么可能经验变先验呢？再说"历史理性"，李泽厚认为，理性有其合理性，不能脱离开历史讲理性，这是对的。但如果我们承认物质生产是人类历史的真正发源地，那就不能脱离物质生产实践的发展来讲"历史理性"。此外，首先要有人的感性的存在，然后才会有理性问题，所以马克思说把感性理解为实践。没有感性、没有人的生命活动，哪有理性呢？感性与理性之间的关系是这样的：先有感性，后有理性。因为人的感性的存在，一要符合自然规律，二要符合社会规律，这样就产生了理性的问题。人的活动不能不遵循客观的、必然的规律，所以才出现了理性。但是，感性永远是基础，当理性与感性的发展发生了冲突的时候，旧的理性就要被否定，建立与感性发展相一致的新的理性。感性是基础、动力、源泉。西方为什么流行非理性主义呢？因为无法解决感性与理性之间的冲突。马克思反对用理性来说明历史，主张用历史来说明理性，但马克思所说的历史是由物质生产的发展决定的，这正是马克思的伟大贡献所在。离开这一点就无法科学地说明历史，当然也无法科学地说明理性。此外，从马克思的观点来看，不仅理性是由历史（马克思所理解的历史）建立的，人的与动物不同的感性也是由历史建立的，所以不能只说"历史建立理性"。再讲"心理成本体"，我认为，在当代条件下，心理问题的确是社会生活中的大问题，具有很大的重要性，但心理是不能成为本体的。如果心理是本体，那么心理就是最后的根源、人类生活的本源，这是不对的。因为心理是人们实践的产物、社会实践的产物，真正的本体是社会实践。所以，我常对青年讲，到哪里寻求美呢？到你生活的创造里去寻求，努力创造你的生活，美就在生活的创造里，不应到心理本体里去寻找。我反对讲一些感伤主义的话，人生是无限的感伤啊！无可奈何啊！活着有许多矛盾，无法解决啊！这不利于青年的成长。在中国建设的过程中，在竞争的时代，面对国际、国内的竞争，应该提倡培养坚强的意志力量，就是"天行健，君子以自强不息"，不应该提倡感伤主义。你提倡感伤主义，把青年都搞得神经衰弱，这怎么行啊！一遇到挫折，就自杀、颓废，这有什么好处？所以，我不赞成李泽厚讲心理本体，而且理论上也难讲通，也不能讲什么"本体就是无本体"。我始终不同意他的"人类学本体论"或"历史本体论"。我的文章中从来没有"人类学本体论"的说法。人类学这个词很含糊，有各种各样的人类学，会引起很多误解，而且这个词本身不是很确切。所以，我从不用这个命名。李泽厚又说，马克思主义哲学就是"主体性的实践哲学"。在80年代，他就想突出主体性，在当时也起了积极作用。但把主体性放在实践前面，使实践从属于主体性，我认为不对。没有实践就不会有主体性，主体的产生和发展归根结底决定于实践。李泽厚的观点，我既承认有对的地方，也有保留。他是我的老朋友，一般我是不与他争论的，更不要说写文章了。当时，他受压制，我再写文章就更不合适了。但我也受到他很大的牵连。

那时他提出"人类学本体论"，我不同意他，我就提出了"实践本体论"。到现在为止，我仍然坚持"实践本体论"。"实践本体论"是以"自然物质本体论"为前提的，马克思的主要贡献是在由他之前的唯物主义的自然物质本体论进展到社会实践本体论，确认人类的社会生活是以自然界为前提的，但人类社会生活发展、变化的本体是社会实践，这点非常重要。马克思的本体论是自然物质本体论同实践本体论的统一，是从自然物质本体论向社会实践本体论的飞跃。在这点上，我同李泽厚不一样。我不同意卢卡奇的"社会存在本体论"，社会存在最终决定于物质生产，本源性的东西不是社会存在，而是物质生产。从本源意义上讲，社会存在不能成为本体。在我提出了"实践本体论"以后，李泽厚说，好像我的实践本体论就包含在他的"人类学本体论"之中了。这不对。他的"人类学本体论"尽管提到了实践，但没有提出"实践本体论"，"实践本体论"是我先提出来的。如果他主张"实践本体论"，他就不会说"经验变先验，历史建理性，心理成本体"这样的话了。

总地来说，李泽厚是一个很有创造性的学者，富于思想家的气质，对中国当代思想产生了重要影响，这一点不能否认。但他对许多问题的看法没有经过严密思考，是经不起推敲的。有些地方自相矛盾，有些地方似是而非。所以，对他的思想需要进行细致的研究，这是当代思想史研究应该进行的工作。这里谈了我的一些看法，我不是否定他，但我认为他的不少论点存在着需要商榷的问题。

问：20世纪七八十年代，理论界对人道主义进行了广泛的讨论，美学界也加入了全国的讨论。请谈谈您对这个问题的看法。

刘：因为"文革"出现了一些非常残酷的现象，人性论、人道主义都不要了。一个人即使他犯了错误，你可以批评他，但不能污辱他的人格、残酷地迫害啊！所以，"文革"后就出现了对人道主义的反思，应该说是由反思"文革"引起的一种思潮。

怎样看待人道主义呢？当时李泽厚有个说法，他说马克思主义包含着人道主义，但不等于人道主义。我赞成他的这种提法，我的意思是，马克思主义继承了人道主义，又解决了人道主义所不能解决的问题，并把人道主义放到实践的基础上，放到物质生产的发展、社会关系的变革的基础上，而不是脱离这个基础，抽象地谈人性，科学地解决了人的全面自由发展问题。人道主义基本上是由18世纪启蒙主义提出来的，当然还可以追溯到文艺复兴时期的人文主义思潮。它有进步作用，但它是建立在唯心史观基础上的。最高的人道主义就是人的全面自由发展，每个人的自由发展是一切人自由发展的条件，所以说马克思主义继承了人道主义的合理东西，同时又超越了它，真正地解决了人道主义提出的问题。

"文革"的错误绝不能归于马克思主义，而恰恰是从根本上违背了马克思主义。马克思主义认为，物质生产决定社会发展，如果没有经济的发展，怎么能有社会主义和共产主义呢？经济的发展最终决定社会发展，这是马克思主义的第一原理，也是历史唯物主义的第一原理，违背了这个原理，就不是马克思主义。"文革"时，脱离物质生产来讲阶级斗争，认为阶级斗争决定一切，这就陷入了历史唯心主义、唯意志论。现在，我国努力发展社会主义市场经济，尽管这个道路有许多矛盾，但不通过这个道路，就不能达到社会主义，不走这条道路，就会垮台，苏联和东欧就是这样。马克思早就说过社会主义绝不意味着对人类过去的物质文明和精神文化成果的否定，原始共产主义连私有制的水平都没达到。社会主义的人道主义是以马克思的唯物史观为基础的，不同于过去以超历史的抽象人性为基础的人道主义。

问：在《1844年经济学—哲学手稿》讨论中，您与蔡仪先生之间的论争颇为引人注目。能否谈谈此前以及这次讨论的详细情况？

刘：在美学思想上，我与蔡仪先生的不同是很清楚的，因为他不赞成实践美学。但我是把蔡仪先生看成我的老师的，因为在北京，大概50年代末、60年代初，蔡先生在清华大学建筑系讲美学，我知道后，就与李泽厚一起去听他的课，我们坐在最后一排。当时我住在北大宿舍，李泽厚住中关村，蔡仪住在北大燕东园，因为回家的道路相同，路上我们还向他请教。当时我很难同意他的观点，但我也不想直接批评他。

关于《手稿》，我写了不少文章。我一向以为，《手稿》是马克思主义美学的奠基之作，对这本书一定要反复琢磨，不是一遍就能读懂的。《手稿》第一个中文本是人民大学的何思敬翻译、宗白华校对的。这书出版后（人民出版社1956年9月）不久，我去看望宗先生，他把书拿出来送给我，还说，这本书很重要，你回去一定要好好看看。过去我就知道这本书，但从来没读过，读了之后，我豁然开朗。我从北大哲学系毕业，当时苏联专家主讲马克思主义著作选读，马克思主义的经典著作我是一本一本地精读，给我打下了很好的基础。得到宗先生送我的《手稿》中文本后，我不知读了多少次，我结合马克思的《费尔巴哈的提纲》和马克思的其他经典著作来读，不断地反复地琢磨。

70年代末、80年代初，蔡仪先生发表了一些文章，他认为马克思《手稿》中所讲的"美的规律"就是他讲的典型的规律，即"美在典型"。我认为，这不符合马克思的原意，是个比较重大的问题。再次，他当时把从实践观点出发来研究美学的人说成是受苏联修正主义的影响，是苏联修正主义在中国的表现，或追随苏联的修正主义思想，这是我难以接受的。因为我也是主张实践美学观的，我也成了苏联修正主义的追随者，实际上根本不存在这种问题。因为从编《美学概论》开始，我们只是参考了苏联的东西，从来没有盲目地去追随苏联。王朝闻、叶秀山、朱狄、李泽厚和我，谁是这样呢？既然上了修正主义的纲，我感到必须回答。我就写了《关于马克思论美》这篇文章，副标题就是"与蔡仪先生商榷"，加上当时在《哲学研究》编辑部工作的曹景元同志约我写篇东西，于是发表在1980年《哲学研究》第10期上。这是我第一次正面集中地论述马克思主义实践美学看法的一篇重要文章。

我认为，蔡仪讲的唯物主义主要是旧唯物主义，带有机械论的色彩，并不是马克思讲的唯物主义。马克思的唯物主义是历史唯物主义，与实践的观点是不能分离的。当然，马克思承认物质的自然界是在人的意识之外的客观存在，与过去的唯物主义是一样的，但它的特点是在实践的基础上讲唯物主义，这在《费尔巴哈的提纲》中说得很清楚。我认为，美的规律与实践创造相关，但不是蔡先生讲的典型的规律。因为美的东西可能是典型的，或常常是典型的，但不是所有典型的东西都是美的，说典型的东西都必定是美的，这讲不通。我依据我反复阅读《手稿》的体会，分析了蔡先生说法的错误，并提出美的最高规律就是在人类实践（首先是物质生产）基础上，人的自由与客观必然性相统一的规律。

我与蔡仪先生的争论还表现在美的客观性方面。从根本上讲，美的客观性是以人的实践为基础的历史的客观性。历史也有客观性，但历史是人类的实践创造出来的，因此，历史的客观性不同于自然物质的客观性。蔡先生讲的美的客观性就是指典型性，即个别充分显示了一般，有典型性的东西就是美的东西。所以，朱光潜、李泽厚都批评他把花的红和花的美混为一谈，这个批评是有道理的。尽管花的红是物质属性，花的美也与花的物质属性分不开，但这属性对人成为美，是由人类改变自然的实践活动决定的。所以，当时我就说，不应从物质属性去理解客观性，而应该从人类的实践去理解客观性，因为人的实践是客观的。比如，我们打胜了抗日战争，它是客观的存在，有客观的历史规律在里面。江泽民提出的"三个代表"也是观察历史得出的。任何时代的真正的作品，都表现了真正的历史精神。

蔡先生讲反映论，说艺术是现实的反映，我非常赞同，我写的《艺术哲学》特别强调这点。但这反映不等于认识论意义上的反映，它是审美的，审美反映离不开认识，但不等于认识。他讲美感就是一种认识，这我不同意，美感离不开认识，但不等于认识。

问：能否总结一下您自己的实践美学观点？

刘：我的美学观可以概括为一个公式：实践——创造——自由——自由的感性表现——广义的美——艺术。李泽厚较早提出，实践产生美，问题是，实践如何产生美？必须先回答这个问题，否则，就难于说明二者之间的关系。我的回答是，实践首先是为了满足人类的物质需要而进行的，但这种实践又是人的有意识、有目的的活动，因而是一种能够掌握客观必然性以取得自由的创造性的活动。当这种活动和结果向人显示了人类的智慧、才能和力量时，就能够引起与物质需要的满足带来的愉快不同的精神上的愉快，这就是原初意义上的美感。例如，木工做成了一件物品，当别人夸他手艺高超时，他感到愉快。这里面包含着审美，并不是桌子能卖多少钱的问题，他能超越功利的层面，把桌子作为自己的作品来观照，看到自己的智慧和力量。我以为美的根源来自于实践创造，实践创造的最高境界是自由，这种自由用孔子的话来说，就是"从心所欲，不逾矩"。自由不是随心所欲的，随心所欲看起来好像是很自由，其实是不自由，真正的自由是对必然性的掌握，类似于庄子讲的道与技的关系。即指的是对必然性的掌握，当它达到了自由的境界，那就进入了"道"的境界，也就是美的境界。

再结合实践看一下自由。当自由表现为个体的感性活动时，它才可能成为美。美不能脱离感性，它是自由的感性的表现。从广义上理解的美，就是艺术的本质，广义就是指不限于一般人所说的漂亮好看，而把人类在一切艰难困苦的斗争中所取得的自由的感性表现都包含在"美"之中。如悲剧性的东西就是自由的否定性表现，在否定中肯定，以否定形式肯定人的自由的可贵，所以同样属于我所讲的"美"的范畴。

自然美，能否认为是人的实践创造的结果？自然成为美的原因是，人在实践过程中对自然进行了漫长的改造（或改变），使自然与人相统一，成为人可以安居的家。这样，人才对自然界产生了情感，他才觉得他的生命与周围的自然界是分不开的，在这样的基础上，才会有审美。由此，才能谈"移情"什么的。如月亮、松树都是由于自然与人发生了很密切的关系，不但在物质生产上发生了关系，在精神生活上也发生了关系，这样自然界才对人产生了美的意义。说实践美学解释不了自然美是不正确的，相反，实践美学能够解释自然美，对其予以真正科学的说明。

问：20世纪50年代、80年代理论界曾经两次讨论过形象思维问题，但赞成和否定的意见都继续存在。请您谈谈这方面的讨论情况。

刘：50年代，吉林省委书记郑季翘同志写了篇反对形象思维的文章，并寄到中宣部。当时我们正在编《美学概论》，中宣部就把这篇文章拿到《美学概论》编写组讨论，讨论的结果是一致地否定他的观点，认为他的观点站不住脚。虽然王朝闻是《美学概论》的主编，但真正的后台是周扬，周扬也反对这种看法。

现在怎么看呢？这个问题比较复杂，这个概念最初是从别林斯基那里来的，别林斯基又是从黑格尔那来的，但他并没有真正理解黑格尔的意思。黑格尔认为，艺术、美是理念的感性直观，他绝没有认为艺术是一种思维。所以，形象思维实际上是别林斯基的观点。到苏联"十月革命"以后，许多人都讲这个观念，但这个概念很难概括艺术创造的特点，因为它的意思是，艺术还是思维，只不过它是用形象来思维。其实，艺术包含着思维，但又不是思维。在苏联，许多人用反映论来解释形象思维，把艺术看成认识，只是思维方式与科学不一样，至于内容则是完全一样的。用他们的话来讲，在表现社会的经济情况方面，经济学家用数字来表达，艺术家用人物形象来表达，表达方式不同，内容都一样。这个观点在苏联非常流行，但是是错误的。艺术与科学有联系，但艺术的内容、形式都与科学不一样，所以，不能把艺术创造归结为一种形象的思维，用这种方法去搞艺术，就会出现概念化、公式化、图解化的作品。后来，毛泽东与陈毅的谈话都肯定了形象思维，用诗来说理，但只是借用了这个词，反对用诗来说理，强调了艺术特征。

问：您与李泽厚先生主编的《中国美学史》在 80 年代很有影响。能否谈谈您的中国美学史的研究和这部著作的写作情况？

刘：讲到中国美学史的研究，在我参加《美学概论》编写时，当时"绪论"中专门有一节中外美学史上唯物主义与唯心主义的斗争，我负责写中国美学部分，在简短的篇幅里作了概述，写完后还找了我在北大时候的老师任继愈先生审定。这是我第一次系统地思考中国美学的发展。后来修改《美学概论》时，由于各方面的考虑，将"绪论"中讲中外美学史上唯心、唯物的斗争这部分删去，但供讨论的初稿上是有的。这是我研究中国美学史的最早的稿子。

到了 70 年代末、80 年代初，在山东济南开了一个全国社科重点项目的会议。当时我提出了一个中国美学史的研究项目，中国社会科学院哲学所也提了一个中国美学史的研究项目。在讨论时，大家提出意见，究竟是两家分开搞，还是合在一起搞？当时我有两方面的考虑：一是如果分头搞的话，恐怕当时很难同时上两个项目，会放弃一个；再是我和李泽厚是同学，我和他很熟悉。结果就是由中国社会科学院和武汉大学联合搞这个项目，圈子里的人很认可李泽厚，我也很同意。但我当时还只承诺写某些部分，也没有要求当主编或副主编。

我写出绪论及孔子、孟子、庄子三部分，李泽厚没有征求我的意见，就把孔子、孟子、庄子这三章在他主编的《美学》上发表了，还注明此书由他与我共同主编。我后来也同意了。全书每章的提纲都是由我写出的，寄给他，征求他的意见，他都说非常好。我写好每一章就立即寄给他，请他通读、改定。通常他只做极个别的文字改动，即使我的观点与他的《美的历程》或后来的《华夏美学》的看法不太一样，他也不改，照样保留。全书只有一个地方是他加上去的，就是全书"绪论"的最后一段，一看就知道是他的文风。应该说，这部书的写作得到了李泽厚的极热诚的鼓励、支持、帮助和推动，这也反映了我们之间的深厚友谊。但这部书是我独立写出来的，我参考了他的一些看法，但绝不是照搬，我作了独立的更深入的阐发，而且参考的地方我也都注明了。书中的观点是我自己研究的结果，绝不是复述他的看法。譬如，我在绪论中提出中国美学的六大特点，这是我独立研究出来的，当然也参考了他的有关文章，但他的文章并没有像我这样提。他写的第一卷的后记里面有些问题，过去我一般不同别人谈这些事，这次我想借此机会把一些事情交代清楚。

首先，这书既然是我们两人共同主编，那么他写的"后记"是应当先寄我看一下的，但没有经我看就印出来了。这自然也因为我们是老朋友，看不看无所谓了。其次，我看了印出来的稿子之后才知道，他把全书的基本观点的提出都归到了他的名下，还引了我给他的信中的话为证。其实，那些话是我偏爱他、宠他，表达了我对他的友情。真正说来，这书的许多基本观点是由我提出的。如他提到的"味美感觉"、"庄子反异化的人生态度"均由我提出。采用他的观点的地方我又做了扩展和独立深入的论证，与他的看法并不完全一样。如他所说的"四大主干"（儒、道、骚、禅）只是他在《宗白华美学文集》序言中简单地说过的一句话，并没有深入地阐明。真正地对儒、道、骚、禅美学第一次做出深刻、系统的阐明的是我。但我并不满足于此，我认为玄学应该是一种独立的形态，他认为玄学应该归并到道家里面去。我认为玄学与道家是不一样的，但当时我也不好与他争论，就按他的四大主干来写。实际上，我认为有六大思潮，即儒家、道家、楚骚、玄学、禅和明中叶以后的自然人性论美学。当时为了协调，不引起太大的争论，我同意了他的看法。庄子反异化也是我信里面谈过的，他表示同意，我就不讲发明权了，算了。中国传统的思想的历史渊源，他在《孔子再评议》中提出过，但我对这个问题作了更深入的探讨。我是从恩格斯《家族、私有制和国家的起源》一书出发来讲的，比他的讲法大大推进了。庄子哲学即美学也是我提出来的，不是他提的。我感到他写这个后记时心中有矛盾，一方面要肯定我，另一方面又要把我说成是他的思想的阐明者。

仔细读读《中国美学史》，再和李泽厚的《美的历程》比较一下，就能看到，很多地方是不一样的。他还认为我的文字不够理想，有些单调、累赘，这一段我就不计较了。我完全承认他的文字比我灵活，但准确性不够，经不起推敲。我写东西，文字上一般比较平实。我认为不能搞花哨、玩一些词藻，不是说我就做不到，而是我比较喜欢平实。后来台湾学者傅伟勋评《中国美学史》（第一卷）时，指出"全书文字畅达平易可读"，实际上肯定了我的文字，反驳了李泽厚的看法。我是从1980年底开始写这部书的，写完一章就马上寄给他，全书是1984年出版的。全书出版之前，他看过了我写的所有的稿子。他当时正在写收入《中国古代思想史论》中的文章，我后来发现他从我的文章中吸收了若干观点、材料。可以这样说，我这部美学史影响了他对中国思想史的看法。但由于他的论文的发表先于美学史的出版，人们就认为，美学史就是他的思想的发挥，其实不是这样的。虽然大家是好朋友，但友谊归友谊，学术归学术。不少人认为，刘纲纪是李泽厚思想的阐明者和追随者，这是我不能接受的，也根本不符合事实。

问：您认为你们的《中国美学史》有哪些写作经验和特点？

刘：关于这部书的写作经验和特点，我当时的想法就是希望能弘扬中国的灿烂文化，为中国美学在世界美学史上争一席之地，这集中表现在全书的绪论中。第一，我认为，中国美学有其独立的价值，不是西方美学史所能代替的。但要搞清中国美学，必须先要理解中国哲学。中国美学还没有从哲学中充分分化出来，不像西方美学与哲学的界限那样清楚。所以，研究中国美学一定要先了解中国哲学，在深入了解中国哲学的基础上，把美学思想分析出来，这样才是有深度的。如果不了解哲学，只抓住几句直接和美学有关的话去讲，是不行的。如讲孔子美学，不了解他的哲学思想，只抓住兴、观、群、怨，那肯定讲不深刻。庄子讲艺术的话不多，但他的哲学几乎处处都与美学相通。这本书试图为了解中国美学提供一个基础，侧重于对中国美学的哲学基础作比较深入的探讨。第二，我比较重视资料。我当时下决心采用详细的写法，不是概略的，大量引用材料（包括许多过去被忽视的材料）。这样的好处是：即使你不同意我的观点，我也为你提供了材料。因为材料是很零散的，我把材料翻出来了，又加以排列、整理，别人看起来也方便得多。第三，对中国美学整体的构架、基本脉络作了些梳理，一方面是一部美学史，另一方面又与哲学密切相关；涉及中国美学的哲学基础问题，同时也涉及中西美学的比较，将中国美学放到世界范围内看。全书出版后，在台湾产生了很大的反响。台湾《文星》杂志发表傅伟勋先生的评论认为，《中国美学史》是"中国美学的开山之作"，给予了很高的评价。后来我与傅伟勋成了很好的朋友，我认为他在80年代为推动两岸文化交流做出了重要的贡献。

问：您自己是如何看待这部《中国美学史》的？

刘：由于思想认识上的不同，有人认为此书哲学成分比较重，具体艺术现象描述少。我认为，不是没有，只是有些地方比较概略。如果具体到艺术作品，那么这书的篇幅不知要拖到多长。第二卷魏晋南北朝部分，对具体艺术现象的描绘多了些。可以这么说，整本书第一次对中国美学的发展作了一次马克思主义的说明，全书的基本观点是马克思主义的，同时也奠定了探讨中国美学史的理论基础或轮廓。当然也包括了一些考证的内容，如第一卷考证了《乐论》的作者是谁，《毛诗序》原文的结构是怎样的。在第二卷中，我充分地论证了"六法"的标点问题，提出了与钱钟书先生的《管锥篇》不同的看法。因为这样，北京一些很敬佩钱先生的人对我的书不欣赏，或者说有一种反感情绪吧！因为他们认为，你算老几，居然敢讲钱先生有错误？我不认识钱先生，我也不是故意要讲这个问题的，而是讲到"六法"的时候，有个标点问题，不能不讲。此外，还有陆机的《文赋》的成书年代，对《文赋》的某些解释，我也批评了《管锥篇》中的一些观点，那也是涉及了一些不能不谈的问题，赞成钱先生的人都比较难受。此外，台湾的龚鹏程先生在1987年10月11日台湾《联合报》上发表了题为《国王的新衣》一文，全盘抹黑《中国美学史》第一卷，认为全书错误百出，不堪卒读，云云。他好像与这本书有深仇大恨，至今仍在内地的网站上孜孜不倦地批判这本书，很有些"将斗争进行到底"的味道。可惜，他的批判没有一条是站得住的，反而暴露了他的无知和为了全盘抹黑此书而不择手段，这里不来细说了。我从青年时代开始就认为学术的最高目的是追求客观真理，因此应有从善如流的精神。别人批评得对，就要接受、改正。但对一些不是为了探求真理的攻击、批评，一般来说，我主张听之任之，让它自生自灭。

问：20世纪的90年代，后实践美学挑战实践美学，引发了二者之间的论争。您是如何看待这次论争的？

刘：后实践美学是这样来的，有一年在北京开美学会议时，厦门大学的杨春时同志提出对实践美学有些看法，我就讲："好啊，你可以提出来，大家在会上讨论嘛！不要以为我是主张实践美学的，就不好谈了。"他讲后，有回应，也有不同看法。"后实践美学"大概是从那时候开始出现的。潘知常是南京大学的，他搞生命美学。我对"后实践美学"的出现是持欢迎态度的，因为他们对实践美学的批评可以推动持实践美学观的同志们想想，实践美学有哪些弱点，哪些东西还没有讲清楚，或者我们自以为讲清楚了，可别人还是不清楚。这样，就有利于实践美学的发展了。

虽然对"后实践美学"的理论我基本上持否定意见，但很少与他们争论。我认为，"后实践美学"是西方当代各种美学冲击中国美学所出现的现象，潘知常讲的生命美学也是这样。不能说这些理论没有任何可取的地方，但总的来说，其哲学根基没能真正确立起来，也没有什么真正深刻的思想。他们对50年代的美学讨论非常生疏，对马克思主义实践观的美学有许多误解。

问：您的美学研究始终贯彻了鲜明的马克思主义特色，您是如何看待90年代以来马克思主义美学的研究状况和发展前景的呢？

刘：90年代以来，随着改革开放的深入，我国实行了市场经济。我是赞成市场化的，但由市场经济发展导致的商业化对学术也有一定的冲击。国外思想大量引入，如后现代主义等对中国学术也带来了冲击。在这种情况下，马克思主义要一下子解释清楚这些冲击是比较困难的，不是说不能解决问题，而是说问题的解决需要有个历史的过程。所以，90年代以来马克思主义美学明显边缘化了。虽然边缘化了，但我认为马克思主义美学的理论基础还是非常扎实的，推翻这个基础绝不是容易的事情。有些人没有深入地研究，提到马克思主义，就想到"文革"，以为那就是马克思主义，实际上是对马克思主义的误解和曲解。再加上，"文革"造成了一种逆反心理，提到马克思主义，心理就发怵，这些都造成了马克思主义美学的边缘化。因此，自1997年起，我与广西师大的王杰共同创办了《马克思主义美学研究》，每年一期，希望能为国内坚持马克思主义美学的学者提供一个园地。现已出了五期，我自己觉得还不错。尽管不是很轰动，但确确实实做了些扎实的工作。但看来还是杯水车薪，无济于事的。

我认为抛弃马克思的实践观点，很难做出有哲学深度的美学来。现在的工作就是要结合当前的实践，结合20世纪西方的哲学、科学技术和美学的发展来发展马克思主义，发展马克思主义的实践观。对马克思主义的实践观做出符合当代历史条件的发展和阐明，在这个基础上发展中国美学。从80年代后期，我倾向于谈哲学问题，谈美学比较少，原因就在这里。如果哲学问题不根本解决的话，那么美学问题是很难解决的。比如反映论，什么叫反映？反映的概念最早是谁提出来的？马克思主义怎样理解反映？在现在条件下，我们如何理解反映？这个概念还能不能用？这都是问题，如果这些问题不解决，那么如何谈得上发展马克思主义美学呢？当前，中国的美学研究，应用（或发挥）西方的观点方面较多，马克思主义美学的研究已边缘化。但我仍然深信这种情况将会在一定的时间转变过来。因为当西方的种种理论都引进过来后，总会有人思考，这些西方理论是不是能真正地解决问题？我想，青年中有头脑的人也会思考这个问题的：这些理论是不是完全正确？能不能解决问题？不过，我估计这要经历一段相当长的时间，需要两个条件：一是西方的各种思想在中国——上台充分表演，并走到极端，证明了它自身的不合理性；二是中国产生了我在80年代就已提出过的，具有新的理论形态的马克思主义，能充分科学地解释当代的各种问题，因而能为当代的多数人所认同、接受。

问：审美文化研究一度成为90年代美学研究的热点，至今还在继续。请谈谈您对审美文化研究的意见和建议。

刘：审美文化研究是王德胜他们最早提出来的，我很同意展开审美文化研究的。因为在现代社会中，美学是文化的一部分，当然，在古代，它也是文化的一部分，但在古代，文化是由少数人占据的领地。在现代情况下，它与大众、社会的要求紧密地联系在一起。现在研究美学，不可以不注意文化问题，审美文化值得研究，但怎么研究呢？西方马克思主义有很多的研究，要参考西方马克思主义，如杰姆逊、伊格尔顿的研究成果。但也要分析近代以来中国文化发展的历史过程，从这点来说，要把它与中国先进文化的发展结合起来。怎样建设中国当代的先进文化，这是一个很复杂的大问题。

我一直强调历史前进的二重性，一方面，历史是进步的；另一方面，在前进的同时又会产生很多问题。今天，我们只能走发展社会主义市场经济的道路，这是唯一正确的道路。但同时又要尽量消除商品交换必然会带来的各种不良影响，把它降低到最低限度。应该以"三个代表"为指导，不能以追求最高限度的利润为目的，而必须以实现最广大人民群众的利益为目的。如果不这样，与资本主义有何区别？不能把人与人之间的关系都变成商品交换的关系，市场经济中的商品关系与人与人之间的关系既有联系，又有区别。现在，用儒家思想指导中国发展是不可能的，但儒家思想讲"义利之分"，讲"仁爱"、"天下为公"，重视人际关系的协调，对此应批判地继承。但又需要在法制社会的基础上来继承，如果没有法制，这些东西不可能在现代真正实行。

问： 在您的学习和研究过程中，您曾经接触和交往过一些老一代美学家，如今他们大多都已经辞世。希望您谈些你们之间的交往，以帮助我们了解一些他们的美学研究情况。

刘： 在北大的学生时代，我得到了在哲学系任教的邓以蛰、宗白华、马采三位先生深情的教导、关怀、鼓励、支持。关于邓先生，我有篇文章《中国现代美学家和美术史家邓以蛰的生平和贡献》，已详细谈了，这里就不再讲了。

宗先生对我也非常好，我上学的时候，他没有上课，当时也没有开美学课，那时我常去访问他。有时，晚上九点钟、十点钟，兴头来了，我就即兴去访问他，这其实是很不妥当的。但他从来不表示烦厌，很喜欢同我谈。在不知多少次的交谈中，我从宗先生那里学到了许多东西。他曾经深入地研究过康德，受哥德的影响很大。哥德一方面是个文学家，另一方面还是个思想家，有很深刻的思想，并且对东方文化采取非常欣赏的态度。宗先生又研究中国传统哲学，有很深刻的思考，特别是对《周易》的研究颇深。他原来是诗人，因此他的文章大部分是用文学性的语言写出来的，有许多意味深长的格言、警句，包含了深刻的理论思考。不是任何人都能写出他那样的散文的,因为这些散文是他多年理论思考的结晶,绝不是一时的感想的产物,也不是耍笔头耍得出来的。所以,现在要研究宗先生的美学思想相当困难。从字面上讲,只有那几句话,你怎么解释深透呢?首先必须对宗先生的思想有深刻的理解,然后才能将他的美学思想讲透。我觉得,在对中国美学特征的理解上,他可能比朱光潜先生要深入一些。除邓、宗二位先生之外,我还常去访问住在北大朗润园,离邓先生住处不远的马采先生。马先生也是我国美学界的前辈之一,1921年东渡日本求学,1931年入东京帝国大学大学院专攻美学。他对我也十分关心,每次我去访问他,他都十分热情地接待我。由于我当时想研究谢赫的"六法"论,我从他那里了解到了日本学者研究中国画论的不少情况。直到他离开北大调到中山大学之后,他也时时在关心我。记得有一年国外邀他去参加国际美学会议,他写信要我代他去,实际是希望我能有一次出国的机会。马先生在学术上最大的特点是高度准确忠实地介绍西方美学,同时给以深入的分析。在我国,他较早系统介绍评述了黑格尔美学,对里普士的美学也很有研究。他还较早介绍评述了德国艺术学的研究状况,并大力提倡艺术学,认为艺术学是美学之外的一门独立的科学。邓、宗、马三位先生在学术上各有特点与专长,都使我受益很多。此外,朱光潜先生也在北大。他在介绍西方美学方面做了很多的工作,但不是宗先生那样诗意地表达,而是分析性的,同时结合中国的美学、诗论,建立了他自己的美学体系。这体系的最完善表达就是他的《文艺心理学》。可以说,《文艺心理学》是中西合璧的,但不是格言警句式的,而是分析性的。宗先生主要是继承和发展了德国美学系统,朱先生则主要发展了意大利维柯和克罗齐的思想。不是说他不了解德国美学,而是说他更加关注维柯和克罗齐。我读书时,他不在哲学系,而是在西语系教翻译,当时我同朱先生没有什么接触。在编《美学概论》时,王朝闻同志曾请朱先生给我们讲过一次关于美感问题的课,我始终保存着他讲课的打印出的讲稿。到了1983年,我请朱先生过目修订后,发表在我主编的《美学述林》上。由于这次讲课,我觉得朱先生非常和蔼可亲,我就去拜访他。他当时住在北大燕东园,他非常热情地接待了我,建议调我到北京工作,并嘱咐我要努力学好外语。也就是在这次访问中,他跟我谈了美学讨论中周扬要他大胆争鸣的事。此前,还有一次联系,1958年他翻译的黑格尔的《美学》出版,当时我在湖北红安下放劳动,我读完第一卷后非常激动,就给他写了封信,大意说我们过去只重视车尔尼雪夫斯基,不重视黑格尔,黑格尔非常重要,衷心欢迎祝贺黑格尔《美学》中译本问世!我还把1960年出版的我的《"六法"初步研究》寄给了他。他都给我回了信，给我很大的鼓励。这些信我还保留着。编《朱光潜全集》时，他的侄儿朱式蓉要我把这些信交给编辑部，当时因忙于其他事，把这事给忘了，所以没能编入《朱光潜全集》。

我在北大读书时，文学研究所还在北大，蔡仪先生住在北大燕东园，我曾为一件事去拜访过他。大学毕业那年，我写了篇文章评胡蛮同志的《中国美术史》。我觉得这本书的指导思想好像是从苏联弗里契的庸俗社会学的美学而来的，但又把握不定，我就去向蔡先生求教。他很高兴，热情地接待了我，听了我提出的问题后，马上说："对对对，就是弗里契的艺术社会学"，并说在重庆时我就与胡蛮谈过，这书现在还在印？我说，还在印，正因为这样，我想写篇文章提出我的看法。由于我的看法被蔡先生认可，我就写了这篇文章，后来在《美术》杂志登出来了。文章发表后，当时任《美术》杂志主编的王朝闻同志很重视，有时他让我去参加全国美协的有关理论讨论的某些会议，还要我积极发言，这样就同他认识了。这使我很高兴，因为我早在1952年读高三时就细读了他的《新艺术创作论》，认为是一本很好的著作，但当时自然想不到我能同作者见面相识。从编美学教材看，他是主编，是我的上级；从年龄上讲，他是我的前辈，但我又感到他是一位很好的朋友。去年我去延安，在延安纪念馆里看到了他的工作照片，感到十分亲切，看了又看，不想离去。我认为，王朝闻集雕塑家、艺术评论家、美学家于一身。他创作的《毛泽东选集》上的毛主席的浮雕像非常成功，在所有的毛主席像中这个像最成功，原因我就不详细讲了。我向他要了一张与原作大小相等的照片，现在还保存着。其次，他有非常敏锐、丰富的艺术鉴赏力和艺术感受力。有时候他说某个东西美，你确实感到它美，在这之前我们怎么没有看出来？他善于从平凡的现象中看出美的东西来，作品是美还是不美？他能讲出很多道理来。所以，我说他是个卓越的（经过心里掂量过的，我这个人很少用最高级的形容词）艺术鉴赏家，同时也是艺术评论家，别具一格的、很有创见的美学家。

我觉得美学有两种，一种是艺术家的美学，一种是哲学家的美学。艺术家的美学是从具体的艺术现象入手来讲美学问题；哲学家的美学是从哲学体系推导出美学来的，康德、黑格尔就是这样。《罗丹论艺术》中肯定有美学，但西方不把罗丹看作美学家。在西方，你要想作一个美学家，首先得是个哲学家，这是哲学的美学家。但中国的情况就不一样了，中国的美学大部分是艺术家美学。当然，孔子、庄子都发表过对美和艺术的见解，但专门谈美、艺术的并不都是哲学家，有些是，但大部分都不是哲学家，其共同点是根据艺术现象的欣赏、体验来提出某种美学观点，如严羽的《沧浪诗话》，不能讲《沧浪诗话》中没有美学，它有些地方甚至超过了康德，比康德要早得多。所以，王朝闻美学是艺术家美学，而且它之所以出现在中国，也是由于继承了中国艺术家美学的传统。王朝闻通过艺术评论提出了在美学上有重要意义的论点或理论，这样他的艺术评论就不同于一般的艺术评论，而具有了重要的美学内涵。如果用西方哲学家美学的尺度来要求他，那就是错误的。

问：刘先生，能否谈谈您对今后研究工作的设想？

刘：现在我很想把中国美学史全部写完。有一位读者写信给我，说他读一、二卷时，他的小孩还没有出生，现在他的小孩已经10岁了，第三卷什么时候出。我看到后感慨万千。由于种种原因，我没能兑现先前的承诺。现在年龄也大了，有时间、精力上的问题。加上时代变化又很快，要不要搞，或者将来再搞，现在难以决定，还是等以后再说吧！

我现在正应人民出版社陈亚明同志之约写本类似于《美学概论》的书，希望能在实践美学基础上整合中西美学，搞一本有新意的东西出来，但写来写去，总觉不行。快拖十年了，没能交稿，我只有向亚明同志道歉，辜负了她的好意。不过，这次最后流产了的写作对我有很大好处，它推动我去重新思考美学中的各种问题，特别是较仔细地了解考察了西方当代"最新"的美学，使我更加确信马克思主义实践观美学的正确性和不可取代性。

我目前在写的是毛泽东《在延安文艺座谈会上的讲话》的解读，很快就要完成第一部分了。这篇文章较长，从各个方面进行解读。我希望在新的历史条件下，通过对《讲话》的解读，来发表我对一些问题的看法，回答一些质疑和批评。这以后，如决定不再写别的东西，我就想告别学术，专门写字、画画了，因为年轻时我曾拜师学习过书、画。很难说有什么雄心壮志了，只不过想尽可能再做些事吧！

定稿于 2007 年 10 月

胡经之，1933年生于江苏无锡，深圳大学文学院教授，原北京大学中文系教授，主要从事文艺美学、文艺理论研究。曾先后担任中国文艺理论学会副会长、中外文艺理论学会副会长、中华美学学会常务理事、广东省美学学会会长、深圳市作家协会主席、深圳市文艺评论家协会主席、深圳大学学术委员会副主任、深圳大学人文社会科学委员会主任。参加了蔡仪主编的《文学概论》教材的编写，参与了许多美学界、文论界的活动，主要著作有《文艺美学》、《胡经之文丛》、《中国古典文艺学》、《文艺美学论》等，主编《文艺美学丛刊》、《中国古代美学丛编》、《中国现代美学丛编》、《西方二十世纪文论史》、《西方文论名著教程》等。

胡经之先生访谈

时间：2004年6月
地点：北京海淀区蓟门饭店

采访者问（以下简称"问"）：胡先生，非常感谢您提供这次机会，使我能够当面向您请教建国后我国美学发展和您本人的美学研究的相关问题。根据我的印象，您这个年龄段的美学家，大都是从哲学系毕业的，注重思辨。您毕业于北大中文系，却选择了美学研究，但走的并不是哲学美学的路子，而且很重视审美体验、意象建构。我想，这应该与您的经历、所受的教育和您的个性、禀性有很大的关系。所以，我建议，这次访谈以您的文艺美学研究为线索，通过您的学术经历为我们理解中国当代美学的发展提供些材料。首先请您谈谈，您是如何喜欢上文艺美学的？

胡经之（以下简称"胡"）：我对文艺美学的爱好，初始是由对自然山水的陶醉引发的，江南风光早就吸引了我，从而爱好起文学艺术来，进而对美学思考感兴趣。我对美学的思考，也是从自然之美到艺术之美，再发展到其他文化之美。

我出生于江南，并在那里长大。小时候，我就常陶醉于自然风光，阳澄湖、太湖、西湖、惠山、鸿山，等等。我也喜欢看家乡戏，更喜欢听江南民歌、乡谣和当时的流行音乐；也跟我父亲学习过二胡、箫笛，在无锡读书时还学过风琴、钢琴。这些经历使我对音乐产生了浓厚的兴趣，由此逐渐扩大到对别的艺术种类的喜爱。现在所有艺术门类中我最喜欢的还是音乐，我现在每天要弹一个多小时的钢琴，能背下一百首左右的乐曲，我自己也感到有些奇怪。我之所以走上了文艺美学的研究道路，原因是多方面的。仔细想起来，大概是陶醉于文学艺术之余，常引起困惑：为什么有的文艺作品索然无味，而有的作品则乐趣无穷，使人爱不释手？这促使我自己找些书来读。从我个人的实际感受说，如果对文学艺术没有自己的体验，也就不会去思索文学艺术的问题；可是，若是只有对文学艺术的一些个人体验，对美学的理论没有兴趣，我也就不会走向文艺美学之路。

我最早接触美学是由读朱光潜的书开始，然而我能够读到朱光潜的书，却难以忘记三个人。第一个人就是我的父亲胡定一，小时候他经常带我到苏州、无锡城里，在那里我接触了音乐，看到了苏州园林、民族焰火，并对古典艺术产生了兴趣。父亲觉察到我的情况后，就给我买了几本书，其中就有朱光潜的《给青年的十二封信》，是开明书店出版的，薄薄的一本。从此，我开始知道，对艺术的赏析也是一门学问。还有我的中学语文老师何阡陌，他从武汉大学毕业后就教我们的语文课，他是帮助我进入艺术审美的引路人，他曾给我讲解过维纳斯美在何处，看到我对艺术鉴赏感兴趣时，他就推荐我读朱光潜的《谈美》，这是朱光潜给青年的第十三封信，但这书比那以前的十二封信写得都好，读起来更饶有趣味。第三个人就是我在无锡师范读书时的语文老师陈友梅，他是钱穆的好友，国学功底甚深，有民族气节，日军入侵无锡时，他敢在课堂上讲文天祥的诗《过零丁洋》。他鼓励我走文学之路，那时，正好朱光潜的《诗论》由三联书店增订出版，书店给他寄来新书，他看过后就叫我读。《诗论》讲的理论更深奥，是他在北京大学中文系的讲稿，但他结合古诗的实际讲解，我还能够理解几分。使我受到鼓舞的是，文学研究还会有这么多的学问。这样，我从爱好文学艺术发展到对美学产生了兴趣，而我对美学的兴趣又从读朱光潜的书开始，以后又读了《文艺心理学》。我觉得朱光潜谈艺术美很能说服人，但他说自然美并不存在，自然无所谓美丑，我一直不能理解，这困惑到认识朱光潜先生后也未解除。

需要提及的是，我曾经参加过三年的学生运动。这个经历不仅丰富了我的社会经验，而且扩大了我的阅读视野。从朱光潜的美学，扩及毛泽东《在延安文艺座谈会上的讲话》、周扬编的《马克思主义与文艺》和他翻译的车尔尼雪夫斯基的《生活与美学》（原来译名为《艺术与现实之美学的关系》）。不久，又读到了苏联维诺格拉多夫的《新文学教程》，由此我知道，马克思主义也需要研究文学艺术，新中国需要文艺学。于是，我在中小学教了一年语文和音乐之后，下决心考大学，目的很明确，就是一心想去研究文艺美学、美学。

问：看来您大学前的经历就为您以后的研究打下了一定的基础，而且您还有明确的目的，这样说来，您研究文艺、美学也就是必然的了。我想知道的是，您的大学学习经历对您的学术研究有什么作用？

胡：1952年我进北京大学，正好全国高校院系调整结束，中文系处于全盛时代。清华、北大、燕京的中文系都合并到北大，许多名教授都集中于斯，实际上是把有名的学者聚到一起，一边教学一边研究。1952年，还成立了北大文研所，郑振铎、何其芳都在那儿当所长。他们在哲学楼办公，后来才迁入市内。我听的第一节课便是系主任杨晦讲的《文学概论》，我还当了此课的课代表，从此就常到他家里（燕东园37号）。当时，中国古代文学史的课程最重，游国恩、林庚、浦江清、吴组缃、季镇淮分段给我们上课，王瑶给我们上新文学史，曹靖华、闻家驷、李赋宁、季羡林则分别为我们讲苏俄文学、英美文学、东方文学。讲课最吸引我的，是来自清华的吴组缃为我们开设的当代文学选析。他自己是著名作家，有自己的创作体验，所以分析起作品头头是道，娓娓动听。更令人难忘的是，吴组缃分析作品的时候，先要我们学生写出读此作品的感受，他看了我们的分析，再针对我们的问题，从理论上予以剖析。这样，他的理论分析不仅结合了创作实践，而且针对我们的实际体验，所以能深入人心，给我们留下深刻印象。还有就是来自燕京大学的林庚讲唐诗时，常诗兴勃发，神采飞扬。他生动地分析一些名篇名句，讲"大漠孤烟直，长河落日圆"能作一两个小时的审美分析，把他读诗的审美体验淋漓尽致地表达出来。听这样的课，本身就是一种审美享受，又从审美分析中提高了审美水平。北大百年校庆时，我去燕南园看望他时，回忆起当年在一起的情景，他仍然谈笑风生。明年他就要95岁了，我看他能活过百岁。我回想起来，我注重审美体验、感悟，应该与我在北大中文系所受的这种教育和训练有很大的关系。

但我最大的兴趣还在文艺理论。我大一时，听了杨晦讲的文学概论，后来又听了他的专题课。当时还没有任何教科书，连教学大纲也没有。他是"沉钟社"的成员，有文学创作经验，又长期从事文艺评论，所以能结合中国文学的实践来谈理论。他把古希腊哲人说过的地球自转，又环太阳公转的道理运用于文艺理论，说明文艺和社会的关系，就像地球围着太阳公转，而又在自转，既有自律，又有他律。这给我印象最深，我也一直记着这个道理，成为我以后研究文艺美学的基本方法论。当时的文艺理论课，主要就是杨晦的文学概论，蔡仪来作过专题报告。当时，国内最大的难题就是缺少教文艺理论的教师。在1954年初，高等教育部从苏联请来了一位副教授毕达柯夫到北京大学来讲"文艺学引论"，从全国高校调来一批中青年教师进修，又从北大中文系、西语系、俄语系等抽调一批高年级学生当研究生,临时培养文艺理论教师。毕达柯夫基本还是师承季摩菲耶夫的《文学原理》的路数,只是更加突出了经济基础、上层建筑的理论,突出党性、思想性、人民性,最大的问题是脱离中国的文学实践。我当时是三年级学生,因我爱好文艺理论,所以得到系主任的特殊批准,也去听苏联专家的"文艺学引论",并得以认识蒋孔阳等学长。他的《文学的基本常识》也是边听课边写成的,他是这批人中研究美学最有成绩的一位。

当时,我还是在校学生,只是听课,然后看我自己的书。大学四年,我认认真真地读了不少美学书籍,大多是从苏联、法国、意大利等国翻译过来的,音乐美学、绘画美学、摄影美学、戏剧美学和电影美学,这段时间的阅读使我受益很大。

问:您真是幸运!大学时就受惠于这么多名师的教育,还结识了杨晦先生,并得以听苏联专家的文艺理论课。

胡:还有更幸运的,就是我有幸作了北大校刊的记者,这为我提供了更多的机会,使我结识了更多的学者,他们引导了我对美学的更大兴趣。

在20世纪50年代,国内大学讲堂上已没有美学课程,只能自己找书看。但国内的几个主要美学家都在北大,朱光潜在西语系,宗白华在哲学系,蔡仪则在北大文学研究所。我到北大读书,课余的社会活动被安排当北大校刊的记者。于是有机缘接触校内的学者、教授,有时写些特写、专访。

我登门拜访的第一位,是朱光潜先生。1952年底,我在校医院北侧佟府的一所旧房里见到了朱先生。他身材瘦小、文质彬彬、话语不多,带着安徽口音。那年他55岁,正处在生活最低沉的时候。他在老北大是西语系主任,但他没有跟胡适去台湾,而是留了下来。院系调整之后,他也从中老胡同迁入了燕园,但因是思想改造的重点对象,只给他暂定了个七级教授,不再讲美学,只从事翻译。他这住所也较偏僻,年久失修,简陋破败,很少有人知道。我告诉他,我这个新生,看过他的《谈美》、《诗论》等书,很敬仰,特来看望他,预祝新年。对我这个陌生人的造访,他颇感意外,但听说我是杨晦的学生,他的面庞就舒展开来。杨晦在老北大是教务长,他们很熟悉。从此,我和朱先生相识。这次,他送我一册由他翻译的犹太学者哈拉普所著的《艺术的社会根源》,1951年刚由新文艺出版社出版。第一次看朱先生的时候,他住的是破破烂烂的老屋。1957年,他的生活发生转折,他被推为全国政协常委、全国文联委员,北大为他恢复了一级教授的资格,换了住房,搬到了燕东园27号,原燕京大学校长陆志韦的住宅,焕然一新。他那原来住的旧房也拆了,被改建成校医院的中医诊室。《文艺报》的吴泰昌,是杨晦的研究生,也是我的学弟,他写过回忆朱先生的文章,我俩常去看望朱先生。1966 年,我也搬到燕东园。先是住 37 号杨晦先生楼下,后来我又住在 27 号楼。正好朱先生住此楼上,在我的上面,我住楼下。另一户是著名历史学家杨人楩。朱先生每天都在楼下草地上打拳。我们在那儿做了十年邻居。1972 年,我搬到了中关园,他也搬到了燕南园 66 号,我经常去看他,他研究美学,但他的编制在西语系。1983 年我的老师杨晦去世,1984 年我就到深圳大学去了。1986 年朱先生、宗先生去世了,我已不在北京,都没见着。朱光潜先生的关门弟子凌继尧,他的俄语好,我劝他译介苏联当代美学。

也是在学生时代,我还认识了蔡仪、宗白华。

我认识蔡仪是在 1954 年初春。一次,我去燕东园 37 号杨晦家里,出来时他要我把应高教部所拟的文学概论教学大纲送到旁边的 31 号,蔡仪就住在那里,请他提意见。那时,蔡仪在北大文学研究所筹建文艺理论研究室,所长是郑振铎,副所长是何其芳(也住燕东园)。蔡仪在 40 年代就著有《新艺术论》、《新美学》,鼎鼎大名,如雷贯耳,我却从未见过他。这次见到,他还不到 50 岁,修长的身材,神采奕奕。可能因我是杨晦的学生,他很客气。他和杨晦、冯至都是沉钟社的同道,彼此之间有很深的交情,蔡仪夫人乔象钟就是杨晦的学生,也正是杨晦介绍她和蔡仪相识的。认识蔡仪以后,我开始读他的《新艺术论》和《新美学》。在他住燕东园期间,我去过几次,他送过我一本《现实主义艺术论》。从 1959 年起,他随文学研究所一起迁入城中,他和何其芳都住在西裱褙胡同,就见得少了。但从 1961 年春天开始,我到中央党校参加他主编的《文学概论》的编写,有好几年几乎都是天天见面了。蔡仪和王朝闻,是我接触最多的两位美学家。

宗白华本来是南京中央大学的,解放前我没看过他的东西,但我知道这个人的名字。他的东西不太好理解,富有哲理性。刚到北大时,我只知道他是南京大学教授,但在 1953 年春天却在未名湖畔遇见他了。1953 年寒假,我没有回苏州老家,因阑尾炎去北京人民医院动了手术。出院后,被学校照顾,住在未名湖畔的备斋。那是燕京大学留下的贵族学生宿舍,出门就是岛亭,在岛上可以环视未名湖、水塔。我常遇见一位穿着灰色中式棉袄,脚着蚌壳棉鞋的 50 多岁的老人,不久我们就交谈起来。他一口南京官话,我则是苏锡腔的普通话,相互一听就明白,都不是北京人。原来他就是宗白华,院系调整后,把他从南京大学调到了北大哲学系,才来半年多，住在健斋，就在备斋旁边。这一来，我们就成了邻居，就时常在未名湖畔边散步边聊起天来。他知道我是苏州人，在无锡出生，就告诉我说，他祖上居常熟，宗泽是他祖先。我知道宗泽是和岳飞齐名的民族英雄，我们也都知道"无锡锡山山无锡，常熟熟稻稻常熟"的俗谚，乡情一下把我们拉近起来。他到北大最初几年，因无美学课程，于是就研究近代思想史。他的课务不多，比较自由，在未名湖畔散步就成为经常的活动。后来我从备斋搬走，住到新生宿舍，就不大和他散步了。他后来移居朗润园新居，以后我就去那里造访了。

他当时在北大定为三级教授，不怎么引人注意，是个普通的老人。他不怎么上课，没事的时候，他喜欢散散步，冬天戴罗宋帽，帽子耷拉着。三年困难时期，他自己在阳台上养鸡，引起了周围人的议论。他不修边幅，爱拿着馒头、咸菜，背着黄书包去西山，好多人都说他是个怪人。只是在以后陆续听了他开设的中国美学史课程，大家才慢慢悟出他的学问大，特别是他的学生林同华把他的著作整理出来后，更觉得，这是中国自己的美学。"文革"后期，我与他接触较多，深感他擅长把真实的感悟提升到哲理的高度，这是他的特点。解放后，搞美学的人都还没有注意到这些，当时人们受苏联影响喜欢谈美的本质，那时还没能看到宗先生的美学的价值。只是后来搞美学的人才逐渐认识到，宗先生有自己的一套，有自己的见解，也有独到体会的境界。现在强调美学中国化，才觉得宗先生是中国化的。70年代，我常在13公寓那一带活动，他就住在旁边的公寓，我从北招待所骑车出来时，常能碰到他。见我他常说："聊聊，到我家里聊聊。"他很寂寞，很少有人跟他说话，因为我们本来就认识，加上又是老乡，就接触多了起来。这大概是1975年左右吧。我常到他家里去聊天，那时候还常到王瑶家聊天，他给我泡好茶喝。也没什么事，常是海阔天空，随便聊。宗先生的居所很简单，就住两间房，生活很简朴，一杯清茶随便讲。有一次，他讲到，他老家的同辈大都死了，刚回过常熟老家一次，还把他藏的佛像拿出来让我看。

1980年代初，我们接触就更多了。平时，只要我提出来请他写什么，他都一口应允。我们编《美学向导》，要他写几句，他就一口应允。有一次，他拿出刚翻译的赫尔德的文章，请我编入《文艺美学论丛》，我就立即为他发表了。很有意思，他与朱先生这两位美学大师，同年生（1897），也是同年（1986）去世的，都享年89岁。真巧！我的老师杨晦是1983年去世的，活到86岁。蔡仪在1992年逝世，也是86岁。美学家中活得最长的应是王朝闻了，今年已95岁了。

问：1956年，以批判朱光潜的唯心主义美学思想为导火索，中国美学界展开了一场美学大讨论。您当时还在北大读书，能否介绍些您所知道的情况？

胡：在我当研究生之初，时世正在发生着变化。1956年夏，中共中央的宣传部长陆定一在怀仁堂作了《百花齐放、百家争鸣》的讲话。为了体现这一精神，周扬、邓拓、胡乔木等都向朱光潜打了招呼，要他作个自我批判，澄清思想。朱光潜就写了那篇《我的文艺思想的反动性》一文，还由时任《文艺报》主编的冯雪峰发表在1956年6月30日的《文艺报》上。其后，就陆续发表了在朱光潜一文之前已写好了的好几篇批评文章：贺麟的《朱光潜文艺思想的哲学根源》、黄药眠的《食利者的美学》、蔡仪的《朱光潜美学思想的本来面目》、敏泽的《朱光潜反动思想的源与流》等。由此，国内就展开了一场持续八年的美学大讨论。一年之后，朱光潜在西语系恢复了一级教授的资格，北大让他和蔡仪分别各开设了美学讲座，让高年级学生自己选课，这样，北大就又恢复了美学课程。当时，何其芳、吴组缃也分别各自开设了《红楼梦》，让学生自由选课，反右前夕，北大的学术气氛颇为活跃。

这次后来发展为美学讨论的热潮，是以朱光潜自我批判和其他美学家批判朱光潜作序幕的。当时，我刚跟从杨晦攻读副博士研究生，潜心于中国古代文艺思想，没有投入批判行列。但我很关心这场争论，发表的每篇文章我都看了。当时，杨先生告诉我，不要写文章，让我好好读书。朱先生的美学观点，我较熟悉，觉得他把美感解释为主客观统一，用以解说艺术很有说服力。但他说自然不存在美，只有艺术才有美，我一直感到困惑。蔡仪把自然美说成物种的典型，也不能说服人。我对宗白华的看法比较感兴趣。1957年春，当《新建设》编辑部发表了高尔泰的《论美》以后，宗白华就对所谓美是主观的观点提出疑问。他的看法是："当我们欣赏一个美的对象的时候，比如，我们说'这朵花是美的'，这话的含义，是肯定了这朵花具有美的特性、价值，和它具有红的颜色一样。这是对于一个客观事物的判断，并不是对于我的主观感觉或主观感性的判断。这判断，表白了一个客观存在的事实。"后来，他专写了一篇《美从何处寻?》发展了这一观点，提出："美有艺术的美、自然的美。从美的客观存在来说，是不以意志为转移的。美的对象（人生的、社会的、自然的），这美，对于你是客观存在。专在心内搜寻是达不到美的踪迹的。美的踪迹要到自然、人生、社会的具体形象里去找。"可惜他没有在理论上作进一步展开。但我一直以为宗白华的观点对。

在此观点的启示下，我就去寻找苏联在斯大林时代以后出现的不少美学论著，看看苏联美学在斯大林以后如何解决美学上的许多重要问题。此后，我开始读到斯托洛维奇、卡冈等美学家的论著。

50年代美学大讨论后，我读了所有的文章，我有些想法，感觉到美学大讨论有个问题，就是只讨论美的主观性、客观性，比较抽象，不能解决具体的文学、艺术问题。也就在此时，时世又发生了重大变化。

问：根据您的了解，在1950年代、1960年代，我国的美学研究和美学教育的情况如何？

胡：1950年代，国内当时无人写美学著作，到了1957年，才翻译出版了两本美学书：一本是法国列斐伏尔的《美学概论》；一本是苏联的瓦·斯卡尔仁斯卡娅在中国人民大学哲学系讲了三个月的讲稿《马克思列宁主义美学》。朱先生解放前就写过美学方面的著作，但50年代大学课堂上一直没有美学课。哲学系是从60年代开始讲美学课的，朱先生讲西方美学史、宗先生讲中国美学史。听了他们的课后，我产生了一个想法，觉得美学应深入文学艺术领域，更多研究文学艺术的实践。文学艺术比较复杂，不是仅靠主观、客观就能解决问题的。

问：您是杨晦先生的研究生，但没有遵照他的意愿研究中国古代文艺思想，而是转而研究美学。您是怎样转到美学研究的？

胡：我开始攻读副博士研究生时，杨晦让我搞古代文论研究，但在1958年，周扬到北大开设马克思主义文艺理论课程，我被安排做助教。周扬鼓励我搞马克思主义美学，我就对杨晦讲了我的兴趣和爱好，表示了想搞美学的意思，杨先生也同意了。当时他不搞美学，正在从事中国文艺思想史研究，后来就让张少康做了他的助教。他还对我说："你要多向朱先生请教！"这时，我就开始考虑中文系的美学该如何教的问题。

1961年春，我被借调到中央高级党校，参加由周扬主持的人文社会科学的教材编写工作。虽然我参加了蔡仪主编的《文学概论》的编写，但我更感兴趣的是美学，我和《美学概论》的主编王朝闻常有美学交谈。我与王朝闻认识后，我就感到他的艺术感受力很强，他不太讲抽象理论，但讲起艺术来头头是道，我很佩服他。我们在党校住了两年多，不时从中央党校散步到颐和园里，边走边谈，畅谈艺术的美学问题。和蔡仪散步，他就不怎么讲话，只有问他什么时，他才讲几句，没多少话讲，他只谈他的观点。王朝闻看到什么，就会讲出许多审美的感受。有时，在夕阳中散步，在露天剧场看完戏后，他都能够讲出别人讲不出来的感受，我很佩服他的艺术感受，我也向他谈了些我的看法。当时，李泽厚的美学和苏联美学家斯托洛维奇的美学观点颇为接近。斯托洛维奇的美学，当时我也都看过，他强调美是客观的，也是社会的，后来进一步发展，就成了"美是价值"。价值是对人而言的，但本身有客观属性，当时国内还没多少人知道这个观点，所以很新。蔡仪讲，美是客观的，自然的；朱先生讲，美是主客观统一的；高尔泰讲，美是主观的，基本上就这四种观点。我当时同意宗白华的观点，受斯托洛维奇的启发，我认为美是一种对人的肯定价值。王朝闻就对我讲，你到我这里来吧！要把我调入《美学概论》组。但我对蔡仪很敬重，我说，不好，还是在《文学概论》组。蔡先生与杨晦先生是好朋友，30年代都在"沉钟社"编文艺刊物，他们的关系很好。我可以参加《美学概论》的讨论，但不能去参加编写组，还是参加《文学概论》的编写。在和王朝闻的交往中，我学到了生动活泼的艺术分析方法，得益匪浅。周扬不怎么管《美学概论》，放手让王朝闻自己搞。谈到这里，也就回答了我为什么要搞美学。我接触过一些美学家，这些美学家中，我最佩服的还是王朝闻。所以，我到深圳大学后，我请的第一个美学家就是王朝闻，他给我写过几次信，这些信也都是谈笑风生，妙趣横生。1988年，王朝闻主编《艺术美学》丛书，请我担任编委。

  问：谈到这几位先辈美学学者，我想您对他们给予您的帮助是心存感激的。如今，已是事过境迁，他们中的几位已经仙逝，王朝闻先生已高寿。请谈谈您对他们的总体印象。

  胡：这三个人各有特点，很不一样：朱先生是典型的学者，很亲和，是慈善的长者。宗白华是感悟型的学者，他能把体验提高到哲学高度。蔡先生对人很好，但没什么话。你问他，他没几句话，也很严肃。不怎么谈具体的艺术现象，我感觉到是个缺陷。我想，美学一定要对人生、山水、艺术有很生动的感受。他的理论比较抽象，但他讲究理论的逻辑性，逻辑推理一步接一步，非常严谨。我与宗先生的关系很随便，可以经常开开玩笑，但我与朱先生就不开玩笑。王朝闻，既是一个艺术家，擅长雕塑，又是一个评论家，长于分析。他为人亲切和善，平易近人，富有幽默感，谐趣横生，妙语连珠，和他在一起，听他作艺术分析，真是一种审美享受。一个美学家，若没有艺术感受，会把美学弄得很枯燥。

  问：您与李泽厚基本是同辈，你们是不是在编写《美学概论》时认识的？

  胡：不是，1959年我们就认识了。我与李泽厚都是1959年《文艺报》的特约评论员，他是哲学系毕业的，比我高两届，我们常一块儿开会。当时《文艺报》的主编是张光年，他设立了特约评论员制度。当时的特约评论员还有李希凡、严家炎、王世德等,上海有姚文元,但从未见过。谢永旺、阎刚都是当时《文艺报》的编辑,都是在那时相识的。

我认为,我们这一代里面,李泽厚的美学功底深厚,不仅了解西方美学,而且对中国古典美学比较熟悉。李泽厚才思敏捷,也很勤奋。在这一代中,他的美学成就最大。

在1980—1983年期间,我与李泽厚接触得多些。1980年代参加全国第一届美学会议,开完会后,我和李泽厚等几个人借这次机会在西南转了一圈,一起上了峨眉山,然后乘轮船穿长江三峡而下。80年代,河北成立美学会,李泽厚和我、朱立人一块去参加了,还在北戴河住了几天。1984年初春,我应张维院士之约,到深圳作实地考察,以决定是否应聘到深圳大学。我一到那里,就见李泽厚和蒋孔阳等也在那里考察,他们都劝我到深圳来,多做些国际文化交流工作。后来,在广州珠岛召开《文心雕龙》国际研讨会,我和张磊约李泽厚在一起深谈了一番,照了不少像。

问:虽然您没有亲自参加《美学概论》的编写,但您还是参与了一些讨论,您是如何看待这部教材的?

胡:周扬虽抓所有的文科教材,但他说只直接抓《文学概论》和《美学概论》。周扬对《文学概论》过问得较多。《美学概论》他也过问,他要王朝闻作《美学概论》主编,主要也是王朝闻领大家讨论和修改的。《美学概论》不怎么谈政治,主要谈美,学术味就比较重些。但他要《文学概论》贯穿毛主席的文艺思想,结果大大地突出了政治性。

《美学概论》是在60年代前期编成,但是在"文革"后修改、出版和使用的,它吸收了当时的学术成果,特别是苏联的美学研究成果,《美学概论》对推动我国美学的发展起了很大的作用。但《美学概论》是哲学美学,太抽象化了,不大重视从艺术活动、审美活动本身的实际出发。

问:谈到《美学概论》,就不能不想到周扬。应该说,在当时的背景下,他认真地抓高等院校的文科教材建设是难能可贵的,也体现了他的一贯的敏感和远见。实际上,编写教材,对于学术研究和高等院校的文科教育也都产生了深远的影响。

问:在1950年代末期,您接触过周扬。能否从你们的接触谈谈对他的印象?

胡:周扬脑子里是有想法的,他对美学很尊重。当时,周扬内心很复杂,处于矛盾中:他觉得应该讲美学,文学艺术应该讲美学,他的北大讲座的第一讲就开门见山,鲜明地提出要"建设具有中国特色的马克思主义美学"。当时，他私下曾跟我说过："朱先生美学很有成绩。"他还说，我们美学还要编教材，还是要开课的。美学讨论之初，朱先生不但没被打倒，反而被评为一级教授，北大校长江隆基敢作敢为，周扬也起了作用。解放之初，朱先生被暂定为七级教授。经过自我批判和反右后，反而被北大恢复为一级教授，当时宗先生才是三级教授。从我的接触中，周扬对朱先生很好，他不止一次说过："美学还是需要的嘛！"在他拟定的文科教材计划中就有朱先生的《西方美学史》。

在"反右"斗争批判高潮之后，1958年就出现了"大跃进"，而在精神领域也掀起了"厚古薄今"热潮，接着又提出"破中有立"，精神生产也要"大跃进"。就在这年秋天，高层主管文艺的周扬主动提出要到北京大学来开设一个讲座。1958年冬周扬到北大开讲座，我被安排做助教。他讲了两次，为讲课事，我去他沙滩北街的住所三次，作过学术交谈。他提出要建立中国特色的马克思主义美学，第一次讲建设有中国特色的马克思主义美学；第二次讲文艺与政治的关系。邵荃麟讲现实主义与浪漫主义，何其芳也讲了一次，本来还计划请林默涵、袁水拍来讲，到了1960年反修正主义高潮，就停了。朱光潜、宗白华、季羡林等都来听课，学校也把这作为件大事，讲座是在原燕京大学的礼堂（能坐近千人）进行的，学生来自中文、西语、东语、俄语、哲学、历史等系，也有中央文化部门不少人闻风而来。

问：我从文献中知道周扬曾经在北大有个讲座，我想找到当时的演讲稿读一读，但是，一直没有如愿。谈到这个话题，希望您能给我们谈一些周扬讲座的情况。

胡：周扬的文艺理论讲座在1958年11月22日正式开讲。周扬带着邵荃麟、张光年、何其芳、林默涵、袁水拍一起来到北大，我在临湖轩贵宾厅等待他们的到来。北大接待他们的是即将上任的党委副书记冯定，著名的马克思主义哲学家，他和周扬是老熟人。曹靖华、冯定、杨晦、季羡林等几位系主任也来了，我还把朱光潜、宗白华、闻家驷（闻一多的胞弟）等几位老教授也请来，一同见了面。然后我陪大家一起去了办公楼小礼堂，请周扬开讲。

那时没有什么繁琐客套，周扬由冯定陪同上讲台介绍后，所有听讲的人都坐在台下静听。我只在讲台左侧安排了两位速记员作记录，台上只有主讲一个人。周扬谈笑风生，说自己是北大聘请的兼职教授，来北大开这个讲座，是要履行自己的职责，和北大文科师生进行学术交流，共同为建设中国自己的马克思主义文艺理论而奋斗。今天是第一讲，先从这个讲座的绪论开始，这绪论就叫："建立马克思主义的美学"。

为什么这个文艺理论讲座一上来的绪论是建设马克思主义美学？对此，周扬一开始就开宗明义地说道：

> 文艺理论并不就是美学，美学也不就是文艺理论。俄国革命主义美学家车尔尼雪夫斯基的美学著作《艺术与现实的审美关系》一书，虽然主要在论艺术的美，但他以为，美不仅在艺术，而且还在生活，美是生活。生活之美，高于艺术之美，把生活之美抬得很高。所以，我30年代在延安时，把他的这本美学从英文翻译过来，书名就叫《生活与美学》。

> 但是，美学和文艺理论两者有着密切的联系，人类不仅希望生活要美，而且艺术也要美，作家、艺术家也要求自己的作品能美。

> 毛主席在延安文艺座谈会上说得好：人类的社会生活虽是文学艺术的唯一源泉，虽是较之后者有不可比拟的生动丰富的内容，但是人民还是不满足于前者而要求后者。这是为什么呢？因为虽然两者都是美，但是文艺作品中反映出来的生活却可以而且应该比普通的实际生活更高、更强些，更有集中性，更典型，更理想，因此就更带普遍性。

在这里，周扬对此作了进一步的阐发：

> 毛主席在这里说到了生活和艺术两者都存在着美，但他比车尔尼雪夫斯基高明多了，道出了艺术美和生活美两者的辩证关系，艺术美可以而且应该高于生活美。他没有说一定和必然，而是说可以而且应该。可能，并不就是必定，这里的关键是要看作家、艺术家能不能做到，有没有这个才能。这是马克思主义美学的观点，比革命民主主义的美学更科学、更高明，我提出要建设我们中国自己的马克思主义美学，就是要沿着这个方向和道路发展。

那么，我们为什么要建设马克思主义美学呢？周扬这样说道：

> 无产阶级登上历史舞台，肩负着伟大的历史使命，既要破坏一个

旧世界，又要建设一个新世界。不破不立，但不能只破不立，而是要又破又立，在立中有破。无产阶级要建设，既要经济建设，又要政治建设，还要文化建设。我们要建设马克思主义美学就是要进一步推进文化建设，使无产阶级的文艺运动进一步提升。无产阶级的文化建设既需要有道德的武器，又需要有真理的武器，还需要有美学的武器。美学，就是无产阶级争取自由解放的武器，建设马克思主义美学的根本目的，就是为了无产阶级的自由解放，直接目的就是推动无产阶级文艺运动的前进。

接着，周扬又特别提出，当前，我国社会主义建设正在蓬勃发展的时刻，时代特别需要马克思主义美学的加快建设。周扬这样说道：

> 马克思、恩格斯就开始了马克思主义的美学建设，曾想写美学著作，但还没有来得及做。毛主席在延安的文艺讲话，使当代马克思主义美学达到了最高水平。但是，马克思主义美学要随时代的发展而发展，总结无产阶级文艺运动的新经验，不断完美和提升，不仅要有科学性，还要有系统性和完整性。直到现在，马克思主义美学还没有达到这个时代的要求。美学，在无产阶级的意识形态领域，在思想和文艺的整个领域中，还是一个薄弱的环节。所以，建设马克思主义美学，乃是我国当前思想建设中一个迫切的重大任务。

明确了我们的任务之后，接下来的问题就是，我们怎样来建设我们的马克思主义美学？

对此，周扬又作了进一步阐发。他以为，既然我们要建设的是马克思主义美学，那么，我们首先要做的，就是要知道在我们以前的马克思主义美学已经做了些什么、达到了什么样的水平，才能站在巨人的肩上，向前挺进。他先从马克思主义的创始人说起：

> 马克思主义创始人虽然没有来得及写出专门的美学著作，但是马克思、恩格斯在一系列著作中，表达了自己的美学观点，从而奠定了马克思主义美学的基础。例如《〈政治经济学批判〉导言》、《德意志意识形态》、《神圣家族》、《诗歌和散文中的德国社会主义》等著作，以及在给拉萨尔、考茨基、哈克纳斯的一些信件中，都精彩地表达了丰富而宝贵的美学思想。马克思、恩格斯全集还正在陆续翻译过来，

是真正的宝藏，需要我们进一步去挖掘和研究。

在这里，周扬只是列举了马克思、恩格斯的少量著作，正如他所说，马克思、恩格斯的大量著作还没有翻译过来，这个丰富的宝藏有待我们去深入挖掘。像马克思的《1844年经济学—哲学手稿》这样的重要著作，在1956年下半年才由宗白华审校后（何思敬翻译）出版发行，只有极少的人注意到了，到60年代才受到了更多人的关注。人类应该按美的规律来创造这一思想就是在这部著作中提出来的。

马克思、恩格斯给我们留下了极为珍贵的精神遗产，对于我们建设马克思主义美学有什么启发？对此，周扬谈了几点自己所受到的启示：

> 我们究竟应该怎样来看待文学艺术？当然可以从不同的观点来看待。我特别注意到了恩格斯一再说到，要用美学的观点和历史的观点来看待。比如，如何评价歌德这样的作家，可以从道德的、政治的甚至从人性的观点来看待。但恩格斯却特别说，他不是从道德的、政治的、人性的观点来评说歌德，而只是从美学的和历史的观点来衡量歌德的作品，衡量其得失。十三年后，恩格斯致信拉萨尔评价他的作品，再一次说到"我是从美学观点和史学观点，以非常高的，即最高的标准来衡量您的作品的"。恩格斯和马克思一道，都是把美学观点和历史观点结合起来看待作家、艺术家的作品。他们评论莎士比亚、巴尔扎克、席勒、欧仁·苏等人的作品，都体现了美学观点和史学观点的融合，这给我们留下了珍贵的启示。

那么，一个进步的作家、艺术家要不要在自己的作品中来表达自己的思想倾向？当然要，马克思和恩格斯都肯定了进步作家、艺术家要在自己的作品中表达社会主义思想倾向。周扬说道：

> 恩格斯在给女作家考茨基的信中说过："我绝不反对倾向诗本身。……现代的那些写出优秀小说的俄国人和挪威人全是有倾向的作家。"但是，作家自己的社会主义思想在自己的作品中应该如何表达才好？恩格斯接着在这里说："倾向应当从场面和情节中自然而然地流露出来，而无须特别把它指点出来。"文学艺术是要创造艺术形象，思想倾向要通过艺术形象自然流露出来。恩格斯在这里还进一步指出："如果一部具有社会主义倾向的小说，通过对现实关系的真实

描写，来打破关于这些关系的流行的传统幻想，动摇资产阶级世界的乐观主义，不可避免地引起对于现存事物的永恒性的怀疑，那么，即使作者没有直接提出任何解决办法，甚至有时并没有明确地表明自己的立场，但我认为这部小说也完全完成了自己的使命。"这就是说，进步作家、艺术家的社会主义思想倾向，应该通过艺术的真实性自然表露出来，倾向性要和真实性融合在一起。这一美学思想对我们也是极珍贵的启示。

最后，周扬特别指出一点，那就是马克思、恩格斯第一次提出了无产阶级在文学中的地位问题。他们先是批评了当时自称为"真正的社会主义"的诗人，不是去"歌颂倔强的、叱咤风云的和革命的无产者"，而是一味地去歌颂各种各样的可怜的小人物。恩格斯在给哈克纳斯的信中进一步提出了：

> 工人阶级对他们四周的压迫环境所进行的叛逆的反抗，他们为恢复自己做人的地位所作的极度努力——半自觉地或自觉地，都属于历史，因而这应当有权在现实主义领域内要求占有一席之地。

谈了马克思主义创始人对我们的美学启示以后，周扬说道：随着马克思全集的陆续翻译出版，马克思、恩格斯的美学思想光辉将进一步照耀我们前进。

然后，周扬的话题转向了列宁。

> 列宁在历史上第一次提出文化艺术应成为"无产阶级总的事业的一部分"。而在这个事业中，"绝对必须保证有个人创造性和个人爱好的广阔天地，有思想和幻想、形式和内容的广阔天地"。列宁还提出了两种文化学说，论证了每一个民族都存在着剥削阶级和被剥削阶级的文化。更为精辟的是，列宁提出了要建设无产阶级的文化，而这，"只有确切地了解人类全部发展过程所创造的文化，只有对这种文化加以改造，才能建设无产阶级的文化，没有这样的认识，我们就不能完成这项任务"。

周扬以为，列宁的这些思想，对于我们说来，具有巨大的现实意义。我们目前正处在社会主义建设高潮之中，我们要建设社会主义的文化，离不开过去人类文化的发展，我们不是要抛弃，置之不理，而是要批判地继承。列宁要我们学习马克思，以马克思为典范：

> 凡是人类社会创造的一切，他都要批判地重新加以探讨，任何一点也没有忽略过去。

列宁还向广大青年号召，必须取得过去遗留下来的全部文化，"取得科学、技术、知识和艺术"，用来建设社会主义文化。他告诉大家：

> 只有用人类创造的全部知识财富丰富自己的头脑，才能成为共产主义者。

周扬说，即使是在那革命高涨的时代，要破坏旧世界，但也要保护好"旧美"，要懂得捍卫"艺术中真正的美"。革命胜利之后，在制定文化艺术政策时，"应该把美作为构成社会主义社会中的艺术标准"。列宁本人就是一个艺术修养极高的人，对音乐尤其情有独钟，他听贝多芬的《热情奏鸣曲》、《悲怆奏鸣曲》等后不禁发出赞叹："这是绝妙的、人间所没有的音乐。我总带着也许是幼稚的夸耀想：人们能够创造怎样的奇迹啊！"

说到列宁之后，周扬再也没有提及斯大林。在他过去所编的《马克思主义与文艺》一书中，收有斯大林的专辑，但在此次"建设马克思主义美学"的绪论中，未再提及斯大林。我们这些听众心里也都明白，自苏联出现了批判"斯大林主义"思潮之后，谈论斯大林就成了敏感的话题，不能轻易涉及。所以周扬不再提斯大林，大家都能体谅。

那么，在列宁之后，马克思主义美学中还有没有继续发展？有。周扬在此提出了三个人：普列汉诺夫、卢那察尔斯基和高尔基。在他主编的《马克思主义与文艺》中，收有普列汉诺夫和高尔基的专辑，但没有卢那察尔斯基。此次演讲，周扬不提斯大林，却提及了卢那察尔斯基。周扬说，卢那察尔斯基是苏联最早的教育人民委员（即后来的教育部长）、科学院士，又是文艺评论家。他坚定地站在列宁主义的立场上，在《列宁与文艺家》一书中，全面阐发了列宁的文艺思想和美学思想，批判了庸俗社会学。他积极参予了当时热烈展开的"创作方法"的讨论，既肯定了社会主义现实主义，又倡导可以有一种社会主义浪漫主义。社会主义文学的创作方法应该宽广，对整个辽阔的世界都应感到有兴趣，应该试着登高远眺，展望未来。看来，卢那察尔斯基的美学视野比较广阔。鲁迅曾把卢那察尔斯基的《艺术论》翻译了过来，赞赏其"真善美合一"。

谈及普列汉诺夫，周扬说，我国30年代"左联"对他的美学著作就有译介，鲁迅、瞿秋白对他都有好的评价。周扬对普列汉诺夫的美学见解也甚为赞服，对自己影响最大的有三点。

> 一是他的艺术起源新说：艺术起源于人类的功利活动。艺术的起源何在？历史上有多种多样的说法，当时最流行的是说艺术起源于游戏。但普列汉诺夫却进一步追问：人类为什么要游戏？他以为，游戏是为了把过去生活中所经历的事再体验一下，从中得到快乐。所以功利活动早于游戏活动。人类先有功利活动，后有游戏活动，再从游戏活动中萌生艺术活动。

这一点，鲁迅甚为激赏，他在《〈艺术论〉译本序》中这样发挥道：

> 社会人之看事物和现象，最初是从功利的观点的，到后来才移到审美的观点去。在一切人类所以为美的东西，就是于他有用——于为了生存而和自然以及别的社会人生的斗争上有着意义的东西。功利由理性而被认识，但美则凭直感的能力而被认识。享受着美的时候，虽然几乎并不想到功用，但可由科学的分析而被发现。所以美的享乐的特殊性，即在那直接性，然而美的愉乐的根里，倘不伏着功用，那事物也就不见得美了。

周扬在谈到"功利活动"时，曾提及一点可以让后人进一步深思，那就是：这"功利活动"当然包括物质生产活动，即我们常说的生产劳动。但普列汉诺夫还以战争活动、父母抚养子女活动为例，那么，这里的"功利活动"是否比物质生产的活动更广，后人可以进一步去研究。周扬接着说：

> 二是他对艺术特性的阐发。大作家托尔斯泰在他的《艺术论》一书中，再三说艺术是感情的表现，是把作者自己的感情用一种外在的标示表达出来，把自己体验过的感情传达给别人，让别人也能在艺术中体验到这种感情。普列汉诺夫则进了一层，论证了："艺术既表现人们的感情，也表现人们的思想，但是并非抽象地表现，而是用生

动的形象来表现。艺术最主要的特点就在于此。"

关于这一点，鲁迅也给予了充分肯定。他说普列汉诺夫在这里提出了"艺术是什么的问题，补正了托尔斯泰的定义，将艺术的特质断定为感情和思想的具体的形象的表现，于是进而申明艺术也是社会现象。"鲁迅以为，这是"从唯物史观的观点来观察的"，符合历史事实。

从周扬自己的深切体会出发，他特别关注普列汉诺夫的社会心理"中介"说。周扬这样说道：

> 三是他突出了社会心理在社会结构中的中介作用，可以称之为社会心理"中介"说。一个社会，经济是基础，政治是经济的集中表现，属上层建筑，文化、意识形态也是上层建筑，文学艺术是更加漂浮在上的上层建筑。普列汉诺夫把意识形式细分为社会心理和思想体系，整个社会结构有五个因素：生产力、生产关系、政治制度、社会心理和思想体系。社会心理是思想体系和政治制度的"中间环节"，文学艺术和社会心理的关系更密切，和政治、经济发生关系，要以社会心理为"中介"。依他的看法，对于社会心理若没有精细的研究和了解，就无法了解艺术史。"在文学、艺术、哲学等学科的历史中，如果没有它，就一步也动不得。"他对法国 18 世纪的文学、戏剧和绘画作了深入的分析，指出文学艺术直接反映了当时社会的社会心理。他的研究值得我们借鉴。

周扬最后说，我们对普列汉诺夫还研究得不多，应该有进一步的研究。对高尔基的研究就比较多，因时间不够，就暂时不说了。

接下来，周扬就把话题转向中国。他在这次演讲中列举了三位对马克思主义美学的传播与发展做出贡献的人物：瞿秋白、鲁迅、毛泽东。周扬说，毛泽东文艺思想代表了中国马克思主义的最高水平，在"绪论"的开头就已论说了，因时间不够，不能再展开细说。鲁迅，在《马克思主义与文艺》中有专辑介绍，此次也不再展开。但瞿秋白，没有收进他的资料，大家了解不多，所以要稍微说一下：

> 瞿秋白出身江苏常州的书香门第，1917 年十八岁的他就考到北京的俄文专修馆，怀着"文化救国"之心，钻研俄国文化。1919 年他投身五四运动，在北京大学参加了李大钊领导的"马克思学说研

究会",向往社会主义。1920年,他主动应《晨报》之聘,当国际记者,到革命成功的俄罗斯去采访,写出了震惊文坛的《俄乡纪程》和《赤都心史》。在莫斯科两年,经张太雷介绍加入中国共产党,在共产国际工作,见过列宁,被共产国际赞誉为"优秀的马克思主义者"。中国共产党领导人陈独秀到共产国际开会,和瞿秋白相处一个多月,最后把他说动,随陈独秀回北京,参与筹创中央理论刊物《新青年》。1923年,党中央秘密从北京转移到上海,瞿秋白也从此到了上海,任《新青年》主编,后被派到由于右任任校长的上海大学任学务长、社会学系主任,以此为基地在上海展开了革命的文化运动。他自己写出了《社会哲学概论》、《社会科学概论》、《现代社会学》等。

但是,随着国共合作时期的结束,严酷的政治斗争把瞿秋白推上了政治舞台的中心。1927年白色恐怖中,年仅28岁的瞿秋白被提上了中共最高领导岗位,既要把共产党从白色恐怖下拯救出来,继续革命,又要避免在复杂的党内斗争中倒下,他不得不来往于莫斯科和上海之间;但最后还是被王明和共产国际联合排挤出领导岗位。1931年,瞿秋白卸去了千钧重担,主动重返文化战线,有三年时间,参加了"左联"的领导工作,和鲁迅、茅盾在一起,推进文化运动的进一步发展。作为"左联"革命文学的领导者之一的周扬对瞿秋白极为尊敬,他在"绪论"中这样说道:

> 瞿秋白从1931年重返文坛,三年间所写的和翻译的著述超过了"五四"时期。他和鲁迅一道,大量翻译了马克思主义文艺理论。他编译了一本《"现实"——马克思主义文艺论文集》,对马克思、恩格斯、普列汉诺夫、法拉格等的文艺理论都作了全面的介绍。他不仅编译了高尔基创作选集,而且还出版了高尔基的论文选集。他对鲁迅的杂文作了高度评价,在为《鲁迅杂感选集》所写的序言,把鲁迅作品称作"最清醒的现实主义"。可惜,1934年他被国民党抓获,次年就牺牲了,年仅36岁。

周扬感慨地说:如果瞿秋白还活着,他还能为党和人民做出多大的贡献啊!

在谈完马克思主义美学的发展历程之后,周扬作了这样的归纳:

马克思主义的美学是在无产阶级走上历史舞台的斗争过程中产生的，既和修正主义作斗争，又和教条主义作斗争，在斗争中总结无产阶级文化事业的经验。今天，无产阶级的革命事业正在蓬勃发展，斗志昂扬，意气风发。我们要在马克思主义创始人一直到毛主席所奠定的马克思主义美学基础上，总结无产阶级革命的新的历史经验，建设和发展马克思主义美学，从而再来指导今后的无产阶级革命事业。

那么，在当前，从马克思主义美学出发，应该着重在哪些方面进行深入探索呢？周扬提出了五个方面，这也就是周扬要建立这个"文艺理论"讲座所要探讨的问题。周扬说，十多年前，毛主席在延安的文艺讲话中提出了艺术美可以而且应该比生活美更高，我们现在就是要进一步探索，无产阶级的文学艺术怎样才能创造出比普通生活更高的艺术之美，这需要从马克思主义美学观点来处理好五个方面的关系。

一是文艺和政治的关系。文艺是无产阶级革命总的事业有机整体中的组成部分，文艺从属于政治，就是要为无产阶级革命事业服务，如何服务？这就有很多美学问题，需要好好研究。我们经历了民主主义革命，又发展为社会主义革命，现在正在从事社会主义建设，革命深入经济、政治、文化各个领域。我们的文艺既要为经济建设、政治建设服务，又要为文化建设作贡献。文艺怎样才能完成自己的使命，就要处理好各种关系，特别是文艺与政治的关系，因为政治是阶级利益的集中表现。周扬说，这个问题将由他在下一次到北大来再展开说一说。

二是文艺和现实的关系。文艺是现实的反映，文艺如何反映现实？这里也有许多美学问题。为什么我们提倡革命现实主义和革命浪漫主义相结合，说它不是唯一的却是最好的创作方法？为什么齐白石说他的画在"似"与"不似"之间？这都是马克思主义美学必须回答的问题。这个问题要请邵荃麟来讲。

三是文艺和人民的关系。文艺要为谁服务？要为人民服务，文艺应该服务于最广大的人民。要为人民服务，就要在文艺中表现人民的生活，作家、艺术家就应深入人民生活，不仅仅熟悉，而且还要有真切而深刻的体验。文艺和人民的关系，一是要为人民喜闻乐见，二是要表现人民。再进一步发展，人民要自己动手创作文学艺术，从人民群众中涌现出许多作家、艺术家。作家、艺术家深入人民生活，和人民融成一片；又在普通人民中培养出更多作家、艺术家。两者结合起来，使文艺和人民的关系更加密切，融为一体。这个问题，想请林默涵来讲。

四是文艺与传统的关系。社会主义的文艺不是从零开始，而是在吸收人类历史所创造的文化基础上创新发展。无产阶级要善于吸收人类创造出来的文化精华。中华民族有悠久的文化传统，首先是数千年的古典文化传统，然后是"五四"以来的新文化传统，这两种传统都要吸收、发展。我们不仅要继承中华文化传统，还要关注世界上的其他文化传统，古为今用，洋为中用。这个问题，要请何其芳来讲。

五是文艺与批评的关系。文艺作品好还是不好，不能只凭作家、艺术家的自我感觉，作家、艺术家总觉得自己的作品美。这就需要有文艺批评，文艺批评和文艺创作相互促进。那么文艺批评怎样进行？鲁迅说，文艺批评逃不脱真的圈子、善的圈子、美的圈子。这也需要进一步研究。这个问题，要请张光年来说。

周扬在讲完这个讲座准备要展开的五个问题之后，本可在此结束这第一讲。但他觉得意犹未尽，又回过头来对文艺与政治、文艺与现实这两个问题作了一些说明，稍一发挥，又讲了将近半个小时，才停下来说，来不及细说了，下次再来讲罢。

首先，周扬谈到文艺与政治的关系问题，说这是文艺中的根本问题。我国古代就有文艺是"言志"还是"载道"之争，实质就是文艺要不要为政治问题。"五四"以来，我国经历了民主主义革命和社会主义革命两个历史阶段，文艺也就从为民主主义革命服务发展为为社会主义革命服务。如何理解文艺为政治服务？文艺如何为政治服务？我们必须总结文艺实践经验，作进一步探讨。下一次将专门来谈这个问题。

其次，文艺和现实的关系问题，这是文艺所以产生的基础。文艺反映现实，又反作用于现实，这里的关键是文艺要怎样反映现实，才能推动现实。我们提倡革命现实主义与革命浪漫主义相结合这一创作方法，并不是只准用这一创作方法，革命现实主义、革命浪漫主义也可以单独运用，但如果能把这两者结合起来，应该说是最好的创作方法。

接下来，周扬专门就革命现实主义和革命浪漫主义相结合为什么是最好的创作方法，展开了论述。仅就这一问题的论述，整理出来的打印稿就有四千多字。人民文学出版社主编《周扬文集》第三卷时（1990年），根据我送去中宣部的打印稿，选了这谈革命现实主义与革命浪漫主义相结合问题的四千多字成为一篇文章，收入文集。这次，我查阅了我当时的笔记，发现打印稿中有三处遗漏，可能当时的记录员不熟悉周扬所引用的古人用语，未能记下来。这里，我根据我的笔记，补上这三处。

一处是谈及现实主义时高尔基说"现实主义"这个名词最早发源于

英国，可信。马克思曾高度评价英国的现实主义成就："现代英国的一批杰出的小说家，他们在自己的卓越的、描写生动的书籍中向世界揭示了政治和社会真理，比一切职业政客、政论家和道德家加在一起所揭示的还要多。"从菲尔丁到狄更斯、萨克雷等，形成了现实主义传统。

第二处是谈及浪漫主义具有理想时，周扬举了德国作家席勒说，席勒的理想色彩很浓，恩格斯称赞"席勒的《阴谋与爱情》的主要价值就在于它是德国第一部有政治倾向的戏剧"。但席勒的许多作品，现实主义不够，喜欢通过剧中人之口大发议论。所以恩格斯不大赞成席勒化，而鼓励莎士比亚化。

第三处是在谈到齐白石所说画在似与不似之间时，周扬说中国艺术讲究形神兼备。他在此时举出了东晋大画家顾恺之为例："顾长康画人，成数年不点睛。人问其故，顾曰：四体妍蚩，本无关于妙处，传神写照正在阿堵中。"人要传神，关键在眼睛，所以不能轻易点睛。这"阿堵"就是指的眼睛。

这三处都是举例或引语，以便更有力地论证周扬所要阐发的观点：革命现实主义和革命浪漫主义相结合是最好的创作方法。

周扬讲完这两个问题（文艺与政治、文艺与现实）后，没有再展开对后三个问题的阐发，时间已来不及，第一讲就到此结束了。

问：周扬的演讲内容确实丰富，也很珍贵，相信对研究周扬、研究中国当代文艺和文化都有帮助，也希望以后能阅读到完整的演讲稿。之后，您与周扬还有过接触吗？

胡：1982年，中宣部举行毛泽东《在延安文艺座谈会上的讲话》40周年的座谈会，周扬一定要让朱先生到会，中宣部要我陪朱先生去，由社科院哲学所的副所长齐一具体安排。他是个老革命，也研究美学，为人忠厚老实。当他和我交代此事时，我感到很为难。我坦率告诉他，朱先生年岁大了（时年85岁），他没有车怎么来？他很惊讶："朱先生这么有名的教授，怎么学校不给他派车呀！"他太脱离学校实际了，不了解学校，哪个教授有车子呢！5月6日，由齐一派了车接我们去了中宣部，周扬还让他坐在主席台上，待如上宾。这样的例子在过去是没有的，因为朱先生一直是统战对象、批判对象。朱先生带了一个发言稿，在会上宣读了。当时，已在酝酿批判"资产阶级自由化"，朱先生已略有所闻，却不以为然。他在这次发言中就明确地说，现在要批判"资产阶级自由化"为时尚早。他的发言，使会场气氛顿时紧张起来。他的这篇短文至今没有发表，我手头留有他的一个打印稿，可以交给你看看，供后人研究。

周扬当时虽已恢复中宣部副部长的职位，但经过十年反思，已在呼唤人道主义。如果作为一个学者，周扬当然可以自由发表自己的见解，但他是个主管文艺的官员，必须贯彻毛泽东文艺路线，这就有了矛盾。形势松动些，他就主张文艺与政治的关系是间接的，就强调文艺自身的规律，《文艺八条》、《文艺十条》就是这样出来的；但政治风暴来后，他就高举旗帜，"反右"时就是具体体现。如果让他做学问，可能就是另外一种做法了。

问：应该说，在"文革"之前，您已经对当时的美学研究感到不太满意了，但还只是感受，比较抽象，并没有从学科的意义上来寻找这种缺陷。那么，您是怎么考虑到以文艺美学的学科形态来克服美学研究（特别是哲学美学研究）忽视艺术自身规律的局限的呢？

胡：我真正搞文艺美学在"文革"后，以前谈不上学科建设。王朝闻的艺术感受很强，很懂艺术的辩证法，但美学又要上升到哲学高度，《美学概论》还是要探讨美的本质等抽象问题，对艺术问题则仍停留在抽象层面，难以深入，但文学艺术本身很复杂，艺术家把对人生、社会、大自然的审美感受和体验表现于艺术中，对艺术说来，更重要的是对人生的感受、体验，而不是美学的一般问题。我慢慢觉察，美学要深入到三大层面，一是自然美学，二是文化美学，三是文艺美学。文艺虽属文化，但与其他文化现象有不同的美学问题。

我觉得文学系科、艺术院校应该发展文艺美学，不要像哲学系那样讲太抽象的美学问题。文化大革命中，我集中精力钻研了一下《红楼梦》，有机缘读了一些台湾学者研究《红楼梦》的著作。我发现，有些学者从美学观点来评说《红楼梦》，就较能说服人。这些学者大都是从内地过去的，在内地受过朱光潜、宗白华的美学著作的影响，朱先生、宗先生做学问的方法、路子，被跑到台湾去的那批学者继承下来。接着，我又找了不少台湾的美学、文艺理论著作来读。我发现，台湾在60年代以来出现了很多美学、文艺理论方面的成果，其中就有文艺美学。但当时无所谓学科，只是你开你的课、我开我的课。我在1976年读到了王梦鸥在1971年写的一本小册子，书名就叫《文艺美学》，实际是本论文集，分上、下编。上编主要介绍西方美学思潮，占了三分之二篇幅。下编收文学美、适性论、意境论、神游论四篇。我发现这些学者在内地是搞中国文学的，开始接触些西方的东西，到了台湾后，"新批评"、"形式主义"都来了，他们就用西方美学观点来解释中国的文艺现象，而且主要是中国古典的文艺现象，这正是朱先生《诗论》中的传统。这些人可能听过朱先生的课，或者受朱先生论著的影响。他们尽管不了解马克思主义，但讲课又要讲出道理来，也不能像老一辈那样作些注解、评论，只好借助于西方的文学批评方法。我看比我们的老一辈更能讲出些道理，而这个传统是由朱先生、宗先生开拓出来的，他们可能没有直接听过他们的课，但看过他们的书。像叶嘉莹、叶维廉这些学者，即使去了美、加，仍然继承了这个传统。我觉得，我们内地缺这块东西。我们把苏联的东西搬过来了，但解决不了中国的实际问题。这些台湾学者在60年代安定下来后，开始了这种研究，他们走的就是这样的路子，但内地反而缺乏。我们即使接受西方的东西再多，也应该解决中国文学艺术的实际问题。王梦鸥比我年纪大些，比朱先生小些，他还写过《文学概论》、《文艺技巧论》、《古典文学论探索》等。叶朗倡导我们的美学要接着朱先生、宗先生讲，有意思的是，我们没接着朱先生、宗先生往下讲，反而是一些台湾学者接着他们讲了。

听说，《文艺美学》在台湾不只王梦鸥一个人作，而是在他之前就已有学者开过这门课。杜书瀛前年去台湾访问，一路关注台湾的文艺美学的状况，有台湾学者告诉他，在60年代就有人开文艺美学课，比王梦鸥还要早。我心中当时就产生了一个疑问，这些从内地去的台湾学者究竟在内地有没有受过老一辈学者的影响？我未和他们作过直接交谈，无从知悉。前不久，我偶尔见到文学史家李长之的《梦雨集》（商务印书馆1945年），方知他在40年代就以为，研究文学的科学，应该归属在"文艺体系学"之中，而在他看来，这门"文艺体系学"就应是"文艺美学"，文学原理（诗学）就是"文艺美学"的组成部分。此书对文艺批评多有展开，文艺美学还没有进一步展开论证，但他是主张把文学放在整个艺术系统中来研究的，突出艺术的文学。那些台湾学者是否受过李长之的影响，不得而知，不敢妄加猜测。

问：据我所知，在1980年召开全国第一届美学会议上，您就倡议文艺美学的研究和教学。这应该是您的文艺美学的学科意识自觉的开始吧！您能否介绍些会议的情况，以及文艺美学作为学科发展起来的情况？

胡：1980年在昆明召开全国第一届美学会议，当时大学中文系和艺术院校老师们谈到美学怎么搞。当时，我就觉得，哲学美学太抽象，不能解决文学艺术问题，必须与文学艺术结合起来，而中文系的《文学概论》又太政治化，主要讲文学为政治服务。我认为，哲学系讲哲学美学，艺术院校应该联系文学艺术、艺术实践来研究文学艺术本身的特殊规律，许多人都觉得好。我在1976年看到过王梦鸥的《文艺美学》，但不知道李长之在40年代就说到过文艺美学。第一届全国美学会议一开，我受到鼓舞，觉得美学大有发展前途，文艺美学也有可为。我说，开完会后我回去就开文艺美学课。最早开文艺美学课程的是北大，当时来听课的外校人很多，后来，许多艺术院校陆续开设了音乐美学、绘画美学、电影美学、戏剧美学等。1980年，北大提倡"百花齐放"，鼓励教师讲自己的拿手课，"炒名牌菜"，把你有独到研究的拿出来讲。这很有点像50年代那样，当时，我们的老师这一辈都得到了充分的发挥。像杨晦讲中国文艺理论，魏建功讲古音韵学，王力讲古汉语，游国恩、林庚、浦江清讲古典文学，吴组缃讲文学评论、《红楼梦》，王瑶讲现代文学，等等。反右以后，就没有这样的局面了。林庚先生就对我讲："我的东西都是1957年前搞出来的。1957年后就不怎么想搞东西了。"20年后，我们40多岁时，也开始各讲各的了：我的文艺美学课给高年级和选修课的学生讲，金开诚开了文艺心理学，叶朗开了小说美学，袁行霈开了诗歌艺术欣赏，我们都把自己的想法讲出来了，我的《文艺美学》就是由讲稿整理而成的。当时我也没有计划要把《文艺美学》出版，上完课后大家反映还不错，出版社就鼓励我整理出版。当时，北大出版社抓紧时机，发挥北大的优势，出版了一套《文艺美学》丛书，先后出了数十种。《文艺美学》丛书原计划请杨晦、朱光潜、宗白华三人当顾问。结果还没等出书，杨晦就去世了。所以，最后只有朱先生、宗先生二人是顾问。此后，北京大学文艺美学研究会在盛天启的奔走下，由我任主编，陆续出了几辑文艺美学论丛，王朝闻、宗白华为顾问。

我主编《文艺美学论丛》时，朱光潜先生心情已不大好。1980年春昆明开美学会，我陪朱先生玩了一趟，陪他去了好多地方。这是朱先生解放后第一次去昆明，所以情绪很高。当时我与杨辛负责照顾他，住在外面的一个房间，里面住朱先生。当时我年轻，白天陪朱先生参观了石林、龙门，晚上还要接待热情来访者，精神还很好。他从北京带来了一瓶白酒，每晚睡前喝一杯。他劝我，不妨学学他，睡前喝一杯。但在批判资产阶级自由化的风放出之后，朱先生发了肯定沈从文的文章被批，因此他的情绪不是太高。1982年底，我去他燕南园的家里看他，他沉重地对我说："我以后再也不写文章了，写篇短文就要惹麻烦，挨各方的批，我就翻译我的《新科学》，我想把《新科学》完成。"

问：请您谈谈80年代至今您的文艺美学研究，以及您今后的打算。

胡：我搞文艺美学，主要是要解决文学艺术的美学问题。慢慢地大家都觉得文艺美学确应作为一个学科来发展。我那本《文艺美学》出了两版，先后印了好几万册，不少院校作为文艺学研究生的教材。我并不否定哲学美学存在的必要，哲学美学必须回答审美本质，难度很大，值得敬重。我的研究着重解决文学艺术的美究竟在什么地方，这不只是个形式问题，形式要表现内容，内容怎样体现和转化为形式呢？它与自然美、社会美当然不一样，为什么说它是意识形态，而自然美不是意识形态？我们对自然只是审美，不是创美，而艺术则是创美，而这又是审美的结果。

我围绕文艺美学的建设作了一些事，搞了几套资料：《中国古典美学丛编》、《中国现代美学丛编》、《中国古典文艺学丛编》、《西方二十世纪文论史》、《西方文论名著教程》等。

1980 年代初，系里学生办公室主任麻子英受命组建北大出版社（南门右侧平房），找到我，动员我去当总编辑，当时我是副教授，想在专业上下功夫，未去，学报副主编苏志中去了。那时，我还做了一件事，就是组织年轻学者作了西方文论的翻译与介绍。那时搞西方文论的人很少。教委让我搞本教材，我说这只有请伍蠡甫才行。"文革"前，他在复旦大学外语系，负责搞了套《西方文论选》。我和他，在 1962 年编写《文学概论》教材时，就相识了，那时我特去上海国际饭店拜访过他。我希望由他来当主编，国家教委就让我去找伍蠡甫，但他跟我讲，他只熟悉古典的、近代的，当代的所知不多，而且年事已高，已无精力来主编西方文艺理论教材，但他说，选材料时我们可以一块做主编（三卷本），但教材你当主编吧。于是，我就和李衍柱、邹贤敏等几位中年学者组成编委会，编写出了《西方文艺理论名著教程》，由北京大学出版社出版。书出版时，20 世纪的只选了四篇。后来，我就让王岳川、刘小枫找人，出了本下卷，当时，西方 20 世纪的文艺理论材料很少，就只能找年轻人翻译。当时从东语系、西语系请了批研究生来做。这次，重新修订后又出版了新的《西方文艺理论名著教程》，参编下卷的大多已是青年学者。我总觉得搞理论的人应该贯通古今、融合中西，老一辈学者就是这样的。我们中西都不如他们了。改革开放之初，国内很难找到西方的材料，找研究生翻译了不少。我刚到深圳去，当时蒋孔阳先生说，香港中文大学的东西多，我就从那儿带回了不少东西。后来教委让我搞西方文论史，我请研究生张首映组织了西语、俄语、哲学等系的研究生参与翻译，才出版了四卷本《西方二十世纪文论史》，没有想到，没过几年，西方文艺理论就在中国到处泛滥，不胜感慨。

受前辈学者的影响，我走上了研究文艺美学的道路。从 1980 年代到现在，我还培养了不少研究文艺美学的学生。他们大都学有所成了，他们中有的搞戏剧美学，有的搞现代美学、音乐美学、绘画美学，其中有王一川、陈伟、王岳川、王坤、王列生、丁涛、邵宏、李健、谢欣、钱永利、黄汉华等，都已成长为中年学者。

我希望能继续为文艺美学的研究做些事。我正在着手写一本《文艺美学新论》。在 20 世纪末，我觉察到大众文化兴起后，只研究文艺是不行的，需要扩展文艺美学，重视文化美学。在深圳大学，我提议编了一套《文化美学丛书》，希望以后能陆续编下去。我提出些想法，让下一代学者接着做。

问：最后再次感谢您的帮助，希望早日读到您的新著。

一稿完成于 2006 年 2 月
定稿于 2013 年 2 月

李范，女，生于1935年，北京师范大学哲学与社会学学院教授，曾任北师大哲学系美学教研室主任、中华美学学会常务理事、全国高校美学学会副会长、全国美育学会副会长、北京市美学学会会长等职，主要从事美学、美育的教学与研究工作，主要著作有：《播美》、《江山如画——自然美的欣赏》、《美育的现代使命》（主编）、《美育基础》（主编）、《发现美的眼睛/丛书》（主编）、《青少年探美/丛书》（主编）、《美学教程》（合著）、《美育新论》（合著）、《家庭生活的美化》（合著）等18部。

李范先生访谈

时间：2013年1月

地点：北师大李先生寓所

采访者问（以下简称"问"）：李老师好，非常感谢您抽时间接受我的采访，使我能够了解中国当代美学的一些情况。据我所知，您1956年考入北京师范大学政教系，1959年提前毕业留校任教以后，一直从事哲学、美学的教学与研究工作。"文革"后，您参加了美学界的许多活动，担任了不少美学组织的领导工作，对推动新时期以来的美学研究做出了不少贡献。您参加过第一次全国美学大会，我们还是从这次会议谈起吧！请您谈谈这次会议的一些情况。

李范（以下简称"李"）：当我回顾中国当代美学发展历程的时候，不能不提到第一次全国美学会议。它在新中国60多年的美学发展历史上，占有极其重要的地位，具有划时代的意义，也可以说它是新中国美学发展史上的一座里程碑。我有幸参加了这次会议，它使我终生难忘。

解放后的五六十年代，我国只有少数几所学校开设美学课，从事美学教学和研究的人数很少，但是却曾出现过一次美学大讨论。美学界围绕着"美的本质"问题，展开了前所未有的激烈辩论。大家各抒己见，百家争鸣，形成了不同的学术倾向和派别，引起了社会广泛的关注和兴趣，对我国后来美学的发展产生了积极的影响。可惜的是这一繁荣景象没有维持多久，到60年代中期以后，经过"文化大革命"的十年浩劫，美学学科受到了严重的摧残，被当成"资产阶级"和"修正主义"的东西而受到批判，人们谈"美"色变，高校的美学课停开，从事美学教学和研究的人都受到不同程度的批判，美学专家被打成"反动学术权威"，美学著作成了禁书，这使美学跌入了低谷。

粉碎"四人帮"后，随着各条战线的拨乱反正和思想解放，各门学科开始复苏。1979 年 4 月，中国社会科学院在济南召开了全国哲学规划会议，参加这次会议的美学界同志我记得有齐一、李泽厚、刘纲纪、杨辛等，我有幸也参加了这次会议。会上，美学组对我国美学的研究和未来的发展进行了热烈的讨论。大家认为，美学在我国本来就是一个年轻的学科，由于"四人帮"的疯狂破坏，美学学科又受到了严重的摧残，虽然现在有的科研机构增设了美学研究室，有些大学哲学系美学教研室得到了不同程度的恢复，一些美学工作者归了队，但是，美学学科的状况远远不能适应社会主义事业发展的需要；我们对国外的美学研究状况几乎一无所知；对于国内出现的新情况、新问题也缺乏研究；美学著作更是寥寥无几，有些研究领域还是空白。大家认为，美学界的这种状况急需改变。要改变这种状况，当务之急是要组织和培养队伍，老一辈的美学工作者年事已高，趁他们健在之际，尽快培养接班人，传承他们的学术成果，研究他们的治学经验，继承他们的优良传统，学习他们的崇高品德，以推动美学事业的发展。

会议期间，大家就全国美学会的筹建问题进行了具体的讨论，对美学的主要研究领域和各个文学艺术理论中的美学问题的研究提出了具体设想，确定了四个研究项目作为 1978—1985 年的全国哲学学科的规划项目，这就是：王朝闻主编《美学概论》、李泽厚和刘纲纪主编《中国美学史》（四卷本）、汝信主编《西方美学史》以及《马克思主义美学发展史》（作者未定）。这次会议可以说是第一次全国美学会议的前奏和序幕，它为召开第一次全国美学会议作了准备和铺垫。

问：以前我只是偶尔听说过这次会议，但都没有您讲得详细，您的概括——全国哲学规划会议是第一次美学大会的前奏——很恰当，我由此也体会到这次会议的重要性。下面请您接着谈一谈第一次全国美学大会的情况吧！

李：在全国哲学规划会议之后，经过中国社会科学院美学研究室和美学界同志们的积极筹备，我国第一次全国美学会议于 1980 年 6 月 4—11 日在云南昆明召开。参加这次会议的有北京、上海、天津、武汉、江苏、浙江、山东、福建、安徽、云南、广东、广西、四川、山西、河北、吉林、辽宁、内蒙古、甘肃、新疆二十个省、市、自治区的大专院校、科研单位的美学工作者和出版社、报刊编辑部的同志近百人。我国美学界的老前辈、著名学者、八十高龄的朱光潜先生、伍蠡甫先生等也不顾路途遥远和家人的劝阻，专程赶来参加会议。

在这次会议上，周扬同志发表了重要讲话（录音）。他说：我很赞成开这个会。我们这么大一个国家，应该把美学当成一门科学进行研究。他对如何进行研究提出了以下几点意见：（1）要用马克思主义的观点研究美学，努力用历史唯物主义对美和美感这种现象作科学说明，逐渐形成马克思主义的科学体系。（2）要整理几千年来的美学遗产，编出美学史料，用马克思主义的观点进行整理、分析、批判和发展，从而建立起马克思主义的，同时又是中国的美学。（3）要注意研究美学对人民生活起什么作用，其中包括美育问题。这应该是美学工作者的一项重要任务。中小学的美育是审美教育最广大的基础，中小学生受到审美教育，对改变整个社会风气是有益的。因此，对中小学的美育问题应该在会上特别地议论一下。（4）对于美学上的学术问题，要贯彻"百家争鸣、百花齐放"的方针，采取自由、平等的讨论方法来解决。可以批评，也可以反批评，在理论问题上，不要轻易地作结论。他的讲话受到了大家的欢迎和赞同。

这次会议主要有三项内容：（1）情况交流：各单位介绍开展美学工作的情况、经验和计划。（2）学术交流：对美的本质、中国美学史、形象思维等学术问题，组织报告和讨论。（3）成立全国美学学会。在学术讨论中，大家发言十分踊跃。在对"美的本质"问题的讨论中，大家就美的本质问题可否与哲学的基本问题相类比、美的本质的理解、探索美的本质的具体途径等，展开了激烈的争论。在对"中国美学史"的讨论中，大家对中国美学史的对象、中国美学史的发展线索、研究中国美学史和研究西方美学史的关系等，提出了自己的见解。在讨论"形象思维"问题中，主要是对形象思维是不是一种独立的思维方式、艺术创作的特殊规律等问题发表了不同的看法。会议对"美育"问题给予了高度重视，进行了专题讨论，主要是对美育的任务进行了深入的探讨。大家还就如何加强美育工作提出了许多很好的建议。会议根据大家的这些建议，委托我起草了一份《建议书》。这份建议书包括十项内容，其中包括：建议教育部将美育补充到教育方针中去，定为"德育、智育、体育、美育全面发展的教育方针"；尽快培训美学师资，传承我国的美学传统，抢救美学遗产；在各类高校和中、小学开设美学课或美育课，提高学生的审美水平；组织编写美学和美育教材；组织科研队伍，加强对美学和美育理论的研究；出版美学著作，创办美学和美育刊物；组织和扩大国内外的学术交流活动；加强美学队伍的建设和美学机构的建设，首先要成立全国美学会和地方性、专业性的分会；科研单位和高校可以建立美学研究所（室）或教研室，有条件的单位可以招收美学研究生；加强与有关单位的联系与协作，开展广泛的社会宣传和普及工作，等等。为了表示庄重，这份建议书请杨辛先生用宣纸和毛笔工整地抄写出来，由十位著名学者签名，递交给十个部门和单位（党中央、国务院、教育部、文化部、团中央、新华社、人民日报、光明日报等）。由于这份建议书是"十条建议"、"十位学者签名"、递交给"十个部门"，所以大家便把它称为"三十建议书"。

在这次会上，成立了中华全国美学学会，通过了学会章程，选举了学会会长、副会长和秘书长（名誉会长周扬，会长朱光潜，副会长王朝闻、蔡仪、李泽厚，秘书长齐一）以及二十八位理事。还通过了中华全国美学学会的工作计划，提出了关于开展美学研究、教学和普及工作的建议。在会议期间，参加会议的三十八所高等学校的美学教师（近六十人）还举行会议，成立了中华全国美学学会下属的全国高等学校美学分会，选举了理事会（会长马奇，副会长王世德、杨辛，秘书长杨辛兼任，副秘书长李范），并立即召开了第一次理事会议，制订了一年的工作计划。

大会最后由当选会长朱光潜先生讲话，他谈到：搞美学首先要把马克思主义的经典著作学好，如《1844年经济学—哲学手稿》、《费尔巴哈论纲》、《资本论》（关于劳动过程部分）和《从猿到人》。不一定读得很多，要反复读，读得透彻，要养成认真研究的习惯，要做扎扎实实的研究。他还介绍了自己培养研究生的经验和体会，认为研究生不必开很多课程，要培养他们独立工作的能力，要训练独立思考，养成良好的研究习惯、研究方法和研究态度。还要学好外语，多研究外国现代美学的动态。朱先生还谈了他自己的一些研究计划和打算（如翻译维柯的《新科学》）。他的这一席话，语重心长，给大家以极大的启迪和激励。会议期间，一些报纸和电视台对大会作了报道，云南电视台还邀请洪毅然、郭因和我进行了专题采访，就美育问题谈了各自的看法，并于当天进行了直播。

第一次全国美学会议的召开，在我国的美学发展历史上是空前的，是我国学术界特别是美学界的一件大事，它对后来我国美学事业的发展产生了极其重要的影响。第一次全国美学会议以后，我国的美学事业呈现出蓬勃发展的态势，美学之花处处开放。

问：从您刚才谈的内容看，第一次全国美学会议确实取得了很大的成绩。一方面，这与当时美学的复兴有关；另一方面也与领导（如周扬）的关怀、老一代美学家的支持有关。而且，大会在组织、建制等方面也值得称道。可以说，这次会议为美学的复兴、美学热奠定了基础。刚才，您说第一次美学大会对我国美学事业产生了重要的影响，您说的重要影响具体体现在哪里呢？

李：我认为，第一次美学大会对我国美学事业的重要影响具体体现在以下几方面。

第一，适应我国高校美学教学的需要，美学工作者集结队伍，团结合作，编写出版了一批美学教材，其中包括王朝闻主编的《美学概论》；杨辛、甘霖编写的《美学原理》；杨恩寰、樊莘森、李范等编写的《美学教程》；刘叔成、夏之放、楼昔勇等编写的《美学基本原理》等。此外还有北京大学哲学系美学教研室编的《中国美学史资料选编》、马奇主编的《西方美学史资料选编》、蒋孔阳主编的《二十世纪西方美学名著选》、伍蠡甫主编的《西方文论选》等。这些教材和资料对当时美学的教学和美学普及起了很大的作用。随着美学教师的培训和美学教材的出版，各高校也陆续建立了美学教研室（或研究所），开设了美学课和美育课。

第二，美学和美育的社会普及工作也取得了很大的成绩，最突出的表现是：在第一次全国美学会议以后，中华全国美学会与共青团中央、中华全国总工会、全国妇联等九个群众团体联合发出了《关于开展文明礼貌活动的倡议》，提出在全国范围内开展"五讲、四美"的活动（"五讲"是指讲文明、讲道德、讲礼貌、讲卫生、讲秩序；"四美"是指心灵美、语言美、行为美、环境美）。这个活动得到了中宣部、教育部、文化部、卫生部、公安部等的肯定和支持，他们向全国各级宣传、教育、文化、卫生、公安等部门正式发出了积极开展"五讲"、"四美"活动的通知，从而使这次活动在全国轰轰烈烈地开展起来，其规模之大、影响之深、效果之显著，在我国是空前的。它对维护社会安定团结、恢复和发扬良好的社会风气、提高人民的审美素质、培养社会主义新人起到了重要的作用。与此同时，一些出版社也出版了一批美学通俗读物，特别是湖南出版社率先创办了全国第一份《美育》杂志。一些报刊杂志发表了很多美学和美育的文章，有的电视台还举办了美育知识讲座和美育知识竞赛等。这些都对美学和美育的普及起到了促进作用。在这个时期，整个社会都对美学表示了极大的热情，全国掀起了一股"美学热"。

第三，更可喜的是美育在教育方针中有了一席之地。在1986年3月通过的国家第七个"五年计划"的报告中指出："各级各类学校都要加强思想政治教育工作，贯彻德育、智育、体育、美育全面发展的方针，把学生培养成为有理想、有道德、有文化、有纪律的社会主义建设人才。"紧接着，1986年4月，全国人大通过的《义务教育法》的说明中也指出：在中、小学的教育中，应当贯彻德、智、体、美全面发展的方针。国家教委负责人在1986年8月全国高等学校音乐教育学会成立大会上的讲话中明确指出："没有美育的教育是不完全的教育。"同时，国家教委在加强和实施美育方面采取了一系列的措施,如:成立艺术教育委员会,制定颁发了《1989—2000年全国学校艺术教育总体规划》,多次举办美育讲习班,培训美育教师和教育系统的领导干部,组织编写各级各类学校的美育教材,组织学术研究和交流等,从而使全国美育工作的状况大为改观。

以上所列举的事例足以说明,从第一次全国美学会议以后,我国的美学事业得到了蓬勃的发展,会议所提出的《建议书》中的内容基本上得到了实现。从此,中国美学的发展进入一个新的历史阶段。这是美学的繁荣时期,有人把它称为"黄金时期"。而这个时期的起端,就是第一次全国美学会议,它应该载入中国美学发展史册。

在谈到我国美学发展史上这个里程碑的时候,我认为,我们绝不能忘记这个里程碑的奠基者们——老一辈的美学家。现在这些美学家大部分人已经辞世,但是他们的功绩却永远让我们铭记:是他们不辞劳苦,奔走呼号,促成了第一次美学会议的召开和全国美学会的建立;是他们的勤奋探索和认真研究,给我们留下了丰富宝贵的美学遗产;是他们严谨的治学态度和科学的研究方法,给我们以启迪;是他们平和坦荡的胸怀和谦虚朴实的作风,为我们树立了榜样;是他们不计名利、无私奉献的精神和呕心沥血的奋斗,为我国的美学事业做出了重大的贡献。他们的丰功伟绩将永远镌刻在中国美学发展史上。我们永远怀念他们!

问:"文革"后,国家教育部委托北京师范大学哲学系和全国高校美学学会联合举办全国高校美学教师进修班,您参与了筹办的全过程,承担了具体的联络、组织工作,还担任了进修班的班主任。我提议,您还可以谈谈美学进修班的情况。应该说,作为当事人,您是非常熟悉筹办进修班的整个过程的。我想问的第一个问题是,当年举办第一届全国美学教师进修班的背景和大致过程是怎样的?

李:打倒"四人帮"以后,各门学科大都开始复苏。美学在我国本来就是一个年轻的学科,美学学科在"文革"中也被迫停滞,后来,虽然有了一定程度的恢复,但是,它与现实的需要尚有很大的差距。为了改变这种状况、推动美学事业的发展,需要尽快建立组织、培养人才,而老一辈美学工作者的传帮带作用显得尤为重要。

在第一次全国美学会议期间,高校美学会在制订工作计划时,首先一条就是要尽快筹办全国高校美学教师进修班,培养高校美学师资,以适应各高校开设美学课的急需。我当时被选为高校美学会的副秘书长,于是便承担了筹办美学教师进修班的任务。

我们首先到教育部去交涉、申请,得到了教育部的大力支持,教育部委托北京师范大学和全国高校美学学会联合举办全国高校美学教师进修班。在北京师范大学哲学系的积极支持和筹备下，于1980年10月进修班在北京师范大学哲学系开学。

当时我刚从北师大公共政治课教研室调到新成立的哲学系，承担美学教学工作，同时我又兼任全国高校美学学会副秘书长，承办美学教师进修班的任务自然就落到了我的身上。我担任了美学教师进修班班主任，负责聘请教师、安排课程、管理学员学习和生活等，进修班一直持续到1981年1月才结束。

问：从现在看，全国美学教师进修班绝不是一次简单的美学教师的进修活动。中国美学界的顶尖级学者都参与其中，讲课的许多老师都是当代美学研究的著名人物，已经有了一定的建树，有的老师则有非常丰富的艺术创作、欣赏经验。总之，既有理论，又有实践。课程的质量决定了进修班的办学效果。请您谈谈授课老师所讲的内容。

李：应聘到班上讲课的老师都是在京的我国著名美学家、文艺理论家和艺术家，如朱光潜、王朝闻、蔡仪、汝信、李泽厚、杨辛、马奇、钱绍武、贾作光、周荫昌等。讲课的内容非常丰富，涉及美学研究的对象和范围、美的本质、美感、马克思恩格斯的美学思想、中外美学史、各艺术门类的美学研究、艺术创作与欣赏，以及怎样学美学等。具体来说，这些老师讲课的题目是：朱光潜（北京大学教授）——怎样学美学；李泽厚（中国社会科学院研究员）——美学的对象；汝信（中国社会科学院研究员）——谈谈美学研究中的两个问题；蔡仪（中国社会科学院研究员）——关于《1844年经济学—哲学手稿》和美学研究中的几个问题；马奇（中国人民大学教授）——马克思《1844年经济学—哲学手稿》与美学问题；陆梅林（中国艺术研究院研究员）——马克思恩格斯美学思想初探；杨辛、甘霖（北京大学教授）——关于美的本质问题的一些探索；克地（北京大学教授）——美感；赵璧如（中国社会科学院研究员）——想象与艺术形象；敏泽（中国社会科学院研究员）——关于中国古代美学的几个问题；葛路（北京大学教授）——魏晋南北朝的艺术美；朱狄（中国社会科学院研究员）——现代西方关于美的本质的争论；刘宁（北京师范大学教授）——苏联当代美学中的几个问题；王朝闻（中国艺术研究院研究员）——艺术的创作与欣赏；程代熙（人民文学出版社编审）——论现实主义的源流；周荫昌（解放军艺术学院教授）——音乐形象的美学特征；钱绍武（中央美术学院教授）——雕塑和美；许淑英（北京舞蹈学院教授）——中国民族民间舞蹈美的规律初探；贾作光（北京舞蹈学院教授）——论舞蹈艺术；郑雪莱（中国艺术研究院研究员）——电影美学研究的几个问题。

为了丰富学员的知识，开阔眼界，加强艺术实践活动，进修班还组织学员参观京城的建筑艺术，欣赏中外名曲名画，观摩戏剧、舞蹈和电影，并和专家进行专题座谈。为了给进修班学员回去教学提供方便，还把所有专家在进修班上的讲课制作成录像带，同时，围绕讲课内容制作了一套教学幻灯片（250张）和一套音乐欣赏磁带（10盘）。此后，我们还把各位专家的讲课稿加以整理，汇编成《美学讲演集》，由北京师范大学出版社于1981年10月出版，这些都受到了美学工作者以及广大美学爱好者的欢迎与好评。

1999年9月，中华全国美学学会和北京大学联合在黄山召开"朱光潜、宗白华思想研讨会"，我携带朱光潜先生在美学进修班上的讲课录像参加会议。会议上播放了这个录像，引起了全体与会者的极大兴趣。朱光潜先生已于1986年逝世，很多同志过去对朱先生是只见其文，未见其人，这次看到了朱先生的音容笑貌，聆听了他那语重心长的教诲，感到十分难得。

问：参加美学教师进修班的学员们的情况是怎样的？

李：该进修班共有正式学员30名，走读生和旁听生100多名。他们来自全国20个省、市、自治区的29所高等院校和文化艺术单位，其中既有多年从事教学工作、具有一定美学基础的中年教师，也有刚毕业走上教学岗位的年轻教师，还有一些文艺工作者和新闻出版单位的同志。我这里有一份进修学员的名单，可以给你参考（略）。

问：举办这次美学教师进修班，有什么意义和作用？

李：举办这样的美学教师进修班，在我国还是第一次，正如著名美学家蔡仪先生所说："这是我国美学史上的创举，也是教育史上的创举。"这次美学教师进修班取得了很好的效果，在美学界产生了重大的影响。学员说："这次进修班办得及时，是雪中送炭。时间虽短，收获不小，不仅亲自聆听了大师们的精彩讲演，还带回去丰富的教学资料，有读的（书稿），有看的（幻灯片），有听的（音乐磁带），真是全面丰收，满载而归。"社会各界对这次美学教师进修班反映也很好，有人说：这次办班，为我国美学事业办了一件大好事，抢救了遗产，培养了人才，组织了队伍，普及了美学知识，促进了我国美学事业的发展。老专家们高兴地说："美学事业后继有人，繁荣有望了！"的确是这样，这批学员回去以后，都在各自的工作岗位上发挥了积极的作用，成为我国美学界的骨干力量，是承上启下的"第二梯队",被人们誉为"美学界的黄埔一期"。

应该说,这次承办全国美学教师进修班,对我们刚刚成立的北京师范大学哲学系来讲,是件很不容易的事。当时条件有限,没有经验,经费不足,困难重重,就连接送讲课老师的交通工具都难以解决(那时还没有出租汽车),老师讲课也没有报酬,学员想吃点白糖都难,因为没有糖票。但是困难没有压倒我们,我们在教育部、学校和系领导的关心和支持下,克服了困难,圆满地完成了任务,获得了美学界和社会的称赞,大家说:"北师大哲学系为美学事业的发展做了一件大好事,真是功德无量!"我为我校为我国美学事业的发展做出的贡献而骄傲,我也为自己能为美学教师进修班做了一些工作而感到欣慰和自豪。

问:您是进修班的班主任,也和学员们一起听过课。就您本人而言,在筹办进修班和学习的过程中,您有哪些收获?

李:我的收获是多方面的,概括地说主要有以下几点:

首先是在美学理论方面的收获。我大学毕业以后留校是教哲学的,1979年北师大成立哲学系,需要开设美学课,因为我过去曾在文工团工作过,有搞文艺方面的经历,所以领导就把我调到哲学系教美学。而对于美学,我可以说是一穷二白,从来没学过,更没教过。在这种情况下,美学班的学习对我来说,真是雪中送炭。我很珍惜这个学习机会,虽然我担任美学班的班主任工作,不能像其他同学那样精力集中地专心学习,但是,我尽量争取多听一些课,多参加班上的一些讨论。通过学习,我对美学的一些基本理论知识有了一个大概的了解(如美学的对象、美的本质、美感、艺术和美学的关系、各类艺术的美学特征以及怎样学美学,等等)。这样就使我对如何教美学心中有了底,打下了初步的基础。

还有,是在承办美学班的过程中,由于工作的关系,我和讲课老师联系比较多,在和他们的接触中,他们高尚的道德品行、豁达的人生态度、严谨的学术作风、独特的讲课风格,都对我产生了很大的影响,使我终生受用。

再有,就是通过美学班的学习,与美学班的同学结下了深厚的友情。美学班结束以后,我们美学班的几个同学联合编写了美学教材《美学教程》,于1986年由中国社会科学出版社出版,后来又在台湾再版。这本教程在美学界产生了较大的影响,很多高校使用了这本教材。我们美学班的同学在美学界是一支团结、活跃的队伍,经常一起参加学术会议,一起聚会聊天、一起进行审美考察。现在我们虽然都已经年老,退休在家,但是,我们都还一直保持着联系,互相关心、互相帮助,成为知心的朋友。

问：刚才您提到《美学教程》，这本教材在新时期的美学研究和教学中产生了一定的影响，您能否谈一些编写这本教材的详细情况？

李：第一届全国美学教师进修班结束以后，我们班上的一些同志就组织起来编写美学教材，以适应高校开设美学课的急需。一部分是中文系的教师，有上海师范大学的刘叔成、山东师范大学的夏之放、华东师范大学的楼昔勇、安徽师范大学的汪裕雄等，他们编写了《美学基本原理》，于1984年由上海人民出版社出版。另一部分是哲学系的教师，有辽宁大学的杨恩寰、上海复旦大学的樊莘森、北京师范大学的李范、南开大学的童坦、河北大学的梅宝树、山西大学的郑开湘，集体编写了《美学教程》，于1986年由中国社会科学出版社出版。

《美学教程》编写组于1985年1月在北京师范大学召开会议，讨论制定编写大纲。1985年11月在保定河北大学讨论审定书稿，最后由杨恩寰、樊莘森、李范统稿。在本书的编写过程中，得到了李泽厚先生的热情关心和帮助，北京师范大学、河北大学给予了大力支持。

《美学教程》是根据马克思主义历史唯物论的实践观点，遵循理论与实践相统一的原则而编写的一部供大专院校使用的美学教材。它侧重于哲学角度，力图对美学进行新的探讨，具有自己的特色。同时，广泛吸收了国内外美学研究的新成果，具有历史感和现实感。书中对美和美感的根源、本质和特征，各种艺术美的创作、欣赏，尤其对审美心理过程及其组合方式、积淀和历史、审美教育等都有深入的分析和论述。

该书出版以后，受到了美学界和文艺理论界以及美学爱好者的欢迎，也得到了一些美学家的高度评价，许多高校的本科生和研究生都使用了这本教材。因当时用量较大，出版社和书店一度脱销，供不应求，后又再版。有的学校买不到书，就自己搞复印本。后来该书传到了台湾，受到了台湾美学界和出版界的重视，编写组应邀对该书稍作修改（用繁体字），于1992年5月由台湾晓园出版社再版。

问：您长期从事美学的教学与研究工作，也担任了一些学术组织的领导工作，还参与过一些美学活动的筹划、组织工作。期间，一定与当代美学家有不少接触。如今，他们中的许多人已经辞世。但是，他们对中国当代美学的贡献是永存史册的，也是我们应该继承和发扬的宝贵的精神财富。我希望您谈谈您与他们的交往、对他们的了解。我建议还是从第一讲的主讲人朱光潜先生谈起吧！

李：在我从事美学教学与研究近三十年的生涯中，确实结识了许多美学界的老前辈、老美学家，他们的学识、人品、志趣都堪称世人的楷模。

我有幸和他们相识交往,向他们学习请教,获得极大的教益和启迪。这里谈我的一些回忆,愿与大家分享,也表示对他们的敬佩与怀念。

朱光潜先生是我国当代最高权威的美学家,是美学界的第一号人物。我是在第一次全国美学会上见到他的,那时他已经是83岁的老人,家里人不同意他去那么远的地方开会,但是为了我国的美学事业,他还是毅然决然地去了。因为他年事已高,我们尽量让他休息,不敢多打扰他,所以没去单独拜访他。在我校举办美学班时,要聘请朱先生讲课,我就到北大去拜访他。他的家是在北大校园一个小山坡上的院落里,周围被竹林遮挡,灌木花草繁茂,尽管是处在校园的中心地带,但却是环境幽静,别有洞天。真是一个适合美学家生活的好住处。我进到他家以后,老人热情地接待了我,我向他说明来意,他很爽快地就答应了。头一次和他近距离地接触,他就给我留下了非常好的印象,感到这位美学大师一点都没有架子,思维清晰,睿智谦和,是个和蔼可亲的老人。当时他正忙于翻译维科的《新科学》(这是一本几十万字的大部头书),而且身体也很虚弱,但他还是参加了美学班的开学典礼,并且还给美学班讲了第一课《怎样学美学》。他在讲课开始时,首先念了他作的一首诗:

"不通一艺莫谈艺,实践实感是真凭。坚持马列第一义,古今中外须贯通。钻研资料忌空论,放眼世界需外文。博学终须能守约,先打游击后攻城。锲而不舍是诀窍,凡有志者事竟成。老子绝不是天下第一,要虚心接受批评。也不做随风转的墙头草,挺起肩膀端正人品和学风。"

这是朱先生自己的经验之谈,是对我们这些初学者的谆谆教导,是我们学习美学的指路明灯,对我们一生受用。更值得我怀念的是,在朱先生到美学班讲课时,我用车去北大接他,在车上我和他交谈,他对我说:"要学好美学,首先要懂艺术,因为美学的对象是艺术;再是要懂哲学,因为哲学可以从理论的高度进行概括;还要懂外语,这样可以借鉴外国的经验,了解世界的学术潮流。"他还问我是学什么的,我说:"我过去搞过艺术,后来教过哲学,现在学习美学。"他听了非常高兴地说:"啊!你的条件很适合搞美学,再把外语学好就行了!"这是对我最大的鼓舞,增强了我搞美学的信心。现在朱先生已经离开我们多年了,但是他的音容笑貌至今仍然浮现在我的脑海中。

1997年正值朱光潜、宗白华先生诞辰100周年之际,中国美学界在黄山举行了"朱光潜、宗白华美学思想研讨会"。我在大会上作了《朱光潜美育思想的核心——"人生的艺术化"》的讲演。我认为,在朱先生的美学和美育思想中,自始至终贯串着一条红线,这就是对人生理想的设计和追求——"人生的艺术化"。朱先生在他的许多著作中都渗透了对现实人生的关怀、对人的自由和解放的追求。他特别强调艺术对人生的重要性，指出艺术与人生有着密切的联系，艺术为人生而存在，离开人生便无所谓艺术；反之，离开艺术也便无所谓人生，人生本来就是一种较广义的艺术，每个人的生命史就是他自己的作品。人的艺术修养越高，他创作的人生艺术品就越精美，他的生命史也就越有光彩；反之，人的修养欠缺，人生艺术品则拙劣，情趣索然，生命衰萎。因此，朱先生劝导人们要多接触艺术，对艺术保持浓厚的兴趣，从艺术中吸收支持生命和推动生命的活力。朱先生自己在实现人生艺术化方面为我们做出了榜样，他熟通各门艺术，特别是文学，他对艺术有着浓厚的兴趣，因此，他的生命富有活力，活得有趣、活得洒脱、活得光彩。这是他长寿的秘诀。

朱先生关于"人生艺术化"的思想，给我树立了人生的航标，让我明白如何活着。我虽然喜欢艺术，曾经从事过艺术工作，但却很少考虑如何使自己实现人生的艺术化，如何从艺术中吸收支持和推动生命的活力，使自己活得洒脱、有趣。研究了朱先生"人生艺术化"的思想，不仅对我的美育研究大有帮助，而且对我的人生有重要启迪。现在我已经离休，没有负担、没有压力，更有条件使自己生活得潇洒、精彩，我旅游、上网、听音乐、看电影、学书画、聚会……生活得很充实、很丰富，力求使自己余生审美化、艺术化。

问：实际上，中国当代许多美学家都是"人生艺术化"的实践者，他们都有极高的艺术修养。在这些美学家中，王朝闻先生的艺术创作、欣赏经验都是异常丰富的，这些经验促进、丰富了他的美学理论研究。我记得，20世纪末采访他时，90多岁的他依然谈笑风生，不仅谈锋甚健，而且还兴趣盎然地谈论艺术现象。他的授课应该很精彩、很受欢迎吧！

李：王朝闻先生是我国著名的美学家、文艺理论家、美术家。他也是我们第一届美学班的老师，他给我们作了《艺术的创作与欣赏》的讲演。他讲课总是结合自己的审美感受和审美经验，深入浅出、形象生动，饶有趣味。他特别强调艺术欣赏和艺术创作的个性，同样一个欣赏对象，不同的人就有不同的审美感受，比如，他们家里养的那条雁荡山的娃娃鱼，他认为是美的，它活泼、柔软，而他女儿就讨厌它，说它"难看"。同样一个艺术典型，风格各异的演员，就会创做出各种不同的人物形象，人们常说："有多少个哈姆雷特演员，就有多少个哈姆雷特。"许多文学家和诗人都谈到过这样的问题，刘禹锡就曾说："踏曲兴无趣，调同辞不同。"《文心雕龙·明诗》章里也说道："诗有恒裁，思无定位，随性适分，鲜能圆通。"王朝闻先生说他正在搞一个"我的薛蟠",也就是他所创造的薛蟠。由此看来,审美带有很大的主观性。他这些生动的讲解,引起了大家浓厚的兴趣,课堂气氛十分活跃。

在和王老先生接触中,给我印象最深的是他的童心和童趣。他喜欢养小动物,小猫、小狗、蛐蛐、娃娃鱼……都是他的好朋友。有一次,我们美学界的朋友在开会闲暇,一起到野外游玩,来到一个山坡下,大家正在犹豫是否要往上爬(因为其中有几位老先生),而王朝闻先生却跑在前头,振臂高呼:"同志们,冲啊!"简直像一个顽皮的孩子在玩军事游戏!这时大家在他的鼓舞下精神振奋,一起冲上了山头;哈哈大笑地瘫倒在地上。1984年我们在湖南张家界开美育会,会后游览张家界的风景。大家三三两两地往山上走,王朝闻先生和老伴却坐在山角下金鞭溪边的石岩上,双目微闭,静默不语。有人问他在干什么,他说:"你们是去看景,我是在听景,看景和听景各有情趣。"又问他:"你听到什么了?"他说:"有金鞭溪的流水声,千松万壑的风啸声,深山密林的鸟鸣声,还有黄狮寨的猿啼声……它们交织成一部大自然的交响乐,舒心悦耳,美妙动听!"我们真没想到王老深谙"听景"之道,他以"晚年游山听泉鸣"来弥补年老体弱不能登山的遗憾,而获得"听景"的乐趣。后来,他在记述这次"听景"的感受时说:"溪水的响声对我有一种空前未有的特殊魅力。这种听溪水的活动使我觉得前人用来形容水声的词,例如'淙淙'、'汩汩'不那么确切。……同一段落溪水声音的复杂性,是那些作为水流的阻力的石头,那大小、高低、深浅的差异,形成了与它们碰撞的水流的速度、强度、高下等差异,这种不同条件所形成的水声接近器乐合奏。不细听就听不出水声的丰富性,长时间闭目静听成了难得的精神享受。"王老听景听得如此专注、细致,感受是如此敏锐、丰富,真不愧是自然之神的"知音"。然而就在王老聚精会神地听景时,却有几个小青年提着录音机大放流行歌曲,扰乱了王老听景的雅兴,他摇头叹气地说:"真可惜!他们身在美中不知美!看来普及审美教育实在必要。"王老的听景之道,给我以很大的启发,它不仅丰富了我的讲课内容,而且教会了我听景的审美享受,和他在一起游览,总是受益匪浅。

王老先生令我敬佩的还有一点是:他爱憎分明,疾恶如仇,主持正义,不讲情面。例如,他在担任全国美学会会长期间,非常注重美学工作者的品德修养,强调美学学会的领导和美学工作者应该洁身自好,不仅在课堂上和书本上谈美,而且在自己的思想品德和行为举止方面也应该是美的,如果相反,那就不配搞美学,更不能当美学会的领导。他鄙视和厌恶那些追逐名利、品行不端的人（尽管他们在学术上有某些成就），不同意把这种人选为美学会的领导。

问：您担任过马奇先生领导的全国高等学校美学学会的副秘书长和副会长，也和马先生一样作过北京市美学会会长；马奇先生也主持了美学班的工作，参与了进修班的授课。从这些事情看，你们应该有不少接触。距今，马先生已经去世近十年了，我现在还能清晰地回忆起到他家做访谈的情景，但遗憾的是，这一切都只能是回忆了。希望您谈一些有关他的情况。

李：马奇先生辞世后，他的音容笑貌时常浮现在我的脑海中。他走时，正值非典时期，我未能与他告别、为他送行，深感遗憾和抱歉。

马先生既是我尊敬的师长，又是我非常敬佩的学界领导人，还是我交往多年的知心朋友。他的学术思想、工作态度、学风和人品，都是我学习的楷模。

1980年6月在昆明召开的第一届全国美学会议上，成立了高校美学研究会，马奇先生被选为会长。会议期间，马先生组织高校美学研究会的领导成员，商量研究会的工作，决定会后立即筹办高校美学教师进修班，以适应高校开设美学课的急需。1980年10月进修班在北师大顺利开学，在办班期间，他不仅为进修班讲课，而且还为进修班的教学、组织工作操劳，还和高校美学会的领导成员一起组织学员将进修班教师的讲稿汇编成册，取名《美学讲演集》。在当时美学刚刚复苏、美学书籍缺乏的情况下，这本书的出版，对于美学教师、文艺工作者和美学爱好者来说，无疑是"雪中送炭"，它对高校的美学教学和美学普及起了重要的作用。

1985年8月，高校美学研究会与山西教育学院在太原联合举办了第四届全国高校美学教师进修班，学员60余人，马先生不顾天气炎热和身体不适，率领学会领导成员赴太原主持办班，并亲自讲学。办班时，学员对伙食有意见，与承办单位发生矛盾，个别学员态度不好，言行过激，致使矛盾激化。面对这种局面，他冷静、沉着，从容应对，详细了解情况后，对各方进行了耐心细致的思想工作，并协助承办单位改善伙食、改进工作，从而使矛盾圆满解决。

马先生从20世纪80年代初到90年代中期一直担任北京市美学会会长职务，在他的领导下，北京市美学会开展了多种多样的活动，成为北京市社会科学界联合会下属的学会中活动最频繁、内容最丰富、方式最灵活、最有特色的学会之一，多次受到表扬和奖励。北京市美学会一次大的活动是1984年与北京市社科联共同举办的北京市干部美学讲习班。这次讲习班学员800余人，北京市委党校大礼堂座无虚席，干部们学到了一些美学知识，审美水平得到了提高。马先生除了领导办班工作外，还在讲习班上作了学术讲演，受到学员们的热烈欢迎。他很重视学会的学术活动，在他的领导与组织下，高校美学研究会和北京市美学会举办了多次学术研讨会。研讨内容十分丰富，有美学理论探讨、有教学经验交流、有艺术作品赏析、有人文景观和自然景观参观，还有生活中的美学问题研究。每次活动前，他都召集学会的领导班子认真研究，充分准备，分工合作。在研讨会上，他总是发扬学术民主，提倡百家争鸣，不搞一言堂，不搞学术帮派。研讨会讨论热烈，气氛和谐，会员们受到很大的教益。

为了适应高校美学教学的需要，1985年马先生主编了《西方美学史资料选编》（上、下册），于1987年由上海人民出版社出版。这一套140余万字的大部头书籍，工程浩大，任务艰巨，他不顾年老体弱，亲自动手，除了负责全书内容的审定外，还自己选编了80余万字的资料并逐章写了评论。这部书受到国家教委的重视和肯定，被列为国家教委规定的部颁教材。为了在青少年中普及美学知识，对青少年进行审美教育，应北京出版社的邀请，马先生还担任了由我主编的《青少年探美丛书》的顾问，为该书的编写与出版花费了不少心血。丛书共7册，即《雕琢心灵的璞玉》、《大自然，是最美的教师》、《奥妙人体的健与美》、《"第二皮肤"的魅力》、《画海雕林探美》、《多姿多彩的银幕美》、《青春期生活方式美》，总计80余万字。这套丛书内容丰富，深入浅出，图文并茂，装帧精美，深受读者的欢迎。国家教委普教司专为这套丛书下发文件，对该书作了高度评价，并向全国中小学推荐。

我和马先生在学会工作中共事多年，在与他接触中，他的高尚人品和处世之道，给我留下了深刻的印象，从他身上我学到了很多的东西。最突出的有以下几点：

第一，肯于奉献的精神。他在担任学会领导期间，尽职尽责，不当挂名会长，不做"甩手掌柜"，也不是光说不干，而是认真负责，积极参与，重要事情都要亲自过问，对于一些棘手的问题，他从不"绕着走"，总是和大家一起想办法加以解决。他长期患哮喘病，呼吸困难，并且有腰腿病，行动不便，但却忍着病痛为学会工作操劳。马先生是回民，有时外出参加会议，吃不上回民饭，就随便吃点东西凑合。他为学会付出了时间、付出了精力、付出了健康。他这种无私奉献的精神，实在令人敬佩。

第二，严谨治学的学风。马先生在学问上非常严谨，绝不马虎从事，也不跟"风"、随"派"，更不拿学术作交易。他在研究马克思《1844年经济学—哲学手稿》中,反复钻研,独立思考,提出自己的见解,成为一家之言,在学术界产生一定的影响。他在担任《青少年探美丛书》顾问时,对所有书稿都要过目,对个别有问题的书稿则逐句地推敲琢磨,提出修改意见,他嘱咐我说:"不修改好,绝不出书。"他经常接受许多单位和个人聘请评审职称、学位、硕士点等,他总是本着实事求是的态度,给以公正客观的评价,从不无原则地吹捧,更不有意压制。

第三,淡泊名利的心境。美学最讲淡泊名利,自由超脱。但是,在这物欲横流、求名逐利的现实社会,要真正做到这一点,却不是一件容易事,就连美学界中一些成天大讲超功利、高境界的人,也难免脱俗。马先生却从不为个人名利而伸手,也不为谋求官位而屈尊。尽管他曾遭遇过一些不公平待遇,别人为他鸣不平,但他从不抱怨,坦然处之。美学会改选时,他主动辞去全国美学会副会长和北京市美学会会长的职务,潇洒隐退。离休后,潜心练习书法,怡情养性,悠然自得。

第四,豁达宽厚的胸怀。马先生待人宽厚,谦和可亲,没有领导者的架子,更没有学霸作风。他在担任学会领导期间,充分发扬民主,虚心听取大家的意见,公平处事,平等待人。与他合作共事,会感到十分顺畅和愉快。对待后生和晚辈,他更是有求必应,鼎力相助,不论是评审职称、为书作序,还是申报科研项目、报考硕士博士,凡是求到门上,总是尽力帮忙。更为可贵的是,他不嫉贤妒能,排除异己。他为大家做了大量的好事、善事,我们永远不会忘记他老人家的恩惠。马先生还是一个乐天派,和他一起出差,一路上他谈笑风生,幽默风趣,常常抖出一些"包袱",逗得大家开怀大笑。他具有很强的亲和力,大家都愿意和他接近,和他交谈,他也由此赢得了大家的尊敬和爱戴。

问:谈到马奇先生,我很自然地联想到杨辛先生。据我所知,他们同岁,私交也非常好,一起为全国高等学校美学学会做出了贡献。我拜访过杨先生,他还为我们这本即将出版的书题写了书名,令我非常感动。同时,我感到他心地善良、平易近人、做事低调。现在,他在书法创作、美学研究领域仍然十分活跃。希望您能够谈一些他的情况。

李:杨辛先生是我国著名的美学家、书法家。他是我进入美学领域的第一位领路人,在美学教学和做人方面是我最敬佩的老师。我过去既没学过美学,更没教过美学,1980年刚转到美学的教学岗位时,真可以说是一穷二白,虽然在美学班听过专家们的讲课,但都是专题报告、学术讲座性质,不能解决给本科生的教学问题。于是我便到北大去旁听杨辛先生的美学原理课。杨先生的课不仅理论讲得深透,而且配有大量的幻灯片,并结合自己的审美体验，所以课讲得有血有肉、有声有色、生动形象、饶有情趣，不像有的人讲的那样晦涩难懂、枯燥乏味。我觉得杨先生的课比较适合大学生的口味，所以便按照他的路子进行教学，收到了很好的教学效果。杨先生对我的教学给予很大的支持和帮助，他送给我他撰写的美学教科书和教学幻灯片，还经常跟我谈他的教学体会和经验。如果说我在教学上有一些成绩的话，首先应该归功于杨先生对我无私的教诲和帮助。

杨先生在做人方面更是给我树立了榜样，他的人生哲学给我很大的启迪。他曾对我说："人生需要四个宝：艺术、自然、朋友、健康。"艺术可以使人的精神升华；自然可以陶冶人的情操；朋友可以交流思想和情感；健康可以使人精力充沛。他自己正是拥有这四件宝物。

杨先生酷爱艺术，离休以后，就专心钻研书法，勤奋耕耘，孜孜追求，不断创新，创作出许多精美的作品，享誉国内外。我曾几次参观过他的书法展览，都受到极大的震撼和感动。他还穷尽自己一生的积蓄，收集购买有关荷花形象的艺术品（如瓷器、玻璃、岩石、砚台、刺绣、牙雕、书法、绘画、摄影等荷花形象的艺术品），并在北大举办了题名为《梦荷》的展览。他邀请我去参观欣赏，这真是一次无穷的审美享受。因为我的乳名和荷花有关，所以，我对荷花有着天赋的特殊情感。我喜爱荷花亭亭玉立的秀丽，更喜爱荷花的品格——"生淤泥而不染，濯清涟而不妖"。我曾写过一首小诗："生于莲开日，故以莲为名，喜与莲相伴，永学莲之品。"杨先生知道我对荷花情有独钟，便送给我一幅他的"一字书"——"荷"，我如获至宝，珍惜收藏。

杨先生热爱大自然，喜欢旅游，他特别欣赏泰山之美。1997年我们一起参加在济南召开的"全国哲学规划会"以后，相约去攀登泰山，他对泰山的美赞叹不已，认为它既有雄伟之美，又有秀丽之美；既有壮丽的自然景观，又有深厚的文化底蕴，是取之不尽、永掘不竭的丰美之山。从此以后，他几乎每年都去泰山，连续30余年痴心不变，竟然在80多岁以后还去登山，现在已徒步攀登了40多次。杨先生把泰山看作是"我们民族精神的象征"，是"华夏之魂"。他在《泰山颂》中热情歌颂了泰山的美："高而可攀，雄而可登，松石为骨，清泉为心，呼吸宇宙，吐纳风云，海天之怀，华夏之魂。"

杨先生人缘极好，他待人诚恳、谦和，无私助人，有求必应，因此，他结交许多朋友。他的最好知己是我国著名雕塑大师钱绍武先生。他们有共同的爱好，都有一颗童心，经常一起外出旅游，一起举办展览，一起逛潘家园淘宝。杨先生爱人去世时，身心受到极大的打击，是钱先生帮助他走出了阴影，鼓起了生活的勇气。我认识杨先生已有30多年的岁月。在和他的交往中，他给予我许多的帮助，特别是在对待人生的态度上给我很大的启迪。他乐观、豁达、坚韧，尽管孤身一人，年老体迈，但却生活得很充实，很有活力。他的一句格言是："夕阳无限好，妙在近黄昏"，这正是他老年生活的写照。

杨先生的身体并不健壮，他的肠胃不好，长年腹泻，还做过手术，体质比较虚弱，但是他老人家精神好，心态平和，特别是成天练习书法（他说这就是练气功），所以，他的身体状况比我们想象的要好得多。他到国内外讲学，举办书法展览，出版书法著作，参加各种学术会议，去国内外旅游观光，给别人写字，日程排得满满的，忙得不亦乐乎。从他身上我们可以看到一个人的精神状态对人的健康是多么重要，这是杨先生的健康秘诀，也是特别值得我学习效仿的。

问：读您的文章，知道您与美学家蒋孔阳先生、洪毅然先生也有一定的接触。蒋先生的美学研究成绩显著，洪先生力倡美育，他们都为当代美学的发展做出了很大的贡献。如今，他们都已经去世，希望您谈一些有关你们交往的情况。

李：蒋孔阳先生是我国著名的美学家、文艺理论家，他的学问造诣很深，但却虚怀若谷，平易近人。他比我年长，但每次给我来信的落款都是"弟　孔阳"，这使我很不安。在我和他的接触中，他总是那么和蔼可亲，循循善诱。我把拙作《江山如画——自然美的欣赏》赠送给他，他收到后给我来信说："收到书后，我即翻阅了部分内容。我写《美学新论》是因为《浅论》写不下去，改写《新论》，现在，读了大著，我感到你不仅写得'浅'，而且'深'。你用浅显的文字，把有关自然美的深理论都清清楚楚地讲出来了。足见功力，甚为佩服。""大著每篇，都用诗句来做标题，既生动，又恰切，我读了，觉得很有启发。"真没想到蒋先生对我的这本小书给予这么高的评价，这一方面是对我极大的鼓励和鞭策，另一方面也使我羞愧难当。蒋先生还对我当时的职称问题特别关心，每次开会见面，都关心地问我晋升正教授问题解决了没有，当我说还没有时，他总喃喃地说："为什么？怎么就这么难？"还说："要不要我给你们学校写封信说一说？"我说："谢谢您的关心，各个学校有各个学校的情况，我想早晚会解决的，就不用您老费心了。"这时，他已经是八十多岁的老人了，身体不好（听说还经常在夜里做梦大喊大叫，甚至哭醒，家人说他这是"文化大革命"挨斗落下的毛病），而且事情繁忙，竟还挂牵着我这样一个普通美学工作者的职称问题，使我很受感动。后来我提升了正教授，立即写信告诉了他，他自然也非常高兴。蒋先生和朱光潜、宗白华先生一样都是84岁逝世的，当我得知这一消息时，十分悲痛，我未能见上他最后一面，很是遗憾！

　　洪毅然先生是我国著名的美育专家、美术教育家。他一生致力于美育的普及工作，到处奔走呼号，要求国家教育部门把"美育"作为教育方针的内容。由于我也是关心美育事业，从事美育研究工作，所以，我们的关系就自然更加亲近。我们最早一起合作是在1980年第一次全国美学会上，云南电视台邀请我们作关于美育的电视访谈节目，我们合作得很愉快。1983年在厦门召开的第二届全国美学会上，我们俩又一次被厦门电视台邀请作美育访谈节目，接触的机会就更多一些，在交谈中，我们的观点非常一致，谈得十分投机，从此以后我们便成了忘年交，经常写信谈论美育问题，并为将美育列入我国的教育方针而共同努力。当1986年通过的国家第七个"五年计划"的报告中提出"各级各类学校都要加强思想政治工作，贯彻德育、智育、体育、美育全面发展的方针，把学生培养成为有理想、有道德、有文化、有纪律的社会主义建设人才"；以及全国人大通过的《义务教育法》的说明中也提到：在中小学教育中，应当贯彻德智体美全面发展的方针时，洪老先生给我来信说他看到这个消息，激动得一夜没有合眼，认为我们的呼吁没有白费，美育总算放到我国的教育方针中去了，美育大有希望，美育大有作为，我们要迎接美育春天的到来，为美育事业做出自己的贡献。我也和他同样欣喜若狂，激动不已，给他回信谈了我的兴奋心情和对实施美育的一些想法。我们的这些信件曾在《人民日报》上发表，在美学界、教育界产生一定的影响。可是，没过多久，教育方针中又不再提美育了，美育仍然是可有可无、时隐时现的东西，我们空欢喜一场。为此，洪老十分伤感。后来洪老先生在去世以前，曾托他儿子到北京看望我，并且带来了他写给我的很厚的一封信，谆谆教导要我一定把美育普及工作坚持下去，实现我们共同的心愿。这些年来，随着我国改革开放形势的变化和教育事业的发展，现在我国的教育方针已经明确地把"美育"列在其中，美育工作也取得了很大的成绩，青少年的审美修养也有明显的提高。我想，我可以告慰洪老先生：我们的愿望实现了！您可以安眠于九泉之下了！

　　上述这些美学老人，在我的美学专业和人生道路上，都是我敬佩的导师，他们对我的支持和帮助是我永远不会忘记的。

　　问：感谢您谈了这么丰富的史料，相信它们能够帮助年青一代具体了解新中国美学发展的历史。在即将结束这次访谈的时候，我还想请您谈谈您本人对美学的看法,可以吗?

李:我本人的主要工作是传播美学和美育理论,探讨美学美育理论的实际应用,在学术上谈不到有多少创见。但这并不是说我对美学和美育问题没有自己的看法和主张。我主张以马克思主义为指导来研究美学。认为美学研究的对象不是单一的,而是多元的,它包括美、美感、艺术和审美教育等诸方面。强调人类的社会实践对美学研究具有重要意义,认为社会实践是美的起点和根源。美是主体在社会实践中合目的性与合规律性的统一而呈现出来的一种自由的形式,是人的本质力量的感性显现。美的价值就是人类自由创造的价值,正因如此,它才能引起人们的愉悦情感。我还主张,在美学研究中,特别要把对审美教育的研究放在重要位置上,因为审美教育是美学研究的落脚点和归宿。我认为,研究美学,不能只停留在理论的思辨和体系的构建上,而应该和人的社会实践联系起来,深入人的生活中,引导人们树立正确的审美观,培养健康的审美趣味,学会欣赏美、塑造美,陶冶情操,怡情养性,使自己和环境实现审美化,为"建设美丽中国"贡献力量。

问:再次感谢您接受我的长时间采访,衷心地祝愿您安康、快乐,在研究上取得更多的成绩。

李:谢谢!

定稿于 2013 年 3 月

聂振斌，生于 1937 年，辽宁盖州人，中国社会科学院哲学所研究员，主要从事中国近代美学、美学理论、美育研究，曾任中华全国美学学会副会长、哲学所美学研究室主任，主要著作有《蔡元培及其美学思想》、《中国近代美学思想史》、《王国维美学思想述评》、《中国美育思想述要》等。

聂振斌先生访谈

时间：2002 年 9 月
地点：潘家园聂先生寓所

采访者问（以下简称"问"）：据我所知，您研究美学已经有 20 多年了，您参与、见证了新时期的美学建设。感谢您提供这次机会，使我能够向您了解一些建国后美学研究和美学界的情况。听您说过，您曾经在《新建设》工作过，据我所知，《新建设》在 20 世纪五六十年代社会科学界的影响很大，也很活跃，而且还是五六十年代美学讨论的重要刊物之一。请您介绍些与五六十年代美学讨论有关的《新建设》的情况。

聂振斌（以下简称"聂"）：《新建设》原来隶属于《光明日报》社，是由民主人士办的刊物。1958 年后才独立出来，归到中国科学院哲学社会科学部，名义上受科学院领导，由学部的张友渔负责，但业务上实际还是由中宣部直接领导，中宣部的龚育之具体负责过。《新建设》是唯一一个可以展开争论的地方，允许民主人士发表文章，然后争论。美学讨论时，我不在《新建设》，有些情况是从文章中知道的，听别人讲的。

美学讨论是由吕荧批判蔡仪开始的，1953 年，《文艺报》发表了吕荧的《美学问题——兼论蔡仪教授的新美学》，蔡仪还击，朱光潜等人也参加了讨论，最后集中批判朱光潜，朱光潜虽受批判，但他还可以在上面发表反驳文章，这在当时是不多见的。当时争论美的本质，很少涉及具体的文艺问题，即使谈也都是为其思辨服务的，没有直接联系文艺创作、文艺批评实际的。具体到发表文章还要由中宣部同意，允许朱光潜发文章，但蔡仪的有些文章却不让发，不知何故。周扬让王朝闻主持编写《美学概论》，而不让蔡仪主持，却让蔡仪主持编写《文学概论》。其实，把他俩的工作调换一下可能更合适些，但不知为什么周扬不那么做。所以，蔡仪对周扬很不满意。美的本质大讨论，奠定了中国现代美学的马克思主义哲学基础，训练了人们的思辨能力，形成了一次美学研究热潮。但把唯物与唯心作为正反审美价值判断的根本标准也带来了消极影响。在那样的政治气氛下展开美的本质的自由讨论,不是"一边倒",有批评,也有反批评,这是很难得的。但今天看来,这种讨论的学术价值并不大。

问:在20世纪七八十年代的文化思潮中,"美学热"显得比较突出,一方面是美学自身发展的必然要求,另一方面也与当时政治上的拨乱反正和思想解放的大环境密切相关。您能不能谈谈当时"美学热"的情况?

聂:实际上,二三十年代也出现过"美学热"。那时为了救国,蔡元培提倡过美学、美育,他的地位高,就有好多人响应,我们把它称为"第一次美学热"。80年代的"美学热"是"第二次美学热"。

"美学热"产生于粉碎"四人帮"之后。当时,学术业务也恢复了。美学研究几十年断流,美学研究者挨批,改革开放打开了"禁区",旧的美学研究队伍重新归队。80年代进行的关于美的本质讨论,重新拣起了五六十年代的话题,新的东西并不多,关键是没有更多的学问上的准备。当时,好多人都不知道美学,很好奇,也都参加进来了。因为美学不像严肃的科学或逻辑学,谁都可以讲几句,这样,研究队伍也就扩大了。"美学热"实际上也就三五年的时间,好多人是赶时髦才来的,后来感到没什么兴趣,还要读哲学等方面的书,挺深奥的,就走了。有人说美学冷了,实际上当时的"美学热"是不正常的,冷倒是正常的,剩下的倒是真正的研究者,主要是高校的老师、科研机构的研究者和对美学有兴趣的年轻人。美学研究与其他学科一样是一种严肃的工作,要做好这种工作,需要有"良知",有追求真理的热情和兴趣,有锲而不舍的精神。偶尔的心血来潮,或搞什么群众运动,对于学术是不会取得积极成果的。"美学热"的学术价值不是太大,而且那种"热"并不是很正常。结果,美学泛化,好像美学是万能的,我不大赞成。既然是一门学科,就应该有独立的体系,如果乱套就会庸俗化。

应该说,80年代的美学研究所做的工作是补课性的。过去的美学讨论思辨性很强,而且很简单化:美学缺少心理学原理、社会学原理,也缺少与现实的结合。在我看来,美学与实际结合最重要的是美育,但美育被砍掉了。80年代的美育研究、审美心理研究、审美社会学研究和具体艺术门类的美学研究开始出现,并有不少成果,中国美学史研究就更不用说了。这些都是五六十年代应该研究的,从这个意义上讲,有补课性的。这种补课性的研究,对美学学科的理论建设也是不能少的,《美学概论》一本本地出,原因是大家不满意,原来的基础太差,要补课,才需要不断地出,直到现在还在出,这也有补课性质的。许多著作有功利主义目标,主要为了评职称,独创性的东西比较少。大家对美学理论不满意,主要是因为照搬西方和苏联的模式。80年代末90年代初，我们就开始反省美学理论的局限，原因是没有将中国自己的东西融进去，如何中西融合、创新是个大问题。不能把中国的美学范畴，如意境硬塞进去，就算解决问题，而是应考虑如何更新，以及与西方结合的问题。

但有些领域具有开拓性，如中国美学史的研究。50年代之前，这方面的研究都是零碎的，二三十年代艺术门类美学的研究还比较少。80年代以后，具体艺术门类的美学研究都有了，绘画、音乐、戏剧、美术、建筑的美学研究都很丰富，也有很多研究成果。现在，美学著作出版得很多，但能不能成为传世之作就很难说了。

问：在1980年代的美学讨论中，美的本质的讨论很热烈，也很重要，应当说，这个争论对于美学的理论建设是很有意义的。这次讨论既吸收了五六十年代的美学讨论的经验、教训，也有了新的进展。突出的成就是原来的各种美的本质的主张都增加了新的内容，吸收了西方思想和其他学科的成果。您是如何看待这个讨论的呢？

聂：五六十年代曾讨论过美的本质问题，但80年代看还有许多问题。当时分为主观派、客观派、主客观统一派和社会派，实际上太笼统、太抽象了，含义都很不准确。80年代旧话重提，也没有提出更新的东西，包括李泽厚也还坚持原来的看法，其实他后来的观点还是有很大的变化的。他对美的本质的看法，甚至他的整个思想体系，都接受西方的人类学本体论、西方马克思主义的"新感性"和文艺批评的思想，集中体现在他的《美学四讲》中。

原来，"美的本质"的讨论受苏联模式的影响，主要以哲学上的唯物主义、唯心主义为标准，把美的本质讨论中的好多方法砍掉了，心理学、伦理学、人类学、社会学都不能谈。这些学科都被视为资产阶级的东西，研究者被打为"右派"，结果只剩下干巴巴的唯物主义，太贫乏了，也很简单化。唯物主义、唯心主义至多只能是美学的哲学基础，并不是美学理论本身，美学理论本身还需要很多方法、学科。因为美学是个边缘学科，自己并没有独特的方法，只有借助其他学科的方法才能构建自己的理论体系。哲学思辨有重要作用，但不能只靠哲学思辨，即使有哲学思辨，也不能只是唯物主义、唯心主义。今天看来，蒋孔阳将60年代美学的本质归纳为四大派，即主观派、客观派、主客观统一派和社会实践派，这种归纳比较准确地反映了当时的实际。但今天看来，各派的理论都比较简陋。实际上，那些看法都是似是而非的，到底有没有纯粹的客观和主观呢，存在主义、现象学出现后，可以看出这种说法就更不确切了。包括认识论，虽然主要反映客观，但也不是纯客观的，也是主客观的统一。后来，大家对讨论美的本质也没多大兴趣了。

问：我认为，《手稿》讨论在1980年代的美学讨论中的作用很大。就当时的美学研究而言，马克思主义是美学建设的指导思想、重要资源。马克思主义的这种地位为各美学理论派别建立自己的合法性提供了条件，大家都承认马克思主义对于美学建设的意义，但对马克思主义的理解又很不相同。对《手稿》的理解也是如此，而且《手稿》还是一部与美学有直接关联的马克思主义著作。从这个角度看，《手稿》讨论对于全面、正确地理解马克思主义，对于80年代的美学建设的意义就非常突出了。此外，《手稿》讨论还与当时对人道主义等问题的讨论有一定的联系。因此，理解《手稿》讨论有利于更深入地理解80年代的美学建设。能否介绍下当时《手稿》讨论的情况？

聂：《手稿》讨论与美的本质的讨论是联系在一起的。对《手稿》的看法主要有两派：一派以蔡仪为代表，认为《手稿》是马克思早期作品，那时马克思的世界观还没有达到辩证唯物主义和历史唯物主义的水平，而且受黑格尔的影响，不同意把《手稿》作为马克思主义的成熟作品，《手稿》没有谈到阶级、历史唯物主义，离开资产阶级来谈人，难以与资产阶级划定界限，它不能代表马克思的基本思想，特别是辩证唯物主义和历史唯物主义思想；另一派以李泽厚为代表的，认为《手稿》思想很丰富，能反映马克思主义的基本观念，特别是关于人、人化自然、自然的人化、异化劳动和人的本质的异化等问题的论述，都非常深刻，而且与美学的关系也比较密切。重视还是轻视《手稿》，是双方争论最根本的焦点。

在后来的讨论中，大部分人比较支持李泽厚他们的观点，因为他们认为《手稿》有丰富的美学思想，要研究马克思主义的审美观，就不能越过《手稿》。"文革"前，李泽厚就比较早地引用《手稿》的观点来参加论辩。80年代，美学界很重视《手稿》，朱光潜重新翻译，并纠正了原来翻译上的错误。虽然我没有参与《手稿》的讨论，但我还是认真地研读了《手稿》，我认为《手稿》与美学的关系最为密切，它始终围绕着人、人的本质、人的解放与人性复归的中心，论述了人的主体性、人的感性及审美感官的形成，论述了劳动与美的创造和美的规律，论述了人的本质力量的对象化，论述了人与自然的关系——人化的自然与自然的人化，论述了共产主义的实现与人性复归（人性的全面发展和完美人格的实现）、人本主义与自然主义矛盾的根本解决，等等，都涉及美学研究的根本问题。《手稿》的马克思美学思想比其以后关于现实主义、关于悲剧的论述要深刻得多，后者主要从艺术的社会功能、艺术为政治服务的角度来论述，没有像《手稿》那样以人为中心论述得深刻、有价值。特别是关于自然人与道德人的论述为审美教育提出了一个很高的理想，人格完美的实现应该是社会政治解放完成后才能达到的。此前，总要受社会、政治的束缚，不可能有完美的人性。《手稿》的讨论与美的本质的讨论是联系在一起的。

顺便插一句，当时的《手稿》讨论争论得很厉害。争论主要在社科院的哲学所和文学所。潘家森写过批评蔡仪的文章，朱狄在大《美学》上发表文章批判蔡仪，口气很重。蔡仪的一些学生不满，也发表了很多反击性的文章，文章主要发表在《美学论丛》上。1984年第二届全国美学会议在厦门开会时，双方还想在会上辩论，后来，因为朱狄没有参会，加上会议限制发言时间，也就没能争论起来。

《手稿》讨论与人道主义、异化问题讨论也有关联，也受到了政治的影响。人道主义、异化问题讨论主要涉及了社会、政治，哲学界比较关注。那时我曾经主编了一期大《美学》，有四篇谈《手稿》的文章约10万字被出版社砍掉了，结果全书只剩下了30多万字。出版社怕自己承担责任，也不和主编商量就自作主张，太不尊重人了！

问：据我所知，您参加过"文革"后的第一次全国美学会议，也作过哲学所美学室的室主任。我感到那次美学会议很重要，会议的议题可能与1980年代的美学讨论有很大的关系。哲学所美学室在具体的美学研究中、在组织美学活动推进美学研究中都做了不少具体工作。希望您就第一次全国美学会议、美学室与80年代的美学讨论的关系做些介绍。

聂：那时，各学科纷纷建立自己的学会，美学会成立得最晚，1980年昆明美学会议是中华美学会成立的标志。那次会议在昆明军区招待所召开的，有90多位正式代表。会议讨论了美的本质、形象思维、美育、美学史等问题。朱光潜、洪毅然、伍蠡甫都出席了，王朝闻、蔡仪、蒋孔阳因有事或不在国内都没去。会议开了近两个星期，准备得也非常充分，有充裕的时间交流，是真正的学术交流。会议有大会发言、小组发言和学术报告，每天一期的简报也出得很及时。这次会议选举周扬为名誉会长，朱光潜为学会会长。当时各省的美学会也召开过不少美学讨论会。

1978年恢复业务后，社科院哲学所成立了美学室。这些研究室原来都隶属于科学院哲学社会科学学部。美学室的齐一、李泽厚和朱狄都是原来哲学所的，在历史唯物主义研究组（后一律改研究室）。我当时所在的《新建设》、《思想战线》都不办了，我也不想再当编辑，想研究美学，就到了美学研究室。当时美学室有七八个人，齐一是室主任，后来逐渐扩大，人数最多时有 12 个人。美学室成立后，上海文艺出版社的总编辑郑镔找李泽厚出刊物，以书代刊出了大《美学》，主要是李泽厚自己编的，没有设编辑部，他出国后就把任务交给我了。当时，社科出版社出版了文学所文艺理论室蔡仪主编的《美学论丛》，两边各有自己的阵地。那时的美学论争主要是蔡仪和李泽厚的不同观点之争，我们都还比较超脱，一般都不介入这些争论。我当室主任的 10 年，美学室和文学所的文艺理论室的关系还挺好。即使观点不同，也不像过去那样，老死不相往来。

学术观点不应掺和到人际关系中，学者的胸怀应宽广些，不应把与自己观点不同的人视为敌人。谁的学术观点都有局限性，也不是什么都行，我基本上赞成李泽厚的观点，但他有好些观点我也不同意。尽管他是我的学长，也是朋友，我们关系很密切，学术观点有同有异，并不妨碍我们的友谊。

在我的《中国近代美学思想史》中，我对蔡仪的《新美学》的评价还是比较高的，至少我客观地介绍了它的内容，并作了系统的评述。第一次美学学会的文件中，把《新美学》称为"小册子"，我也不同意。《新美学》和当时出版的一些《美学概论》相比较还是很有创造性的，从学术研究的角度看，它不仅接受了马克思主义的基本观点，也批判地汲取了康德、黑格尔的美学，而且以马克思主义的观点予以批判，这在当时已经很不简单了。《新美学》比当时出版的一些《美学概论》是要高出一筹的，当然那些概论出版得较早，有历史原因。但不管怎么说，有 20 多万字，不能叫"小册子"，小册子有贬低的意思。《新艺术论》、《新美学》确实有新的地方。而且马克思主义的论述还是不错的。蔡仪毕竟是从美学角度来研究问题的，对文学艺术的本性、特点有较深的认识。20 年代的"为艺术的艺术"和"为人生的艺术"的争论，大多数人认为前者是错误的，后者是正确的，我是坚决反对这种看法的。其实这两个口号都没说明白，都没多少理论依据，主要掺杂了政治上的东西，把宗派情绪带进去了。一个受功利论文艺思想的影响；一个受超功利论文艺思想的影响。它们都各有道理，都有一定的合理性和片面性。对这两个口号的争论，很多人都是一边倒，认为"为人生的艺术"是正确的，"为艺术的艺术"是错误的，而蔡仪、朱光潜、梁启超等人都公平地指出了两者的缺点，这是对的。但写这一段的文学史并没有吸收这些正确观点，仍然偏袒一方而否定一方。有些批评家却不吸收这些观点，仍然坚持自己的成见。"为艺术的艺术"，主要针对当时创作、翻译中的粗制滥造，主要从提高质量这个角度来讲的。"为人生的艺术"，主要针对当时脱离实际的现象，有合理性，为现实服务还要保持质量，这很难做到，后来就发展到为政治服务。因此，只有综合这两种观点，扬弃各自的片面性，才是全面的、正确的。蔡仪既批判了"为艺术的艺术"的片面性，也批评了"为人生的艺术"的错误，他和朱光潜是对的。他研究美学，知道怎样从根本上把握问题，比那些搞批评的要全面、正确得多。

问：我很早就读过您的《中国近代美学思想史》，到现在还有较深印象。我感到内容比较扎实，也有不少独到的见解。请您介绍下这本书的写作情况。

聂：我1978年到美学室就决定研究中国美学史，打算从古代到近代按部就班地研究下去。1979年纪念"五四"运动60周年，文章、讲话很多，左一篇李大钊，右一篇鲁迅，还有毛泽东，连篇累牍，目不暇接，而"五四"新文化运动的真正领袖蔡元培却很少有人提及。李大钊、鲁迅、毛泽东都很伟大，但"五四"时期，他们都还没有那么伟大，他们当时的所作所为，都直接或间接（精神）地得到过蔡元培的支持和提携。写历史就要有历史学家的良知，要公正、客观、实事求是。出于对当时错误评价蔡元培的不满，我的目光从古代跨到了近代，系统地研读了蔡元培的著述，全面了解了蔡元培其人其事，并于80年代初写了本《蔡元培及其美学思想》。

后来感到对王国维评价很不公，又系统地研读了王国维的著述，觉得王国维并不像人们所说的那样糟糕。他只是个大学问家，说他是满清遗老根本不够格，连遗少也够不上，只不过思想上守旧、忠君罢了！我感到有的论著只注意政治表现，而且用一时一事论定他的一生，看不到他对中国近代学术、教育的巨大贡献，因此，我又撰写了《王国维美学思想述评》，于1986年出版。在研读蔡元培、王国维的过程中，涉及其他许多人物、事件和思想观点，促使我对整个中国近代美学思想的了解，也成为我后来写《中国近代美学思想史》的准备与基础。我写美学史，怕麻烦，就没有涉及当代，当代比较复杂，和我们没有距离，怕写得不客观，加上政治上的影响也说不透，我就写到1949年。宗白华的思想前后基本一致，1949年以后的材料也用了。朱光潜我写到了1950年代。后来他学习马列主义后，体系也不统一了，我就没有涉及。在那种政治氛围中，他的思想观点哪些是真心的，哪些是违心的，不好把握，所以我便知难而退。

从1840年到1949年，我没有采用政治上的断代，把"五四"作为近代与现代的划分标准，因为"五四"时，中国社会的性质实际上没变嘛！我根据美学思想本身发展的实际，把近代定为在20世纪前50年，19世纪那60年虽然属于近代社会，但就美学而言，尚未显示出近代的特点，直到19世纪末梁启超等人提出"诗界革命"，才显示了向近代的过渡。因为美学思想的发展和社会的发展是不同步的、是有差距的，我也是严格按照美学思想的实际来写作的。20世纪初才有了真正的美学思想，所以我没有把1840年作为近代美学史的起点，没有从龚自珍写起。我甚至把梁启超前期的思想都作为过渡，他的"小说革命"、"诗界革命"确实吸收了西方现实主义、理想主义理论，但严格地看，还不是美学，我把他放在蔡元培的后面，是因为他的美学思想主要在20年代才形成，这样才可以看到其思想的发展，而许多人是没有区分的。他早期美学思想的功利主义很强，要小说为政治服务，对中国传统文学的看法很落后，视《水浒》、《红楼梦》为海淫海盗之作，比王国维落后多了。但20年代后，他退出政界，从事教育和学术研究，审美观发生了很大的变化，由一个审美功利主义者变为超功利者了，我就主要写他20年代的美学思想，所以排在蔡元培的后面。应严格按照历史发展的框架来写，写出了变化，才能反映出历史的真实面貌。

现在看起来这本书也有缺点，由于篇幅限制，舍弃了不少应该有的东西。

问：应该说，实践美学是中国当代美学史上的重要理论成果之一，它得益于20世纪五六十年代和80年代的美学讨论，也是当代影响最大的美学派别。实践美学对中国当代美学的贡献是巨大的，但其局限也很明显。自80年代末开始，更年轻些的美学研究者开始质疑实践美学的合法性，提出了试图超越实践美学的后实践美学，并展开了相当激烈的争论。我知道，您倾向于支持实践美学，但对后实践美学也比较宽容。我想问的是，您是如何看待实践美学与后实践美学之间的论争的？

聂：要突破李泽厚的实践美学是合理的，美学思想应该不断地向前发展。李泽厚的实践美学建立于1960年代，80年代以来由于吸收许多新东西又作了修改、补充，内容与观点比其60年代丰富、新鲜多了。但基本框架没变，没有脱离唯物主义一元论的旧的模式。所以，应该突破。但在突破的方法和哲学基础是什么上，我与杨春时还有不同的看法：杨春时从存在主义出发主要是要超越，认为精神是独立于实践的。李泽厚的美学受马克思唯物主义哲学的影响，他把美的根本问题——美的本质与起源——都归结到物质生产实践上去。实践是物质生产活动，而美学是精神，审美活动是精神活动，和物质生产实践是两回事。至于用什么来超越，以什么作为哲学基础又是一个问题。杨春时是想用存在主义哲学来超越马克思主义哲学，似乎也不容易说清楚，我也不好说对错。

在他们开始争论时，我重新思考了李泽厚的观点。从根本上看，美的本质与人的本质是紧密联系的，但人的本质没有说清楚，美的本质也就说不清楚。他的美的本质、人的本质的根源不仅太笼统，而且完全排斥文化、精神对人的本质和美的本质的规定性，把它们都归结为实践，实践主体不是个体，而是群体，是抽象的，强调群体的主体性、社会性，往往就要忽视活生生的个体性和感性。潘知常反对李泽厚过分强调社会性而没有个体的位置，已经看出了李泽厚美学思想的这一缺陷。后实践美学还从非理性的角度反对李泽厚，我就不赞成。这主要是从西方马克思主义来的，西方人喜欢走极端，以前是用理性反对感性，现在是用感性反对理性，但理性还是有其存在的必要的。中国的理性、工具理性现在是不是到了该反对的时候呢？问题是，到现在工具理性还没有建立起来，你反对的东西是空的，所以，我不赞成这种提法。李泽厚受唯物主义哲学的影响，把美的根源归结为社会实践、物质生产活动，而物质生产活动主要是制造和使用工具，还是物质的，他提出人的心理结构是很有启发意义的。心理结构应该属于精神和文化范畴，独立于具体的物质实践活动，但李泽厚认为它仍然决定于社会生产活动，主要原因在于它是工具性的。其根本原因是他坚持物质一元论，我是反对把物质一元论普遍化、绝对化的。从人的起源来看，是物质一元论，但随着人的发展、分化，人的精神最终独立出来，用物质一元论来套就不行了，等于取消了精神的独立性。美的根源可以从实践中找，但美的本质不能从实践中找，说社会实践是美的本质是不对的。因为坚持了物质一元论，他就把美的本质与美的起源混淆起来，这也是他跳不出原来局限的原因。精神独立出来后，文化产生后，是可以改变物质生产活动的，但他否认这一点，也只有这样，他才能自圆其说，这才是最根本的。实际上，文艺和许多美学现象都是由精神、文化决定的，过去我们只承认经济基础的决定作用、社会存在的决定作用，而不承认精神、文化的决定作用。这都是受唯物主义影响的结果。

问：在我看来，审美文化研究贯穿了20世纪90年代的美学研究，审美文化研究的兴起与90年代经济、社会和文化的转型，特别是与文化的变迁有关，也与美学界反思以往重思辨的美学研究有关。因此，审美文化研究一度很热，直到现在才有所降温。您参与、见证了审美文化研究的全过程，并做了不少具体的工作。您能否反思下审美文化研究的意义和局限？

聂：从思想来源讲，审美文化这一新的概念的出现主要受西方后现代思潮的影响。因为以往的美学讨论主要方法是思辨性的，讨论的主要内容是美的本质、美的起源等美的哲学问题，与现实、艺术——审美活动的距离较远，而现实和文化的变化则要求美学研究的内容与方法都能够适应新的社会发展的需要。因而，到了90年代，大家对包括《手稿》在内的美学讨论都没有多大兴趣。这样，美学史和门类美学的研究自然有较大的进展，并且兴起了审美文化的研究热潮。

审美文化研究初期，一些年轻人借用了西方的后现代主义，来解释文学现象、艺术现象。把市场经济条件下出现的大众文化和审美文化等同起来，为大众文化一味地叫好，缺乏批判性的研究。我们美学学会有意识地组织了许多次讨论会，还成立了"审美文化研究委员会"，逐渐把审美文化讨论引向深入。我们认为，只照搬西方后现代主义是不行的，产生西方后现代主义的社会、文化背景与我们的现实是不同的，它反对现代性，可是我们需要的是现代性。此外，中国文化、西方文化本身的风格也不一样，要作具体分析。

在这方面，美学学会还是比较注意引导的，引导大家进行批判性的研究，也包括对西方马克思主义的研究。西方马克思主义对八九十年代中国思想界的影响很大，但对它的看法很不一样。一部分人认为，西方马克思主义是对马克思主义的背叛，不是马克思主义，只有我国的马克思主义才是真正的马克思主义，对西方马克思主义不屑一谈。马克思主义产生于资本主义上升时期，其母体是资本主义社会，是资本主义制度和思想体系的产物，是批判性研究资本主义的成果，它的革命批判精神是最杰出的。我认为，西方马克思主义继承了传统马克思主义的革命批判精神，它是在现代资本主义制度和思想体系下产生的，对现代资本主义产生的种种弊端，甚至人性异化现象进行了批判，真正继承了马克思主义的批判精神。例如阿多诺对文化工业的批判，我认为，就坚持了马克思主义的批判精神。马克思讲过，资本主义是不利于艺术生产的，阿多诺等人完全坚持了这个观点。阿多诺等人对文化工业的批判很坚决、很深刻，但也很片面，我们对西方马克思主义的文化思想也要批判、分析，择善相从，不能照搬。另外，西方马克思主义对马克思主义的原典，对马克思主义本身的研究要比我们深入、细致得多，具有学术性。我们的马克思主义研究受政治影响大，把马克思主义政治化、教条化，去迎合时尚，但这样的东西是不会长久的。90年代的审美文化研究也接受了西方马克思主义的思想，特别是批判文化工业的思想。

到现在为止，审美文化研究已有十多年了，有关的成果也不少，观点也有很大的差异。我的基本观点是：大众文化需要研究，但应该是批判性的研究，以便把大众文化提高到审美的层次。现在的大众文化主要是商业性的，为少数人赚钱服务，其大众性主要表现为比较通俗，接受的面比较广；但从创作的角度讲，是受极少数人操纵的，目的是为了赚钱而刺激人的欲望、消费。文化最本质的东西是精神，文化修养的根本目的是要人有超越精神，而大众文化正好违背了文化的本质。因此，为了坚持文化的本质、提升人的精神，就不能不对大众文化采取一种批判的态度；不采取一种批判的态度，任凭大众文化去煽情诱欲，不仅不利于人的素质的提高，也会破坏社会的秩序。经过批判使大众文化能够审美，不能一味地去刺激人的感观欲望。但我们不能像阿多诺一样完全否定大众文化，因为它对社会还有积极作用，能够刺激欲望、刺激竞争与消费。它是市场经济的产物，是客观存在的事实，这也是无法否定的。文化是人类社会、人之为人的根本标志，没有文化就无所谓人类，但文化的作用并不都是正面的。文化是很复杂的，它通过人来发挥作用，可以激发高尚的情感，使人健康向上；但如果只刺激人的官能欲望，就可能会出现享乐、腐化的结果。从历史上看，文化本身也有两面性。中国古代早就注意到人的欲望是中性的：一方面是人类发展和进步的动力；另一方面欲望又可能使人堕落。因此，需要有一定的限度，超过了这个限度，就可能成为罪恶。个人欲望膨胀，就可能丧失人性、伤害身体，就可能破坏生态环境、破坏社会秩序。在中国历史上，儒家一直主张"发乎情止乎礼"，包括宋明理学的"存天理，灭人欲"也承认人基本的生存欲望，并不是要彻底否定欲望，主要是为了反对统治者、富有者的纵欲和荒淫无度。中国自古就重视要保持适度的欲望，不但要有法，还要有礼，以便疏导、调节人的欲望，这完全正确。西方很极端，中世纪就是禁欲的时代，但要真正禁欲也是不可能的。中世纪后，就是欲望的大膨胀。西方是发达了、富裕了，但全世界被它祸害了，一次次地掠夺财富、发动战争，中国也深受其害，这个责任应该由谁来负呢？西方的文化精神就是向世界无限制地索取，西方资本主义就是在不断地掠夺中发展的，这是个大问题。如果世界按中国的文化模式来发展，那么，世界的资源、环境就不会是现在的这种状况。当然，历史和事实是无法靠假设来改变的。

目前，审美文化的研究少了，不少人开始注意文化研究。我认为，我们过去是比较轻视文化的。唯物主义认为，文化属于上层建筑和意识形态，要受经济基础的决定。我们过去只有经济基础决定论、社会实践决定论，而没有文化决定论。在我看来，好多都是由文化决定的，文化表现为民族精神，它体现在传统、习惯和风俗中，它对人行为方式的影响太大了！这里不说其消极或积极意义。例如，封建制度被推翻已有100多年了，但封建观念在中国仍根深蒂固，仍然影响着人们。在以往的文学、文艺研究中，也缺少文化这个环节。20世纪是西方文化研究最热烈的时期，出现了文化学、文化人类学等学科和许多研究成果。但只是这几年以来，我们才开始重视文化研究的。

定稿于2005年2月

李醒尘，生于 1937 年，辽宁盘锦人，北京大学哲学系教授，主要从事西方美学、西方美学史的教学与研究工作，曾经担任北京市美学学会会长。参加了《美学概论》教材的编写，60 年代参加了周谷城美学思想批判和其他文化活动。主要著作有《西方美学史教程》等，主编《十九世纪西方美学名著选》（德国卷）等。

李醒尘先生访谈

时间：2005 年 8 月
地点：北京大学李先生寓所

采访者问（以下简称"问"）：李先生，您大学毕业后就进入了刚成立的北大美学教研室，不久后又参加了《美学概论》的编写工作。众所周知，《美学概论》是新中国成立后集体编写的第一部美学教材，对普及美学知识、培养美学研究人才都起到了很大的作用。我想请您谈些 60 年代北大美学教研室的教学研究和《美学概论》的编写情况。

李醒尘（以下简称"李"）：是的，我是 1960 年从北大哲学系毕业的，毕业后就留在了美学教研室，不久又参加了《美学原理》（后来出版时才改为《美学概论》）编写组的工作。北大美学教研室的建立和编写美学教材是很重要的，是两个具有一定历史意义的事件。众所周知，美学作为一门学科是从西方传入的，当然，这并不意味着中国就没有美学思想，我国的美学思想很丰富。但一个基本的事实是，中国古代并没有美学这样的学科，作为一门学科，美学是从外国传入中国的。最早把美学介绍到中国的是梁启超、王国维、蔡元培等人，他们是第一代美学家，到了 1930 年代，朱光潜、宗白华、邓以蛰等从外国留学回来，他们又是一代人，他们在大学里开设了美学课，致力于美学的专门研究，做了许多工作。同时还有一条线索，就是从苏联传入的马克思主义美学，鲁迅、周扬、蔡仪都做了一些工作。虽然解放前美学已经传入中国，得到了传播，大学里也有少数学者开过课，在开启民智、促进社会进步方面起过积极作用，但是，在大学里却一直没有美学教研室的建制。解放后，1952 年开始院系调整，所有搞哲学的教授都集中到了北大哲学系，当时美学被视为资产阶级的学科，也没有美学的专业设置，根本无人讲授。我是 1955 年入学的，那时全国性的美学大讨论已经开始了，报刊上陆续发表了许多文章，主要是批判朱光潜。据说是为了贯彻"百花齐放，百家争鸣"的方针，领导作了朱先生的思想工作，希望他能出来带头做些自我批评，所以他先检讨了自己的美学思想。这场讨论持续了好几年，不但在大学师生中间而且在社会各界都引起了很大的兴趣。作为学生，我和很多同学都时刻关注着美学讨论的进展，凡有新的讨论文章，我们必找来先睹为快，然后就进行讨论，时常还争论得面红耳赤。那时我读了许多讨论文章，还听过蔡仪先生在北大作的美学讲座。1960年我从哲学系毕业，略早些时候，系里有一个美学组，是挂在辩证唯物论和历史唯物论教研室里的，成员有王庆淑、杨辛和甘霖。在这个美学组的基础上，1960年北大哲学系建立了全国第一个美学教研室，我就被分配到了这个教研室。王庆淑因做系里的党务工作，没有参加美学教研室，当时的教研室主任是杨辛，教员有甘霖和新留下的三个年轻人：于民、阎国忠和我。还有一位被错划为"右派"的金志广专搞资料工作。不久，宗白华和朱光潜两位老先生也被吸纳到了教研室。叶朗是1961年上半年来到教研室的。北大美学教研室的成立与美学大讨论有很密切的关系。在这场讨论中，朱光潜先生一方面公开检讨，承认自己的错误，同时又努力学习马列，不肯轻易地接受别人的意见。参加讨论的人都说自己的观点是马列主义的，他则认为，别人对马列主义的理解并不正确，于是就"有来有往，无批不辩"，展开了旷日持久的批评与反批评。整个讨论很热烈也很认真，并且以美的本质问题为核心，形成了以朱光潜、李泽厚、蔡仪、高尔泰为代表的四派不同观点。高尔泰认为美是主观的，蔡仪认为美在客观的典型性，朱光潜提出美是主客观的统一，李泽厚认为美在客观的社会性，这四种看法谁也说服不了谁。在贯彻"百家争鸣"方面，大家公认美学界是做得最好的。美学讨论不但引起全国学术界的重视，而且唤起了整个社会对美学问题的兴趣，促使大家进一步要求建立美学学科、研究美学问题，尤其是马克思主义美学，即如何用马克思主义观点来说明各种美学问题。当时教育战线有一个口号，叫做"用马克思主义占领资产阶级的学术阵地"，这也是成立北大美学教研室的重要理由之一。总之，北大美学教研室的建立应该说是50年代美学大讨论的一个结果。此前我国大学里没有美学教研室的建制，这是我国教育史上第一个美学教研室。有这个建制和没有这个建制情况是很不一样的。有了这个建制以后，就可以不断有人从事教学和研究，培养学生，就可以使美学学科持续发展了嘛！

到了1960年代，美学大讨论基本上平静下来，不那么热了。这时，为贯彻党的"做普通劳动者"的教育方针，在1958年大跃进中大批下乡的高校师生又回到了学校，中苏关系也起了变化，反修防修日益成为意识形态领域的中心任务。北大美学教研室建立起来以后，拿什么教材上课成了一个突出的问题。那时我们接触到的主要是苏联的美学教材，大家并不满意，主要是苏联的理论脱离中国的文艺实际，有些观点也不能同意。在这种情况下，自然就要求编写中国人自己的美学教材，这是很正常的。周扬同志对美学非常重视，延安时他就翻译了车尔尼雪夫斯基的《生活与美学》，这本书在中国实际上是从事美学研究的入门书，很多搞美学的人都是先读了这本书的。在1958年"大跃进"的时候，周扬曾在北大中文系作过一次《建设中国马克思主义美学》的演讲，是他第一次提出了这个口号。这也证明，当时我们对流行的苏联的那一套并不满意，要有我们自己的东西，这就需要编教材。1961年4月，中宣部组织召开了一次文科教材编选会议，周扬在会上作了一个很长的报告，部署了全国高校文科80多个专业的教材编写工作，要求认真总结1958年教育革命以来的经验教训，以马克思主义与中国革命实际相结合的毛泽东思想为指导，正确处理红与专、书本知识与活的知识、论与史、古与今、中与外等方面的相互关系，力争在较短时间编写出全国通用的教材，艺术类由文化部抓，文科由教育部抓。他说，这是一件宏伟艰巨的工作，他自己也要亲自参加。我们教研室的杨辛同志参加了会议，回来作了传达，大家都很兴奋。那时中国人民大学哲学系在北大之后也成立了一个美学教研室，主任是马奇。杨辛和马奇联系商量后，决定两家协作，分头搞，不集中，要在次年7月，编写出一套马克思主义美学的教科书。1961年5月9日下午两个美学教研室的部分同志在人大开会，讨论商定了一个具体计划，马奇还谈了几点注意事项：政治挂帅，理论联系实际，反对修正主义，贯彻党的双百方针，等等。参加这次会议的北大教师有杨辛、甘霖、于民和我，人大的教师有马奇、田丁、丁子霖、李永庆和杨新泉。可是两校的这个协作计划很快就改变了。5月27日我们这些人被召集到民族饭店7楼48号开了一个会，会议由王朝闻主持，马奇传达了周扬的指示，决定把我们从北大、人大抽调出来，再从其他单位抽调一些人来，成立一个美学原理编写组，王朝闻任主编，归教育部文科教材办公室领导，将来和已经集中的《文学概论》、《现代文学》等编书组一样，都住到高级党校去，目前先搜集资料。由于党校的住房还没有安排好，6月13日我们暂时集中到石驸马大街88号教育部招待所，在这里住了两个月左右，这期间主要是搞资料，读书，讨论，调人，等新调的人前来报到，齐一传达过周总理在文艺座谈会上的讲话，王朝闻传达过周扬和陈毅有关文艺的讲话，我们都进行了认真的讨论，直到8月20日才搬到高级党校去集中，那时大部分人已经报到了，8月31日便开始讨论编书搭架子。前后约有20多人参加了编写组的工作，北大有杨辛、甘霖、于民、李醒尘，人大有马奇、田丁、袁振民、丁子霖、司有伦、李永庆、杨新泉，陆续调入的有哲学所的李泽厚、叶秀山，武汉大学的刘纲纪，山东大学的周来祥，《红旗》杂志的曹景元，北京师大的刘宁，中央美术学院的佟景韩，音乐所的吴毓清，《美术》杂志的王靖宪，中宣部文艺处的朱狄，西安美院的洪毅然等。主编王朝闻同志是美协的党组成员之一、著名的雕刻家，他出版的《新艺术创作论》等书曾得到毛主席的好评，他的威信很高，大家都很尊重他，他有艺术家的气质，平易近人，能与群众打成一片，经常到外面作报告，很受欢迎。杨辛、马奇和田丁是编书组的领导成员。编书的前期工作主要是收集、研读资料和讨论提纲。我和丁子霖负责资料工作，我们从北大、师大的图书馆借来许多有关美学的书，建立了一个小图书室。当时正值三年困难时期，生活条件是很艰苦的，粮油肉凭票供应，量很少。为了照顾我们这些编书的知识分子，有一次领导不知从什么地方弄来一批干鸭脖子，大家吃得还很满意。当时大家的热情很高，认真学习，刻苦钻研，摆在首位的当然是马克思主义，马恩列斯、毛主席的文艺论著都是必读的，同时我们还广泛钻研中外哲学史、美学史、艺术史，以及各门艺术的理论和知识，还请朱光潜、宗白华先生来讲过课，并且整理、编印了一些中国、苏联和东欧有关美学问题讨论的资料，当时的学习气氛还是蛮好的。我除了管理图书搞些资料以外，对艺术欣赏问题也做了点研究。王朝闻到外面作报告，我常跟着作记录，他很重视艺术欣赏，提出欣赏是一种再创造的新观点，他结合具体作品，讲得生动有趣，这也引起了我的兴趣。周扬和教育部的领导对编写教材是很重视的，周扬曾亲自来到美学编写组看望过大家，还说希望从我们这些人中产生出几个美学家，给大家很大的鼓舞，教育部文科教材办公室还不时印发一些各编写组的经验介绍和情况通报，供大家学习和交流，对指导教材编写起了很大的作用。那时强调以马克思主义、毛泽东思想为指导，理论要联系实际，要正确处理史与论、古与今、中与外的关系，强调理论的科学性、全面性和系统性，对编书质量有很高很严格的要求。我们美学组在确定写作提纲后，对学科主要问题都进行过认真的讨论，那时大家的关系很好，很团结，敢于发表不同意见，能够畅所欲言，"百花齐放，百家争鸣"。到了编书的后期，主要工作是写作，王朝闻留下了一部分人：李泽厚、叶秀山、刘纲纪、杨辛、甘霖、刘宁等，我和其他同志就都陆续回原单位了，这大约是1962年8月左右。两年后，1964年，《美学原理》编写组写出了一部40多万字的讨论稿，内部印刷，并广泛征求意见，可惜并没有及时出版。由于1966年发生了文化大革命，整个编书工作也就中断了，直到"文革"后的1978年，中断十几年后才又考虑正式出版。当时人民出版社想出版这部教材，在责任编辑田士章的积极努力和推动下，王朝闻先是分头让社科院和北大参加过编书组的同志修改，我也参加了。后来王朝闻仍不满意，他又找了刘纲纪、刘宁和曹景元三个人跑到东北去修改，最后于1981年6月正式出版，书名也改成了《美学概论》。这是中国人自己写的第一本美学教材，具有一定的历史意义，对推动美学的复兴和以后美学教材的编写有积极的影响。

此外，在编写美学教材的同时，朱光潜和宗白华也接受了任务，他们分别搞西方美学史和中国美学史。朱先生很快写出了两卷本《西方美学史》，并于1962年7月出版，受到普遍的欢迎。中国美学史没有写教材，搞的是资料，在宗先生的指导下，在广泛征求学术界各方面专家（如郭沫若、侯外庐等）意见的基础上，于民等同志编出了《中国美学思想史资料选编》，油印了厚厚的三大本。另外，朱先生为写《西方美学史》还翻译过很多资料，本想作为《西方美学史》的附编，因为尚未完成，不够完整，就没有纳入。我们教研室的同志从这些资料中编选了一本《西方美学家论美和美感》，作为内部资料铅印了。"文革"后，我们又对这些资料作了进一步加工，编成《西方美学家论美和美感》和《中国美学史资料选编》（上下卷），交由商务印书馆和中华书局正式出版。在编选《西方美学家论美和美感》的过程中，曾得到缪灵珠先生家人的帮助，我们得以从缪先生遗稿中选用了部分资料。这两本资料书的出版，也受到美学界的欢迎。

问：您讲的这些情况对于了解当代中国美学在1960年代的美学研究和活动是大有好处的，我想知道的是，您是如何看待美学讨论、建立美学教研室和编写美学教材这些美学活动的呢？

李：我已说过，北大美学教研室是我国教育史上出现的第一个美学教研室，《美学概论》是我们中国人自己写的第一本美学教材，它们都是美学大讨论促成的积极成果。这是建国后美学发展的最初阶段。从历史的角度看，应当说是有意义和价值的，虽然难免历史的局限，但是成绩还是主要的，不能轻易否定。这些活动组织了美学队伍，为美学此后的发展打下了基础。周扬曾希望从美学编写组的成员中能培养出几个美学家，他的这个期望没有落空。我们现在熟知的一些著名美学家如王朝闻、李泽厚、杨辛、马奇、刘纲纪、叶秀山、周来祥等都是当年美学编写组的成员，都对我国美学的发展做出了成绩和贡献。没有五六十年代的美学大讨论、北大美学教研室的成立和美学教材的编写,就没有 80 年代以后美学的复兴和繁荣,不应当把这两段历史简单地对立起来。现在有人在谈到这段历史时过分强调了历史的局限性,不够实事求是,有片面性和简单化的倾向。美学大讨论涉及的问题很多,并不是只讨论美是主观的还是客观的这一个问题,关于美学的研究对象、美学与文艺理论的关系、美的本质、美感、自然美等问题、美学的哲学基础和方法论问题等,也都讨论到了。这些问题都是应当讨论的,并且不单纯是中国的问题,当时在苏联、东欧范围内也都在讨论,它们也有社会派、自然派等观点,讨论这些问题有其逻辑上的必然性,牵涉到建设马克思主义美学的一系列基础性问题。我觉得中国的讨论比苏联、东欧的讨论更深入、更有价值。当然,历史的局限性也是有的,讨论中各派都说自己的观点是马克思主义的,但实际上简单化、绝对化的情形也不少,尤其是有的人没有严格区分学术与政治,对资产阶级美学思想缺乏分析,往往一概斥之为错误的甚至反动的,表现得很"左"。但是,我觉得编书时比大讨论时是更冷静的。编书是在总结 1958 年以来三年教育革命的经验教训,力图纠正一些"左"的偏差的情况下进行的,当时虽然也强调阶级斗争,反修防修,为政治服务,但同时也很重视学术,强调科学性、系统性、全面性,并非指导思想就是"左"的。我没有这种感觉。回顾这段历史,我觉得总体上还是不错的。领导重视,团结合作,从搞资料做起,每个专题都反复自由讨论,花了整整三年时间,那是非常认真的,那时生活条件艰苦,但大家生活得仍很愉快,彼此相互尊重,互相学习,互相帮助,相处得很好,的确有很多值得怀念的事情。

问:您回北大后,朱先生是如何指导您搞西方美学史研究和教学的?能否介绍一些"文革"前朱先生的情况?

李:朱先生对我们没有特别的要求。他本人很忙,在政协、文联和作协有一些社会兼职工作,经常参加很多社会活动和学术活动。他的编制在西语系,只有一部分工作在哲学系,主要是为我们开西方美学史课。1962 年 8 月底,我从编写组回北大后,领导安排我先去拜访朱先生,他欢迎我今后跟他学习西方美学史,要求我首先要在原理、历史和外文等方面打好坚实的基础,订一个三年规划。当时教研室分工我和阎国忠搞西方美学史,做他的助教,听他的课,向他学习,给学生辅导。朱先生讲课用的教材就是他刚刚出版的《西方美学史》,这是一门新课,很受学生欢迎。他有丰富的教学经验,上课开始时他总要提出点问题让学生回答,这种师生互动活跃了课堂气氛,有益于促进学生的认真学习和独立思考,但下一次上课有些学生就坐到后面去了,怕点到自己回答不好。他的课讲得慢条斯理，逻辑清晰、重点突出，每到下课铃响，正好讲完，时间掌握得很好。朱先生很注意发挥青年教师的作用，培养年轻人，主动让我们参加他的讲课，他说："不要光让我讲，你们也讲一点吧！"他给我们分了工，让阎国忠重点研究法国美学，我重点研究德国美学，后来阎国忠讲了狄德罗，我讲了莱辛。那时不像现在，刚毕业就可以上讲台，一般都得先当几年助教。我们当时也怕讲不好，朱先生就鼓励我们，并让我们备课有困难时可以找他。他住在燕东园，后来搬到了燕南园，每当我遇到学习上的问题或写了一点小文章就常去向他请教，他总是热情接待给以帮助。在和朱先生的接触中，他谈过讲课、读书、写作、学外文、锻炼身体等许多方面的问题，他特别重视知识积累和基本技能的训练。他说，研究美学的人不但要有美学方面的知识，还要有哲学、心理学、艺术学、历史学等方面的知识，要多读书、多积累资料，不断扩大知识面，但在讲课写文章时又要突出重点，不能枝节过多，要把博学与简约结合好。他很重视外文和写作这两项基本技能的训练。我在1956年大二时选修过德语作为第二外语，他说德语对于西方美学史的研究很重要，可以掌握第一手资料，应当学好。有一次他逛王府井旧书店时发现了两本日本人编写的德语课本和文法，他还特意买来送给了我，鼓励我继续学习。有一次，他在批改过我的一篇文章后对我说："你的思想训练和写作训练都还要加强，必须注意写作，写作就是思想，要把写作看作提高自己的过程，不必写得很多，但是每写一篇就要写好它。文章要反复地修改。我自己现在一般也还要改两遍，以前年轻时改得就更多了。"我问他："您的文章为什么写得那么快？"他笑着说："那并非一日之功啊！我写了几十年了，我写讲义、写书，还办过杂志，当过编辑呢。"朱先生治学严谨，要求严格，但他待人却和蔼可亲，他不是口若悬河的人，从不滔滔不绝地教训人，总是结合亲身的经验和你交谈，言语不是很多，每次也只谈一两个问题。时间长了，交谈多了，你就会发现他谈的都是很宝贵的治学经验，对自己的成长是很有帮助的。那时向他请教的人很多，不少青年写信问他怎样学习美学，他不能一一写信答复，后来就写了有关的文章，还写了一大段"顺口溜"，这是大家都很熟悉的。50年代的美学大讨论是从批判朱先生开始的，但在讨论的过程中，他做了自我批判，又认真学习马列主义、毛泽东思想，变被动为主动，提出了美是主客观的统一，成为讨论中的重要一派，他的见解有理有据，虽未获得公认，但在人们的心目中，他仍是美学权威。60年代初，在编写文科教材时，他又率先撰写出版了两卷以马克思主义为指导的《西方美学史》，这更令人钦佩。那时领导十分重视他，整个的学术气氛也比较好，为了纠正1958年以来在贯彻教育方针方面出现的一些左的偏差，领导上一再强调要向老先生学习，所以那时我们都很尊敬他，学习得也很认真和虚心。当然学术上也会有不同的见解，那是很正常的。"文革"中他被打成"资产阶级反动学术权威"，住过"牛棚"，受过残酷迫害，他是在西语系参加运动的，我们哲学系搞美学的人没有参与，许多情况都是后来才知道的。

问：1960年代，在全国范围内展开了对周谷城美学思想的批判，其中美学界的批判最为集中。最近，我还阅读过您当时发表的文章。如今已是时过境迁，能否谈些您自己的经历，以及您知道的背景？

李：是的，我曾发表过批判周谷城美学思想的文章。但是，当时我还很年轻，二十几岁，也不是党员，对于在全国范围内开展的那场批判，其背景还真说不上来。1962年，周谷城在第12期《新建设》上发表了《艺术创作的历史地位》一文，提出了"无差别境界"说和"时代精神汇合"论等美学观点，引起了学术界尤其是美学界的注意。1963年上半年，《新建设》和《文艺报》连续发表了陆贵山、王子野和茹行的三篇批判文章，接着又连续发表了周谷城的三篇反批判的文章，《文汇报》、《光明日报》和《人民日报》也陆续发表了一些批判周谷城的文章，不少报刊都派人下来组稿，一场关于周谷城美学思想的学术讨论就这样在全国范围展开了。当时是叫学术讨论，可是多数人都不赞成周谷城的观点，发表的大多是批判文章。那时我还在美学编写组，人微言轻，没有人向我约稿。从大家的议论中，我才知道周谷城是复旦大学历史系的教授，是毛主席的老同学，毛主席到上海总要去看望他，他也敢于和毛主席唱反调。人们都很奇怪，他是一个历史学家，不是美学家，现在为什么大写美学文章呢？有人说："这是一股配合修正主义的资产阶级思潮。"在那个年代，千万不要忘记阶级斗争和反修防修的号召，的确支配着人们的行动。我虽然刚刚毕业不久，知识准备不足，但仍跃跃欲试，决心在斗争中学习，锻炼成长。我研究了周谷城的全部美学文章和批判他的有关文章，认为他的美学思想体系是资产阶级的，不符合马克思主义。于是便写了一篇文章寄给了《新建设》，5月底稿子被退回来了，说是写得面太宽，最好从某一个问题来写。可是我认为，要批倒他应当从整体上把握他的美学思想体系。为此我又进一步研究，读了许多马克思主义哲学、外国哲学史、美学史和文艺方面的书，在读到实用主义哲学关于自我与环境相互作用的思想时受到了很大的启发。我觉得周谷城的所谓"无差别境界"（个人与环境一致）→"有差别境界"（个人与环境相违）→"无差别境界"（个人与环境一致）

的那套说法，是和实用主义一致的。这样我就又花了几个月的时间，写出了《周谷城美学的精神循环圈》那篇文章。在我从编书组回到北大以后，把稿子送给朱光潜看过，他当时已经发表过批判周谷城的文章，对我的文章提出了一些意见，我又做了修改，然后就寄给了《文艺报》。这大约是在1963年底，那时美学界的同人朱光潜、马奇、叶秀山等都已发表过文章，我写的还是比较晚的。1964年3月3日，《文艺报》的编辑黄秋耘和胡德培来到北大，说准备用我的稿子，提了一些意见要我进一步修改。我又改了一遍送去，不久就在第4期上发表了。胡德培说，此文发表前，邵荃麟同志看过，并作了一点修改。文章发表后反应很好，《光明日报》还以十分醒目的方式转载了该文的摘要，产生了较大的影响。我那时真的很高兴，因为这是我大学毕业后发表的第一篇文章，是努力研究的成果，从此我在学术界算是"小有名气"了吧。不但《文艺报》继续要我写稿，而且《人民日报》的杨扬、陈笑雨，《光明日报》的乔福山，《文汇报》的艾玲等有名的报人都来找我约稿，这又使我感到很紧张，有很大的压力。胡德培来电话说，希望我下一步先写时代精神问题，说是荃麟同志的意见。我没有拒绝，但写起来感到困难，不知掌握什么分寸，从哪个角度写才好。为此胡德培来北大和我谈过一次，临走时说，编辑部争取让荃麟同志接见我一次。不久，6月13日下午，胡德培领我到邵荃麟家，好像是在东城区一条胡同的四合院里。那时我并不清楚邵荃麟是全国作协副主席和党组书记，只知道他是党在文艺界的重要领导人，以前读过他的文章，从未见过面，能得到他的接见，自然是很高兴的。邵荃麟高高的个子，瘦瘦的，身体不大好，说话有气无力，但思维清楚，逻辑性很强。他先问我哪年毕业的，外文基础和现在的工作怎样，又谈到黑格尔美学中有关理念、情致等概念，说研究西方美学很必要。然后他就周谷城的时代精神汇合论和我进行了耐心的讨论，说关于无差别境界的问题已经讨论得很多了，下一步应当重点讨论时代精神汇合论，姚文元写的有关文章并没有讲清楚。不要只讲抽象的哲理，要从当前的实际出发，还应当联系文艺作品进行分析。他指着墙上挂的一幅中国山水画说，像这样一幅画，它的时代精神究竟是怎样体现出来的，就需要认真地分析。时代精神汇合论抹杀了时代发展的方向，对文艺创作是有害的。党中央很重视关于周谷城美学思想的讨论，但这仍然是人民内部矛盾，要以理服人。他希望我进一步给《文艺报》写关于时代精神汇合论的文章，并帮助拟定了提纲，要求最好在5月25日以前写完。临走时他对胡德培说，可以让我到编辑部的写作室去住。我说不必了，我在北大还有课，这样我就没有去。回来后我又给

《文艺报》写了两篇批判时代精神汇合论的文章，可是很长时间都没有发表，后来编辑部说这两篇稿子叫何其芳要去了，不久就在何其芳主编的《文学评论》第6期上发表了。何其芳对批判周谷城不以为然，有抵触情绪，《文学评论》一直没有发表批判文章，领导很不满意，眼看快到年底了，批判周谷城的工作也要结束了，为了避免领导的批评，他便向《文艺报》求援，打电话问有没有现成的稿子，于是我的两篇文章就被拿去给何其芳"救驾"了。胡德培告诉我，何其芳看过这两篇文章并做了一些修改，文章发表后，我发现调子提得很高，把周谷城美学思想提高到了"反社会主义文艺路线"的高度。

1964年下半年，按照党中央的部署，进一步开展了城乡社会主义教育运动，在农村是搞"四清"，在城市是开展意识形态领域的阶级斗争，批判所谓修正主义、资产阶级的文艺作品和学术观点。那时《人民日报》、《红旗》杂志、《光明日报》、《文汇报》等主要报刊发表了许多批判文章，周谷城的"时代精神汇合论"、杨献珍的"合二而一论"、罗尔纲的"李秀成曲线救国论"、茅盾和邵荃麟的"写中间人物论"都陆续遭到了批判，被视为资产阶级、修正主义的货色。6月底，毛主席在读过中宣部关于全国文联和各协会整风情况的报告后，作了如下批语："这些协会和他们所掌握的刊物的大多数（据说有少数几个好的），十五年来，基本上（不是一切人）不执行党的政策，做官当老爷，不去接近工农兵，不去……反映社会主义的革命和建设，最近几年，竟然跌到了修正主义的边缘。如果不认真改造……势必在将来的某一天，要变成像匈牙利裴多菲俱乐部那样的团体。"8月18日，毛主席在中宣部关于公开放映并组织批判影片《北国江南》、《早春二月》的报告上又批示："不但在几个大城市放映，而且应在几十个至一百多个中等城市放映，使这些修正主义材料公之于众。可能不只这两部影片，还有些别的，都需要批判。"于是进一步还对《北国江南》、《早春二月》、《林家铺子》、《不夜城》等一大批文艺作品及其艺术家展开了批判。1964年9月，北大的教师很多都陆续被派到乡下搞"四清"去了，领导上没有派我去，通知我说中宣部点名要借调我和中文系的张钟去《人民日报》文艺部参加学术批判。当时中宣部从高校和科研单位调了一些人，一部分人留在了中宣部，如陆贵山、马畏安、孟伟哉等，另一部分调到了《人民日报》文艺部，除了北大的我和张钟，还有人大的马奇、田丁，戏剧学院的谭霈生，哲学所的汝信等人。一开始我们住在地处豫王坟的人民日报宿舍里，马奇和汝信原单位工作很多，一般住在家里，那时并没有"写作组"或"大批判组"的名称，成员也是流动的，马奇、汝信、谭霈生后来都陆续回去了，也来过一些新作者，写完文章就离开了，这里实际上是一个写作室。报社副主编王揖、文艺部主任张潮和文艺评论家李希凡直接抓我们这摊工作，和我们的联系较多。调我们到这里来，就是要我们专心写文艺思想方面的批判文章，一般是报社文艺部列出一些选题，印发给我们一些供批判的材料，希望我们写出有分量的文章。但是没有人告诉你该怎么写，也没有组织讨论，文章还是由自己来写，以个人名义发表，实际上是集中起来单干。那时我们都觉得文章很难写，往往写不出来，很苦恼，即便写出来了，也未必能够发表，还要经过层层审查，不但要经过文艺部、报社的审查，还要送中宣部由周扬、林默涵通过。我印象很深的是，张钟要写一篇文章分析《林家铺子》中林老板的形象，写了好多次都没能通过，闹得我们哭笑不得，不知如何是好。在被打回来的有关《林家铺子》、《早春二月》的清样上，不知是周扬还是林默涵，在有"资产阶级"字样的边上，都用铅笔批写了"小资产阶级？"，意思是：是不是提小资产阶级更好。我觉得，就连中宣部的领导那时对这场批判也是心有疑虑不很积极的。报社领导看我们这些书生写不出像样的文章，说是书生写的大块文章语言不通俗，工农兵看不懂，不喜欢，上面不满意，到11月中旬便布置多发表工农兵写的批判文章，要求我们"走出豫王坟"，到工农兵中去，组织工农兵写文章，文艺部的编辑杨扬还带我去过一次军营。12月23日王揖同志向我们宣布结束对周谷城的批判。后来又让我们从豫王坟搬到了煤渣胡同，那儿也是人民日报宿舍，离报社很近，那时人民日报社就在王府井，报社发给我们一张出入证，从此我们就和文艺部的同志一道每天坐班，处理稿件，当上了"社外编辑"。我在人民日报文艺部的时间不算短，但是并没有写出像样的文章，只发表过几篇自己也不满意的"小豆腐块"。那时我的心情是很复杂的，一方面能调到《人民日报》来参加学术批判，是党对自己的信任，一心要完成党的任务，另一方面形势发展得很快，一会儿要批判这个，一会儿又要批判那个，批判的调子越来越高，越来越"左"，规模越来越大，远远超出了学术的范围，许多事情都看不清楚，想不明白，所以也很苦闷。例如，邵荃麟同志接见我才两个多月，报刊上就批判他的"写中间人物"论了，说他在大连会议上反对写英雄人物，主张"写中不溜的芸芸众生"，这究竟是怎么一回事？自己也闹不清楚，只觉得事情很复杂。我曾多次要求回北大去，但都没有批准，就这样一直拖到了1966年初，那时已经是"山雨欲来风满楼"的"文革"前夕了。"文革"后，党中央在《关于建国以来党的若干历史问题的决议》中，对这一段历史已经作了结论:"在意识形态领域,也对一些文艺作品、学术观点和文艺界学术界的一些代表人物进行了错误的过火的政治批判,在对待知识分子问题、教育科学文化问题上发生了愈来愈严重的'左'的偏差,并且在后来发展成为'文化大革命'的导火线。不过,这些错误当时还没有达到支配全局的程度。"这个结论是正确的。

问:在很长一段时间内,您一直在朱先生的指导下从事西方美学史的研究和教学工作。尤其是在"文革"后,你们的接触就更多了,应该说您对他是很熟悉的。希望您谈些"文革"后朱先生的情况。

李:"文革"后,北大美学教研室恢复了,许多高校都纷纷成立了美学教研室,全国性的中华美学学会也召开了成立大会,朱先生被选为会长。美学复兴了,我们又有机会搞美学了,大家的热情很高,出现了新一轮的美学热。这时朱先生已年逾八十,但他的精神状态很好,他说"文革"后他得到了第二次解放,心情舒畅,要以老骥伏枥的雄心壮志,重理美学旧业,趁八十开外的余年,为毕生从事的美学事业"添砖加瓦","一息尚存,此志不容稍懈"!他觉得中国经过"文革",许多问题都能得到解决,是很有希望的。有一次文联还是作协开会,他听到一些曾被打成"右派"的中青年作家们的发言后,很受鼓舞,他对我说:"听了他们的发言很受鼓舞,中国是有希望的,美学也有希望,还是可以进一步搞的。"但同时他也觉得美学研究很难,我们还存在很多教条主义,中国长期与外面隔绝,美学毕竟还很落后。1982年,由于改革开放,我经过外语考试有机会出国进修,他为我写了推荐信,并说:"应该出去!长期闭关锁国是不行的,应该到外面看看。"在哲学系为我出国召开的学术评议会上,他说我写的《包姆加敦美学思想述评》一文是他多年来没有看到过的一篇好文章,对此给予了热情肯定和赞扬。那段时间,他真的是老当益壮、精神抖擞,除了带研究生和给美学师资培训班上课外,还积极参加各种社会活动,为了拨乱反正,给文艺界松绑,他投入了有关形象思维、人道主义、人性论、共同美感等问题的讨论,写了不少文章。他还以惊人的毅力重新整理了大量书稿,撰写新的著作。在短短的几年时间内,他连续出版了译作《拉奥孔》,《歌德谈话录》,黑格尔《美学》第二、三卷,维科《新科学》,新作《谈美书简》、《美学拾穗集》,以及校改本《西方美学史》。朱先生懂得英、法、德、俄多种外语,他的《拉奥孔》和《歌德谈话录》译得很好,我对照过德文原本,简直达到了炉火纯青的地步。据我所知,黑格尔《美学》的翻译还有一个令人心酸的故事,第二卷在"文革"前大部分都译出来了,"文革"抄家时译稿被抄走了。后来,朱先生住"牛棚"时竟然在垃圾桶里发现了它,但他不敢捡回来,偷偷告诉了西语系的马士沂。在这位好同志的安排和掩护下,朱先生每天躲在一间小屋里,背着工军宣队,装作译联合国文件,冒着挨批斗的风险,才秘密地全部译完,接着又译出了第三卷。

《谈美书简》和《美学拾穗集》应当说是朱先生晚年的代表作。在这两本书中,他以马克思主义观点重新探讨了一系列关键性的美学问题,结合自己的亲身经历谈了许多治学为人的宝贵经验,并且寄希望于后人。"文化大革命"以后,朱先生特别强调要弄通马克思主义,他认为"文革"的最重要的教训就是我们许多人以往并没有真正弄通马克思主义。他说,我们应当解放思想,但不能从马克思主义思想中解放出来。因此,他把钻研马克思主义经典著作作为自己工作的中心。他刻苦钻研过《1844年经济学—哲学手稿》、《关于费尔巴哈的提纲》、《德意志意识形态》、《资本论》、《劳动在从猿到人转变过程中的作用》、《自然辩证法》、《马克思主义论文艺》等一系列经典著作。他对现有的中文译本很不满意,多次向中央编译局等有关单位提出校改意见,并重新翻译了《费尔巴哈论纲》和《1844年经济学—哲学手稿》中《异化劳动》、《私有制与共产主义》两大关键性章节,作了新的注释,写了有关的研究论文。朱先生精通英、法、德、俄多种外语,翻译时他总要参照各种版本反复核校,对有问题的地方或写下批语或做出读书笔记。朱先生审查过中央编译局编的《马恩列斯论文艺》,他作了很多修改,非常认真。北大中文系的刘煊老师是一个有心人,他曾经把朱先生的《马恩列斯论文艺》的校改本借回去,把朱先生所作的修改、边批都照抄下来,他给我看过他保存的这个本子。面对朱先生所作的密密麻麻的修改和批语,我们都很敬佩朱先生。在钻研马克思主义经典著作的基础上,他对50年代提出的"美是主客观统一"这一基本观点作了新的论证。晚年,他特别强调马克思主义的实践观点和人的整体性观点。他认为,马克思主义给美学带来的根本变革是从单纯的认识观点转变到实践观点,从实践观点出发,文艺也是一种生产劳动,在这种创造性的活动中,人发挥自己特有的本质力量来改造自然,同时也使自己得到改造和提高。人与自然互相改造,互相提高,就促进了历史向前发展。因此,心与物是不可偏废的,主体(人)与对象(物)是对立统一的、相互推进的。以往的美学离开了实践观点,不是片面唯心就是片面唯物,只满足于一些现象的解释,把有生命的人裁割为知、情、意等若干独立的部分,不免陷入形而上学的机械论。马克思主义从人的整体性出发,不但强调人与自然的统一,而且强调人本身各种功能的统一，势必在美学上引起宏伟而深刻的革命。针对否认马克思主义美学有科学体系的观点，他还肯定和论证了马克思主义美学已经形成了比以往任何美学大师（从柏拉图、亚里士多德到康德、黑格尔和克罗齐）都更宏大、更完整、更有坚实的物质基础和历史发展线索的科学体系。朱先生经常收到很多青年人的来信，向他请教如何学习美学，可是他平日总是很忙，除了教学和科研，他还有很多社会工作，没有时间回信。于是，他就在文章中经常写一些治学和做人的道理，对搞美学的人提出许多忠告，他还写过一首顺口溜：

"不通一艺莫谈艺，实践实感是真凭。坚持马列第一义，古今中外须贯通。勤钻资料戒空论，放眼世界需外文。博学终须能守约，先打游击后攻城。锲而不舍是诀窍，凡有志者事竟成。老子绝不是天下第一，要虚心接受批评。也不做随风转的墙头草，挺起肩膀端正人品和学风。"

他经常强调要精通外文，掌握最新资料，不做空头美学家，要有好的人品，还要有好的身体。他的这些忠告都是很重要的。

朱先生晚年最后的一项工作是研究和翻译维科的《新科学》。这是一部近五十万字、内容和文字都艰深无比的名著，从1980年起，他就不顾年迈体衰，以献身科学的精神，投入了这项艰苦的工作。他不懂意大利文，翻译时便以英文为底本，并参照其他文种的译本。我曾介绍一位懂意大利文的年轻人王天清与他相识，他很虚心地向王天清请教，并希望王天清研究美学。维科是著名的意大利历史哲学家，朱先生认为，维科的历史哲学与马克思主义的历史唯物主义有密切的批判继承关系，《新科学》中有关"认识真理凭创造"、"人类世界是由自己创造出来的"以及"诗性的智慧"等观点，对于正确理解马克思主义哲学是极其重要的。他多次表示，他从事维科研究，翻译《新科学》，是着眼于马克思主义，是"为后来者搭桥铺路"，这实际上是他研究马克思主义的一个重要方面。1983年3月，朱先生应香港中文大学新亚书院金耀基院长的邀请，前去香港主讲第五届"钱宾四先生学术文化讲座"，他讲的题目就是《维科的〈新科学〉及其对中西美学的影响》。他在讲座一开始就声明："我不是一个共产党员，但是一个马克思主义者。"钱宾四即钱穆，是著名的历史学家，钱伟长的叔父，他和朱先生曾一起在北京大学、四川大学和武汉大学任教，彼此情谊很深。自从钱穆去台湾以后，这两位学界名人已阔别40余年。3月26日那天，朱先生讲演完毕，金耀基院长请钱穆先生上台与大家见面。89岁的钱穆，身穿长衫，策杖走上讲台，同86岁、满头白发、身穿深色中山装的朱光潜并肩而立，两位老人相互问候，合影留念，会场上一千多名听众中爆发出热烈的掌声。这真是一场催人泪下的历史性会晤，具有极不平常的意义。朱先生诚挚地说："大陆和台湾、香港都是一家人，希望今后彼此多作学术交流。"朱先生有一些亲属还在台湾，他对骨肉分离之苦感受很深，一直盼望祖国早日统一。《新科学》书稿 1984 年就已经交给了人民文学出版社，直到 1986 年 5 月才得以出版，这时朱先生已经去世两个月了。在他逝世前三天，他摔倒在楼梯上了，当家人来搀扶他时，他仍惦记着《新科学》，说清样上还有一条注释需要修改。

朱先生享年 89 岁，他的一生是漫长而曲折的。建国前，他虽然主张超政治，学术自由，教育独立，但并没有摆脱反动政治，1942 年他任武汉大学教务长时被强行拉入国民党，又被任命为三青团中央监委和国民党中央监委。因此，北平解放后，他曾被当做历史反革命受到过管制，但很快就纠正了，解除了管制，接着就下乡参加了土改。朱先生检讨过这段历史，说这是一次"惨痛的教训"。事实上，早在 1938 年底，周扬曾写信邀请他去延安访问，1939 年 1 月他回信说："从去年秋天起，我就起了到延安的念头"，"我对于你们的工作十分同情"，"无论如何我总要找一个机会来延安看看，希望今年暑假可以成行"。但是人们对此并不了解，朱先生也从未对人谈起，直到 1982 年 10 月北京大学举行朱先生任教六十周年庆祝会时，周扬才派人到会上宣读了这封信的原件，并把一复印件送给了朱先生，同年 12 月 9 日该信在《人民日报》全文发表，现已编入《朱光潜全集》。从整体看，朱先生是一个爱国的知识分子，不能因为他参加过国民党为反动政权服务过就予以全盘否定。1954 年 11 月 7 日，胡风在文联和作协的一次会上发言，列举了朱光潜为反动政权服务的一系列事实，说朱光潜是胡适派的旗帜之一，是为蒋介石法西斯思想服务的，把朱光潜的美学思想"单纯地当做资产阶级思想都是掩盖了问题的"，他激烈地批评《文艺报》发表朱光潜、蔡仪、黄药眠讨论美学问题的文章，是把朱光潜的美学思想"当做所谓纯理论问题看待"，是向"反动的胡适派思想投降"，他质问说："这难道不是把思想战线上的敌我关系当做进步阵营里面的意见不同，平等看待么？这不就已经是向朱光潜投降了么？我们编辑部的阶级感情到哪里去了？"胡风当年并不了解朱先生的全部历史，也没有对朱先生的美学思想做全面的分析，他把政治与学术混淆起来，认朱先生为敌人，全面否定了朱先生的美学研究，这在今天看来，显然太"左"。现在对朱光潜的评价仍存在着一些问题。中央编译出版社出版的《马克思主义美学史》讲到朱光潜，只讲解放前，把他定为自由主义者、唯心主义者，根本没有谈他解放后的思想转变。还有人只肯定他解放前的美学研究，否定他解放后的研究。我觉得这两种做法都不大合适，有片面性，应当实事求是，具体分析。从我与朱先生的接触来看，从他晚年的工作看，他学习马克思主义是很认真的，他对马克思主义有独到的看法。当然，有人讲，他不全是马克思主义，这是难免的，也是很自然的，但他的基本学术立场是有所转变的，是从过去的唯心主义转变到了马克思主义，不然无法解释他晚年大量的研究工作。人的思想是可以发展变化的，中国很多老知识分子解放后都学习过马克思主义，都讲马列，不能说都是时势所逼在说假话。在香港演讲时，朱先生明确说，自己不是共产党员，但是马克思主义者。胡乔木说："这可以作为他后半生的定论。"

问：您和宗白华先生同在北大哲学系美学教研室工作，您与宗先生应该有很多接触。宗先生为人低调，淡泊名利，有许多情况不为外人所知。所以，希望您能够谈谈宗先生的学术研究情况。

李：宗先生也是一位我所爱戴和敬仰的前辈。朱先生的编制在西语系，宗先生则是哲学系的人，在我当学生的时候就已经认识了他，1960年美学教研室成立后，我们就在同一个教研室工作，接触得不比朱先生少。宗先生是1952年院系调整时从南京大学来到北京大学的，来京前他把在南京的房产全部捐献给了政府，来京后可能是因为老一代知识分子中的派系偏见，如清华派、北大派之类，他被评为三级教授，没有得到应有的待遇和重视，很长时间也没有担任社会工作。20世纪50年代，他基本上没有讲课，只是默默地在中国哲学教研室从事一些翻译和研究工作。他对全国性的美学大讨论也并不热心，只是应《新建设》杂志编辑部之约发表过一篇《读〈论美〉后的一些感想》，对高尔泰的美学观点提出了批评，他肯定美是客观的，但并没有简单地否定美的主观性。1960年美学教研室成立后，宗先生讲授过"中国美学史专题"课，并指导编辑了《中国美学史资料选编》，翻译出版了康德的美学经典《判断力批判》上卷（商务印书馆1964年），还在报刊上发表了许多论文，如《康德美学原理述评》、《关于中国山水诗的点滴感想》、《中国艺术表现里的虚与实》、《漫话中国美学》、《中国书法里的美学思想》、《漫谈艺术的形式美》、《中国古代的音乐寓言与音乐》、《形与影》（罗丹作品学习札记）等。这些文章文字清新秀丽，观点深刻独到，受到人们的普遍欢迎，激起了人们研究中国美学和中国艺术特点的浓厚兴趣，对于批判地继承中国文化遗产起了极大的推动作用。"文化大革命"前这段时间，宗先生的热情很高，成果很多，领导上对他也很重视，周恩来总理关心过宗先生开课的事，北京市还想任命他为首都图书馆馆长，但他都没有接受。"文革"

后，宗涛和我谈起这件事时打趣地说，幸好没有当馆长，不然就会被当做"走资派"，那就更惨了。"文革"中，宗先生也被宣布为"反动资产阶级学术权威"，住过"牛棚"，写过检查，挨过批斗，他家里曾有一尊很珍贵的佛头和一件洁白的维纳斯雕像，也在被人抄家时丢失了。但宗先生心胸开阔，谈起"文革"遭遇时他总是说"大时代中所获良多"。"文革"后，宗先生不顾体弱多病，仍老当益壮地做了许多工作，指导研究生，推荐教师出国进修，1982年我去联邦德国就是他和朱先生推荐的，他还担任"郭沫若全集编委会"的编委，田汉研究会的名誉会长，中华全国美学会的理事、顾问等社会工作，经常接待报刊编辑记者和美学爱好者。他关于田汉的讲话，对于澄清田汉的历史问题和彻底平反起了很大的作用。

宗先生和朱先生是同年生（1897）同年死（1986）的，俩人都活了89岁。对于这两位美学老人的去世，我是很悲痛的，深感向他们学习不够，也深感对他们的人生经历了解不足，为了更好地纪念这两位老师，我写了《朱光潜传略》和《宗白华传略》两篇文章，先后发表在《新文学史料》1988年第3期和1989年第3期上。当时两位先生的全集还没有出版，我花了许多时间研读了尽力搜集到的大量资料，拜访过他们的家人，在北大档案室查看过他们的全部档案，程代熙同志还把有关朱光潜香港讲学的报纸等资料寄给我参考，这两篇文章写得是很认真的，在此之前还没有人写过这样系统全面的介绍文章，感兴趣的人可以看看。这里我只想说宗先生的人生经历是很丰富的，他的学术成就是多方面的，他不单是美学家，而且是哲学家和诗人，还有"文坛伯乐"的美誉。

宗先生少年时在南京一所新式小学读书，但他不爱读书，每逢假日总和小伙伴们到清凉山、雨花台、莫愁湖等处去自由玩耍，大自然的美丽神奇常常引起他无尽的幻想和沉思，他的这种性格特点为一般人所不及，对他后来成为诗人和哲人有密切关系。宗先生是在青岛和上海读的中学和大学，他上的是德国人办的学校，是同济大学的前身，德语是必修课，他认真学习了德语。这时他对哲学和文学产生了浓厚的兴趣，在认真研读中国古代哲学经典（特别是庄子）的同时，他通过德语广泛阅读到康德、歌德、席勒、叔本华、荷尔德林、泰戈尔等人的名著和诗歌。当时正是第一次世界大战和北洋军阀统治时期，残酷黑暗的社会现实令他困惑，对世界和中国前途命运的忧虑激发了他改造社会的热情。他把"拿叔本华的眼睛看世界，拿歌德的精神做人"当做自己的座右铭。1917年6月，他才20岁，就发表了他的处女作《萧彭浩哲学大意》（《丙辰》杂志第4期），萧彭浩即叔本华。

五四时期，青年宗白华已成长为反封建的民主战士、"少年中国学会"的理论家，中国新文化运动的开拓者之一。"少年中国学会"是当时最重要的爱国青年社团之一，它发起于1918年6月30日，发起人最初是王光祈等六人，后来又约李大钊加入，于1917年7月1日在北京正式成立，先后加入的会员共120多人，毛泽东也参加过。它在北京设有总会，在南京、成都和法国巴黎等地设有分会，并在全国许多省市以及德、美、英、日、南洋等地拥有会员，后因会员思想分化无法调和，于1925年底停止活动。它的奋斗目标是创造少年中国，发扬少年中国精神，铸造新国魂。宗先生在一篇文章中说："我们创造这新国魂的方法，就是要中国现在个个青年有奋斗精神与创造精神，联合这无数的个体精神，汇成一个伟大的总体精神，这大精神有奋斗的意志，有创造的能力，打破世界上一切不平等的压制侵略，发展自我一切天赋、才能、活动、进化，不是旧中国的消极偷懒，也不是旧欧洲的暴力侵略，是适应新世界新文化的'少年中国精神'。"宗先生自始至终积极参加"少年中国学会"的活动，在筹备期他担任编译部临时编译员，正式成立后，他被选为五位评议员之一，并和田汉等人从第四期起负责编辑"少年中国"月刊。这一时期他在"少年中国学会"作过关于歌德《浮士德》的讲演，发表过关于康德哲学的论文，在"少年中国"月刊前八期上几乎每一期都有他的文章，如《说人生观》、《哲学杂述》、《我的创造"少年中国"的办法》、《理想中少年中国之妇女》、《中国青年的奋斗生活与创造生活》、《科学的唯物宇宙观》、《对于〈少年中国〉月刊编辑方针的意见》等。这些文章使他博得了"少年中国"理论家的声誉。1918年11月—1920年5月，宗先生担任过上海时事新报副刊《学灯》的主编，在他任职期间，《学灯》成了五四新文化运动的重要阵地，各种新思想、新思潮在上面都有强烈生动的反映，刊发过大量有关社会政治、文化教育、哲学、经济、美学、伦理、青年、妇女等各方面的文章、作品和译著，李大钊、毛润之、张闻天、沈泽民、恽代英、田汉等也都有文章在《学灯》发表。宗先生除审稿、编稿外，更是《学灯》的主要撰稿人，几乎每一期都有他的文章。《学灯》与北京《晨报》副刊、上海《民国日报》的《觉悟》，被人们称颂为新文化运动的三大副刊，对于中国的社会进步起到了很大的推动作用。特别要说的是，宗先生慧眼识人，善于发现和热情扶植新生力量，他从来稿中发现了当时尚无名气的郭沫若，认为郭沫若有抒情的天才，可望成为中国新文化中的真诗人。他刊发了郭沫若从日本寄来的两首新诗，并分别写信给郭沫若和在日本留学的田汉，介绍他们相识，鼓励他们"携手做东方未来的诗人"。在宗先生的鼓励和支持下，郭沫若接连写出几十首诗篇，其中有《女神》和《凤凰涅槃》，一一由宗先生在《学灯》上发表。后来郭沫若称宗先生是"我的钟子期"，并说"使我的创作欲爆发了的，我应该感谢一位朋友，编辑《学灯》的宗白华先生"。从 1920 年 1 月—3 月，宗白华、田汉、郭沫若三人相互通信，千里神交，成为最知心的朋友。他们在信中谈事业、谈人生，谈哲学、谈文艺，谈歌德、席勒、谈诗歌、戏剧，谈婚姻和恋爱，互相倾诉心中的不平，追求美好理想，自我解剖，彼此鼓励。这些信札后来经田汉整理寄给宗白华，略加补充修订后，于 1925 年 5 月在上海出版，定名为《三叶集》，以一种三叶并生的小草象征他们三人友情的结合。该书反映了当时青年关心的一些社会伦理问题，很快销售一空，被看作中国的《少年维特之烦恼》，风行一时，到 1929 年已翻印七次，发生了广泛的影响，在中国现代文学史上占有一定地位。宗先生还是一个诗人，对新诗也有所探索和贡献。1920 年 5 月—1925 年春，宗先生留学德国，在留学期间，他写了许多小诗，发表在 1922 年 6 月 5 日—12 月 2 日的《学灯》上，当时冰心的小诗《春水》也正在北京《晨报》副刊连载，两丛小诗一南一北，交相辉映，很受欢迎。1923 年亚东图书馆把这些小诗共 48 首结集出版，定名为《流云》。这些小诗清新隽永，意境深远，在中国现代文学史上被视为新诗运动晚期的代表作之一。宗先生和画家徐悲鸿也有深厚的友谊，他们是在宗先生赴德留学的途中于巴黎相识的，后来徐悲鸿到德国学习，宗先生曾陪同徐悲鸿多次拜访柏林美术学院院长康普夫，并解囊相助，使徐悲鸿得以买下康普夫的一些原作。后来在 1932 年，他还写了《徐悲鸿与中国绘画》一文，最早向欧洲介绍徐悲鸿的艺术成就。宗先生回国后在南京东南大学哲学院任教，后来该校改名中央大学，他于 1930 年继汤用彤之后长期担任中央大学哲学系主任，开设过许多课程，如美学、艺术论、形而上学、康德哲学、歌德、叔本华哲学、尼采哲学等，并担任中国哲学会常务理事，西洋哲学编辑委员会委员等社会职务。这一时期，他致力于美学、哲学以及中西文化的比较研究，写下了许多有关中西哲学、美学、诗歌、美术、戏剧、音乐、舞蹈、书法、园林、建筑、工艺等的文章。1932 年，为了纪念歌德逝世一百周年，他出资和周辅成合编了《歌德之认识》，收录了国内名家著译文章二十多篇，被誉为"国人介绍歌德最大最光荣的成就"。对于宗先生在哲学、美学、艺术以及社会活动各方面的成就，在宗先生逝世以前，人们了解的并不是很多，1994 年安徽教育出版社出版了《宗白华全集》共四卷，引发了研究宗白华的热潮，这些年许多研究生都围绕宗白华写作美学方面的学位论文，这是很可喜的现象。宗白华的美学思想最突出的特点是中西美学的高度融合，他对中国传统文化和艺术的领悟极为深刻。他不追求体系的完整，他的体系是开放的、极富启发性的，为我们进一步研究提供了良好的基础。宗先生是一位中西贯通、德高望重的学者，但他超脱名利，生活俭朴，待人和蔼可亲，善良诚恳，乐于助人，他追求的是美和自由。可能是在柏林留学期间受到当年国际美学协会主席德索阿尔的影响，他十分重视参观博物馆，研究新的考古发现，游览名胜古迹。他写过一篇文章叫《美学散步》，这的确是他性格的写照。他说，散步是自由自在、无拘无束的，你可以偶尔在路旁折一枝鲜花，也可以拾起自己感兴趣的燕石。晚年宗先生自由散步的情景，给我留下了很深的印象。还有一点是很突出的，宗先生十分善于发现艺术家，并能扶植、支持艺术家，尊重艺术家，是他使郭沫若登上诗坛的宝座，是他的一次谈话启发出戏剧家田汉的处女作，也是他第一个向欧洲介绍了画家徐悲鸿的成就，能给现代中国文艺如此强大推动力的美学家只有宗先生一人，他为我们的美学工作者树立了榜样。

问：从 1960 年代到现在，您做了 40 多年美学（特别是西方美学）的研究工作。就您的阅读范围来看，您是如何看待建国后我国西方美学研究的得失呢？

李：新中国成立前，西方美学史的研究还不成气候，把它作为一门学科全面系统地展开研究是从朱光潜先生开始的。他的《西方美学史》出版得最早，可以说是我国西方美学史研究的奠基之作，起到过很大的作用。改革开放前，研究西方美学史的人不多，还处于起步阶段，最有成绩的是汝信先生，他写的两本《西方美学史论丛》是很系统很扎实的论文集，还有蒋孔阳先生写过一本《德国古典美学》。改革开放后，美学得以复兴，许多大学都成立了美学教研室，研究西方美学史的人多起来了。为了教学需要，我写了一本《西方美学史教程》，由北京大学出版社于 1993 年出版，后来又见到一些年轻学者先后出版的好几本《西方美学史》、蒋孔阳先生主编的六卷本，最近又见到汝信先生主编的四卷本。这个四卷本是国家社科基金项目，参加编写的都是活跃在我国学术界的骨干力量，可以代表我国目前西方美学史研究的水平。总的说来，近半个世纪以来，我国西方美学史的研究是在不断进步的，取得了很大的成绩，但仍处在探索成长阶段。有关西方美学史研究的对象和范围问题，指导思想问题，历史分期和发展规律问题，写作方法和方法论问题，传统与继承问题，古与今、中与西问题等，现在都还存在不同意见，需要进一步讨论。西方美学史是一门专业性很强、较为艰深的学科，研究它应当具备许多条件，不但要有较高的马克思主义理论水平，还要有坚实的哲学基础，良好的外语知识，以及文学艺术、历史学、心理学、社会学乃至自然科学等广博的理论知识和实际知识。当年朱光潜先生对他自己写的《西方美学史》也是不满意的，他在《谈美书简》中还说过这样的话："我希望青年朋友们不要再蹈我的覆辙，轻易动手写什么美学史。美学史或文学史好比导游书，你替旁人导游而自己却不曾游过，就难免道听途说，养成武断和不老实的习惯，不但对美学无补，而且对文风和学风都要起败坏作用。"朱先生的话是语重心长的，他对写美学史的要求是很高的。我们有些搞西方美学史的人根基并不很深，在市场经济大潮的影响下，难免有浮躁情绪，缺乏治学所必须的"坐冷板凳"的精神，写出的往往都是"急就章"。我希望这些人要有自知之明，不要骄傲。改革开放为我们创造了比以往优良得多的科研条件。我已退休多年，年老体衰，干不出多少成绩了，我希望并相信年青一代会比我们这一代人做得更好。

问：最后再次感谢您的帮助。

定稿于 2009 年 4 月

杜书瀛，1938年生，山东省宁津县人，中国社会科学院文学研究所研究员、中国社会科学院研究生院教授，主要从事美学、文艺理论研究，担任过中国社会科学院文艺理论研究室主任、文学所学术委员会副主任。主要代表作有：《论李渔的戏剧美学》（中国社会科学出版社1982年）、《论艺术典型》（山东人民出版社1983年）、《论艺术特性》（人民文学出版社1983年）、《文学原理——创作论》（社会科学文献出版社1989年）、《李渔美学思想研究》（中国社会科学出版社1998年）、《中国二十世纪文艺学学术史》（联合主编，上海文艺出版社2001年）、《价值美学》（中国社会科学出版社2008年）、《杜书瀛文集》［共七辑（卷），约200万字，（株）韩国学术信息出版社2009年］。

杜书瀛先生访谈

时间：2012年12月

地点：安华桥杜先生寓所

采访者问（以下简称"问"）：杜先生好！我最近与一些中国当代美学学者做了一系列的访谈，希望为了解中国当代美学史做些工作。首先感谢您的支持。应该说，无论是否同意蔡仪先生的美学观点，他都是中国当代美学史上不可或缺的重要美学家，是我们当代美学研究中绕不开的人物。您是蔡仪先生在文革前招收的第一位研究生，作为他的开门弟子，蔡先生指导了您的研究工作，你们又作为同事相处了近三十年，您与他接触的时间比较长，对他也比较了解，所以，我希望您能够谈一些有关他本人的情况。与其他书斋里的美学家相比，他的经历比较复杂，还是请您先介绍一下他的生平吧！

杜书瀛（以下简称"杜"）：蔡先生于1906年6月2日出生在湖南攸县渌田乡一个读书人家，伯曾祖蔡贞斋曾与清末重臣曾国藩同窗，因惧怕仕途险恶而婉辞炙手可热的曾国藩官场之约，遂终老乡里。父亲蔡厚夫在清末毕业于明德师范学校，后在本乡作过小学校长。蔡仪出生时取名寿生，号南山；后自名南冠；1932年在《东方杂志》发表小说《先知》时用笔名蔡仪，遂终身用之。

蔡先生幼读私塾，16岁考取长沙长郡中学；19岁的蔡仪考取北京大学预科，外文分科学的是日语，教师是文学界名人周作人和张凤举，这影响了他一生。蔡先生因参加革命活动而在北京大学辍学，1929年到日本留学，考取东京高等师范哲学教育系，学习四年，其中三年作中国学生会负责人；因对文学感兴趣，在高等师范毕业后，又考取了九州帝国大学日本文学系。30年代的日本，马克思主义的书籍出版很多，马克思主义的学术研究活动也很盛，有一个"唯物论研究会"，不但出版唯物论全书，还组织一些学术讨论会，宣传马克思主义，他参加了这个研究会，进一步接受了马克思主义哲学和美学思想。直到1937年夏，他在九州帝大分修满，休假回国。

不久，抗战爆发，蔡仪先生全身投入抗日活动，先是在长沙、武汉从事抗敌宣传研究工作，1939年1月以后，在郭沫若领导的"三厅"（后来是"文化工作委员会"）研究敌情，撰写和编辑政治、文化方面的《敌情研究》小册子。1941年皖南事变后，进步人士的政治宣传工作已经不能做了，于是蔡仪重操旧业，开始研究文艺理论和美学。先写了《新艺术论》，于1942年在重庆商务印书馆出版；接着写了《新美学》，1947年由上海群益出版社印行。这两部著作可谓站在当时中国美学和文艺理论学术最前沿的代表性著作。他以新的思想方法对当时中国的美学和文艺理论进行革命性批判，努力建立自己的"新美学"体系，被称为中国现代"第一个依据自己的思考去表述自己的有系统的美学思想的学者"。他的这项学术研究得到郭沫若和冯乃超的大力支持和鼓励。1945年底，他加入了中国共产党。1946年他到上海，先是在新知书店做编辑，主编《青年知识》杂志；后又在大夏大学作历史社会学系教授，教世界通史、古代西亚诸国史、古希腊史、欧洲文艺复兴史，还教过艺术社会学，撰写过《从罕谟拉比法典看巴比伦的奴隶制度》和《苏末人原始国家的建立》等重要学术论文，发表在当时的《历史社会季刊》（上海大夏大学）上。1947年秋起，他又兼任杭州艺专教授，讲授艺术理论。1948年秋，他到华北解放区，在华北大学二部国文系教授中国新文学史，讲稿于1952年由上海新文艺出版社以《中国新文学史讲话》书名出版。1950年4月，他调到中央美术学院任教授兼研究部副主任，1952年又兼副教务长；1953年调文学研究所，任研究员和文艺理论组组长（研究室主任），直至去世。这期间，他最引人注目的学术活动是参加了50年代全国性美学大辩论，他在这场辩论中留下的学术成果是一本充满激情的《唯心主义美学批判集》。50年代他还写了一些文艺理论文章，论述现实主义问题，结集为《论现实主义问题》，进一步深化了他在40年代阐发的现实主义理论思想；同时他还主编了《文艺理论译丛》和《古典文艺理论译丛》，吸收钱钟书、卞之琳、戈宝权、叶水夫、田德望、朱光潜、李健吾、辛未艾、金克木、陈冰夷、陈占元、曹葆华、商章孙、傅雷、杨业治、杨周翰、蒋路、钱学熙、缪朗山等一大批著名学者和翻译家做编委,发表了一系列外国理论名篇,在当时处于相对封闭状态下的中国学界,对介绍和借鉴西方美学和文艺理论思想做出了重大贡献。1960 年,他授命主编全国高校教材《文学概论》,1980 年由人民文学出版社印行,产生广泛而深远的影响。

70 年代末以后,蔡先生一直忙着改写《新美学》,主编《美学原理》(后被定为全国高校教材)和《美学论丛》、《美学评林》等刊物,发表了不少论文,指导了多名硕士、博士研究生,直至去世,为中国当代美学贡献了毕生的心血。2002 年,中国文联出版社出版了 12 卷的《蔡仪文集》,为我们了解中国现代美学、文艺理论、文化保存了珍贵的文献。

问:通过您的介绍,我们对蔡先生的经历有了大致的了解。现在,我们转入他的美学研究吧!任何学说都是特定环境的产物,都不可避免地打上了时代的烙印,即使与社会距离较大的美学也不例外。蔡仪美学诞生于特殊的历史语境,与当时社会、历史、政治、文化,特别是当时美学研究的成果和局限密不可分,这也是我们研究、评价蔡仪美学所必需考虑的。您认为,产生蔡仪美学的环境的独特性在哪里?其基本特质又是什么?

杜:《新艺术论》和《新美学》标志着蔡仪美学研究的开始,而一起步他就扮演了两个重要角色:一是"旧美学"的学术革命者,一是"新美学"的体系化理论的创建者。这两个角色的学术内涵和承担的任务不完全相同,但在蔡仪身上是合二而一的。众所周知,中国现代美学是从 20 世纪初引进西方美学思想而发轫的。截至蔡先生开始美学活动的 40 年代,已经有数位美学家和数部美学著作问世,如 20 年代蔡元培先生在北京大学开设了美学概论课并撰写《美学通论》教材,吕澂、黄忏华、陈望道、范寿康等先生也有《美学概论》或《美学浅说》、《现代美学思潮》、《美学史略》等出版;尤其是到了 30 年代,朱光潜先生推出《文艺心理学》、《谈美》等,影响甚大。但是总的说上述美学家和美学著作阐发的主要是西方美学家(从柏拉图、鲍姆加登、康德、黑格尔……直到立普斯、布洛、克罗齐等)的思想——要么是自上而下的形而上的所谓"观念论美学",要么是自下而上的所谓"心理学美学",而在蔡仪看来它们统统是建立在唯心论哲学基础上的"旧美学";而且当时的中国美学家大体是对西方美学进行译介和借鉴,缺乏自己的独立创造。朱光潜先生自己就说:"我对于美学的工夫大半是介绍的性质。"蔡先生的出现打破了这种局面。他的《新美学》第一句话就说"旧美学已完全暴露了它的矛盾",而自己这本《新美学》"是以新的方法建立的新的体系"。他历数当时中国美学著作特别是朱光潜几本书中所介绍和阐发的各种美学观点,逐项逐条加以剖析,认为他们大都主张美在主观观念而误入歧途;而蔡先生则自信是以马克思主义辩证唯物论思想方法对"旧美学"进行革命性批判和创造性改革,针锋相对地提出"美在客观外物"的唯物主义美学思想。说到马克思主义美学和文艺思想在中国的传播和创建,当然不自蔡仪始。早在20世纪二三十年代,瞿秋白、鲁迅、沈雁冰、冯雪峰等人已经开始翻译马克思、恩格斯、普列汉诺夫、列宁等有关文艺和美学问题的论著,阐述他们的美学思想,并据此进行文艺批评,论说自己的美学观点。但是中国最初的这些马克思主义美学思想的译介和理论阐发,同样是不系统的,非体系化的,从学术角度说,只是散兵游勇。真正试图对当时已有的马克思主义美学进行理论整合,并创建中国自己的马克思主义美学完整体系的,是蔡仪。他经过自己的独立思考,努力建立起一套富有个性特色的马克思主义唯物论美学体系,因此,有人称蔡先生为中国现代"第一个依据自己的思考去表述自己的有系统的美学思想的学者",这话是有道理的。今天看来,《新艺术论》和《新美学》可谓站在40年代中国美学和文艺理论学术最前沿的代表性著作,确是一座学术高峰。今天的学者也指出在当时环境中产生的蔡仪美学具有如下特色:第一,因是在特定历史阶段的文化斗争的产物,故蔡仪自始至终奉行战斗的唯物主义立场;第二,蔡仪美学是学者独立的个人著述而并非出于某种指令,故其论述都是出自个人对马克思主义唯物论的信奉和理解,个人立场和风格十分鲜明;第三,蔡仪美学的基石是马克思主义唯物论,但这是表现于马恩后期著作,特别是由恩格斯和列宁所阐发的理论思想(如恩格斯的《反杜林论》、《自然辩证法》及列宁的《唯物主义与经验批判主义》等),而不是早期著作(主要是《1844年经济学—哲学手稿》等作品)中被蔡仪认为是人本主义的理论思想,故蔡仪拒斥"人的本质力量的对象化"、"人的复归"、"人的异化"、"人化的自然"、"自然的人化"等提法;第四,蔡仪美学的根本特征是崇尚客观真理、崇尚理性主义,其理路更接近西方逻各斯中心主义,而与中国文化的实用理性不相吻合,故蔡仪美学更趋向于西方从文艺复兴到19世纪前的古典传统,这大概是他拒绝容纳西方现代美学思想和疏离中国实用主义传统的文化根由。这个评论也是中肯的。

  问:从学科上看,美学研究贯穿了蔡先生的一生,但他还始终坚持艺术理论、文学理论的研究。究其原因,这与他的兴趣有关,同时也与他身份的转变有关。建国后,他长期担任中国科学院哲学社会科学部文学研究所(后为中国社会科学院文学研究所)文艺理论研究室的负责人,这不能不影响到他的研究方向。实际上,蔡先生也出版了不少艺术理论、文学理论的论著,这些论著在他的著述中占据了相当大的分量。您是如何看待这些研究与他的美学研究的关系呢?

杜:蔡先生的理论活动、理论著作,根本上说是美学活动、美学著作。他在20世纪40年代教授艺术社会学和艺术理论,写作《文学论初步》、《新艺术论》和《新美学》;他在50年代写现实主义问题的论文、其他论文和《文学知识》,50年代初出版《中国新文学史讲话》,60年代主编《文学概论》,80年代出版《新美学》改写本以及主编《美学原理提纲》、《美学原理》和各种美学刊物自不待言,大都可以归结到"文艺美学"这个大范畴里面去,主要从哲学和美学角度论述艺术的基本原理,而且最后归结到艺术的美是什么的核心命题。

蔡先生的文艺美学思想,用一句话概括:以唯物主义认识论为基石,阐述文艺是现实生活的反映或认识,而其特性,则是形象的反映或认识;文艺的最高成就,则在于真实地反映现实,要达到现象的真实和本质的真实,个别性的真实和普遍性的真实,要用个别性反映普遍性,也即创造艺术典型。这个思想几十年一以贯之,从未动摇过也未改变过。如果有些许变化,那也万变不离其宗。在蔡仪看来,真实性、典型性,至高无上。直到1978年同他女婿汤龙发谈《红楼梦》研究时,还说了这样一段话:"二十多年来把《红楼梦》吹得神乎其神,不免讨厌。……解放以来,论《红楼梦》的当不下千篇,有哪一篇真能从它反映历史的真实到如何程度这点来立论的?只想把几个空洞的概念去硬套,那是毫无意义的,如说什么'写了阶级斗争'啦,写了盛衰啦,试问亿万卷的史书,政论文或时论文,不都写阶级斗争吗?难道《红楼梦》因此就是好得不得了吗?"另,1987年底博士生吴予敏送给他一册印有郎世宁画幅的挂历,他曾说了这样一番话:"我喜欢郎世宁的画,他画的花、鸟都比现实的花鸟美。我不喜欢中国的写意画。"为什么喜欢郎世宁而不喜欢中国写意画?这与蔡先生的文艺美学主张有关。郎世宁的画,如事物本身那个样子反映事物,甚至比原物还美;而中国写意画,则往往变了形。不管这个看法你同意不同意,但这是蔡先生的主张,也可以说是蔡仪美学的特点。

蔡仪看起来十分完整、十分庞大的文艺美学体系,就是以此为骨架建筑起来的。请看《新艺术论》的章节内容:第一章"序说",谈艺术与现实、艺术与科学、艺术与技术、艺术的特性,中心是概说艺术认识现实和如何特殊地认识现实。第二章专讲"艺术的认识",先是一般讲认识是现实的反映(哲学认识论);其次讲艺术是认识之一种;再次讲艺术认识的特殊性。第三章"艺术的表现",讲认识之后要表现出来,而艺术表现则是艺术认识的摹写和传达;并且谈了艺术表现的技巧。第四章讲艺术相关诸属性:内容与形式、主观与客观以及个性、阶级性、时代性、永久性,等等。仍然是围绕唯物论的所谓艺术认识、艺术反映来谈的。第五章"典型",谈"现实的典型与艺术的典型","典型环境与典型性格","正的典型与负的典型"。第六章"描写",专讲艺术表现。第七章"现实主义",给予现实主义全面解说,与苏联学者不同,他认为现实主义不只从文艺复兴时起,而是提出"古代现实主义"、"文艺复兴时期现实主义"、"批判现实主义"、"社会主义现实主义"等概念。最后,第八章"艺术的美与艺术评价",与"新美学"接上了。

历史主义地看,这个体系在当时是了不起的成就,它处于学术思想的最前沿,具有先锋地位。要知道,它写于1941—1942年,出版于1942年末,与此前后的同类著作相比,就可以发现其价值。与蔡先生自己的著作比较,《新艺术论》的价值远远高于《文学概论》。这部书在当时反响很好。王琦回忆说:"蔡仪对郭老十分敬重,以师事之。1942年秋,他的《新艺术论》脱稿后,曾送郭老审阅,郭老看后大为赞赏,在一次文委会全体同志参加的周会上,郭老说,我们这里有一位埋头苦干的同志,默默地写出一部很有学术价值的著作《新艺术论》,这位同志就是蔡仪。……郭老还推荐《新艺术论》,希望大家读一读。"(王琦:《蔡仪同志二三事》)蔡先生解放后的文艺理论论文,如论现实主义问题、典型人物问题、批评性文字等,还有主编的《文学概论》,大都贯彻了《新艺术论》中的思想。思维更缜密了,更纯熟了,有时加进更多意识形态内容和政治性内容(是好是不好,人们可以讨论),别的,变化不大。

40年代的《新美学》,标志着蔡仪一般美学研究的开始。该书出版后,1947年11月10日《中央日报》第八版《书林平话》第三十期发表一篇评论文章,至今不知作者何许人。论者评道:"这书有它的新体系,无论这用新的方法所阐发出来的路线是正确抑疵谬,但至少对于旧美学的若干矛盾问题是解决了,故而这一册书是从破坏入手的。破坏了旧的美学系统,于是采建立新的系统,而处处可以发现在破坏的一方面优于建设的一方面,这是任何新科学的必然途径、必然性质。……综观全书,很多精彩的新见,尤其是批判方面确能使徘徊于旧美学圈子内的读者看到些曙光。可是作者也有他的幼稚、未成熟甚至于仍带有观念论的色彩处,如关于事物的典型性,作者还不能充分地从客观的根据去剖析,又如关于美感的种类整章,不过略为修正一些旧的解释等,未能使读者满意。然而对于美学的论说,这书已进步得多。并且借此还可以看出美学此后大概都发展的路向。"这个评价是客观的。

50年代,蔡先生有《唯心主义美学批判集》。60年代、70年代、80年代有《新美学》改写本,并且主编了《美学原理》。蔡仪美学的具体内容,通过《新美学》主要内容可见一斑:第一章"美学方法论"。先谈"美学的途径"——新旧对比;次谈"美学的领域"——美学的全领域包括美的存在、美的认识及美的创造;再次谈"美学的性格"——艺术学、心理学、一般哲学之关系。第二章"美论"。先说旧美学的矛盾和错误;再论美的本质——典型(美的东西即典型的东西,美的本质即事物的典型性:"总之美的事物就是典型的事物,就是种类的普遍性、必然性的显现者。在典型的事物中更显著地表现着客观现实的本质、真理,因此我们说美是客观事物的本质、真理的一种形态,对原理原则那样抽象的东西来说,它是具体的");美与事物的个别及种类——自然的、社会的,"典型的种类中的典型的个别,是高级的典型的事物,最高级的美的事物"。第三章"美感论"。包括美感旧说批判、美的认识、美感的性质与根源。第四章"美的种类论"。包括单象美、个体美、综合美;自然美、社会美、艺术美。第五章"美感的种类论"。雄伟的美感和秀婉的美感;悲剧的美感和笑剧的美感。第六章"艺术的种类论"。旧说批判;单象美的艺术;个体美的艺术;综合美的艺术。

应该注意到:蔡仪先生不承认有所谓"崇高"、"优美"之类的划分,认为那不是美的种类,而是美感的种类。此外,蔡仪很不喜欢"审美"这个词,他几乎不用,也不喜欢他的学生用,他认为,这是他的唯物主义原则。

《唯心主义美学批判集》申说自己的观点,文章写得勃勃然有生气。

蔡先生非常重视《新美学》改写本,工作历时近二十年。第一编"序论",增加了美学史回顾和批评性、论辩性文字。第二编"现实美论",反复地、深入地阐发他的唯物主义美论。第三编"美感论的哲学基础"——为了说明美感是美的反映、认识这个唯物主义原理,蔡仪先生特别增加了"哲学基础"部分的分量。第四编"美感论"。蔡仪先生关于美感的论述是有鲜明的特点,而且较之其他美学派别,花的气力要大些,也深入些。第五编"艺术总论"。

《新美学》改写本可谓皇皇巨著,是其晚年著作,是对一生美学思想的修订、总结、"定稿"。在《新美学》改写本中,其一贯的美学思想观点更加精致化了,更加深化了,表述得更充分、更纯熟了;个别的某些思想也有进展。但从另一角度说，其美学思想、美学体系却没有根本上的实质性的发展，而是原地踏步；而且，又加进去一些意识形态的批判内容——依学生看，意识形态色彩本应淡化才好，愈淡化愈好，如果蔡先生还活着，他可能并不同意我的观点。

问：顺便插一个问题，20世纪50—60年代，国内展开了一场声势浩大、持续时间较长的美学大讨论。您是如何看待这次讨论的？

杜：20世纪50—60年代，中国进行了一场全国性的美学大辩论。这是在中国政治批判接连不断、政治几乎掩盖一切的特殊环境中，在诸如批判《武训传》、批判胡适、批判胡风、反右派、反右倾机会主义等各种血腥味甚浓的政治运动夹缝中，少有的基本属于学术本身的自由辩论活动。大辩论的主要代表人物是蔡仪先生、朱光潜先生和后起的李泽厚先生。他们在中国现代美学史上演出了一场有声有色的美学"三国演义"，他们在激烈的学术交战中，各自申说、阐发、修正和完善自己的美学主张，形成各具特色、三足鼎立的美学学派，共同促进了中国现代美学的建设和发展。

用最简单的几句话概括他们三派的观点，或许可以这样说：蔡仪主张美是客观的、自然的；李泽厚主张美是客观的、社会的；朱光潜主张美是主观客观的统一。

按时间顺序来说，朱光潜美学活动最早，开始于20世纪30年代。所谓朱光潜主张美是主观客观的统一，是说：美既不在客观，也不在主观，而在主观与客观发生关系取得统一而形成的物的形象。譬如一朵花的美或不美，既不在花本身，也不在看花的人，而在花与看花人发生关系后在看花人主观上形成的花的形象。这是他20世纪50年代的说法；按他早年的观点："凡是美都要经过心灵的创造"，"美不仅在心，亦不仅在物，它在心与物的关系上"，"它是心借物的形象来表现情趣"，其实质就是说美不在物而在心，是"心灵的创造"。50年代他只是换了一种说法：美感的对象（即美）不是"物本身"，而是"物的形象"。"物本身"是纯客观的；"物的形象"则是"物本身"在人的主观影响下反映于人的意识的结果，即主客观的统一。后来，朱光潜借用马克思的"自然的人化"和"人的本质力量对象化"，来表述他的主客观统一说，这无疑是一个重要变化和进展。但许多人认为他的这个观点很可疑，只是新瓶装旧酒：所谓美是"自然的人化"，"自然"是客观，"人化"是主观，仍然是主客观统一。蔡仪和李泽厚都批评朱光潜是主观唯心主义。

所谓蔡仪主张美是客观的、自然的，是说蔡仪认为：事物之所以美，根本在事物本身，是客观事物的自然本性，它无关乎主观；美感是美的反映。譬如一朵花美不美，是这朵花本身固有的天然本性，与看花的人无关；看花人只是认识或反映花的美（这是美感）而不能改变花的美。或者说，美是第一性的，是事物客观规律的本质显现；人的主观只能认识美、反映美而形成美感，它是第二性的，它被美所决定而不能决定和改变事物是美还是不美的客观固有性质。所谓美是客观事物的自然本性，可以具体表述为美的本质就是事物的典型性，是事物的突出的个别性充分反映它的一般性。蔡仪最具代表性的一句美学名言：美是典型，即在个别之中显现一般——美就是那朵充分表现出花之自然本性的典型的花，与人的主观认识或意识（社会作用）没有关系。蔡仪被李泽厚批评为机械唯物主义，被朱光潜批评为客观唯心论。

所谓李泽厚主张美是客观的、社会的，与蔡仪根本不同就在"社会"两个字上。如果说蔡仪认为美是"天然"形成的（自然美就在自然本身而无关乎人的社会作用），那么李泽厚则相反，认为一切美（包括自然美在内）都是人类客观的社会历史实践的结果，是"人的本质力量的对象化"，自然美是"自然的人化"或"人化的自然"；离开了人的历史实践无所谓美。譬如一朵花的美，虽然是客观存在，但它不是客观自然性，而是客观社会性，是经过千百年客观历史实践，花人化了，具有了客观社会性，才美。李泽厚把美概括为"客观性和社会性的统一"，是感性与理性、形式与内容、真与善、合规律性与合目的性的统一，是人类历史实践的伟大成果。而美感则是人类社会历史实践积淀下来的心理结构。李泽厚与朱光潜不同在于，他所说的"人的本质力量的对象化"、"自然的人化"，是客观的历史实践，而不是纯主观活动。虽然较多人赞同李泽厚的观点，但蔡仪认为他是"在马克思主义的招牌掩饰之下宣传了他的唯心主义"。

朱光潜美学理论最辉煌的时间是20世纪30—40年代。仅就理论而言，之后，"朱光潜美学时代"已经翻过去了——50年代以后，除了参加美学大辩论之外，朱光潜在理论上没有实质性的进展。60年代之后，他的主要贡献在西方美学著作的翻译（如黑格尔《美学》、柏拉图《文艺对话集》、维科《新科学》、《歌德谈话录》等，立下汗马功劳）以及《西方美学史》的写作，就此，可以给他立碑。

蔡仪美学理论最辉煌的时间是20世纪40—50年代，是写作《新艺术论》和《新美学》的时代，那时，他富有朝气蓬勃的原创意识，站在中国美学最前沿，可谓引领潮流者。50年代除了参加美学大辩论之外，写了《论现实主义问题》，对文艺理论问题作了深刻论述。70—80年代，他改写了《新美学》，孜孜以求，可敬可佩。但新的理论建树不多，其美学观点"数十年一贯制"，凝固在"美是典型"上，基本没有变化。"蔡仪美学时代"在20世纪50年代之后也已经翻过去了。

李泽厚美学，从20世纪50年代起步，一直没有停下来，并不断有新发展。他是一位开放式的、原创意识很强的美学家。到今天，他的理论还不时有新花样。他的美学可称为建立在"吃饭哲学"（李式"历史唯物论"、或称"历史本体论"、或称"情本体"）基础上的"实践美学"，他开辟了中国现当代美学的新篇章。虽然20世纪八九十年代有"后实践美学"对"实践美学"发起的强烈冲击，但似乎尚未动摇其根本，更谈不上取而代之。

问：您的看法比较客观、公允，也切中了蔡仪美学的实际。我们还是沿着这个思路谈，您是如何看待蔡先生在当代美学上的主要建树呢？

杜：第一，总体而言，蔡仪在中国现代美学史上通过独立思考构建了一个具有鲜明特色的、独创性的、自我完满的、相当精美的唯物主义美学体系。这个体系的框架主要由三个基本部分组成：一是美的存在（客观现实美），一是美的认识（美感），一是美的创造（艺术）；这个体系的核心范畴是"美是典型"，围绕"美是典型"这个核心范畴，蔡仪层层伸展，构建起他的美学大厦。如果把蔡仪美学比喻为一棵大树，主干是"美是典型"，根蒂是美的客观存在论，树冠是美的认识论（美感、美的观念），枝枝叶叶是艺术论，它们共同构成一个活生生的唯物主义美学有机体。从蔡仪写作《新美学》起直到今天，半个多世纪以来中国美学的许多理论著作仍然依照这个基本路数和主要框架（美、美感、艺术）进行构建，即使同蔡仪美学尖锐对立的李泽厚美学也借鉴蔡仪了"美、美感、艺术"这一框架。这不能不说是蔡仪的重大贡献。

第二，蔡仪旗帜鲜明地主张"美在客观"并进而提出"美是典型"这一独创性命题，始终一以贯之，不管人们如何提出不同观点，甚至进行尖锐批判，他都以钢铁般意志固守阵地、雷打不动（是耶？非耶？人们会做出历史评判）。他在《新美学》第二章第三节说："美的本质是什么呢？我们认为美是客观的，不是主观的；美的事物之所以美，是在于这事物本身，不在于我们的意识作用。"究竟怎样的客观事物才是美的呢？他说："我们认为美的东西就是典型的东西，就是个别之中显现着一般的东西；美的本质就是事物的典型性，就是个别之中显现着种类的一般。"这一节的最后又总结说："总之美的事物就是典型的事物，就是种类的普遍性、必然性的显现者。在典型的事物中更显著地表现着客观现实的本质、真理,因此我们说美是客观事物的本质、真理的一种形态,对原理原则那样抽象的东西来说,它是具体的。"这个观点在当时的中国美学界确是革命性的,令人耳目一新。后来蔡仪引入马克思"美的规律"思想把这个理论进一步完善,在他80年代主编的《美学原理提纲》中说:"当事物的物种的内在的本质,或普遍性,通过非常突出、鲜明、生动的现象得到充分的表现时,便是符合美的规律的,因此这些事物就是美的事物。'按照美的规律来造型',就是要以非常突出、鲜明、生动的形象,充分地、有力地表现出事物的本质或普遍性。违背了这一规律,既不可能是美的事物,也不可能创造出美。"

第三,关于美的分类,蔡仪也提出了与以往美学截然不同的新观点。他认为可以有两种不同的分类法。一种分类是如《新美学》第四章第一节所说:"依事物的构成状态不同,而有三种不同的美:一是单纯现象的美,可以简称单象美;二是完整个体的美,可以简称个体美;三是个体综合的美,可以简称综合美。"虽然蔡仪50年代自我批判说这种"单象美"、"个体美"、"综合美"的说法有形式主义之误,但今天看来他40年代的这些观点仍然颇为新颖独异,自有其不容忽视的学术价值,比他后来修正后的论述更加清爽别致。在作了"单象美"、"个体美"、"综合美"的分类后,蔡仪还在《新美学》第四章第二节对美进行了另一种分类,即按照事物的产生条件,将美分为三种:"自然美"、"社会美"、"艺术美"。其中,"社会美"范畴的提出是美学史上的首创。蔡仪说:"我们在这里提出社会美这个东西,是过去的美学家及艺术理论家都没有明白地论及过的。这名词对于一般的读者恐怕是陌生的,而对于观念论的美学家及艺术理论家恐怕是觉得奇怪的吧!因为他们认为美不是客观的,更和他们所谓混杂的污浊的社会这东西是毫无因缘的。但是社会美实是美的重要的一个范畴,若不明白社会美,就不能认识客观的美的主要部分,也就不能理解艺术美的主要根源。"他认为社会美是一种"人格美"、"行为美"、"社会事件的美",在社会中,"美"与"善"合一:"社会美就是善"。

第四,蔡仪在《新美学》第三章提出自己独特的美感论,后来在《新美学》改写本中又作了重要补充。他认为美感是外物的美"引起的心理上的反应,主要是感情上的感动"。他说:"我们认为美感根本上是由于对客观美的认识,引起感性的快适和理智的满足,主要是美的观念的满足,以至心灵的愉悦。……心灵的愉悦,可以说是美感的最后的也是重要的根本性质。""美的观念"这一范畴是蔡仪美感论中一个创造性思想,具有特别重要的作用和意义，它是美的认识过程中的关键一环。蔡仪认为，"美的观念"是人们在美的日常经验中形成的，是形象思维的结果，是认识中"具象性"的高度体现，它以表象为根据并与表象紧密结合，以个别显现一般，以特殊显现普遍，成为典型意象。若要在艺术创作中创造艺术美，须先有美的认识；而"所谓美感之前的美的认识，或创作之前的美的认识，关键在于要有美的观念，实际上正是由于美的观念的中介作用，对于客观的美的对象的观照即产生了主观的美感"。此处所说"美的观念"的"中介作用"，即人们在美的日常经验中形成的"美的观念"印合人们鉴赏活动中美的认识和体验，产生感性的快适、理智的满足和心灵的愉悦——这就是美感。蔡仪提出的以"美的观念"为中介的这种美感理论思想，较为深入地揭示了美感发生的奥秘，在中国现代美学史上具有重要价值。此外，蔡仪还在《新美学》第六章"美感的种类论"中，一反以往美学中把"崇高"和"优美"作为美的范畴的传统观念，而将之归入美感范畴，提出"雄伟的美感"和"秀婉的美感"的新概念，随之又提出"悲剧的美感"和"笑剧的美感"的新概念，别具一格。

总之，蔡先生是中国美学马克思主义学派的创建者之一，他极大地推进了中国马克思主义美学的学术化；他是20世纪40年代的中国美学的革新者——当时中国最激进、最先进的美学家，他积极推进了中国现代美学的理论形态的建设和学术化水平的提高；他是中国现代美学的系统、完整体系的第一位构想者和实施者。蔡仪先生在20世纪40—50年代出色地完成了他在中国现代美学史上的历史任务，做出了自己所能做出的重大贡献。之后的美学，是另一个时代。

蔡先生一生充满自信地固守他的唯物主义美学阵地，直到生命终结也毫不动摇和退缩；像他这样具有如此坚忍不拔的学术立场者，在中国现代学术史上，恐怕没有第二人。他是一个美学殉道者、唯物主义美学的殉道者。无论我们是否同意他的观点，但对于他的学术品格和学术精神，都不能不深表敬意。

蔡仪先生当然也有他的历史时代的局限，他所处的时代环境和历史条件只提供给他那样的眼界和思维；然而无论如何，20世纪的中国美学史上，永远镌刻着蔡仪的名字。

问：刚才您主要从理论上梳理了蔡先生的美学研究，也谈了不少自己的看法，有理有据，有历史感，也很有启发性。之后，我建议谈些轻松的话题，作为蔡先生的开门弟子，您与他交往比较多，对他也比较了解，所以，我希望您能够谈一些有关他本人和你们交往的情况。我首先想知道的是，您对蔡先生的第一印象如何？

杜：早在上大学的时候，我就从文学概论课老师那里听到了蔡仪先生的名字，知道他是马克思主义文艺理论家，我充满着尊敬、仰慕。那时正好赶上美学大讨论，我对参与讨论的人物产生了很大的兴趣，美学家蔡仪的名字经常出现，对我充满了神秘和诱惑力。大学毕业，我决心报考蔡仪先生的美学研究生，全国考生有77名，我是有幸考中的唯一考生。

到文学研究所报到，是一天下午三点左右。人事处的高智民同志联系了蔡先生后，对我说："蔡仪同志刚从所里回到家，他说马上就过来，你稍等。"大约二十分钟后，人事处门口出现了一位温和的长者，稍高的个儿，瘦瘦的，短头发，不分，穿一身旧的但洗得很干净的蓝色咔叽布中山装，脚上是一双黑色圆口布鞋，微笑着向我走来。那时他不过58岁，腰板直直的，头发好像也还没有怎么白。说话带着湖南口音，语速稍慢，声音轻轻的。从此，我在蔡先生身边开始了我的研究生生活，毕业后就分配在文学研究所工作，而且就在蔡仪先生为组长的文艺理论组。1964年夏末，我随导师蔡仪同志到安徽寿县搞"四清"，空闲时听他谈了不少自己的情况，才对他过去的经历有了一定的了解。然后就是"文革"十年，20世纪70年代末的拨乱反正和新时期，直至90年代他去世，我们一直在一起工作。

问：你们一起工作了这么长时间，应该了解他的不少情况。在您的眼中，蔡先生是一个什么样的学者？

杜：蔡先生为人低调、务实，他从不张扬自己，更不说自我吹捧的话。他实际上文弱其表、刚烈其里，平时从不惹事、从不争名争利，但遇事沉着冷静，正气凛然，是个危急关头敢作敢为、朋友有难拔刀相助、路见不平高声疾呼的血性汉子。

大约在1954年，一向温和的蔡仪先生发了一次火，表现出他在原则问题面前的强硬，而且是同他最好的朋友杨晦。教育部要蔡先生为"文学概论"拟一个提纲，作全国文科教材使用。提纲拟好了，教育部说要开会讨论，由蔡先生主持，就在他家楼下。参加会的，有教育部的代表，有北大的杨晦、钱学熙等先生。那时，正好是苏联专家毕达可夫来北大讲学，有一个"文艺学引论"的提纲。然而，蔡先生主持的这个讨论会进行到第三天的时候，杨晦先生却突然说，应以毕达可夫的提纲为准，要讨论，就讨论毕达可夫提纲。蔡仪先生很恼火：教育部要我拟的提纲，又由我主持讨论会，我拟的提纲自然应该参加讨论。蔡仪先生说："何况我对毕达可夫提纲还有不同意见呢！"杨晦坚持："当前学习苏联是党的政策。"于是两人争执起来，互不让步。虽然杨晦先生是蔡仪先生的老朋友、好朋友，而且年长蔡仪八岁，蔡仪一向敬重他，但这次，却是"寸土必争"。

蔡先生也很少感情用事，有惊人的坚韧和坚强。譬如，他唯一的儿子小豆在瘫痪了十几年之后，终于在1968年冬去世，活了18个年头。师母乔象钟送别爱子时在东郊火葬场那一声"我的心呀"的惨叫，多少年叫人颤抖，也可以想象蔡先生的失子之痛。但他当时还作为"黑帮"分子受到管制，62岁时就已经白发苍苍了。他早上到东郊火葬场领了儿子的骨灰，抱着骨灰盒，转了几次公共汽车，送到西郊八宝山骨灰堂。失去爱子的蔡仪先生，心差不多冷透了，冻僵了。然而，那时他没有流一滴眼泪。他知道他必须坚强，再大的灾难他也要挺住。因为他还有夫人和两个女儿需要安慰、照料，人家还强迫他去接受审查。他抱着儿子的骨灰从古城的东郊颠簸到古城的西郊，吞咽着悲伤。中午回到家，充满抚慰地对夫人说："不要难过了。这是最好的结束，没有痛苦，他舒舒服服地过了十八年。"那天下午，他又"上班"——接受管制去了。

但是，蔡先生对父母之孝、对弟妹之情、对子女之爱、对朋友的忠诚，都堪称典范。他一直深爱着妻子乔象钟，1985年，他还把年轻时写的题为《是谁?》的情诗重抄一遍，赠送给夫人。他同冯至先生的友谊也可见一斑。冯先生后来回忆他1926年第一次见到蔡仪的印象："我还记得我与陈炜谟到他宿舍去找他时的情形，他沉默寡言，待人十分诚恳，我们把已经出版的几期《沉钟》半月刊赠送给他。"（冯至《文坛边缘随笔》）蔡先生去日本留学时，也与《沉钟》同仁保持联系，而且在《沉钟》发表小说和诗。《沉钟》同仁也把每期刊物寄三十份给蔡先生，蔡先生送到东京基督教青年会的图书馆代销，但每期只能销十二份，一份不多，一份不少。每次卖完，他都结账，把钱寄回北平。冯、蔡两位老友，交往66年，直到离世。逢年过节或者生日良辰，总要互相拜望，而春秋两季互相探视则是例行的事。他们两位共同的好友杨晦先生去世后，有一次蔡仪先生十分感慨地谈起故友无多，弥足珍贵，一定要夫人陪他去看望冯至，他说，早年老朋友是没有多少了，一年总应该去看望冯至两次。1937年蔡仪先生从日本回国，路过上海时，冯至先生正在同济附中作教务长，蔡仪先生和杨晦先生一起去看望了他。解放后蔡仪先生和夏康农先生一同去看过冯至先生，还在他家吃了饭。以后蔡仪先生家搬到北大，他们两家过往更多，冯先生算是最老的朋友了。蔡仪先生去世后开纪念会，冯先生不顾老迈病弱，挣扎着一定要赶来会场，带着事先写好的发言稿，追述66年友情,盛赞蔡仪的道德文章。那天冯先生坐在我对面,我看到他讲话时很激动,说到动情处,声音有些颤抖。

问:在一般人的心目中,蔡先生严肃、不苟言笑、思维慎密、逻辑性强,很难把他与"沉钟社"联系起来,他喜欢文学、创作过小说,更是不可思议。但这确实是事实。我对此也颇感兴趣,请您介绍一些他的文学创作、文学研究活动。

杜:蔡先生 1925 年考取北大,深受日语班老师周作人和张凤举等文学名人影响,喜欢文学。蔡仪先是对作古诗有兴趣;很快,接触到鲁迅小说,被深深吸引,而且"受到极大震动"。于是下功夫写新小说、新诗。在张凤举的引荐下,他参加了沉钟社,开始与陈炜谟、冯至、杨晦他们交往,后来,杨晦、冯至都成了他的挚友。1926 年暑假,蔡仪到南河沿附近租了一间民房,闷头写小说去了。先是写了《夜渔》和《可怜的哥哥》两篇,1929 年赴日之前,蔡仪先生写了小说《先知》。《先知》是蔡仪小说的代表作,它最初发表于 30 年代初的《东方杂志》,1985 年被选入上海文艺出版社出版的《中国现代作家历史小说选》,编者评价甚好:《先知》"是一篇孤愤之作,小说通过一个先知者遭受残害以至毁灭的悲剧,愤怒地控诉揭露了统治者的愚昧残暴,歌颂了先行者的坚持真理不惜牺牲的高贵品质"。蔡仪久仰鲁迅先生,1936 年夏回国度假路经上海,给鲁迅先生写了一封信,并寄去《先知》,希望能见到先生。鲁迅先生写了回信(《鲁迅日记》下卷第 1016 页),说他近日身体有病,几乎不能见任何人。蔡仪十分遗憾,50 年后还愧疚"我请见先生的时间太晚了"。此外,他还创作了小说《重阳节》、《绿翘之死》、《旅人芭蕉》、《沉钟》、《混合物的写生》,其中,《绿翘之死》以唐代才女鱼玄机为主人公,描写了她由失意、猜疑、嫉恨、憎恶以致发展为杀害婢女的过程,他企图用现代心理学阐释人物,创造了一个多才但狡黠的形象。20 世纪 80 年代,随着这些事实的发掘,人们忽然发现了小说家蔡仪。著名诗人、德国文学研究专家冯至对他的作品评价很高:"与蔡仪相知相敬六十六载,情深谊长,如同兄弟手足……蔡仪后来专心研究美学和文艺理论,不以作家见称,但他所写的小说列入 30 年代著名的小说选中,也毫无逊色。"

不仅如此,蔡先生还曾经做过新文学的研究,在华北大学二部国文系讲授过新文学史的课程。20 世纪 80 年代蔡先生的夫人乔象钟去日本访问,日本一些研究中国现代文学的学者向她问起蔡仪。她奇怪,为什么不是文艺理论学者或美学家关心蔡仪,而是现代文学研究家关心蔡仪?原来是因为蔡仪先生的那本《中国新文学史讲话》被日本学者金子二郎译为日文，发行数万册——日本把蔡仪作为现代文学研究者，他的影响比国内要大。我想起，文革前，越南青年学者阮进德来文学研究所进修现代文学，点名要蔡仪先生做导师，也是因为蔡仪先生那本《中国新文学史讲话》。我是蔡先生的研究生，所以当了他与阮进德的联系人。越南学者也注意到了，他在国外比在国内有名。蔡先生对这部著作比较满意，他1972年对该书的自我评价是："我的《中国新文学史讲话》至今仍然自信比一切后来大部头的几种同类著作在发展线索上讲得清楚，虽然没有被人认为是学术著作，人们也不认为我搞过新文学史。"

问： 看来，蔡先生确实是一个多面手，理论和创作并行不悖、相得益彰。在各行各业百废待兴的80年代，蔡先生又焕发青春，希望在学术上有更多的建树。听说，他当时订出了一个宏大的80年代的学术研究计划，内容更为丰富。那么，他的计划的主要内容是什么？

杜： 经过了"文革"的浩劫，七八十年代的蔡先生更感到时不我待，尽管他已进入耄耋之年，但仍然争分夺秒地工作。他在1979年的日记中写道："这些天来我工作的时间特别长，早晨约一个钟头，上午约三个半，下午约四个钟头，晚上一般有两个钟头，总计除生活杂事不计外，正式工作时间大约十一个钟头……"

蔡老在1980年一开始，就雄心勃勃，准备花十来年的时间在学术上大干一番。据他的夫人回忆，蔡老曾经制定了自己的学术规划："现在要进入新的一年，要进入一个新的时代，我希望在这个80年代做出我平生的较大学术成绩，特别是在这一年做出主要的成绩。一定写出《新美学》（改写本）三册。第一册美学叙论和美论篇，今年交稿。第二册美感论，1983年中期交稿，第三册艺术概论，1985年交稿。其次，写出李白年谱兼诗文系年一册，1986年完稿；李白传，1988年完稿。两书1989年交稿。在三册美学之间，是否写一册哲学问题的书？未定。在两册李白的书之间，是否写一册史学问题的书？未定。在后几年间，是否写一册《没有民主就没有社会主义》的书？未定。这样的书每册约占一年时间。原计划要顺延，后计划的三册要三年余，按计划要到1991年间才可能完成。估计我的生命，我的健康，是不会允许的。还是以赶写出前两种为是。呜呼，年命有时而尽，学业并无穷期，在于发挥最大的努力，取得最好的效果。"

要知道，写上面这些话的，是一个已经74岁的老人。1980年代，蔡老除了改写他的皇皇巨著《新美学》之外，正领着我们写《美学原理》。每次开美学问题或直接讨论《美学原理》学术会议（南宁会议、武汉会议、北京西郊会议等），他都亲自到会。在宾馆里，每晚熄灯最迟的就是蔡老的房间。年轻人会议休息时间，都想法放松放松；唯独蔡老，抓紧每一分钟（包括大家都在休息的时间）工作。

问：据说，蔡先生辞世的情况很感人。作为他的学生，您应该了解一些情况。请您介绍一些这方面的情况？

杜：蔡老在1992年元月2日得了血栓，半身无力、手脚麻木，被送至协和医院。但医院方面说，他不够资格住高干病房，只好躺在一个急救室长廊里。结果，夜里风大、天冷，又得了肺炎。三天后转入天坛医院，时好时坏，但总的趋势不乐观，诸症并发，有时昏迷，抢救。他清醒的时候，还惦记着《新美学》改写本讨论会何时召开、如何进行。他自己要参加，但腿脚不便，想买拐杖。他告诉家人："要买，不知道假肢厂在什么地方，向残疾人协会去打听，我想在浩子（外孙）在北京时，扶我练习走几步。"他还想要学生们写一本《美学论争五十年》。熬了五十来天，于1992年2月28日凌晨4时去世。

问：自您读研究生起，就在蔡先生身边学习、工作。我想知道，作为导师，他是如何指导您做研究工作的？

杜：蔡先生创办《美学论丛》，当时点名叫我写文章，可能因为我是他的第一个研究生。我1964年入学，报到后不到半个月就去安徽寿县搞"四清"，之后是劳动锻炼，花去了一年半多时间。返京见到蔡先生后，他马上就塞给我他开的一个长长的书单——这是我做研究生首先必须完成的阅读任务，我按照书单认认真真读了半年，可惜没有读完，因文革爆发而被打断。

我没有机会修习我的研究生课程，也没有机会写研究生论文。蔡先生和我当然都不甘心于此。那是1978年底的事情。我花了三个月，用上了我自上大学接触文学问题以来所有的积蓄和储备，翻阅、研读了当时所能找到的参考文献，写成《艺术的掌握世界的方式》，三万六千言，紧张地送到蔡仪先生手中。过了几天，蔡仪先生把我找去，说对文章很满意，但也有些意见，我的心才放下来。

我回头看蔡仪先生审阅过的稿子，稿子增加了许多厚度，他加了许多纸条进去，贴在我稿纸的边沿上，他贴的纸条总计有三千多字。我记得最长的一段差不多一页纸，主要是谈"审美"这个词的使用问题，蔡仪先生认为我滥用"审美"概念。他说，美是客观的，美感是对美的认识，是主观的。美就是美，美感就是美感。客观就是客观，主观就是主观，这两个东西不能混淆。"审美"这个词，就把客观和主观混在一起了，煮成一锅粥，怎能说得清楚？他就这个问题反复作了阐释，也讲了哲学上的主客概念和关系问题。就这个问题和其他一些具体问题而言，我虽然并不完全同意蔡仪先生的意见，但是我很为他的谆谆教诲和一片赤诚之心所感动。蔡仪先生习惯于用贴纸条的方法指导自己的学生写作。对我的师弟们，也多如此。对我的第二篇长文章——关于李渔美学思想的，后来扩展为一本书《论李渔的戏剧美学》，蔡先生的意见除了少量写在稿纸上之外，也是大量用贴纸条的方法指导的。

蔡先生对学生的要求是极为严格的、全面的，从做人到做学问。譬如，他要学生一定要认真读书，读原著，读经典，读马克思主义，读中外名著。再譬如，拿引文这件事来说，他一再强调，引用别人的话一定要注明详细出处，而且一定要引全，不能引半句话之后就批评人家如何如何，引用经典著作尤其如此。他说，这是做学问的起码规矩，也是起码的严肃认真的态度。

问：您前面介绍了不少蔡先生的情况，对于我们理解他的学术研究、人生和中国当代美学都是大有裨益的，也有助于澄清一些对他的错误看法和误读。下面就转向您的学术研究吧！在我的印象中，您继承了导师的一些治学方法，兼治美学、文艺理论，也创作了不少散文。而且，您博采众长，善于吸收古今中外的营养，虚心向所有值得学习的学者（包括比您年轻的学者）学习，瞄准前沿、勇于创新，可谓成果丰厚、著作等身。这里还是主要谈谈您自己的美学研究吧！首先我要问的是，您长期从事文艺美学研究，您是如何看待文艺美学的？

杜：文艺美学是一门新兴的学科，这个名称的出现在我国内地不过是80年代初的事情，如果从我国台湾省学者王梦鸥先生的《文艺美学》算起，亦不过再提前10年至70年代。当然，如果不拘泥于名称，而是看理论活动的实质内容，那么，不论在中国还是在外国，又可以说文艺美学是一门十分古老的学科。因为，把文艺看作一种审美现象，探讨和阐述文艺的美学规律，这在古代中国、古代希腊罗马、古代埃及、古代印度、古代日本以及古代阿拉伯各民族等，都早已有之。

文艺美学学科出现之后，在学科建设方面学界同仁做了一系列工作：初步确定了文艺美学的学科性质和对象范围；初步厘定了文艺美学的学科位置；发表和出版了一批文艺美学论；有些大学还培养了一批文艺美学研究生。几十年来中国文艺美学实践，已经使人不能无视它的存在和它的价值。

问：我知道，您一度对认识论美学很兴趣，之后，就转向了人类本体论文艺美学、价值论美学。这样描述您的美学研究符合实际吗?

杜:1985年以前,我基本上持传统的以认识论为哲学基础的现实主义美学观点。之后,便感到,这种美学不能完全恰切地抓住艺术和审美的特点,说"艺术是认识、是再现",只把握了部分真理、只适宜于部分艺术,而不能解决所有的艺术问题和美学问题。譬如,书法艺术、音乐艺术、建筑艺术认识了什么、再现了什么?我不是说这种美学错了、不中用了、应该完全否定了,而是说不能像以往那样,把它看成解释艺术问题、美学问题的唯一方式和唯一的理论形态,看成是包治百病的灵丹妙药。这样,我开始从认识论美学阵地挪开脚步,踏入人类本体论美学和价值论美学的领地。我开始强调"文学创作作为一种审美活动,是人类最重要的本体活动形式之一",是"人之作为人不能不如此的生活形式、生存形式之一"。从人类本体论的立场来解说"创作"、"作品"、"欣赏",可以得出同认识论美学不同的结论:"文艺创作从根本上说是人的生命的生产和创造的特定形式,也就是由作家和艺术家所进行的审美生命的生产和创造活动";"文艺作品(本文)就是人的审美生命的血肉之躯",是人"进行审美生命的生产和创造的结晶";"文艺欣赏主要是由读者和观众所进行的一种审美活动",也是"审美生命得以再生产、再创造","文艺作品不断被欣赏,其审美生命也就不断地被生产和创造","文艺欣赏是审美生命的存活方式、运动方式和延续方式"。后来,又转向了价值论美学的研究。

问:那么,人类本体论文艺美学有什么特点呢?

杜:我们可以从认识论文艺美学和人类本体论文艺美学的对比中发现二者的区别。第一,如果说认识论文艺美学老是把眼睛盯着外在客观现实,它所强调的是文艺对现实的认识性(因此它也可以称为现实本体论文艺美学);那么,人类本体论文艺美学则把目光凝聚于人自身,它所强调的是文艺对人自身生命的体验性。文艺活动当然也包含着认识性和解释性;但在人类本体论文艺美学看来,更根本的却是体验性,甚至可以说,它认为文艺要把认识性因素和解释性因素也都消融于体验性之中。

如果说在认识论文艺美学看来,文艺写某物是为了写得像,在于把握某物的现象真实和本质真实(典型性);那么,人类本体论文艺美学则相反,认为文艺写某物不是为了写得像,而是借某物来表现人自身,表现人的价值,表现人的情感,表现人的生命体验,而体验又离不开人的感觉、感受活动和情感、情绪活动。

第二,如果说认识论文艺美学以及其他某些美学理论常常把文艺与生活看成是彼此区别很大的两回事，强调两者之间的距离；那么，人类本体论文艺美学则总是强调文艺同生活（人的生命活动）的同一性，认为文艺是生活的一部分，在一定意义上可以说文艺与生活直接就是一个东西，而不是两个东西。前者常常不是贬低了文艺，就是抬高了文艺：要么认为，同生活相比，文艺是雕虫小技、饭后余事，或者是什么工具、手段，上不了人类本体活动的台面；要么认为文艺高于一切，提倡文艺至上，把它捧到君临一切人类活动（从而也就离开人类很远）的最高皇座上。这都是不符合文艺的实际的。

人类本体论文艺美学既不贬低文艺，也不抬高文艺。它从人类本体论意义上确定文艺的性质和位置，并且规定文艺与生活的相互关系。它认为，既然文艺活动是人的生命活动的基本方式和形式之一，那么，在一定意义上提出"文艺即生活"、"生活即文艺"的命题就是对的，有道理的。它意味着，作为审美活动的文艺是一种特殊形式的人类生活，是生产和创造人的审美生命的生活；凡是真正表现出人的本质的生活活动，都是人的自由的生命活动，这也就是审美活动和艺术活动。当然，在一定意义上也应该看到文艺与生活的不同，这里所说的不同并不是截然相反、冰炭不容的两种东西的不同，而是指人的两种生命活动之间的不同，这种不同并不否定它们作为人的生命活动形式的同一性。

第三，认识论文艺美学因强调文艺与生活的区别和距离，强调文艺是对生活的认识（反映），这就"先天地"决定了文艺创作即审美创造活动在时间上是一种"拖后"活动：有了现实生活，然后才有文艺创作；有了被反映物，然后才有对它的反映活动。一般地说，在认识论文艺美学看来，文艺活动比生活本身是晚了一拍的活动，至少是晚了半拍的活动。"再现"这个术语很典型地表达了认识论文艺美学的"拖后"反映的特点。

人类本体论文艺美学则不同：它认为文艺活动本身就是生活活动，就是人的生命活动的一部分。因此，从总体上说，文艺活动不是"拖后"活动，而是即时创造的活动，是正在进行时的活动，而且一般说也是一次性的、不可重复的活动。其实，在文艺欣赏中也是如此，欣赏者在欣赏一部作品时，也是在进行即时创造的活动；如果换了一个欣赏者，这些形象将是不同的样子；即使同一个欣赏者，在另外的时候、另外的心境和文化气氛下再欣赏以前欣赏过的那部作品时，又会有新的创造，也许是以前没有、将来也不会出现的那种创造。正因为是即时创造，是正在进行时的创造，所以也就是一次性的、不可重复的创造。文艺活动犹如现场进行一场足球比赛而不是事后看比赛录像。

同样，从其他美学理论与人类本体论文艺美学的对比中，也可以发现人类本体论文艺美学的特点。其一，与浪漫美学相比较。浪漫美学可以说是"作家本体论"美学，它的核心是作家中心论，它认为作家的体验、感觉就是一切，这当然有它的道理，但它也有明显的偏颇之处，即忽视文艺的物化阶段、传达阶段，忽视本文、忽视形式。人类本体论文艺美学固然重视生命体验，重视作家、艺术家，但并不忽视文艺的物化阶段、传达阶段，不忽视本文，不忽视形式。它认为没有物化阶段、没有本文、没有形式，也就没有艺术。艺术作为人的生命活动，是具体的、现实的、可以视听的、有形式的，人的审美生命的本体活动既表现在作家艺术家的创作体验、感受（包括克罗齐的直觉）之中，也表现在这种体验和感受的对象化和物化、形式化和本文之中。其二，与作品本体论美学相比较。作品本体论表现出某种作品本文的崇拜倾向，它的缺陷在于：缺乏人文精神，忽视人的因素，把文艺仅仅看成是语言自身的构造物，认为作品即本身（兰色姆），或认为作品即"意向性"客体——意识对象的存在物（现象学），看不到或不重视文艺中最根本的东西是人类本体性。显然，作品本体论美学所忽视的，正是人类本体论文艺美学所重视和强调的。人类本体论文艺美学不忽视作品本文，同时也重视作者和读者。它从统一的人类本体论的角度全面地评价上述诸因素对文艺的意义。其三，与读者本体论美学相比较。读者本体论以接受美学为代表，它表现出读者崇拜的倾向。这种理论自有其价值；但以读者为中心，搞读者崇拜，企图以有限的目光所见代替对整个艺术世界的全面审视，表现出很大的局限。人类本体论文艺美学当然不忽视读者，但把它放在一个适当的位置上，把读者、作品本文、作者等因素，组合在人类本体论文艺美学的有机系统之中，尽量科学地给文艺现象以解释。

人类本体论文艺美学并不排斥上述各派美学理论，而是扬弃它们，否定它们的缺点和偏颇之处，又充分肯定和吸取它们的合理因素，并把它们纳入自己的体系之中。

问： 您的价值美学研究独树一帜，尤其为美学界关注。您后来是如何转入价值美学研究的？希望您谈一些这方面的情况。

杜： 到了1992年前后，我进一步从价值论的立场上来解说审美活动和艺术。1992年我在《文学评论》发表了《审美价值论纲》，之后，我陆陆续续作了十年的准备，积累了一些资料，写了一些论文，记了许多读书笔记。2001年，《价值美学》作为文学研究所重点项目立项，我随即转入了写作。

我的基本观点是：价值美学，或称为价值论美学，属人文学科，是美学的一个分支，是以哲学价值论为基础建立起来的，在当今这个时代，哲学价值论是把握审美问题的最适宜、最贴切、最合其本性的方法和角度；价值美学把审美活动作为价值活动来研究，即从哲学价值论角度对审美活动进行感悟、思索、考察和研究的一门学问。

我认为审美的秘密可能隐藏在主体客体之间的某种关系之中、隐藏在它们之间的某种意义关系之中。审美活动属于价值活动，审美现象是一种价值现象。当进行审美活动时，既有主体的对象化，也有对象的主体化。具体说，在审美活动中也像在一切价值活动中一样，一方面主体对客体进行改造、创造、突进，使对象打上人的印记，成为人化的对象，即赋予对象以人的，即人文的社会—文化的意义；另一方面，客体又向主体渗透、转化，使主体成为了对象化的主体，成为对象化的人。这样，审美价值也就诞生了。审美价值就是在人类的客观历史实践中所产生和形成的客体对主体的意义，即事物对人的意义。美（审美价值）同一般价值一样，虽离不开客体却又不在客体。它不是客体自身的属性。譬如，月亮的美就不是月亮自身固有的属性；倘若月亮的美在于月亮自身，那么月亮的美（正价值）就是永世不变、无处不在的，但是为什么月亮在美洲印第安人那里曾经是丑陋东西的化身呢？太阳亦如是，我国神话中所说的"焦禾稼，杀草木，而民无所食"的太阳，显然不是美（正价值）的形象。那么，美（审美价值）完全在于主体吗？也不是。假如没有对象与之相关，主体自身，也无美（审美价值）可言。对于与月亮和太阳绝缘的主体来说，无所谓美丑。主体自身生不出美（审美价值）来。因此，美（审美价值）离不开客体又不在客体，离不开主体又不在主体，它在主体与客体的关系之中。月亮的美或丑，太阳的美或丑，是它们在人类的客观物质实践过程中所产生、形成和发展起来的对于人所具有的意义，即人文的社会—文化的意义。显然，这是一种价值形态。而且，美（审美价值）也和其他价值形态一样，虽是一种意义，却不是主观的、任意的，而是由人类的感性物质实践活动规定了的，具有客观性。譬如，在人类的长期实践中，逐渐确立和形成了太阳作为光明和热能源泉对于人的意义，由此又逐渐演变成太阳形象对于人的特殊价值——审美价值，这种价值是客观的，不因人（个别的人）而异的。夏天的中午，烈日炎炎，当一个人被困在摄氏40多度的戈壁滩上时，太阳对于他来说绝非美的形象，但他这时认为太阳不美，并不能否定太阳对于人类所具有的审美价值。美（审美价值）也和其他价值形态一样，不是物质实体，却又须以某种物质实体或形式作为价值载体，而对于美（审美价值）来说，形式尤其重要，虽然美（审美价值）并不就是纯形式、并不等同于纯形式，但我们仍然可以说，没有形式就没有美（审美价值）。美（审美价值）也和其他价值形态一样，总是与人的目的、需要、理想、兴趣紧密相联，而且美（审美价值）尤甚，具有更强烈的倾向性。最后，美（审美价值）也随人类实践的发展变化而发展变化。世界上没有永恒的美（审美价值）。美与丑、崇高与卑下、悲与喜，都可以相互转化。凡是有人存在、有人生活的地方，也就应该有美（广义的），应该有审美价值。我还对崇高型、优美型、悲剧型、喜剧型等不同的审美价值类型及其生产规律进行了考察。我认为把审美活动看作是一种价值活动、把美看作是一种价值现象，在今天或许更契合审美活动实际和美（审美现象）的本来样态，更能搔到审美问题的"痒处"；以此为视角和途径，或许可以拨开以往的某些美学迷雾，澄清以往的某些美学误区。

据我所知，到目前为止，还没有一部价值美学的专著出版，也没有集中论述审美价值的专著，或者可以说，现代中国的价值美学还没有真正建立起来。因此，《价值美学》应该是我国第一部价值论美学的著作，出版以后，学界反应热烈，老中青三代学者如钱中文、童庆炳、王一川都予以充分的肯定。以后，我将进一步完善，使之更为成熟。

问：这几种美学之间的关系如何？

杜：人类本体论美学或价值论美学，与认识论美学已经很不相同了。然而它们并不绝对对立，而是可以互补的，不同的理论视角、用各种不同的方法协同作战，可以更加全面地、透彻地把握审美和艺术的性质和特点。

问：您就美学谈了这么多观点，它们一定能够丰富我们对中国当代美学的认识，促进美学研究的深入发展，最后，请允许我对您表示感谢，也祝愿您有更多的成果问世。

定稿于 2014 年 2 月

毛崇杰，生于1939年，湖北钟祥人，中国社会科学院文学所研究员、中国社会科学院研究生院教授，主要从事美学、文艺理论与文化研究。参与了80年代的美学讨论，主要著作有：《席勒的人本主义美学》、《存在主义美学与现代艺术》、《马克思主义美学思想史》（第三卷）、《20世纪西方美学主流》（合著）、《颠覆与重建——后批评中的价值体系》、《走出后现代》、《实用主义美学的三副面孔》、《文化视域中的美学与文艺学》等。

毛崇杰先生访谈

时间：2004年8月
地点：中国社科院文学所文艺理论研究室

本访谈始于2003年，初衷主要是为了了解蔡仪先生的美学研究情况，访谈过程中思路有了很大的改变，形成了这个访谈的主干部分，于2005年年底完成了初稿。后来，在准备发表的过程中，采访者接受了《北京科技大学学报》编辑的建议，为了突出近年的学术进展，特意补充了一些新问题。需要说明的是，本访谈的修改主要是通过网络进行的，有一部分问题是在网络互动过程中即兴增加的，有的问题则是编辑建议增加的，结果大大超出了原来的内容，毛先生于2007年年初修改后，刊发于当年的《北京科技大学学报（哲学社会科学版）》。在本书即将出版时，毛先生又在2014年3月做了进一步的修改和完善，遂有了目前的这个访谈。这个访谈主要反映了毛先生对中国当代美学讨论和一些当事人的看法，也反映了他对中国当代美学研究的过程、趋势、成就与局限的反思，坦诚地表达了他对当代美学讨论（特别是中国当代美学讨论）的独特思考。这些思考是他发自内心的真实想法，值得我们认真地思考、对待，并给出自己的判断。此外，应该感谢毛先生的配合，没有他耐心的多次修改，就不可能有目前的这个访谈。

一　美学从定义中走出

采访者问（以下简称"问"）：毛先生好！最近我们就中国当代美学问题采访了一些美学研究者，希望他们谈一些自己经历过的事件或知道的事情，从更多的角度切入美学史，以进一步加深对这一段美学发展过程的了解、认识和研究。其中，一些学者都介绍了不少关于朱光潜先生、宗白华先生和王朝闻先生的情况，当然也有涉及蔡仪先生的，但很有限。蔡先生解放前就从事美学研究，也是较早运用马克思主义研究美学的学者之一，他也是20世纪五六十年代美学大讨论和新时期美学讨论的重要参与者之一，所以，很有必要了解些蔡先生的情况。今年适逢蔡仪百年诞辰纪念。您是蔡先生的学生，后来又是同事，应该比较了解他的情况。此外，对您个人来说，您长期从事美学的研究工作，也参与了80年代的一些美学讨论，也希望通过您自己的经历谈些您对当代美学研究的感受或理解。首先我想问的是，您是如何看待80年代迄今的美学研究的？

毛崇杰（以下简称"毛"）：这个问题很大，好在你已经做了各家的访谈，我这里只是一隅之见。新中国建立以来的当代美学的发展大致可分为几个阶段：第一，在20世纪50—60年代，美学争论主要集中在美的根源和本质问题上，很热烈。第二，在70年代末—80年代，虽然还是从上一阶段提出的问题入手，但是扩展开了，向外围和纵深发展。比如在上一阶段，论者也都引用《手稿》中的句子，但一般很少就《手稿》本身和在更广阔的理论背景上进行研究。这一阶段还带出了许多哲学问题，如人道主义、主体性等。第三，90年代一度从80年代的"热"转向"凉"。这又一个十年过去了。21世纪，特别是近几年美学又有些复苏的迹象。面对后现代的新语境又有了一些新的问题，主要是反本质主义问题、人类中心主义、西方马克思主义的唯物主义转向、文化转向、全球化对美学带来的影响，等等。

问：那么，是不是可以说现在的美学正处于一个新的发展阶段？

毛：可以这么说，因为整个后现代主义处于一种文化转向，不能不影响到美学。这种影响，通常的说法是：既是挑战，又是机遇。原来的老话题凉了，又有了一些新的热点，如生态美学、环境美学、日常生活审美化、身体美学，等等。文化转向等使美学的学科边界遭到突破，当然使封闭的学科状态能改变一些，多开一些门窗，有利于空气流通。不过，当任何一个学科的围墙被全部拆除时，它也就不成为那个东西了。正如反本质主义使美成为一个没有本质的东西，一门学科的研究对象没有本质，那不就成了愿意怎么说就怎么说的东西了？

问：这个话题确实很大，也不好谈。我建议还是从80年代您自己的美学研究开始谈，然后再逐渐扩大到其他问题，这样也可以更具体些。

毛：我原来并不是学美学的，只是一个业余爱好者，20世纪60年代初大学刚毕业时，读了李泽厚的一篇好像是论灵感的文章，感到才气横溢，从心里佩服。报考美学研究生时，我对蔡仪没有任何了解，考上了是很偶然的机会。我第一学年的作业论文与他的观点是对立的，完全是实践派美学的，因为大家都那么说。蔡仪看了后在我作业上作了评点，不但没有批评我，反而表扬了我的"独立思考"，我记得好像给了我优等成绩，他没有把他的学说强加给我。在硕士入学初试时，他托监考老师带给考生的格言是"解放思想，实事求是"。我认为他自己是身体力行的。有一次，在他给我们讲大课时，我当场向他提出质疑。他有些沉不住气了，他说："你可以把蔡仪什么的统统抛到一边去，但你要有根据，要有理论上的根据和事实的根据……"当时我虽然已年届四十，但由于半路出家，很多问题还刚刚入门，仅仅凭着一种"我爱我师，我尤爱真理"的信念向老师"挑战"……不久我发现自己错了。

问：是否可以说，这件事促成了您的转变，包括对蔡仪及其美学研究看法的改变。那么，您这次转变的契机是什么呢？

毛：我下了一番功夫学习了《1844年经济学—哲学手稿》和它的思想背景，那本《手稿》都翻烂了，我还对比了费尔巴哈的论著，并追溯了马克思思想成熟的过程，结果发现，蔡仪在这个问题上的研究，他对马克思文本的解读是极其精到的。其他的种种说法，抓住《手稿》上几句好听的话，来回引用，尽管说得天花乱坠，但都离开了马克思文本的原意，他们也是脱离了马克思的思想发展以及当时德国思想史和社会主义运动的背景来理解《手稿》的。当时青年马克思的历史唯物主义确实还没有成熟，在历史观上是人本主义，也就是费尔巴哈人本主义唯物主义的。当然，这个问题要看你怎么看，如果认为人本主义就是马克思主义，甚至比后来批判人本主义的马克思还要马克思，那么肯定会认为《手稿》代表了马克思整个体系的最高峰。蔡仪写的专论《手稿》的文章有四篇，还不包括涉及《手稿》的其他美学文章。给我影响较大的还有他80年代初发表的《马克思究竟怎样论美》，这篇文章有很强的逻辑力量和论辩性，许多争论长久的问题说得那样透辟，使我茅塞顿开。因为《手稿》几乎是当时所有论争的唯一依据，一切都以此为转移，所以，我发现蔡仪是正确的，其他人包括我过去都错了。这一转变也决定了我以后的思想发展和研究道路。

问：好像您也参与过当时的人道主义的讨论。

毛：人道主义讨论发端于《人民日报》刊发的王若水的文章《人是马克思主义的出发点》。1983年，恰逢马克思逝世100周年，我在《哲学研究》发表了《人是马克思主义的出发点吗?》，我认为，马克思的《手稿》基本上是人本主义的。从这个点切入，有人认为，《手稿》是马克思的成熟著作，如美学界的刘纲纪、哲学界的李连科，这样说的人多了去了。从而，他们又把马克思的人本主义思想突出出来，说马克思主义就是人道主义。"文革"前，《手稿》是禁区，"文革"后，美学界对《手稿》的讨论比较多，好像是新领域、新发现，引申出了许多东西。我认为，从《手稿》本身的思想看，它不是马克思主义的成熟作品，笼统地说，人是马克思主义的出发点，马克思主义就成了以人为中心、以人为本的理论了。这也涉及一个大的背景："文革"期间，人没有起码的尊严，知识分子挨整，受压抑，连人身的安全也没有保障。当时整个社会渴望这种人道主义，它就特别有号召力。但从马克思主义本身来看，就不能说"人是马克思主义的出发点和中心"。我的文章发表后，李连科也在《哲学研究》发表了一篇反驳我的文章，编辑部让我看了文章校样，说还可以争论。我觉得他的反驳没有道理，我的答复文章交给编辑部后，他们说这个问题不再讨论了，是上面的意思。这篇文章后来就在《美学论丛》上发了。之后，胡乔木的文章发表后，讨论就基本上结束了。我觉得胡乔木的文章搜集了多方面的意见，也包括了我们的意见，有些方面讲的不错，但有些地方也没有讲清楚，说人道主义是伦理观，伦理观怎么能与历史观分开呢？他说"社会主义没有异化"，是错的。讨论到1986年就差不多结束了。有的文章只涉及《手稿》中的美学问题，但只讲美学问题不容易讲清楚，带出了对《手稿》的整体评价等一系列问题，这时候才谈人的本质、对象的本质。

问：似乎经过80年代关于《手稿》的热烈讨论后，目前很少有这方面的文章了。

毛：当时有一位美学家在《美学》杂志上写文章挖苦蔡仪没有读懂《手稿》，说图书馆的路方便得很，劝蔡仪不妨多跑两趟……（大意）我写了一篇文章反驳他，结果是他自己连《手稿》不同版本的出台的经过都说错了……其实，蔡仪是我国最早在自己的美学著作中引用《手稿》的，他在1947年出版的《新美学》中就引用了《手稿》的关于"美的规律"的那段话。有些人根本不知道，也不想知道，或者知道装不知道，就摆起祖师爷的架势吓人。当时的美学界就如此颠倒黑白。

问：能不能认为《手稿》里面的主要问题基本上都研究得比较透彻了？

毛：我看远不能这样说。现在想起来，有一个问题蔡仪和我都有偏颇，那就是在"美的规律"的讨论时，各派意见纷呈，最后集中在关于"两个尺度"上，究竟马克思所说人在按照美的规律造型时，按照任何物种的尺度和内在固有的尺度来衡量对象，是主观还是客观的呢？其他各种观点就不说了，当时蔡仪认为任何"规律"都是客观的，这当然没有问题，但是，蔡仪认为这两个尺度与他所说的典型一致，"任何物种的尺度"是讲对象的普遍性/共性，"内在的尺度"为个性。当时我是同意他的，文章中也这样写过。现在看来，当时美学各派都急于把马克思的话纳入自己的定义，实际上马克思在这里并没有对美的规律下定义，他的重心毕竟不在美学，况且"美的规律"也不是下个定义的简单问题。马克思这段话的重点在于，人的生产与动物生产的本质区别。生物物种只生产自己本身，人则"生产"整个自然界，人摆脱了"肉体需要"这种片面性来进行生产。而且，马克思认为，人摆脱了肉体的需要，"按照美的规律"进行生产时，"才真正地进行生产"。

但有两点可以肯定：第一，有美的规律这东西，其实这个词席勒就提出来了。第二，美的规律是客观的，人可以"按照"它去生产什么的，但它不是人创造的。至于美的规律的具体内容和规定性，则存在于人们不断发现的过程中，有"自然事物为什么美"的规律，有人们审美的规律，还有艺术创造的规律，马克思这段话没有说到这些，也不能以为"两个尺度"是对这一切的高度概括。当然不是说两个尺度与美的本质、美的规律没有关系，马克思是在谈美的规律时提出来的，怎么会没有关系呢？但是，这并不是直接对美的规律下的定义，不能把它纳入各种美的本质论中。这是我新近重新研究这个问题的看法，也许不正确，还要继续思考，我可能还会修正，因为这个问题确实麻烦。

问：能否再结合您个人的研究情况谈一些20世纪90年代以来美学的热点问题？

毛：20世纪90年代，中国美学界也出现一代新人，但一般对过去几大派的争论不怎么感兴趣，所以也不大介入。当然不是说完全没有人关心的，比如实践美学与后实践美学之争的问题，但影响面远不如以前那样大了。在80年代，有些年轻人忙于为美找个定义，有人搞出一个很长的美的定义寄给美学界的老前辈，征求他们的意见。现在，非但年轻人，如果对那些老问题拿不出新东西，就是我也没有兴趣了。所以，这一时期堪称"走出美的定义"阶段。由于语境的变化，一度以为很新的问题，在新语境中就显得很陈旧。比如说，从50年代到80年代有一个普遍被认为是马克思主义美学的命题，即"人的本质对象化"、"自然人化"，人们认为这就是天经地义的马克思主义关于美的本质的定义，因为几乎绝大多数人都这样说。这样，不同的观点自然就很孤立了，甚至被认为是非马克思主义的或机械论的。然而，到了80年代后期，人们发现西方在搞"工具理性"批判、生态主义、绿色主义,我们还在这里讲什么"人化自然"、"整个自然(包括原始自然)人化才是美",当然就不合拍了。"文革"时是"围湖造田"、"向荒山要粮",现在是"退耕还林",是在纠"自然的人化"的偏。"自然人化"之后,就没有原生态的自然美了。当然,"人化自然"如梯田、庄稼、城市林荫、小区环境等也有美,但不是一回事。人道主义、主体性和实践美学都是有关联的,都以人为中心,当时出现是合理的,是对"文革"的反拨。问题是,在美学上这样讲,并以"马克思主义"为旗号,非常庸俗,是歪曲。所以,90年代整个话语体系都变了。

问: 美学告别了定义时代,也可以说进入一个"后定义时代",当然新的话语也很多。但语境转换最主要的特点是什么?

毛: 我们说新语境,主要指后现代。90年代有"告别革命"的问题。当前西方正在那里反"人类中心主义",这与主体性相背。怎么办呢?于是从后现代主义那里接过"告别革命"。

问: "告别革命"也直接来自于西方吗?

毛: 后现代主义对现代性的反思,集中表现为对启蒙和解放两大所谓"元叙事"的质疑。这是利奥塔所概括的"后现代状况"。启蒙/解放,不就是革命么?这不就是"告别革命"么?所以在全球化语境下,每一个口号都有全球思潮的联系。

问: 这是否与后"冷战"时期有关?

毛: 是的,要知道利奥塔在法国60年代左派运动中是一马当先的人物,写大字报(宣言)宣告资产阶级彻底垮台,激进得不得了……运动失败后一下子消沉了。他还有一篇文章叫"知识分子丧钟",意思是知识分子、学生造反,统统是扯淡的事。他还写了篇文章宣称自己"与马克思主义分道扬镳"。当然不是他一个人的问题,当时法国马克思主义者在知识界中的比例,一下子从约70%下降为约20%。当然今天情况又有了新的变化。

问: 是的,利奥塔的转变是非常明显的。还是回到我们刚才讨论的问题,我想问,"告别革命"与前两个阶段的"人的本质对象化"、"主体性"、"实践"哲学是不是有关联?如果有,那么其关系究竟怎样?

毛: 它们之间的内在联系在于当时中国哲学界流行一种观点:马克思主义哲学被认为不是辩证唯物主义与历史唯物主义,而是实践的一元论或实践唯物主义。

二 西方马克思主义的转向

问： 这不也是来自"西方马克思主义"吗？

毛： 最早是葛兰西在《狱中札记》中提出来的，后来南斯拉夫有个哲学"实践派"，当然还有萨特、卢卡奇，这在西方马克思主义那里很普遍，80年代它也成为我国哲学界与美学界的主流。实践一元论与主体性哲学是一回事，其一个要害观点是认为自然界本身没有辩证法，由于人的主体性实践才谈得上辩证法，所以，自然辩证法是恩格斯搞出来的，与马克思无关。这种说法在西方也非常流行，20世纪早期就提出来了，60年代萨特又大大鼓叫了一番，把"人的辩证法"与"自由"、"主体性"联系在一起。

问： 从哲学上讲，您的梳理是明晰的。但这与美学有什么直接关联呢？

毛： 我国80年代又出现了一个美的定义"美是自由的形式"，意思是，自然事物本身没有什么美不美的问题，是人的自由本质"外化"到自然对象上去，于是自然物得到一种"自由的形式"，才使人感到是美的。这种"外化"就是"人的辩证法"的作用，是人作为主体实践的自由的能动作用。这种说法似乎很新鲜，其实是从康德的"形式的合目的性"那里来的，席勒说过完全一样的话，我在《席勒的人本主义美学》（1985年）那本书里谈到过。所不同的无非是，把德国古典美学的定义与马克思的《手稿》粘贴一下，就成了马克思主义的美学定义了。人有意识、目的，所以，相对于动物，人有自由，在这个意义上，青年马克思把人的本质说成"自由自觉的活动"，人通过劳动能够创造价值、满足自己的种种需要。但是，自由是相对必然而言的，人不能违反自然规律来达到自己的目的，如1958年宣扬什么"亩产二万斤"，那就是唯心主义抽象地发挥了"主体性"。如果现实人的本质就已经是自由的话，那就没有为自由而斗争的问题了。因为现实的社会关系所规定的人并不自由，所以才有追求自由的问题，自由是人通过实践摆脱旧质追求新质的过程。

所谓"历史唯物主义就是实践观点的人类学本体论"，这种说法与"告别革命"是一脉相承的。

问： 不过，恩格斯自然辩证法的观点是在马克思之后提出来的。

毛： 关于自然界没有辩证法，是恩格斯强加给马克思的，这个问题一直到1985年美国弗雷德里克·杰姆逊在北京大学讲课中还是那样说的。1996年，我在《哲学研究》上发表了一篇评述杰姆逊的文章，就此对他提出了批评，我举出不止一处例子证明马克思是有自然辩证法思想和论述的。当时我正在做《马克思主义美学思想史》课题，我承担了第三卷（20世纪西方部分）的任务，杰姆逊占了很大的分量。当然我对他总的是很赞赏、推崇的，不过在这个问题上，他受萨特、卢卡奇的影响很深。不知你注意到没有，2005年在武汉举行的一次关于文化批评的学术会。

问：杰姆逊也来了。

毛：对，时隔整整20年，杰姆逊在这个会上有个发言，他承认，自然本身就是辩证的，并且对西方马克思主义否定辩证唯物主义提出了批评。他指出，一旦辩证唯物主义消失，那么，还有什么马克思主义哲学。他还特别提出："必须对辩证法的攻击进行回答和反驳。"

问：上海的《社会科学报》报道了这个会议的情况。

毛：是的，杰姆逊的发言很短，但他的这个转变很重要，我称之为西方马克思主义的唯物主义转向。这不能归功于我，我也不知道这里面的契机。你正在专门研究杰姆逊，希望你能够关注这个重要动向，看看这在西方的马克思主义左派中有多大的影响。

问：去年，日共前主席不破哲三，他是日共社会科学研究所所长，在中国社会科学院有一个关于马克思主义的专题演讲，全文发表在《社会科学报》上。

毛：是的，不破哲三指出，马克思主义自然观的第一个特征就是站在唯物论和辩证法的立场上观察大自然……马克思主义的唯物主义自然观，通过现代自然科学的发展，不断地证明了其正确性。这说明唯物主义转向不是杰姆逊的个别现象。

问：这在中国几乎没有什么影响。

毛：是的，中国思想界主流还停留在西方马克思主义的误区之中，随意打开一本"马克思主义"哲学教科书都可以找到当年的那些说法。

三　实践美学与主体性问题

问：在20世纪80年代的美学讨论中，实践论美学的影响很大。显然，其哲学基础来源于马克思主义的实践哲学，您是如何理解实践哲学及其与实践论美学之间的关系呢？您能不能讲一下当时美学界关于实践范畴的讨论情况？

毛：在80年代的美学论争中，除了《1844年经济学—哲学手稿》是否是马克思的成熟著作外，另一个焦点便是究竟什么是马克思主义的实践观念，究竟有没有非马克思主义的实践概念，或者说，在实践概念上究竟有没有唯物主义与唯心主义之分，是否只要大讲实践就是"马克思主义"？在这个问题上，我和蔡仪在当时都写了文章，主要是指马克思主义与唯心主义的实践概念的最大区别在于"物质的实践"与"精神的实践"。实际上，列宁也说过，实践标准的含义是不确定的。

问：马克思还说过"卑污的犹太人的"活动。

毛：是啊，"掠夺"不能说这不是实践。在美学上，因为你是主体，你看了太阳一眼感到了太阳的美，你就把太阳"人化"了，这是什么实践？马克思实践观念的物质性基础决定了实践的本质是革命的，是人对世界的改变，首先是对物质性的自然界的改变，然后才是对人类社会的革命性改变，也包括自我主体的改变。关于实践观点、主体性问题，主要的依据是《关于费尔巴哈的提纲》，马克思说过去的唯物主义是直观的唯物主义，把对象仅仅看作客体，没有从主体看，没有从实践方面看，有人就从这里引申出马克思主义是"实践的唯物主义"，马克思在这里强调了实践之于人对世界的能动作用。但后来马克思又在其他地方多次强调人是在既有的历史条件下创造历史的，所以他指出，主体性实践如果不能以唯物主义加以发挥，就会被唯心主义抽象地发挥了。"实践一元论"就是把实践唯心主义地发挥了。

问：90年代后期，厦门大学中文系的杨春时、易中天还在《厦门大学学报》上就实践的"现实性"和"超越性"展开争论，但好像没有在一个焦点上。

毛：是的，他们的争论，在实践的现实限制性与自由的超越性，各执一端。其实，实践的物质性就在于它是立足于现实的物质生产的、社会生活的，实践的超越性则在于它对现有的社会关系进行批判性改造，它指向人的本质的新质，只有认识到这种限制才有超越旧质的自由。这也就是实践从人的物质生产活动起始走向社会革命的实践。李泽厚现在又批判"后实践美学"是"原始的情欲，神秘的生命力"，但他那个"实践的人类学本体论"又高明多少呢？一点也不。他说的"吃饭哲学"难道不是与"原始欲望"的生命力有关的么？他总是一只手打别人，另一只手又把同样的东西偷偷运进来。

四 主体性与人类中心主义问题

问：您对"实践是检验真理的唯一标准"这个问题是怎样理解的？

毛：蔡仪过世后，大约是1998年我阅读他的《文集》校样（2002年问世）时，发现他有一篇生前从未发表过的晚期文章，批判把真理分成两种，即价值真理和事实真理。当时我正在做"文学批评的价值体系"课题（1996—1999），他的批判与我不谋而合。这篇未刊文章的重要性在于揭示了这一时期用价值代替和取消真理的倾向（实用主义真理观）。实用主义的价值观与其实践观念是一致的，列宁在《唯物主义与经验批判主义》中的一个脚注讲到，实用主义也是讲"实践是检验真理的标准"的，但是其实践归根到底是主观的价值，即"对我好的"。讲实践到底讲的是什么实践，如果只要讲实践就是马克思主义，岂不等于只要讲"物质"就是唯物主义，那样的话，"拜物主义"岂不是最彻底的唯物主义了么？脱离了物质生活的生产，脱离了对社会的革命性变革，那种"物质"和"实践"是最庸俗的，也是主观唯心的。所以，李泽厚在90年代提出的"告别革命"的口号，暴露了其实践观不是如其自称的是"唯物主义"和"马克思主义"的，而恰恰是相反的。

问：回过头来再说，好像"告别革命"只是一种策略，它也没有否定所有的革命，其目的也不是彻底否定革命，它只是强调要抛弃过去的革命思维和斗争哲学，以改良和渐进的方式获得社会的平稳发展，从而尽可能地减少或克服社会剧烈动荡所导致的损伤和内耗。这里面有些反思中国近现代史的意味，因为动荡带给国人的痛苦实在太多了，也使中国丧失了很多的发展机遇。

毛：毛泽东说："马克思主义的道理千条万绪、归根结底就是一句话：造反有理。"不能因为"文革"中这个口号被滥用、被糟蹋了，毛泽东犯了严重的个人错误，就从根本上否定马克思主义作为天下穷人翻身的哲学的性质嘛！连法国大革命到辛亥革命都被否定了，那么，历史是不是应该回到前现代，回到路易十六、尼古拉二世、慈禧那里去呢？当然现在西方有些左派也是这样认为的，如美国历史学家沃勒斯坦就认为不能说资本主义比封建主义进步。

问：这是后现代主义反对历史进步及其必然性的思潮。

毛：对，辛亥革命不是孙中山和同盟会等人头脑里的产物强加于历史的，那不是"百日维新"、"公车上书"失败之后不得不武装起义的吗？列宁在"十月革命"前也设想过和平方式，没有完全否定议会斗争，但刀架在脖子上了，你怎么"改良"？对历史搞指手画脚，好像历史会按照你这种主体性走，好像当时有了你这个"良医"慈禧就会听你的，谭嗣同脑袋就不会掉似的……你要告别哪个革命都可以，但不应该往马克思头上栽。

问：据我所知，"告别革命"的倡导者并没有直接说过，"告别革命"

是马克思主义的命题。

毛：虽然他们没有直接说，"告别革命"是马克思主义的命题，但这位论者说过自己奉行马克思的格言"我为人类"工作。马克思为人类做了什么，你又为人类做了什么？当他们正在起劲"告别革命"的时候，理查德·罗蒂，这个美国的新实用主义哲学家（他政治上可谓极端自由主义）却在90年代猛攻美国左派"不爱国"，他在1997年《共产党宣言》发表150周年时发表纪念文章宣称自己站在世界的穷人一边替他们说话，他也认为，这个没有平等、博爱的现有世界的状况一定要改变，《宣言》预言的穷人翻身的一天早晚要在世界上实现。对"造反有理"不能停留于狭窄的"暴动"、"暴烈的行动"上，可以理解为对私有与剥削说"不"的批判。孔子说："汤武革命，顺乎天而应乎人，革之时大矣哉！"拉丁语"革命"的意思是一天体绕着一定的轨道旋转的运动。"告别革命"是为维持现有的社会秩序张目，其结果只能是让人永远忍受被奴役的屈辱地位。李泽厚说，马克思夸大了阶级斗争、革命的地位和作用，实际上，是他自己歪曲和篡改了历史，他强调阶级合作和协调。如果这个世界真是好得连穷人也没有了，不人道的事也没有了，还有"天地革而四时成"吗？李泽厚根据恩格斯在马克思墓前的讲话说，他的"历史本体论"就是要回到"人活着"就要"吃饭"这样一个物质基础，认为这就是回到马克思的唯物史观，把马克思的唯物史观说成是"吃饭哲学"，这有些像现在有些网上青年的"恶搞"。他可以坚持从"告别革命"到"吃饭哲学"这条思路，但不可往唯物史观上贴。

问：他是不是针对过去阶级斗争扩大化的背景才这样说的？

毛：有这个问题，但"矫枉"一"过正"就成了新的"枉"了。斗争哲学并不是马克思首创的，人道主义就是在与种种宗教蒙昧主义斗争中发展起来的，布鲁诺不是为了坚持"日心说"而被宗教法庭烧死了吗？孔子的"仁"的核心是什么？

问：一般都引用"仁者爱人"、"己所不欲勿施于人"，这怎么是斗争哲学呢？

毛：实际上，"仁学"也就是"斗争哲学"。《论语》中两位学生讨论"仁"时提到"举直错诸枉"是什么意思？

问：匡扶正义，挫败邪恶。

毛：这也就是孔子所说的"唯能恶人方能爱人"。

问：过去没有强调这个意思。

毛：打倒孔子与利用孔子的两方面都有意无意地抹去了这个意思。

"和为贵"被当做和平主义，孔子说"和而不同"就包含斗争嘛。李泽厚有篇张扬"吃饭哲学"的文章的几十个字的那段话中就用了"对抗"，这不正是斗争哲学吗？对斗争哲学的斗争恰恰践行了斗争哲学。

五　蔡仪与美学各派之争

问：从20世纪五六十年代的美学讨论开始，蔡仪先生、朱光潜先生和李泽厚先生之间的美学观就有很大的不同，他们之间的争论不但持续了很长时间，并且还有相当激烈的争论。不可否认的是，李先生和朱先生获得较大的支持和同情。您是如何看待他们之间的分歧的呢？

毛：蔡仪对朱光潜，从1947年蔡仪的《新美学》开始，到1980年朱光潜的《西方美学史》再版前言，是一直批判的。但是，蔡先生并没有将朱先生一棍子打死，他肯定朱先生介绍和研究西方美学的成就与贡献，他参加了朱先生的追悼会。在蔡仪看来，朱光潜是美学唯心主义的代表人物，解放后做了自我批评，态度是真诚的，但思想上的东西很难转变，很容易在《手稿》问题上，在人性、人道主义问题上，坚持原来的立场。所以对此，蔡仪一经发现就批他。可能有人认为，人家已经有了进步就不容易了，何必抓住不放。其实，唯心主义唯物主义之争也并没有什么可怕的，在美学上无非一个是从美感到美的对象，一个是从美的对象到美感，其实只是一纸之隔。只是当时容易扯到资产阶级这个政治纲上去，所以，人们对批判唯心主义有些反感，特别是改革开放以来。当然，这样说并不意味可以抹杀唯心主义与唯物主义之间的斗争，只是必须把学理之争与政治斗争和权力斗争分开。

对李泽厚的情况有些不一样，李一向以马克思主义自居，曾从左边、右边分别批朱光潜和蔡仪，批朱是主观唯心主义，蔡是机械唯物主义，他自己当然是辩证唯物主义。他的自然美的本质也是社会性，就是来自苏联的"左"的庸俗社会学的观点。因为当时所有事物都要贴上阶级的标签，连自然美也不例外，坚持自然美的社会性、阶级性就是坚持了马克思主义的阶级观点。蔡仪反对说自然美有什么社会性和阶级性，那当然是"右"的了。"自然美社会性"的说法混淆了自然与艺术，艺术中的自然美，如山水诗、风景画等，可以说是有社会性的，因此，是自然在人的主观上的反映，有人的理想、情感和观念的作用，这些主观的东西都渗透着社会人的社会性。但是，连没有经过人改造的自然都说成有什么社会性，简直是"左"到了极点，也荒谬到了极点。最后在实践观点上，李泽厚、朱光潜，还有蒋孔阳都统一到这个基础上去了。实际上，蔡仪对朱光潜批判之用意在于，既然你做了唯心主义的自我批判，表示要学好马克思主义，那么批判是为了帮助你更好地掌握，是"与人为善"。对李泽厚批判的意义在于，把马克思主义作为棍子批别人，那就要明辨真伪的问题。

问：许多人都认为，蔡仪先生的美学是机械唯物主义美学，这在学界几乎成为定论。您是如何看待这个问题呢？

毛：连马克思都可以"恶搞"，何况蔡仪？在美学争论时，如果说蔡仪对别人的批评有时难免失之简单，那么他的观点被"妖魔化"的情况远远胜于此。"机械唯物主义"的帽子跟了他一辈子，因为有大人物定调，影响深远，直到21世纪还有文章如此说。这些人恐怕连什么是"机械唯物主义"、"直观的唯物主义"这些概念都没有弄明白就拿来当做帽子往人头上扣。实际上，说他机械论的"积淀说"却有庸俗进化论的味道。

蔡仪的人格力量在于能够坚持自己的学术主张，不屈服于学术之外的压力，他的理论的力量也来源于这种人格力量。80年代初，文学所理论室主任王春元去拜访已退休的蔡老，蔡先生对他说，政治运动常常刮风，学术研究不能跟"风"（大意）。即使他的"美在典型"说被彻底驳倒，也不等于可以抹杀他的理论贡献，他解读马克思文本的准确精到是功不可没的。2002年出版了十卷本的《蔡仪文集》，很不容易，有家出版社出版了所有已故美学家的文集就是不出蔡仪的，说明反对论的势力实在太大。

蔡仪本人很谦虚，他不像某些人那样以马克思主义美学家自居，他说自己只是力图应用马克思主义。他从没有把自己的"美在典型"说作为科学定论，强调它只是一个"科学假说"。朱光潜把西方美学与中国传统诗学相结合，有他的功劳和独到之处，但谈不上体系。李泽厚在美学上主要是苏联"社会学派"的东西，看不出他自己的东西是什么，他在80年代说，要写一本美学原理，至今未见。当然，现在美学原理似乎并不少，但我认为，以马克思主义的观点和方法完成了美学的体系建设的只有蔡仪一人，这已经为愈来愈多的人所共识。蔡仪美学在80年代也一度以学派形态出现，其体系既不可能被从外部攻破，内部也不可能有更新发展，可以说划上了一个句号。我们要做的是怎样使他的体系在今天的新语境下，通过多元对话焕发出新的生命，发扬光大。

问：听说蔡先生去世时的遭遇也令人痛心，当时，你们学生都在他身边。您能否谈谈这方面的情况？

毛：那天，他早起患了轻度的脑血拴，后来送到协和医院没有床位，安置在走廊。冬天很冷，又没有暖气，上厕所又不方便，夜里又尿床了，就感染上了肺炎。80多岁的老学者，20年代就参加了共青团，为革命贡献了一生，晚年却受到这样的待遇，无论什么原因都是说不过去的，这是中国一代知识分子的悲哀！

问：据您说，蔡先生曾说过，"他是在同影子作战"。不知它是什么意思？您是他的学生，又一度是他的同事，应该说，您对他是比较了解的。请您谈谈这方面的情况。

毛：我刚才说过，蔡仪的机械唯物主义，有一位大人物定调。在公开情况下，周扬从来没有说蔡仪是机械唯物主义，他在《美学》杂志一篇文章中说过蔡仪的观点比较独特，所用语气比较缓和，但背后又不一样了。由于此人"文革"前在意识形态上权力炙手可热，并且他的那个思想体系很有号召力，蔡仪很清楚周扬在里面所起的作用，但不能挑明，斗争很艰苦……所以说他"与影子在作战"。1960年代初，蔡仪给《新建设》编辑部寄了一篇批判朱光潜的文章，据悉，当时周扬就说，蔡仪应该首先批判自己。1978年，粉碎"四人邦"后第一次招考研究生，有一位考生也报了蔡仪的硕士生，可能复试没有通过，后来他去找周扬，谈话后便在《美学》杂志上发表了一篇批蔡的文章，可见周扬对批蔡的"影子"作用。可以说，蔡仪所受的压力来自上下左右四面八方，1980年代初，蒋孔阳发表一篇谈中国美学界论争的综述文章说，同意蔡仪的观点的只有他自己一人。

周扬整了那么多的人，"文革"中自己也被整进去，可能有所醒悟，所以"文革"后忏悔，发表了马克思主义也就是人道主义（大意）的文章。一方面可以为自己灵魂赎罪，寻求临终安慰（可以认为是真诚的）；另一方面，大讲人道主义可以讨好大多数人。学术讨论、艺术批评本来是很正常的，另外，社会科学确实与政治脱离不了关系，但一旦有权力介入就麻烦了。所以，90年代初一段时间内，我不写任何批判性文章，无论对谁，对这一点，蔡仪当时对我可能有些意见（我对他写批判文章也有看法）。这一时期已经没有学术批评的正常空气了，那里在搞"武器的批判"，我不能再搞"批判的武器"……"我虽然不同意你的观点，但我要像维护自己的眼睛一样维护你的发言权"，这才是平等的争论。所以，我有一个宗旨：不与没有发言权（健在）的学者争论。

蔡仪的美学批判有时可能过于激烈，也可能有简单化的情况，这使他失去了更多的支持与同情，但只要想到他的遭遇和处境，这是可以理解的，这不禁使我们想到鲁迅当年的"一个都不宽恕"。周扬与蔡仪没有什么私人过节，所谓"四条汉子"整鲁迅时，蔡仪不在上海，所以，蔡周之间完全是不同思想体系的问题。周扬的思想体系主要是从苏联来的，当时中国搞"一边倒"嘛。理论上的分歧不应该利用学术之外的权力和权威性搀和到学术中来。

问：许多青年人不喜欢蔡先生的美学确实是事实。蔡先生没有朱光潜、李泽厚影响大，可能也与其著述的逻辑性强、体系严密、不好懂有关系。

毛：1988年夏天，我在北戴河休假，文学所理论室一位青年同事说，他要批判蔡仪。我说，好哇，你读过他的《新美学》没有？他说没有，我说，你连他主要的代表作都没有读，根据什么去批判他呢？他回答不上来……当时一位古代室的青年同事在旁也说"这样不行"。有些人批判的蔡仪不是真实存在的蔡仪，这也是一代人的学风问题。

要批倒蔡仪，至少应该认真读一下他的《新美学》，他的四论《手稿》，绝不能仅仅以"美在典型"简单地概括蔡仪。他的美学思想里有丰富的东西，只是读起来不那么轻松，逻辑力极强，论证极严密，所以很枯燥。"花花美学家"是绝不屑于干那样的事的。有人说他的东西"可信而不可爱"，有的李泽厚批评者一边批他时一边还说李的文章"美仑美奂"。蔡仪曾说："美学不美"，意思是美学是一门以审美现象为研究对象的科学，以抽象思维方式为主，而不就是审美行为，许多人把这两者混为一谈。

要批倒蔡仪，只读蔡仪的东西还不够，还要研究一下从康德到黑格尔的德国美学、马克思主义发展史、费尔巴哈，等等。比如说，你要证明蔡仪是机械论，你首先要去研究什么是哲学上的机械论，它在哲学史上的表现怎样，在蔡仪身上又怎样表现出来，等等。

问：刚才听您说，今年恰好是蔡先生诞辰100周年，10月份文学所召开了蔡仪美学思想的研讨会。不知现在理论界对他的看法如何？

毛：会上，中年学者王一川谈到，自己年轻时很长一段时间没有看好蔡仪的美学，但是，随着时间的推移、人生阅历的增长、思考的延伸，他愈来愈感到蔡仪美学是20世纪中国美学中不可多得的、先锋的、独创的、稳定的体系。他表达的是对蔡仪的一个"迟到的深深的敬仰"。

六 美学与批判理性/主流经济学与主流美学

问：您的美学研究始终强调批判理性，我想，这与您所受的马克思主义（特别是马克思主义的批判意识和批判态度）的影响有关。您认为，您的美学研究是如何介入现实，发挥其批判功能的？这种批判功能与人道主义、马克思主义的关系怎样？

毛：人道主义与美学的关系就在于美的本质与人的本质的关系上。过去的所有美学争论几乎都是围绕着这个问题展开的，并且它在今天表面上看似乎过时了，但仍然有着潜在的深刻影响。只要这个世界没有消除不人道的事实，人道主义就不会过时，就要讲人道主义。对于马克思主义美学来说，就是人道主义与马克思主义的关系究竟怎样。在日常生活中讲人道主义是如何实行人道主义的问题，与理论形态的人道主义有所不同。在法兰克福学派代表的西方马克思主义中，人道主义以批判异化的形态出现。在存在主义、海德格尔那里，人道主义以反人道主义，即反人类中心主义出现。在后现代主义中，由于反人类中心主义，人道主义（有人称为"后人道主义"）很少以直接的理论形态出现，甚至以一种被消解、被颠覆的形态出现，那就是著名的"人死了"的命题。因为全球化，世界市场对利润最大化的追求，贫富差距进一步加大，所以，今天很少有现实的人道主义者再坐在沙发里高谈阔论，而是化为一种广泛的社会实践，在理论形态上就是"社会公正"。在新自由主义和社群主义中，人道主义都是以"社会公正"的形态出现的，两者的区别在于，前者以个人主义为基础，后者以群体主义为基础。自由主义讲这个问题，社群主义讲这个问题，资产阶级意识形态都在讲这个问题，马克思主义却要讲"不公正是合理的"，岂非咄咄怪事！问题的根本在于，一种理论后面的真正驱动来自何处，它又把现实引向何方，这归根结底决定于理论生产者在社会关系中的利益关系。但是，这些倾向性绝不是明摆在那里的，而往往有许许多多的假象掩盖着、遮蔽着。

知识者在思想上代表谁的利益？代表穷人、关注穷人，替边缘群体说话，并不是说，富人都是"为富不仁"，他们的钱财都是对穷人的剥夺。但是，社会学有调查表明，被调查者大多数认为，中国先富起来的人中多数是靠不正当、不合法、不合理手段致富的。问题是，国家、政府和社会舆论怎样协调这个问题：是"劫贫济富"还是限制贫富差距，来解决劳资纠纷与贫富矛盾。政府也有责任加强社会福利事业、慈善事业的发展。公正是一个社会稳定的根本因素。作为一个知识分子，你同情的是哪一边，你的理论助长了什么，这又是一个问题。世界各国的贫富差距都在加大，这是因为全球化冲击了民族国家的社会福利，国家对跨国集团的财富增长所导致的两极分化失去控制，民族国家为了竞争，不得不降低就业率以减少生产成本，同时，高新科技提高了生产效率，也增加了对劳力就业的技术选择，扩大了失业。所以，如果一个中国理论工作者在这方面没有危机感，不是揭示问题的真相，而是迎合商业广告式的媒体和主流意识形态，这实际上是理论人格的丧失。

并不是说，美学家不要搞美学了，都要去搞"访贫问苦"才对得起良心。但不是说"美是人的本质对象化"吗？那么，人的异化到了如此的程度，人都成了最卑贱的商品，面对这样的现实，你总该自圆其说吧。

问：这里有"现实关怀"与"终极关怀"的关系问题。

毛：当然可以只对"终极关怀"感兴趣，对"现实关怀"不感兴趣，那么，高高挂在天上的"终极关怀"，就永远不会降落人间。那岂不是又从现实的异化回到天国的异化！青年马克思在《黑格尔法哲学批判〈导言〉》上说，要从费尔巴哈的对天国异化的批判下降到对现实异化的批判。

问：这个问题具体到美学上好像有些不太好说。

毛：那不就是审美与功利的关系问题么？中国现代史上左派人士对朱光潜的批判的主要背景是在民族存亡关头，他用"心理距离"、"移情作用"说宣扬美学非功利主义，劝导青年要"超脱"、"静穆"，也就是脱离了抗日战争这样一个现实的背景。从美学本身来看，蔡仪在《新美学》中也指出，主体与现实的距离对美感有很大的影响，与对象距离过近现实感过强必使美感淡化，与对象过远现实太弱也影响到主体的审美感受，只有恰当的距离才能达到美感的最佳状态。

现实的异化与人化走在同一条路上，只有"人化"的理想，才可能从揭露、批判异化的艺术作品中得到美感，好比"商人不会歌唱失去的钱财，少女才会歌唱失去的爱情"。

问：这个问题涉及美学与经济学的关系，近年来对主流经济学家争议颇多。这与美学的关系究竟怎样呢？

毛：这个关系就在于，文化研究对弱势群体的关注，是通过人文社会科学各学科之间互动的关系展开的。比如说，文化研究对消费文化及日常生活审美化的批判就关涉到经济学、社会学、美学等。在近年来经济学的论战中，对峙的双方都大谈社会责任、良心和理性，表明经济学与哲学、伦理学之间的学科间性关系。所谓权力与金钱对人文学者的收编，主流经济学家直接拿大企业、大公司的津贴，美学家顶多拿科研项目资助，有人手里同时有不少项目，虽然不能与经济学家相比，不也是被收编了么？

问：一些批评者把主流经济学家作为新自由主义的代表。

毛：其实，新自由主义也是不断变化更新的，中国的主流经济学家们所张扬的只能是原始积累时代的那种自由主义，那是被称为"混乱的霍布斯的资本主义"或"强盗资本主义"的时代。公平是现代社会的一条道德底线,也是市场经济的底线,发挥着公共理性调节不同群体和个体的关系的作用。

问:是否可以说"以人为本"必须体现在公平上?

毛:是啊,人被置于可以"不顾"的地位,还谈什么"以人为本"。比如,医疗市场化导致的医药费用高昂,非但穷人,就连一般家庭也不堪重负,这是对生存的"人权"的漠视。主流经济学家的理论严重地阻碍着市场经济的有序化和理性化。

问:公平原则与平均主义很容易混淆。

毛:公平作为市场经济的原则,绝不意味着财富分配上的平均主义,而是把贫富的差距维持在社会绝大多数人的理性能够接受的层面上,即在现有经济状况下普遍认为是合理的,以逐渐缩小而不是加大贫富之间的差距,向着最后消除差距的目标接近。

问:这与美学的关系,是否就是您在《文学评论》上评论"日常生活审美化"所说的?

毛:从历史上看,日常生活审美化是一个不容置疑的命题。早在一万多年前的旧石器时代,人类就知道美化自己的生活,人类的最后解放和全面发展也有这方面的内容。问题在于当前的语境下应该怎么讲,说什么房地产商的楼盘命名很美,这就把日常生活的物质享乐欲求与审美想象力"最大限度"地统一起来了。这样说,你买不起房子吗?那你就买一张月票满城跑去看楼盘广告的美名,也就可以免费得到美感享受了。这种美学与主流经济学家的经济学以及房地产商的利益不是"最大限度"地统一起来了么?

我的文章发表后,有反批评的文章说,这种批判是以社会学、经济学的批判代替了美学的批判。你看,康德的"纯美学"的边界是被他们打破的,他们又回到了"纯美学"。"吃饭"、"日常生活","左岸"酒吧、"左岸"咖啡馆、"左岸"公社写字楼里的"高贵"与"优雅"的生活方式都是"日常生活的审美化"。

问:社会在分层,学术界在分化,这也可能是这种分化在美学研究中的表现吧!

毛:以消费文化的"大众"形态反对"精英"、"高雅",实际上是在张扬另一种新的贵族式精英。不是说"美是人的本质对象化"么,人的异化到了如此的程度,人都成了最卑贱的商品,知识、理论都成了资本的扬声器,这也是学术的异化。英国《新左派评论》主编佩里·安德森在一次与中国学者的访谈中曾经一针见血地指出，中国的知识界盲从于消费社会，缺失批判和反省能力。

问：看来，美学确实难以超功利呀！

七　多元文化对话中的身份与宽容

问：多元文化对话中有关身份的问题很突出，人们谈得也很多，您是如何看待这个问题的？

毛：1980年代中期以后，马克思主义走向低谷，一些朋友搞了一个民间的"马克思主义美学沙龙"，一段时间在一起聚聚，议论一些政治、文艺和美学问题，当时有人设想了一个"当代形态的马克思主义美学"。我的想法是，在当前的多元主义文化与思想格局中马克思主义应该如何展开进行多元的"对话"。在中国搞非权力话语的马克思主义并不容易，当时有人说，在中国搞马克思主义比搞地下工作还难。90年代中期以后，情况慢慢有些变化，当时出国学习的人文社会科学的留学人员、访问学者陆续回来，把外面的情况带了回来。但是情况还是不容乐观，2000年马列文论在上海开会，有的代表下火车打的与司机聊天，司机奇怪现在中国还有人搞什么马列主义。去年，中国社会科学院主办"马克思主义美学与中国和谐社会"，有人纳闷，问会议的策划和组织者之一高建平，你从国外回来怎么要搞什么马克思主义……高建平举了英国把马克思评为两千年伟人等情况来回应这种怪问题。

问：后现代主义从"文本主义"转向"文化主义"，也给马克思主义带来了"回归"的契机。可不可以说，西方有些人所说的"回到马克思"就是马克思主义身份的自觉意识？

毛：那就是从封闭的文学内部规律，从语言本体论、存在本体论转向社会历史的本体论。当然，文化研究本身也是多元的，其中，有民族主义（如后殖民批评）的、文化主义（遮蔽意识形态）的，等等。此外，历史的、社会的批评也并不都是马克思主义批评，但是，从文本主义向文化主义的开放，这种多元格局是有利于马克思主义批评的。"回到马克思"首先是回到马克思文本的原典性，回到马克思主义的哲学基础，那就是前面所说的辩证唯物主义。

问：在这种多元格局中要分出什么政治身份还真不容易！

毛：政治身份就是过去经常说的左中右，现在有人要放弃这种划分。实际上，就一些基本问题而言，仍然可以分出左中右来，这个基本问题就是现代资本主义体系的问题。解构"西方中心"，就是反对西方资本主义，就是左的。这些人物与 60 年代左派运动有继承关系，激进到认为资本主义并不比封建主义进步，以美国历史学家华勒斯坦为代表，这些"左派"也批判马克思的历史进步论。自由主义和保守主义是右的，例如，福山就认为，共产主义已经崩溃，现有的资本主义民主制度是历史发展的终点。中间派是吉登斯自称"超越左派右派"的第三条道路。不过，尽管有许多争吵，他们对马克思主义的历史发展观（线性）都持否定批判态度，视之为"进化论"、"目的论"，这又与利奥塔以及"告别革命"思潮有千丝万缕的联系。有趣的是，倒是偏右的福山反而坚持进步主义的线性史观。当然，这三种是极端的情况，其间还有许多理论，作为缓冲地带，是谓多元格局。

问：尽管有这些分歧，也有斗争，但像冷战时期意识形态之间你死我活的那种激烈程度就很难为继了。

毛：是呀，多元化格局中的一个突出问题便是宽容与包容。"宽容"是对立体系相互间的事，你对我宽容，才谈得上我对你宽容，有了宽容的姿态才能有包容的问题。宽容（tolerant）是允许"异端"存在，允许你说出不同的话来。包容（containment，也可译为"招安"）是把你的话语纳入我的体系。这里面不是完全的和平共处，"和而不同"暗含着斗争，不过不是那么剑拔弩张罢了。一些马克思主义批评家对右的和"左"的都取包容姿态，美国有些从事文化研究的左派学者就提出，要在更大范围内团结自由主义者和左派力量。在中国的"读经"、"国学"热中，有人要搞儒教的"教权化"，提倡"政教合一"，拒绝与"非我教类"对话，这样搞下去，那不又要回到"宗教裁判所"去了？信仰自由就是容许保持宗教身份。

问：在多元化提倡的宽容对话中，有人提出，左派与自由主义也可以团结。这种"团结"究竟有没有基础？如果有的话，其基础又是什么呢？

毛：作为多元文化"对话/共识"的一个基础便是代表"弱势经济和弱势文化"，简言之，就是"代表穷人"，他们占据了世界的大多数。自由主义的罗蒂也来为"失业者"、"无家可归者"、"贫民窟"说话，提出了一种世界性的"重新分配方案"，以保证既不剥夺富家子弟的希望、又能"给穷孩子以希望"，争取"在社会意义和道德意义上都令人满意的财富分配方式"。

问：我们可以谈得具体些，譬如，根据我的观察，作为"左派"理论资源的马克思主义开始向自由主义靠拢，马克思主义过去一向视自由主义为思想首敌，为什么自由主义也可以团结呢？自由主义与人道主义是什么关系？

毛：这个问题提得好。自由主义与人道主义，也被合起来称为自由人道主义，作为现代性的核心，反映着现代人对自我主体性本质的确认，摆定自身对于神、自然、宇宙和社会的位置。人道主义、自由主义的目标是个人解放，也就是把资产阶级一个阶级的解放作为人类解放的前提。马克思主义认为，无产阶级只有解放人类才能最后解放自己。

问：新语境下的自由主义有哪些不同于过去的新特点呢？

毛：上面说过，后现代自由主义，也就是新自由主义，如美国罗尔斯（不久前刚逝世）的"政治自由主义"的一个核心问题是"社会公正"。当然，社会公正也是从古典自由主义的"平等"、"人权"那里来的。罗尔斯的《政治自由主义》有不同的新特点，反映了新的动向，很值得注意：第一，毫无疑问，其"公平"、"正义"也是以个人主义为基础的（他称之为"适当的个人主义"），但罗尔斯以"公共理性"和"社群主义"把集体主义也包容进来了。第二，罗尔斯认为，社会主义也可以利用市场经济的优点，发挥效率，还可以实行以市场经济为基础的"公平的正义"。第三，作为其道德哲学的"正义论"突出了"公平"对效率的第一性（我国的口号是"效率第一，兼顾公平"）。第四，它区别于绝对的自由主义，罗尔斯承认作为政治自由主义体制表现的"良好的社会秩序"之相对性，及其"作为公平的正义"概念的相对性。第五，作为一个政治自由主义，它区别于福山的自由主义理想王国对历史的封闭。罗尔斯并没有把现有的资本主义体制理想化、终极化。为什么现在的知识者都在关心弱势群体，与此有关。当然，这里的概括是极其简略的。特别重要的一点是，罗尔斯肯定了社会主义对资本主义批判起到了更新自由主义的积极作用，这是过去的自由主义从未说过的。

问：怎样理解马克思主义的批判精神与包容之间的关系呢？

毛：批判精神是马克思主义的本质属性，否则就谈不上马克思主义；包容性根源于马克思主义本身，是人类优秀文化的结晶，是对所有进步文化遗产的继承。批判精神也不是从马克思主义开始的，任何进步文化总是在与落后文化斗争中发展的。"后冷战"时期，世界矛盾之间的对抗减弱，寻求理解、对话成为主流。在这个意义上，马克思主义与任何对真理的垄断不容，是一种最为彻底的开放性文本，其开放性表现为：第一，向历史的过去——面对人类全部经典——和未来的开放；第二，对现有的不同思想体系和学术流派的开放。包容性是通过对话实行的，"包容"不能把自己"包容"得没有了，于是便有文本的理解与误读、文本的权威性与阐释有效性等问题。在对话中，进行对话的双方有一个身份认定问题。经济学是文化身份政治学的基础，贫富分裂是对话断裂、对抗起始的根源。

问：这种宽容与包容对美学的直接影响表现在哪里？

毛：可以通过一个例子来看，美国当代美学家舒斯特曼重申一种"实用主义美学"，其主要特点就是在分析美学与解构之间寻求一种统一，就是要调和本质主义与反本质主义，也要寻求精英文化与通俗大众文化之间的和解，并在美学的"功利主义"与"无功利"、"无目的"之间寻求统一。他的"身体美学"把健身、节食、瑜珈功等都包容了进去，他称之为"一个科学提议"。在对立的两极之间寻求统一，这种实践就体现了宽容与包容的结果，实用主义本身也在变化，不断地找中介，找缓冲地带，找能把对方容纳起来的东西。结果导致他最后把实用主义与马克思主义统一起来，强调艺术、审美大众化对资本主义、对异化的批判作用，及其对现实的改造作用。

八 真理、价值以及美学上的本质主义/反本质主义问题

问：我们通常认为，实用主义与马克思主义的最大分歧在于其真理观的不同。我想知道的是，实用主义的价值观与马克思主义的真理观最终能够统一起来吗？

毛：在马克思主义看来，人类解放这种真理是人活着的最高价值，实用主义如果也能以此为人生的最高价值，那不就统一起来了吗？问题在于是否把这种统一的真理观和价值观化为实践。马克思说过，一个实际的行动比一打纲领还重要。这一点也能与实用主义一致，问题在于，过去的实用主义所讲的实际利益是以个人为基础的。舒斯特曼在谈到他的身体美学时指出，将身体完全视为个人一己，这种观点本身就是资产阶级意识形态。他说，身体不仅由社会塑造，而且还贡献于社会。这个讲法就很好，过去的实用主义就没有这样讲过，我看这与马克思主义没有什么不相容的地方。

问：随着后现代主义思潮在中国的传播，反本质主义也为许多人接受。应该说，反本质主义从一定程度上削弱了美的基础，也削弱了人们探索美的本质的热情。而且，它的影响远不止这些。能否谈谈反本质主义对美学建设的影响？

毛：90年代初，文学所一位硕士生的毕业论文的题目是"后美学"问题，其中贯穿的中心思想就是"反本质主义"，并且以尼采与德里达为

其理论依据。我参加了其答辩，我认为，反本质主义的根源是后现代的虚无主义和实用主义。这位硕士生不能接受，当场与我争起来了，年轻人不了解反本质主义是怎么回事，不能苛求。本质主义与反本质主义在哲学上不是那么简单的，对此，哲学本身就搞得不是很清楚。这位硕士生倒是把90年代以来美学不愿意谈美的本质的问题提出来了。我看到过不少的文章说，我们过去的美学陷入了认识论的误区，有的不仅把价值论与认识论对立，还把本体论与认识论对立，最近还有文章把知识与智慧绝然对立起来，认为"知识型的美学是一种方向性的错误"，如此等等。总之，认识论"罪大恶极"，这就是反本质主义的基本要义。反本质主义、反认识论集中表现在对真理问题上的虚无主义与实用主义。我前面说过，实用主义的要害是用价值取代真理，主观的正面评价（好）就是真理，真理的客观性就被取消了，实践标准成了唯我的实践。虚无主义否定"伪真理"，进而否定了客观真理，也就否定了价值——真理的价值和道德的价值。20世纪五六十年代，大家都去找美的定义，这里可能是有本质主义的问题，但这并不等于说美的本质是不需要研究的，或凡是研究美的本质，或对美下这样那样的定义，都是本质主义，更不等于说美的事物是没有本质的，其"定义"只能是"虚无"。实用主义反对形而上学，但杜威的美学著作《艺术即经验》就是一个定义嘛，新实用主义者舒斯特曼的《实用主义美学》也是从艺术的现有定义出发的嘛。当然，这也反映了新实用主义某种转机。

问：那么，在您看来，美学上的反本质主义与真理的关系究竟怎样呢？

毛：真理的问题与对象本质的问题是连在一起的，古希腊"真理"一词的意思就是"去掉遮蔽"，也就是使本质"敞开"。亚里士多德指出，一个定义的表述，其谓词就是主词的本质。定义就是对象（主词）本质属性的揭示，美学上对美的定义也是如此。在哲学界，有人把亚里士多德关于本质的理论与本质主义混为一谈。本质主义是科学主义，分析哲学（新实证主义）认为，定义的语言才是真正科学的语言、明晰的语言，所以，分析哲学极为重视真理。但是，分析哲学所讲的本质、真理是实证主义、科学主义的。反本质主义并不是真正地反对科学主义的本质主义，而是一概否定对揭示对象本质的研究，反对认识论，他们把这种研究，把对真理的追求、探索都作为本质主义加以反对，这就走向了另一个极端——非理性主义。存在主义、解构主义和罗蒂的新实用主义都有这样的问题，而舒斯特曼则不同，他是批判罗蒂的反本质主义的。反本质主义导致拒绝真理，并表现为拒绝一切形而上学。在"美不能定义"上，具有本质主义特点的分析哲学与后现代的反本质主义又走到了一起。

问：如果不用继续给美下定义的办法，怎样与反本质主义抗衡呢？

毛：舒斯特曼要把分析的与解构的统一起来，也就是要把科学主义与非理性主义统一起来。他还指出，罗蒂的反本质主义就是一种本质主义。

换一个角度来看90年代，似乎话题变化很大，但归根到底，真善美这样一个作为价值体系的问题仍然摆在那里，谁也绕不过去，有些表面上看似乎绕过去了，但最后仍然没有绕过去。

我认为，在后批评语境中，真理的问题主要不在定义，而在于为真理的探索和追求扫清道路。有人说"根本没有什么客观真理"，或者"你有你的真理，我有我的真理"，或者"只有价值没有真理"，或者"价值就是真理"，等等，这些说法动摇了我们追求探索真理的信念、信仰和信心，使人生活在一种精神危机和价值虚空之中，除了日常生活的利害计较之外什么也没有。所以说，要在对颠覆的颠覆中进行重建，"重建了什么"？主要重建了"'有真理'的真理"。"有真理"本身就是真理，它是对颠覆的回答，是在"颠覆的颠覆"中的重建。这种"有真理"是不能用"价值（有用性）"来取代"认识的真理"的，认识的真理本身就有价值，它的属性不是用评价来规定的，而是由客体世界的本质和规律所规定的。它始终在那里等着我们去探索追求，至于它是什么，不是某一个人说的事，而是众多相信真理的人共同通过相对真理达到绝对真理的过程。

问：您似乎认为马克思文本有一种原创的权威性？

毛：我提出"后马克思文本的权威性问题"，是针对马克思文本在后批评中的消解和颠覆提出来的。美学不能孤立封闭在学科内部解决美的问题，正如真善美总是在相互关系中展开为认识论、伦理学、美学之间的关系，孤立地突出其中任何一个单项，给以不恰当的位置就会出问题。其中，真理的问题是基本的、首要的。

问：真善美之间的统一关系是不是由"整合"而来的？

毛：所谓"整合"是一点缝隙没有。这三者各有自身不同的形式，如，真理的形式可以是一个公式、一篇论文……善的形式可以是一次救助、一次捐款……美，有自身独特的形式，形、色、音等感性东西，可以是一次旅游、一场音乐会。蔡仪把美分为自然美、社会美和艺术美三大类，对此，我现在又有不同看法。从真善美的关系来看，真，分为真实与真理，自然美是真实的美，即美在自身，没有任何外来的东西；真理是知识和认识的问题，属于科学的问题。真理与美的关系，有一种形式的转化问题，真理的东西必然转化为艺术的形式才能进入审美，直接的真理也就是科学美的问题，我认为不属于审美范畴，尽管许多著名科学家都说过"科学美"这样的话。科学家从对象中得到的快感不是美感。同样，我们过去以为属于社会美的对象（人们的善的行为），如果没有进入艺术领域，没有取得美的形式，那只是善，不是美。一句话，科学美是真，社会美是善，美学的领域是自然、艺术以及日常生活在形式上的美化。

真与善都可以进入审美取得美的形式，美也可以有独立的形式，这种形式上的相对独立性有时可以与真和善相反。种种社会生活都可以取得美的形式进入审美。真与善也可以以反美的形式出现，即所谓审美关系（艺术）中的"反审美"。在这种相互关系中，它们每项又有各自的对立面，即是与非、善与恶、美与丑，在特定的条件下又可以相互转换，这就是三者之间既统一又疏离的复杂关系。虚无主义以绝对、相对的方法夸大它们之间的转化，绝对主义把其中的单项作为决定其他各项的因素。

问： 根据我的印象，20世纪80年代热衷于美学研究的许多学者纷纷改变研究方向，这与他们的学术兴趣和美学本身的变化都有密切的关系。您的研究也有较大的变化，能否谈谈您近年的学术研究？

毛： 我近年已经完成的工作以《走出后现代》作为书名，已交付出版，不久能够问世。这是要在全球视野上把后现代纳入一种历史的线性关系上来，这样一种以连续、方向和目的表现的历史进步的线性必然从眼前的资本主义全球化导引出种种乌托邦或非乌托邦的非资本主义的全球化，这就是对"后现代之后"的预想。

问： 关于"后现代之后"，根据我的印象，好像王宁等学者也有过类似的提法。

毛： 那是完全不同的。"后之后"是我在2000年针对德里达的《马克思的幽灵》一书提出来的。王宁写了一本题为《后现代主义之后》的书，他所说的"后之后"与我的理解不同，他把"后之后"理解为文化研究本身。我以为，文化研究代表着后现代主义中的文化转向，本身就包含在后现代主义之中，是其一个组成部分，而不是"后现代主义之后"或"后现代主义的超越"。正如杰姆逊把文化研究称为"后学科"，也就是说，它是后现代主义的"学科"。文化研究"超越"的是"学科界限"，而不是"超越后现代主义"。"后之后"必须从后现代作为晚期资本主义向何处去这样一个宏观的历史线性上来看。

问： 好像您提出的"后之后"是从德里达对自身的解构而来。

毛： 是的，在2002年沈阳召开的中外文论会上，我把这个意思向在场的希利斯·米勒提出，作为一个解构主义在美国的代表人物，他也认可。因为解构主义之所以为解构主义，就是它对一切中心主义的拆解和文本的解构，它不认为有什么东西是不可以解构的。德里达在《马克思的幽灵》一书中突然提出"解放"是不可解构的，不仅与利奥塔的消解"宏大叙事"唱了反调，也把自己安身立命之本抽空了。作为后现代主义的支柱，后结构主义失去了继续存在的基础。这种方法也如舒斯特曼一样，解构主义从反本质主义必然又回到了一种本质主义。文化研究与"后之后"的关系在于，"后之后"正是从"后"中生长出来的。文化研究摆脱了文本主义的封闭，使批评从语言本体论、人类学的本体论与存在主义本体论回到历史社会的本体，正是"后之后"生长的契机。

问：那么，您是否认为现在我们已经进入"后之后"这样一个历史新阶段？

毛：目前还难说一个新的历史阶段，更不能说"已经进入"。后现代在生产力上有IT，"后之后"有什么还看不出，不过一种新的关系出现之后，应该先有思想准备。"后之后"与"后"的关系，正如"后现代"与"现代"的关系，是一种由经济、政治、文化上一系列事件完成的过渡，其中有断裂，是在连续的线性中的转折。"后之后"作为对后现代主义的"新质"，正如杰姆逊所说表现为在后现代中对"现代性"的"回归"。我称为"修复"，表现在对"解放"等大叙事的"不可解构性"的肯定。回归或修复并不是历史倒退到前一个发展阶段去了，而是在新的发展阶段上重新提出上一阶段没有解决或部分解决的问题，这个问题就是解放，是退一进二。解构学派在对解放作为真理的颠覆中确立了"解构的真理"，又在自我颠覆中重建了自己所颠覆的解放的真理。这就是我所提出的"后之后"的根本之所在。

问：这么说，您的《走出后现代》已经超越美学了。

毛：其中有一个单元专门论述美学与文化。美学要有新的发展，总要弄明白它现在所处的大语境嘛。你看，现在有哪个美学会议不与"全球化/文化"挂上钩？或者说是"跨文化"的？后现代主义/全球化/现代性是相互扩张并转换的话题，1980年代人们热衷于谈论后现代主义，1990年代是全球化"热"，接着又对现代性感兴趣……三者围绕的中心是资本主义世界体系。新世纪要求我们把后现代主义、现代性与全球化融会在一起加以新的审视。这就要求我们同时超越这三者，这也就是对一个后现代之后之新时代的展望，通过资本主义全球化对非资本主义全球化的展望，是一种全球性的思维。文化在其中，美学也自在其中。

问：您的思维很活跃，视野很开阔，让我把许多问题都贯穿了起来。不过，我还是希望您总结一下您的基本美学观。

毛：美学以自然界的美和社会生活中以艺术为主的广泛审美现象为对象。美学的学科性界限在于其对象（无论自然还是艺术）以审美的感性形式区别于其他学科对象的形式，区别于所谓"科学美"之认识真理的抽象形式，区别于所谓"社会美"之善作为道德行为的实践方式。缺少审美之维绝非美好的人生，然而，日常生活无论"审美化"到何等程度总有非审美的方面，这是由人与对象世界关系的多样性所决定的。美学既是一种形而上学的思考，避免以定义为最终目的之科学主义本质主义，并以审美文化与艺术现象的经验事实为依据，又不放弃本质论上的追索，在掌握世界的方式上区别于作为其研究对象的审美、艺术创作和欣赏的活动。

自然美与艺术美的客观性分别在于，前者不依赖人的审美活动、美感以及人类而存在；后者属于人按照客观的美的规律的创造，其意义与形式之原创性不以其审美主体的主观性为转移。"美在典型"，即事物之所以为美，是由对象所具有种类的普遍性与个别性的关系所决定的。这是迄今为止能较好说明自然美与艺术美之一种本质论的科学假说。

人通过实践在"自然人化"过程中自身"人化"形成了美的认识之审美感觉与艺术创造力，继之美学成为独立的学科，其知识合法性为认识上的真理性所支持。人的实践的革命性在于能够通过认识改变世界，包括对自然界的开发利用和社会关系的变革。

美学不是自身自足的象牙塔，必有其"化天下"之人文担当，为了实现人类的普遍价值，必须在坚守学科性界限之同时打破学院式封闭，走向文化与社会批判，与包括自然科学在内的其他学科共同为人的解放和全面发展做出应有贡献。

九　文化转向与民族身份问题

问：在20世纪90年代以来的文化思潮中，民族身份的意识一直处于比较突出的位置，它还影响到包括美学在内的人文学科的诸多领域。这种现象的存在与全球化的世界趋势有关，也与90年代以来中国的现实状况有密切的关系。您能否谈谈90年代以来全球化趋向中中国的民族身份问题及其在美学等领域的影响？

毛：90年代一开始，这方面就争开了，当时是旅英学者赵毅衡为一方，国内一些学者为另一方，焦点是文化保守主义问题。90年代以来，一方面是全球化的高涨，一方面又是民族主义的高涨。改革、市场化，使包括中国在内的第三世界向西方打开了自己的大门，然而西方文化以其经济强势，经世界市场"东渐"，这必然对本土传统文化产生威胁，出现"前现代性"、"现代性"与"后现代性"的冲突，原教旨主义与新启蒙主义的复杂冲突。你看，一方面是摇滚乐、"裸泳"、"换妻俱乐部"，一方面是面纱、罩袍；一方面废止死刑，一方面是剁手、剁脚。过去相互封闭、隔离还相安无事，现在却挤在越来越窄小的"全球村"里相互渗透，能不发生激烈碰撞吗？

原教旨主义不仅是伊斯兰世界的问题，基督教也有。前面谈到的儒学的儒教化、教权化——政教合一的主张——就是一种儒教的原教旨主义。作为以某种旧教义的复兴运动表现的民族主义，在西方是新纳粹主义，从日耳曼的种族主义扩展为针对第三世界移民的排外主义，并成为一股政治力量。在日本是西方的纳粹主义、中国的儒教与本土的武士道精神的混合，石原慎太郎简直有点"新大东亚共荣圈"的味道……这种东西与地缘政治结合，成为世界主义、全球主义、国际主义的对立物，发生了亨廷顿所说的"文化冲突"。所有原教旨主义的共同特点就是拒绝对话、摒弃改革，原教旨主义并非真正地忠于该教派的真谛。"伊斯兰"在阿拉伯文中的原意是"和顺"，儒教的"原教旨"是什么？是"四海之内皆兄弟"，孔孟之道就是尧舜之道，是《礼记》上说的"大道之行也，天下为公……是谓大同"嘛。

处于民族间性中的任何民族群体或个人都有种族和文化身份的自我认定，这就是民族的自我意识，民族主义的问题在于对"非我族类"的排他性。

问：那么，民族主义对美学上的影响表现在何处呢？

毛：在2001年南方一个"价值重建"主题的文学研讨会上，发生了以王宁为一方许明为另一方的争论：王宁认为，中国文学理论和批评的价值重建，首先要对中国文化语境之外的文化潮流、文艺理论有所了解和把握，只有这样，在新的世纪里，中国的文学研究才有可能"从边缘走向中心"，与世界的先进理论"平等对话"。许明针对王宁的发言，大声疾呼，文学研究要走"井冈山道路"。这是本土主体主义与拿来主义的一场遭遇战。

我认为，双方在各自的极端上都表现出了一种深层的"中心主义"，其根源在于"天朝"情结，这是90年代以来这方面论战的又一新的回合。"他们不能代表自己，一定要别人来代表他们"，这个话是由赛义德提出来的，这个问题在中国以"失语症"突出地表达出来。90年代以来，有些人痛感"失语"，许明提出"我们为什么逃不出西方中心这个怪圈"的问题，并把这种"失语"状况归结为过去的苏联和现在的美国"文论殖民化"、"意识形态侵略"的结果；而王宁则一直在做着"拿来"的工作。所以，他们之间的冲突是不可避免的。鉴于此，我们必须考虑到对话语境的全部复杂性在于，这个多元的时代恰恰是从不久前的"冷战"与"霸权"争夺中走过来的，仍然保留着上一代的许多冷战思维的特点。

问：中国对于文化全球化可以说"不"，这个问题您是怎样看待的？

毛：早在20世纪70年代初，中国就能够以联合国成员行使否决权，之后，"中国可以说'不'"这个问题就解决了。然而，对于跨国资本，作为超大市场与廉价劳动力供应地，对于这种不等价交换，中国能说"不"吗？2003年，珠海200多名沦为"新慰安妇"的中国姑娘能够对日元说"不"吗？徘徊在巴黎街头的中国内地妓女能够对法郎说"不"吗？对于愈来愈多地区对中国内地妙龄少女入境的限制，我们能够说"不"吗？对于电子垃圾的进口、"留学垃圾"的出口，我们能够说"不"吗？客死英国货车车厢的中国偷渡客以及出没于海滩的拾贝者能够对英镑说"不"吗？对于WTO，15年来我们怕的不就是这个"不"吗？1980年代以来，排在使馆签证处门前的长流人群担心的不也是这个"不"吗？

问：经济有一个世界市场，可以将经济全球化，但文化不同于经济，文化怎么可能全球化、一体化呢？全球化有可能导致文化的单一化，文化上的全球化与多元化是不相容的，有人以文化上的"输出主义"作为促进文化多元化的策略。您认为应如何解决文化的单一性与多元化之间的冲突？

毛：几千年来形成的文化传统正如民族人种的血统一样根深蒂固，无论全球化的进展如何影响到经济政治文化的统一，由多边的地缘关系形成的种族与相应文化的多样化也是不会消失的，再过千年也未必会消失。尽管据统计跨国的婚姻和家庭、混血儿的比例急剧上升，即使经济、政治一体化了，也不等于文化就会单一化。在文化多元化中，不同文化的关系是相互理解、尊重、对话的关系，既然是"交流"，有流入就会有流出。所以，"输出主义"不是眼下刚提出的问题，"丝绸之路"就是一条输出的通道，有商业的也有文化的输出。有"拿来主义"，也就有"输出主义"，同时不可否认的是，也有"文化保护主义"。但是，对于文化，无论是外来的还是本土的，都还有一个共同尺度的问题，那就是历史，以进步为尺度，就有"精华"和"垃圾"之分。拒绝外来的垃圾，清扫本土的垃圾；

"拿来"外来的精华，输出本土的精华。我们的"小脚"文化的废止，不是八国联军用军刀剁掉的，而是"德、赛先生"与本土文化互动的结果。其实，一个民族有无自己揭疮疤的勇气是其是否真正自信的标志之一，虚荣心是自卑感的反射。一个多世纪以来，我们始终徘徊在"自负"／"自卑"与"虚荣"／"遮丑"这两种矛盾心理冲撞出的种种扭曲形态中，也就是说，我们仍然是"假洋鬼子"／"赵老太爷"与"贾桂"／"夜郎"的混交后代。需要我们警惕的是，以"输出主义"、"西方文化的东方转向"安慰自己的中国，成为西方巴洛克客厅中的一只明清花瓶。

正如在中国的各民族中，汉族处于经济政治文化的中心地位，历史造成的欧洲中心也不是短时间内能够改变的。所以，对话中首先语言就不是平等的，在国际直接交流场合中，不能直接使用英语，往往就失去了发言权。愈是在全球化中，对话就愈应该保持各自体系与历史、地域不可分的单纯性，失去了各自原创的学术个性，也就是取消了对话的前提。马克思主义的"民族化"特色就是由其实践性决定的，即理论与当地当时的实践相结合，而地域的、民族的社会实践又不能与全球化语境割裂。正是从这个意义上讲，马克思主义不仅不是德意志的、犹太民族的，也不是西方的，或东方（儒家）的，而是世界性的话语。这正如马克思所说，一方面"工人没有祖国"；同时工人要在本土展开自身解放的斗争。对于"大同"后的未来的统一的新文化形态来讲，儒学、马克思主义都会消失，但在这之前，都不可能消失于对方。当前马克思主义在西方新高涨的背景恰恰是资本主义的全球性胜利，有朝一日，资本主义从地球上永远地消失了，马克思主义也就没有实际存在的意义了。

问："后现代之后"的美学会怎样？

毛：美学在多重转向中泛化。这好比拆除掉所有围墙，它本身就不复存在了，但可能在旧基地上再搭建新房子。

初稿于 2003 年 7 月
修改于 2007 年 12 月
定稿于 2014 年 3 月

第二部分
附录部分

一　关于中国美学史资料的通信（郭沫若、侯外庐等）

说明：在编写《美学概论》的过程中，编写组首先进行了中外美学资料的搜集与整理工作。在中国美学资料的整理方面，1962 年，教材编写组以北京大学的部分美学教师为骨干，根据高校教材会议精神开始编写《中国美学史资料选》。在宗白华先生的指导下，中国美学资料整理人员从浩如烟海的中国文化典籍中搜集了大量的原始资料，编出了《初选目录》，并以"北京大学《中国美学史资料》编写组"的名义向郭沫若、侯外庐、魏建功、刘大杰、黄药眠、郭绍虞等许多文史大家征求意见。许多学者都尽其所能进行了热情的回答，就美学资料的搜集与整理提了不少宝贵的意见。而且，在之后的工作中，编写组也吸收了这些意见和建议，大大地提高了资料搜集与整理的质量，为中国美学史研究和编写《美学概论》做出了一定的贡献。这里的部分信件，由当年参加资料搜集与整理工作的北大哲学系于民教授提供，在此深表谢忱。

（一）

中国美学史资料组同志：

来信及附件均收到。《美学史资料》的目录，我翻看了一下。开头的《尚书》四篇，如《大禹谟》及《旅獒》都是伪古文尚书，不宜入选，要选只能选入晋代（准目录中《列子》例）。《周礼》的二、三两项也值得考虑。《周礼》是经过刘歆窜改编制的，至少似应用案语注明，保留余地。

陆机《文赋》、孙过庭《书谱》，都是好文章，似可以通录。王安石的《上人书》等，我觉得可以保留。目录中用红笔拉掉了，不识何故。王氏能文并深知为文之甘苦，如《题张司业诗》云"看似寻常最奇崛，成如容易却艰辛"，不是个人中（编者按：疑应作"个中人"），不能说出这样的话。

其他没有什么意见。

郭沫若（中国科学院）
［一九六三年］五·卅一·

（二）

中国美学史组同志：

收到你们的《中国美学史资料选目》，让我提些意见。我对这方面的知识很不够，很难提出中肯的意见。

我只看了《目录》，而未见到内容，不好看出选材的目的和范围，只从目录方面看，好象内容很广泛，并不一定是美学的范围内的材料，大半涉及散文和写作的题材。如果进一步能写出一篇编辑凡例，就更可使人看了明白。

按选材内容，至少可以分几类文字，有的是属于美学的，有的属于文学的，文章的，甚至属于文选例举的。如此不一而足。若按美学标准，是否合适。

如果选材范围不变，不妨考虑：分类编辑，属于美学者列入一类；属于一般文学理论者一类；其他散文文选又是一类。

开首选《书经》部分，未论时代考核，而以《古文尚书》冠首，希望考虑《尚书》的"大头症"（郭老语）。

其次，精华与糟粕问题也可考虑。我觉得有些选学家的理论是封建糟粕，可否考虑［不］入选？

因为只看到目录，只能想象地提些意见，而且我对美学外行，正面意见不能提出。

敬礼！

侯外庐（中国社会科学院历史研究所）
［1963.］4.11.

（三）

承寄《中国美学史资料初选目录》，嘱提意见，我对美学并不了解，不能作深入的钻研，略就来稿所引起的门外汉一些想法奉陈数事，用备采择。

一、我国美学遗产丰富，作为美学史的资料，是否需要略分门类？例如以理论与技巧分，或以文学、艺术种类分，现在目录是些原始资料，并未加以整理，很难看出与此相应的美学史的系统是什么面貌。这里可能反映了一种情况，即是美学史尚无定稿而美学史或将从此资料中抽绎出来。假使是这样的，我觉得更要用分类和断代来做间架，才可以断定资料的取舍适当与否。现在是断代以人为纲，作为初步工作也只有如此，但希望更严格些。清代起迄和近代现代界限就没有标出来。个别人物时代恐怕也有颠倒，如姚勖。鸦片战争、五四，划一划可以看出时代和新旧流派的显著分别。

二、内容范围很广，一时不能下断语，作为搜集的意义，还可以再发掘。唐以前诗律起源的四声论，日本空海《文镜秘府论》不妨翻检一下。五四以后，北大有音乐学会的音乐杂志，以及绘学杂志和造型美术（记忆不清是否有此二杂志名称，但确有一种刊物是印象很深的），可以反映新民主主义革命时期前后的美学思想。再向后可能不在美学史范围，但是如王光祈之于音乐，鲁迅之于木刻，似乎也应该联系上。因为原目录中有些人都和他们同时了。

三、原目录有些只具书名不见内容，自无法表示意见；但也有开列了题目，一时手边无书，又不熟悉，也无法表示意见。就个别题目看到，可能选目时也未看内容，请再加检查，例如梁启超《沈氏音书序》，是讲文字改革（拼音化）的，不关美学。

四、建议把已有选目试用分类项目排列一个总目，我以为可以看出我国美学发展的线索，也可以表明我们缺少什么资料或是什么资料收得太泛。分类似可以诗歌文艺、戏曲音乐舞蹈、造型美术（书画雕塑）、工艺美术为大致的分划，不能分的列为综合类。

草草奉复，敬请指教。此致
中国美学史资料编选组

魏建功（北京大学）
一九六三．五．七．

（四）

负责同志：

《中国美学史资料选编》目录，已收到。所收极为丰富，足见用力勤苦。我于此道，实为外行，略将所见，稍作补充，只供参考而已。

一、郑玄：《诗谱序》

二、萧统：《文选序》《陶渊明集序》

三、萧绎：《金楼子·立言篇》选

四、令狐德棻：《王褒、庾信传论》

五、刘知几：《［史通］模拟篇》选

六、陈子昂：《与东方左史虬修竹篇序》

七、李白：《古风》（其一，其三十五）

八、殷璠：《河岳英灵集序》《河岳英灵集论》

九、释惠洪：《冷斋夜话》选

十、李清照：《论词》

十一、徐渭：《叶子肃诗序》

十二、凌蒙初：《顾曲杂》选

十三、钱谦益：《唐诗鼓吹序》

十四、纳兰性德：《通志堂集》（有可选的资料）

十五、廖燕：《二十七松堂集》（有材料）

其他如李开先，何良俊等人的集子，也可注意。

此书出版时，最好作注，并加说明，较为有用。

敬礼！

刘大杰（复旦大学中文系）
（一九六三年）五月二十六日

（五）

编辑同志，

你们编的《中国美学史资料选编》目录（初选），已经看过。你们付出这样大的劳动，编出这样详尽的书目，我觉得首先应向你们表示谢意。它不仅有助于后学，就是对于专业的工作者亦是一极好的参考资料。

我对于此道，本是外行，应该是没有发言权。实在要提的话，只能提出以下几点建议，以供你们参考。如有不妥之处，幸勿见笑。

一、这个目录，包括范围很广，有诗论（广义的）、画论、乐论、金石、书法等，我的意思是否可以按时代顺序，分成以下几个部分：一般理论、诗论、画论、乐论、其它。把金石、书法、工艺归入"其它"类，其有跨类的，则分别于两类下著录，不忌重复。这样，一般治美学的人，固可以参考，即搞其它艺术专业的人，亦可以按图索骥，各取所需。而且把金石、书法列入"其它"，不与诗论、画论并列，亦可以显出其间的轻重关系。

二、这个目录，以供初学则嫌其多，以供专门研究，则又似嫌尚少。为了百年大计，我建议集中人力做以下三事：①把现有书目，再加扩充，增补；②于书目下，另辟一栏，列入读这些书的有关资料或参考书；③对初学必读之书，在书目上加一"＊"符号，以便初学识别。

三、管见所及，是否可以增加以下几部分（因看书目时，不够过细，我这里所提的，可能已为书目所有。其次我这里所提的书目，并没有按照历史顺序，只将偶然想起的书提出来，因此可能杂乱一些）。

蒋骥：《传神秘要》

米芾：《画史》

唐寅：《六如居士画谱》（其中选有元·王思善《论画》，其中有几条似可选录）

盛大士：《溪山卧游录》

汤厚：《古今画鉴》

张庚：《图画精意识》（其中有对于名画的品题）

秦祖永：《绘事津梁》

陈撰：《玉几山房画外录》

黄周星：《制曲枝语》

释道济：《苦瓜和尚画语录》

戴熙：《赐砚斋题画录》

顾凝远：《画引》

四、关于袁宏道，我认为似可增加以下几嫡，

《与张幼于书》

《与李龙湘书》

《与冯侍郎座右书》。

黄药眠（北京师范大学中文系）
1963 年 5 月 27 日

二　朱光潜在纪念《延安文艺座谈会上的讲话》四十周年的发言

说明：毛泽东在延安文艺座谈会上的讲话发表四十周年（1982）的前几天，中宣部准备召开座谈会。主管文艺的副部长周扬指名，此次会议一定要请朱光潜先生参加，这是以前从未有过的。中国社会科学院美学研究室主任齐一受命找到胡经之，要他一定要请到朱先生与会，并由他陪朱先生到中宣部开会。朱先生接到通知后欣然答应，并准备了一个发言稿。5月6日开会那天，朱先生乘坐中宣部派来的车到沙滩参会，周扬请朱先生一起坐在主席台。周扬发言之后，特请朱先生发言，朱先生就取出此稿发言。此文为打印稿，一直未曾发表，《朱光潜全集》也未收入，作为史料，记录了朱先生当时的心态。胡经之先生提供了这个发言稿，在此向胡先生深表感谢！

怀感激心情重温《讲话》
朱光潜

中宣部通知文艺界就毛主席《在延安文艺座谈会上的讲话》发表四十周年展开学习和座谈。我初次读到《讲话》是在一九四九年北京解放以后，就感到它是对自己唯心思想的当头棒，此后每年都要重温几次。特别是在一九五七年到一九六二年全国美学大讨论大批判中，日益认识到思想改造的必要，从此下定决心要钻研马列主义经典著作来改造自己的世界观和人生观。对历史唯物主义和辩证唯物主义有了初步认识。结合到全国文联和全国政协组织的到全国各地的参观学习，看到工农兵大众在各个范围内意气风发的精神及其伟大成绩，就认识到只有社会主义才能救中国，坚定了自己努力在文化方面参加社会主义革命的决心。这个决心在"四人帮"横行时代尽管关进牛棚，受过种种折磨，感到痛苦，也没有动摇过。就在那些年月里，我只要偷得闲空，就读马列主义经典著作，查对外文原文，开始写些笔记，从来没有起过自杀的念头。这毕竟还是毛选和马列主义经典著作挽救了我。所以现在我是怀着感激的心情重温《讲话》的。

"四人帮"打倒了，严重的后遗症还到处存在，在文化教育界也是如此，特别是我所接触到的一些中青年人中毒颇深，在学风和文风方面都暴露了出来，为此我也不免忧心忡忡。幸好在三中全会以来，新的中央领导人，费大力拨乱反正，大刀阔斧地调整经济结构，把国家扳上四个现代化的轨道上，铁面无私地严惩坏人坏事，重振党的领导和党的风纪，在不太长的时间经济已有明显的好转，官僚主义已成了过街老鼠。"事在人为"，我和一般老知识分子一样，对国家前途是充满乐观和信心的。

我年老昏聩，已无力写出领导要求的"研究性的文章"，只能就切身经验谈点实感，主要只谈"资产阶级自由化"这个谈虎色变的问题。我们都是毛泽东思想和马克思主义的信徒。应该理解而且牢记文艺是反映经济基础的意识形态这条基本原则。试问：有可能在经济基础上仍执行生产责任制和货币商品流通这种资产阶级制度残余的同时，希望根除文艺乃至一般文化教育方面反映出资产阶级自由化吗！社会主义革命并不是一朝一夕就会完成而是有不同阶段的。在现阶段生产责任制和商品流通都还不能废除，党中央在经济方面仍利用这两种经济发展的杠杆是英明决策，我是衷心拥护的。因此，我认为现在就谈在文艺方面乃至一般文化教育方面不要"资产阶级自由化"是为时过早。不符合历史唯物主义规律的，也不符合我们的宪法，我们刚制定的宪法要保障学术自由和文艺创作的自由。这种自由是哪个资产阶级"化"过来的吗？就丝毫不带资产阶级的色彩吗？

这问题涉及阶级斗争和政治标准两个重要问题。从私人谈话和报刊报导中可以看出近来有一种论调，说不要提阶级斗争了，过去强调阶级斗争，才引起"残酷斗争，无情打击"，对统战和团结都不利，至于政治标准过去也强调太过，不免片面，危害到文艺创作。这话固然有些道理，是否就要取消阶级斗争，不提政治标准呢？有人连"政治"两个字也不敢用，这种现象是值得警惕的。自有人类社会以来就有了阶级，也就有了阶级斗争，有了政治，而且在任何阶级统治下，政治标准也都是第一，这是毛泽东思想和马列主义都谆谆教导过我们的历史事实，就连我这几年在翻译的资产阶级祖师爷维柯在他的《新科学》里也不厌其烦地分析这种历史事实。我说讳言阶级斗争和政治的现象值得警惕，这是有鉴于斯大林过早地宣布苏联在1935年已不存在阶级，从那时以来苏联的政局演变的事实都已证明斯大林的错误，我们应引以为戒。难道阶级斗争就那么不好听，"文艺为人民服务"就比"文艺为政治服务"听起来较悦耳些吗？

乔木同志曾指出："有些精神部门，存在着追求精神产品化的错误倾向，一切向钱看……这对于助长资产阶级自由化思潮的泛滥起着不可忽视的作用。"这对于当前出版界弊端是一针见血的警告，对我们文艺界这批写书投稿的作者尤其是切肤之痛，我们正是要靠钱袋过活的人，能不要钱吗？能免于对资产阶级自由化煽风点火吗？我自己还忝居高薪阶层，过的还是中层以上资产阶级的生活，不过也还要盘算到生活费用和科研方面的资料费用。我还得请人抄稿，剥削他人的劳动，以商品买卖的方式计酬。我很清醒地认识到自己正处在"资产阶级自由化"的行列，不过也并不"自由"，年过八十五，在衰老昏聩的情况下，还每天进行翻译维柯《新科学》的艰苦工作，还要处理无休止的来信来稿和来访，甚至还有不少人要求我替他们代买书，代投稿，作商品买办，不能完全满足要求，还要招来怨言。不过我并没有从此罢休，还坚持锻炼身体，还想多活几年，多做一点力所能及的工作，我在为人民服务，也在为自己服务。

我开头就说我只能谈些实感，以上就是我的实感。

一九八二年五月六日

三 庆祝朱光潜先生任教六十周年时周扬与朱光潜的通信(两封)

说明：1982年10月，在庆祝朱光潜先生任教六十周年之际，周扬写了一封贺信。信中提到朱光潜1939年给他写信计划去延安的往事，由此可见朱先生追求光明、真理绝非一时的冲动。朱先生曾经把这两封信复制后赠予他的同事杨辛先生，杨先生提供了这两封信，这里向他表示由衷的感谢！

（一）

光潜同志：

"北大"为您举行任教六十年庆祝会，特向您表示衷心的祝贺。

四十年前您曾给我一封信，虽经"文化革命"之难尚犹未毁，信中足见您的思想发展的片鳞半爪，颇为珍贵，特复制一份，赠送您，以志我们之间的友谊。

此致

敬礼

周扬十月十六日

（二 此信写于1939年）

周扬先生：

您的十二月九日的信到本月十五日才由成都转到这里。假如它早到一个月，此刻我也许不在嘉定而到了延安和你们在一块了。

教部于去年十二月发表程天放做川大校长，我素来不高兴和政客们在一起，尤其厌恶与程那个小组织的政客们在一起。他到了学校，我就离开了成都。

本来我早就有意思丢开学校行政职务，一则因为那种太无聊，终日开会签杂货单吃应酬饭，什么事也做不出；二则因为我这一两年来思想经过很大的改革，觉得社会和我个人都须经过一番彻底的改革。延安回来的朋友我见过几位，关于叙述延安事业的书籍也见过几种，觉得那里还有一线生机。从去年秋天起，我就起了到延安的念头，所以写信给之琳、其芳说明这个意思。我预料十一月底可以得到回信，不料等一天又是一天，渺无音息。我认为之琳和其芳也许觉得我去那里无用，所以离开川大后又应武大之约到嘉定教书。

你的信到了，你可想象到我的高兴，但是也可想到我的懊丧。既然答应朋友们在这里帮忙，半途自然不好丢着走。同时，你知道我已是年过四十的人，暮气，已往那一套教育和习惯经验，以及家庭和朋友的关系，都像一层又一层的重累压到肩上来，压得叫人不得容易翻身。你如果也已经过了中年，一定会了解我这种苦闷。我的朋友中间有这种苦闷而要挣扎翻身的人还不少。这是目前智识阶级中一个颇严重的问题。

无论如何，我总要找一个机会到延安来看看，希望今年暑假中可以成行，行前当再奉闻。谢谢你招邀的原意。我对你们的工作十分同情，你大概能明。将来有晤见的机会，再详谈一切。

匆此，顺颂

弟朱光潜一月卅日

四 宗白华、朱光潜、马采复刘纲纪函（十三封）

说明：刘纲纪先生早年求学北大哲学系时就对美学颇有兴趣，之后，他一直从事美学的研究与教学工作。自20世纪50年代起，刘先生常向他的大学老师邓以蛰、宗白华、朱光潜、马采等先生求教，并保持书信往来。在采访刘先生的过程中，他提供了以下信件，多数都是首次发表。这些信件对于了解宗白华等先生的思想和中国当代美学颇有资料价值，这里谨向刘先生表示衷心的感谢！

（一 此信写于1958年国庆前夕——刘注）

纲纪同学：

您的信收到好多天了，多谢您对我的记念！最近我头上又生过一次疮，医生说有致命性的危险，每日上下午打针，连打两星期，前后又闹了整个月，现已好了。

尊著的书签我早已写好，照您留下的地址寄去许久了，这连出书等事，您当去信问问为是。

北大哲学系上月下旬就全体师生下到大兴县，教师中只有四五人老或病者留校，我和黄老、宗先生在其间。马采先生去后至今未回一次，甚可钦佩。

北京美协办的江苏邳县农民绘画展览我去看过，满目琳琅，美不胜收！间或有内容含义太抛露的不耐看者之外，大部分都是生拙有趣，朴厚有力，真能令人一醒耳目，非陈腐之作可比！古人求生拙于熟烂之后，如何能比得此自然的生拙呢？近看广告，知道美术出版社已选印一些出版，您将来可以看到，一定有同感耳！

农民的绘画，我老眼昏花，腕力退化，学不成了；他们的诗我倒想学学，这里写几首给您看看，好引起您的兴趣，开始来写！我想旧的形式——格律、腔调，总是农民（"农民"疑为"您"的笔误——编者）所熟悉的，因之是喜爱用它的；至于内容——词汇、感情、思维，您慢慢和他们打成一片，自然遍地皆是，取之不竭了。主要的是要身心同他们打成一片这一点上。这点恐怕您体会得更深了。

诗如下：

拥护陈外长的声明

抗议、谴责雪片飞，愤怒之声响如雷；千夫所指索尔死，亿兆心城怎打开！

铜墙铁壁金汤固，以乱击石徒劳哉！贼喊捉贼贼心黑，万箭攒心怎避来？

炮舰政策当年事，解放风涛覆地来，笑尔痴狂无好梦，苏（彝）士河前得滚开。

纸虎画皮千万层，骗人把戏只一桩；颠倒黑白最能手，自掘坟墓自埋藏。

打虎英雄自古多，上甘岭上景阳坡；如今老虎不堪打，声势虚张似梦魇。

杜勒斯急艾克慌，一书警告吓怕胆；流氓腔调徒尔尔，军阀脑袋忒简单。

战争边缘休弄火，和平岂是乞求来？拖延、讹诈尽能事，谁信豺狼有好坏。

和平、建设两相需，劳武人民珍惜战争；十二万万铁拳者，改造世界看完成。

邓以蛰稿并祝
您国庆节快乐！

（二　此信写于1959年"五一"前夕——刘注）

纲纪同学：

昨接4月26日手书，知道你的近况，极为欣慰。春节时你的信我也收到，只因那时我正卧病，因循至今未复。我去冬又得第二次肺炎，至今肺部浸润性损伤未能恢复，所以工作也不能搞。只在最近才接受美术出版社之约,搞一小部分画论著作的标点、注解、译成白话的工作。动手之后仍觉身体不支,因有合同关系,现在只得请马采先生帮忙,此外只为《美术》写了一篇纪念"五四"的文章。这几日因胸背神经痛极为剧烈,又得躺下了。奈何!奈何!

朱先生译的《美学》我至今尚未("未"字据文意补——编者)见到。序言尤其当为你所欣赏吧?可惜温克尔曼的《古代希腊美术史》不易见到,我想黑格尔是他那儿发展来的,由雕刻发挥到艺术的全面。你的两著作希望能快收到。恕不多谈!此颂

近安

以蛰手上
五一前夕

(三 此信写于1959年7月5日——刘注)

纲纪同学:

您上次信尚未复,近又得您航空快信。我处有《故宫周刊》十余册,约有数百期,不完全。日来细细检查,无一龚贤作品。因我无《湖社月刊》,我已代托马采先生在图书馆为您寻查,不日他当有以报您也。我近日脸上又生一东西,极痛。三日来无日不到医院打针。多病真诚烦恼人也。

希望您的两种著作完成,插图顺利,得先睹为快!

匆匆,此颂

暑安

以蛰手启
七月五日

照片不日照得寄上,不足存也。

(四 此信写于1960年12月27日——刘注)

纲纪学兄:

《"六法"初步研究》已读完第一遍,第一章六法的提出与骨法用笔、气韵生动和第五章资产阶级学说批判(实包括多人,不止滕固,我读全编处处感到鞭策!)诸章最为精辟!据我看来,实当今用历史唯物主义和辩证法的观点研究及一般画论之第一部著作也。虽曰初步,顶

峰实已在望矣！文字虽小浅，但入之已深。接书之日，正我腰痛，寸步难移，坐而读之，几令韦编欲绝，掩卷之际，不禁叫绝，快甚！快甚！

您应寄一本与北大美学组为是。近日又有新著作否？匆匆，并俟著安，不一，并贺新禧！

邓以蛰手启
12月27日

（五）

纲纪同志：

接来函得悉近况甚慰，《龚贤》已可付印，先睹为快也。下放一年，体验必多，研究更可深入矣。北京美学兴趣一般颇为浓厚，日前《新建设》邀座谈会，下期可发表情况。马列学院亦拟以下半年培养美学干部，约我们去协助。朱先生亦已加入哲学系美学小组，前途颇为可观。我的第二散步，大约关于音乐与建筑，尚在准备中，未知何日动笔，因康德美学急待翻译也。

湖北炎暑，珍重。

白　华
1959年8月1日

（六）

纲纪同志：

接惠函及大著深以为慰，别后在美学研究上不断发展，使这新萌芽的美学向前推动，参加社会主义的科学建设，是令人兴奋的事。石涛研究颇欲先睹为快，石涛思想总结了六朝以来中国画论的路线，应当加以阐发。我在最近写的《中国书法的美学思想》也引了他的一段话来，说明中国书画同源的意义。此文将于一月份《哲学研究》上刊出，很想得到你的批评呢。你的《六法论》以前已读过，觉得很好，颇有新意，现重加补订，日内拟细细阅读，以资启发。中国美学思想宝库发掘不尽，随地见宝，惜我年老体衰，精力与时间皆感不足。尤望年富力强者加倍努力了。北大美学教研室得朱先生来担任西方美学史方面，编写讲稿，翻出资料，成绩丰富，已油印出一部分，但因纸张关系，印份不多，外来索取者不能供应，大概可用资料交换方式，望由贵处直接和系中交涉，我亦无能为力也。我现在担任研究中国美学思想方面，因过去久不注意，一切从头学起，已讲过画论、书论，现正准备乐论。现在青年助教多半去教育部参加编写《美学概论》工作（由王朝闻领导），此工作亦不简单也。

中国美学史当以现在各方面正在编写的美术史、文学批评史的根基，总合性的工作尚在未来。现在只能做些专题性的初步探索而已。你能来北京，我很高兴。此问近安。

宗白华
1962年1月4日
康德译稿最近已交商务细校去了。

（七 此信写于1958年——刘注）

纲纪同志：

来信久收到，事情稽复为歉！

黑格尔的美学是部难读的书，你不但拿来读，而且读起来感到兴趣，这是不容易的事。

我在北大一直在外文系任教，业务与美学无联系，大跃进以来，须以全部精力投入到教学方面，所以美学的翻译工作只好暂时搁下。一到可以抽出一些闲空时，当陆续把全书译完。好在这种书没有什么时间性。

你对美学和文艺理论有兴趣，宜仔细钻研马恩论文艺方面的话。今年可望有一部马恩论文学的书译出来，望注意。我目前工作极忙，事实上抽不出工夫来写长信，恐怕不能对你有多大帮助。

"美学"出版后出版社寄来十本。早已分送朋友，目前北京已买不到这书，所以你要一本由我题名的书目前无法做到。另纸题名，不知是否可以暂满尊意？

此致

敬礼

朱光潜
四月十六日

（八）

纲纪同志：

承惠寄大作六法研究，久已收到，但直到现在才得抽暇拜读。恭贺你，这是一本好书，叙述清楚，论证确切，没有一般小册子简单化的毛病，我读了获得很多益处，我过去在这方面注意不够。

只有一点小意见，33—34页谈在骨法表现上中西不同时，说中画重线条，西画重明暗，这对于近代西画是正确的。过去西画也一直重线条，到文艺复兴时代达·芬奇虽重视光影透视，但他下工夫大半还是在线条方面。转变与工具媒介有关，油画起来以后，才渐侧重明暗，特别是印象派起，才专在这方面下功夫。但有些画家还是重视线条，Hogarth的"美的分析"就是一例。

我今年在编写西方美学史和资料，预秋季完成。完成后读译黑格尔。明日即随政协去广州和海南参观。回来大概在月底，过武汉时如停留，当谋晤谈。

此致

敬礼

朱光潜

1962年1月2日

（九）

纲纪同志：

夏间我随文联几位同志赴庐山游览，过武昌曾由武汉文联接待，在他们那里休息一下午，当晚即乘车到九江，来不及到武大访问校友们。回程中过武汉在夜里未能停留，到京后极感疲惫，头昏眼花，无法写字。

承索稿，似不可却，因把"新科学"全书结论约万余字寄您一看，来不及请人誊清。请您看一看，如果勉强可用，请找人誊清寄我校改一下；如果不合用，即请将原稿立即寄回。我开春如健康情况许可，或应香港中文大学新亚书院之约去作短期谈话，预备就用"新科学"为题。匆复，即致敬礼！

朱光潜

1982年8月20日

（十）

纲纪同志：

连得两次手教，因杂扰多而贱体又日益衰弱，稽复乞谅宥。

贵刊第一期登拙作"美感问题"就够了。"新科学"结论章抄稿文已读过，觉得孤立的"结论"没有较浅显的介绍或评注，一般读者恐摸不着头脑，以不发表为宜。以后想选些较具体的段落译文（例如关于阶级斗争的）改好注好寄上，可酌登贵刊第二或第三期。

今天下午进城参加金岳霖先生祝寿，匆致敬礼！

朱光潜谨启
1982 年 10 月 10 日

（十一）

纲纪同志：你好！

《黑格尔以后的西方美学》的稿子已寄去，收到了吗？这本稿子是1958 年我在北大和宗白华先生、朱光潜先生合开的《美学专题》的一个专题，记得当时宗先生讲的是康德美学，朱先生讲的是黑格尔美学，我讲的是黑格尔以后的美学。还有一个专题是《中国美学思想》，本来是邓以蛰先生讲的，后来因邓先生病了，由我代讲。这篇稿子也印了出来，现在也找到了。打算修改一下，并作些补充，有成当请指教。

《黑格尔以后的西方美学》现在的稿子《经验科学的美学》只不过是其中的第一部分，本来是打算讲三个部分的，即第二部分《经验哲学的美学》，包括克罗齐、菲多拉、柯恩、克里斯登森等，第三部分《现象学派的美学》，包括孔拉特、哈曼、乌狄兹等。第二、三部分没有讲成，也没有留下稿子，没有办法复原了。因为这个缘故，所以改了个题目，比较好，你觉得怎样？

另外，文章中介绍了十一个学者的简历，现在寄去，你看有没有参考价值？附寄去相片一张，是和老伴合照，给你留念。背景是邓先生写的条幅。

此祝

新春快乐！

马采
1981 年 1 月 31 日

（十二）

纲纪同志：你好！

前得来信，不及作复，歉、歉！

你近来好吗？处境有改善吗？念、念！

我在此一切如常，身体尚好，勿以为念。

近来陈云闲来无事，为余立一小传，现寄去一份。忙碌一生，愧无建树，幸勿见笑。

此祝

近佳

马 采

1991年11月18日于广州

（十三）

纲纪同志：你好！

1，3快件，15日收到。序文已收到。知你即将赴德讲学，很高兴。德国是我青年时代最向往的地方。我在日本的老师大多数是德国留学的。他们把德国近代最先进的文化科学知识带回日本，促进了日本的学术文化的繁荣，发展。《黑格尔美学辩证法》那篇文章是我学习德国美学的一份读书报告，发表于1935年6月1日出版的《国立中山大学文学院专刊》第二期。是根据 H. Glockner 所编黑格尔全集纪念版《美学讲演录》辑录而成，全文一万多字，简单介绍了黑格尔这本书的主要内容。这篇文章由于手民的误植和编辑的不负责任，到处都出现错字，不可卒读。主要是限于笔者的水平，现在看来，很不洽意。如鸡肋之食之无味，弃之可惜。为了还它历史本来面目，勉强收入之。我比较洽意的，还是那篇《论艺术理念的发展》，对黑格尔美学有一定的发挥，或曰发展吧。联系到艺术创作、鉴赏、风格，以至整个艺术史的发展。当时冯文潜先生看了，也甚为赞许，戏称之为"马氏美学辩证法"。

现在《哲学与美学文集》已和出版社订了合同，规定四月十五日前出书。书出后当即用快件寄你十册，带几本去德国交流一下，好吗？因为本书所介绍的大部分是德国的东西。本书现已正名《哲学与美学文集》，只出第一、二部分，四十万字。另一第三部分拟加上从《美学断章》抽出的关于"艺术"的文章，合编成续编《艺术与艺术史文集》，约三十万字，另找机会出版。末了，祝你在新的一年里获得更为辉煌的成功！春节合家欢乐！

马　采

1994 年 1 月 8 日

特里尔是革命导师马克思的诞生地，请不要忘记去瞻仰一下。又及

五　1980年代胡乔木与朱光潜的通信(两封)

说明：朱光潜与胡乔木交往多年，并保持书信往来。杨辛先生提供了这两封信，这里向他表示衷心的感谢！由此我们可以了解朱先生80年代的一些情况。

(一)

光潜先生：

送上拙稿一篇，因涉及的问题很多，其中有不少是我未尝深造，只有一知半解的，文中必有不适当或很不适当的地方，故请毫不客气地予以斧正，不胜感荷。

您是我素来敬重的学者。解放以后，您对我国学术界的贡献不胜枚举。您在劫后已是八十余的高龄，仍然每天勤奋工作，这种生命不息、战斗不止的革命精神，尤为令人感激敬佩。尽管偶然有些见解未敢苟同，亦未尝受业，但是我仍把您看做我的老师。我正是以这种心情向您求教的，想不致见外。

此改已在征求首都各方专家意见，将根据征得的意见最后进行一次总的修改。

为此要消耗您的精力与时间，特预致谢忱。

敬礼

胡乔木
一九八四年一月十二日

(二)

乔木同志：

这次病又发作，承赐信垂问，也未及作复。本想寄拙著《诗论》二册，恰遇放假，没有取得存书，只有待三联书店开门的时候，才去取出寄上请教。《诗论》专就中国诗歌传统立论。从前我没有专书讲诗论，是个缺点。所以特别想请您指教。

朱光潜启
1986年

六 教育部委托全国高校美学研究会和北京师范大学哲学系联合举办全国高校美学教师进修班学员名单(1980.10.—1981.1.)

楼昔勇（男，上海，华东师范大学中文系）
刘叔成（男，上海，上海师范大学中文系）
秘燕生（女，上海，复旦大学中文系）
夏之放（男，济南，山东师范大学中文系）
李丕显（男，聊城，山东聊城师专中文系）
杨忻葆（男，合肥，安徽大学中文系）
汪裕雄（男，合肥，安徽师范大学中文系）
汤龙发（男，长沙，湖南师范大学中文系）
潘泽宏（男，湘潭，湘潭大学中文系）
彭立勋（男，武汉，华中师范大学中文系）
朱克玲（女，杭州，浙江大学中文系）
苏　宁（女，成都，四川社科院文学所）
史家健（男，成都，成都科技大学）
刘作南（女，昆明，云南民族学院艺术系）
李　新（女，昆明，云南大学哲学系）
王志伟（男，广州，中山大学哲学系）
童　坦（男，天津，南开大学哲学系）
梅宝树（男，保定，河北大学哲学系）
郑开湘（男，太原，山西大学哲学系）
杨恩寰（男，沈阳，辽宁大学哲学系）
柳正昌（男，郑州，郑州大学哲学系）
于乃昌（男，咸阳，西藏民族学院中文系）
同向荣（男，西安，陕西大学中文系）
徐祖芳（女，贵阳，贵州大学中文系）
朱立人（男，北京，北京舞蹈学院，主办人之一）
李　范（女，北京，北京师范大学哲学系，主办人之一，班主任）
另有100多名北京市的旁听学员（走读生）。

七 中华全国美学学会的机构设置

中华全国美学学会历届名誉会长、顾问、会长、常务副会长、副会长、秘书长、常务理事名单（按姓氏笔画排序）

第一届（成立，1980年6月）
名誉会长：周　扬
会　　长：朱光潜
副 会 长：王朝闻　蔡　仪　李泽厚
秘 书 长：齐　一
副秘书长：张瑶均　朱立人

第二届（1984年10月）
名誉会长：朱光潜
会　　长：王朝闻
副 会 长：汝　信　李泽厚　蒋孔阳　马　奇
顾　　问：伍蠡甫　宗白华　黄药眠　蔡　仪
秘 书 长：张瑶均
副秘书长：朱立人

第三届（1988年10月）
会　　长：王朝闻
顾　　问：蔡　仪
副 会 长：蒋孔阳　汝　信　李泽厚　马　奇　刘纲纪
秘 书 长：张瑶均
副秘书长：朱立人　叶　朗　蒋冰海　徐恒醇　李　范

第四届（1993年10月）
名誉会长：王朝闻
会　　长：汝　信
副 会 长：蒋孔阳　李泽厚　叶　朗　蒋冰海
秘 书 长：聂振斌

副秘书长：腾守尧　王德胜

第五届（1998年5月）
名誉会长：王朝闻
顾　　问：马　奇　李泽厚　杨　辛　敏　泽　蒋孔阳
会　　长：汝　信
副 会 长：叶　朗　刘纲纪　张道一　聂振斌　蒋冰海　滕守尧
秘 书 长：滕守尧（兼）
副秘书长：王德胜　高建平　徐碧辉
常务理事：王　杰　王德胜　叶　朗　汝　信　刘纲纪　朱立元
　　　　　杜书瀛　杨春时　张道一　张　法　胡经之　聂振斌
　　　　　徐恒醇　蒋冰海　滕守尧

中华美学学会下属各分会：
高校美学研究会会长：叶　朗
　美育研究会会长：蒋冰海
　　　　　副会长：李　范　楼昔勇　杜　卫
　　　　　秘书长：张振华
　　　　副秘书长：樊美筠
　青年美学研究会会长：王德胜
　　　　　副会长：朱辉军　宋生贵　张节末　潘知常
　技术美学研究会会长：徐恒醇
　审美文化研究会会长：王一川
　　　　　副会长：张　法　罗筠筠　姚文放　廉　静
　党校美学研究会会长：陈瑞生
　　　　　副会长：赵祖达（常务）　王子恺　曾志毅
　美学通讯负责人：徐碧辉

第六届（2003年7月）
名 誉 会 长：王朝闻
顾　　　问：刘纲纪　李泽厚　杨　辛　敏　泽
会　　　长：汝　信
常务副会长：滕守尧
副 会 长：王　杰　王德胜　叶　朗　朱立元

　　　　　　杨春时　聂振斌　曾繁仁
秘　书　长：徐碧辉
副 秘 书 长：刘悦笛　杨　平　彭　锋

常 务 理 事：王　杰　王一川　王柯平　王德胜　叶　朗　朱立元
　　　　　　汝　信　张　法　张玉能　杜　卫　杜书瀛　杨春时
　　　　　　周　宪　罗筠筠　徐恒醇　徐碧辉　聂振斌　高建平
　　　　　　彭　锋　曾繁仁　滕守尧
理　　　事：丁　枫　尤西林　方　珊　王　杰　王一川　王向峰
　　　　　　王旭晓　王岳川　王柯平　王善忠　王德胜　代　迅
　　　　　　叶　朗　叶秀山　皮朝纲　刘士林　刘成纪　朱立元
　　　　　　朱志荣　朱良志　汝　信　邢煦寰　宋生贵　张　帆
　　　　　　张　法　张　涵　张玉能　张节末　张道一　张锡坤
　　　　　　李　范　李冬妮　李西建　杜　卫　杜书瀛　杨春时
　　　　　　汪裕雄　肖　鹰　陈　炎　陈望衡　陈超南　周　宪
　　　　　　岳介先　易中天　罗筠筠　郑元者　姚文放　封孝伦
　　　　　　柯汉琳　胡经之　赵士林　钟仕伦　凌继尧　夏之放
　　　　　　徐恒醇　徐碧辉　涂武生　聂振斌　袁济喜　钱　竞
　　　　　　高　楠　高小康　高建平　曹俊峰　梅宝树　章建刚
　　　　　　阎国忠　彭　锋　彭立勋　彭富春　曾繁仁　程孟辉
　　　　　　蒋述卓　韩德民　廉　静　楼昔勇　谭好哲　滕守尧
　　　　　　潘立勇　穆纪光　薛富兴

中华美学学会各分支机构负责人名单（按机构名称第一个字笔画排序）
文艺美学学术委员会主任：聂振斌
外国美学学术委员会主任：高建平
技术美学学术委员会主任：徐恒醇
审美文化专业委员会主任：王一川
青年美学学术委员会主任：王德胜
美育学术委员会主任：滕守尧
美学通讯编辑部主任：徐碧辉

第七届（2009年7月）
顾　　　问：叶　朗　刘纲纪　李泽厚　杨　辛　聂振斌

会　　长：汝　信
副 会 长：王一川　王岳川　王德胜　朱立元　张　法　杨春时
　　　　　陈　炎　周　宪　徐碧辉　高建平　曾繁仁　滕守尧
秘 书 长：徐碧辉（兼）
副秘书长：刘悦笛　杨　平
常务理事：尤西林　王　杰　王一川　王岳川　王柯平　王德胜
　　　　　汝　信　刘悦笛　朱立元　张　法　张玉能　杨春时
　　　　　陈　炎　陈望衡　周　宪　姚文放　凌继尧　徐碧辉
　　　　　袁济喜　高建平　曾繁仁　滕守尧
理　　事：马龙潜　尤西林　方　珊　牛宏宝　王　杰　王一川
　　　　　王旭晓　王志敏　王汶成　王岳川　王建疆　王柯平
　　　　　王德胜　代　迅　汝　信　刘士林　刘成纪　刘顺利
　　　　　刘悦笛　刘清平　朱立元　朱志荣　朱良志　吴　炫
　　　　　宋生贵　张　伟　张　法　张　涵　张　晶　张玉能
　　　　　张节末　张政文　张荣翼　张锡坤　李天道　李心峰
　　　　　李冬妮　李西建　杜　卫　杨　平　杨守森　杨春时
　　　　　杨曾宪　肖　鹰　陆　扬　陈　炎　陈剑澜　陈望衡
　　　　　陈超南　周　宪　周均平　易中天　罗　钢　罗筠筠
　　　　　郑元者　金　雅　姚文放　封孝伦　柯汉琳　胡亚敏
　　　　　赵士林　赵宪章　钟仕伦　凌继尧　徐碧辉　袁济喜
　　　　　袁鼎生　钱　竞　高　楠　高小康　高建平　章启群
　　　　　章建刚　龚小凡　彭　锋　彭修垠　彭富春　曾繁仁
　　　　　程孟辉　蒋述卓　韩德民　廉　静　谭好哲　滕守尧
　　　　　潘立勇　薛富兴　戴冠青

理事单位负责人：
赵宪章（南京大学）
王建疆（西北师范大学文学院）
张　伟（鲁迅美术学院）
杨　平（北京第二外国语大学比较文学与跨文化研究所）
金　雅（杭州师范大学）
龚小凡（北京印刷学院）
王　确（东北师范大学文学院）
周均平（山东师大人文学院）

八　中华全国美学学会的历届美学会议

第一届全国美学会议　1980年6月4日—6月11日　云南昆明
主要议题：美的本质、美育、中国美学史方法论问题、形象思维等问题

第二届全国美学会议　1983年10月7日—10月13日　福建厦门
会议议题：美学在社会主义两个文明建设中的地位和作用

第三届全国美学会议　1988年10月7日—10月11日　北京昌平
主要议题：美学基本问题、艺术美学、技术美学等问题

第四届全国美学大会　1993年10月16日—10月20日　北京
会议议题：新形势下美学各学科的建设问题，会议主要涉及三个论题：（1）当代美学的现状和发展；（2）我国当代文艺与审美文化，包括美学研究的形势、关于"实践美学"、关于当代审美文化与后殖民主义问题；（3）物质生产中的美学问题

第五届全国美学大会　1999年5月　四川成都
会议议题：走向21世纪的美学

第六届全国美学大会　2004年　吉林长春
会议中心议题："全球化与中国美学"，涉及全球化背景下的美学与艺术研究、中国传统美学的现代意义、媒介文化、审美文化等问题。

第七届全国美学大会　2009年8月14日—8月17日　辽宁沈阳
会议议题："新中国美学六十年：回顾与展望"，涉及了生态美学、日常生活审美化等问题。

本书图部(部分)

一 五六十年代美学活动或美学研究者的部分照片

甘霖、李泽厚、杨辛、洪毅然、于民、田丁、周来祥、王朝闻、司有仑、李醒尘、曹景元、刘纲纪、佟景韩、叶秀山、刘宁（自左至右）编写美学教材时摄于中央高级党校

刘宁、于民、佟景韩、李醒尘（自左至右）编写美学教材时摄于中央高级党校

李醒尘、杨辛、于民、甘霖（自左至右）编写美学教材时摄于中央高级党校

曹景元、于民、李醒尘、刘宁（自左至右）编写美学教材时摄于中央高级党校

李醒尘、洪毅然、刘纲纪、叶秀山（自左至右）编写美学教材时摄于中央高级党校

胡经之、蔡仪（自左至右）1961年于中央高级党校

朱光潜、胡经之（自左至右）1967年摄于燕园

二 八十年代美学活动或美学研究者的部分照片

1980 年朱光潜参加全国美学大会时摄于云南石林

1980 年全国美学大会召开时杨辛（左）陪同朱光潜（中）在云南昆明

1980年全国美学会议召开时杨辛、梅宝树、齐一、李泽厚、
李翔德（自左至右）在云南昆明

杨辛、李泽厚、胡经之（自左至右）1980年游峨嵋山

杨辛、朱光潜、马奇（前排自左至右）与第一届全国高校美学
教师进修班（1980 年）学生合影
副班主任李范（北京师范大学哲学系）（右第二）、朱立人（北京舞蹈学院）（右第一）

朱光潜、李醒尘（自左至右）1982 年李醒尘赴德国进修前与朱先生摄于北大燕南

宗白华、李醒尘（自左至右）1982年李醒尘赴德国进修前摄于
北大朗润园十公寓楼侧湖边

杨辛、宗白化、蒋孔阳（自左至右）80年代摄于北大朗润园宗先生家楼下

80 年代北京大学哲学系美学教研室部分教师与戴平合影
李醒尘、叶朗、高克地、张中秋、杨辛、于民、葛路、阎国忠、朱光潜、戴平（上海戏剧学院）

宗白华（中）、杨辛（右）80 年代初期摄于北大

80年代王朝闻先生游黄山右一为王朝闻先生、左一为刘纲纪先生

叶朗、宗白华、葛路、于民（自左至右）80年代摄于北大

蒋孔阳、杨辛（自左至右）80年代摄于北大西门

伍蠡甫、胡经之（自左至右）1984年初逢于武汉

（据杨辛先生讲，这是朱先生去世前的最后一张照片）杨辛、朱光潜（自左至右）
1986 年 2 月于朱先生家

胡经之、王朝闻（自左至右）1986 年于深圳大学粤海门

张磊、李泽厚、胡经之（自左至右）参加《文心雕龙》国际学术研讨会，
1986年摄于珠岛宾馆

钱中文、汝信、周来祥、胡经之（自左至右）2001年山东大学文艺美学
研究中心学术会议

第三部分

主旨报告及口述资料分析

本课题的主旨报告及口述资料分析

中国当代美学已经走过了60余年的历程，60多年来，经过几代学者的辛勤工作、团结协作，克服了种种困难，在学术研究、学科建设、机构设置、研究队伍等方面，都取得了很大的成绩，在人文学科领域中也是较为突出的。进入新世纪以来，教育部先后设立了两个美学方向的人文社会科学重点研究基地：山东大学文艺美学研究中心（2001）和北京大学美学与美育研究中心（2004）。目前，中国的主要大学大都在哲学系、中文系或艺术系开设了美学课，多数学校成立了专门的美学教研机构，不少学校还招收美学方向的硕士研究生、博士研究生，建立了一支庞大的美学研究、教学队伍。2010年，北京大学成功地举办了规模宏大的第18届世界美学大会，向世界展示了中国美学研究的整体形象，也把中外美学的交流推向了高峰。因此，很有必要总结这段历史，反思其经验教训，从而继续推进美学在新世纪的健康发展。《中国当代美学口述史》就是关注新中国美学历史（偏重于20世纪50—90年代末）的一部口述史著作。

关于本课题的议题的说明

近年来，许多学科都非常重视口述史，在资料的抢救、发掘、整理、学科反思等方面呈现出了良好的势头和巨大的发展空间，并取得了丰富的成果。但是，美学的口述史研究却显得滞后、薄弱。鉴于目前中国当代美学史研究中学术文献的不足和口述资料的缺乏，本课题拟从口述历史的角度切入美学学术史，像本课题这样全面地、系统地从学术史的角度以中国当代美学史为对象的访谈，在国内尚属首次。而且，本课题设定的主要目标为关注重要的事件和理论、注重资料的搜集与发掘、全面把握美学史，以克服以往研究的局限。

中国当代美学内容丰富，包括美学研究、学科建制、美学教学、美学教学机构、美育等内容，它们相互联系，互为补充，共同构成了一个有机的整体，缺少了某些内容或某些环节，就很难完整地理解中国当代美学和美学史。但是，返观许多中国当代美学史著述，却往往使我们感到一些遗憾。中国当代美学史研究取得了丰硕的成果，就中国当代美学史或包括了当代美学史的20世纪中国美学史著作而言，主要有以下著作：赵士林的《当代中国美学研究概述》（天津教育出版社1988年）、张涵的《中国当代美学》（河南人民出版社1990年）、陈辽和王臻忠的《新时期的中国古典美学研究》（江苏教育出版社1993年）、封孝伦的《20世纪中国美学》

（东北师大出版社1997年）、汝信和王德胜主编的《美学的历史——20世纪中国美学学术进程》（安徽教育出版社2000年）、钟侍伦与李天道主编的《当代中国传统美学研究》（四川大学出版社2001年）、汝信与王德胜主编的"20世纪中国美学史研究丛书"（7卷，首都师范大学出版社2006年）、杨存昌主编的《中国美学三十年》（济南出版社2010年）、黄柏青的《多维的美学史——当代中国传统美学史著作研究》（河北大学出版社2008年）等。无疑，这些当代美学史著作是我们研究的基础、参照，同时，也是我们力图克服其局限、超越的对象。

通过对这些著作的研究，我们发现，关于中国当代美学史的这些研究大都集中于美学理论、美学思想、美学观念、理论文本、主要美学家的个案研究，但对于特定的时代背景、重要的美学事件、学科建制、教学、教材建设、教研机构、涉及美学的相关政策之类的研究往往较为薄弱，成果也较少。缺少了这些内容，中国当代美学的研究显然是残缺的、不全面的，而且，还必然会进一步妨碍我们对美学理论、美学观念的理解与深入研究。事实上，这些因素已经成为制约中国当代美学研究深入发展的瓶颈。为此，《中国当代美学口述史》有意识地关注这方面的情况，搜集了一些资料，与以往的研究形成了有益的补充，也有助于克服以前研究、著述的局限；它有助于丰富这方面的研究，也为今后进行深入的研究做些铺垫；对于20世纪90年代末和新世纪进入美学学界的年青一代美学研究者来说，他们没有经历过这些事情，这方面的资料也相对缺乏，甚至付之阙如，而这些资料对于他们理解和研究中国当代美学又是不可或缺的，这些情况对于他们就更具有不可替代的重要意义。鉴于此，本课题找到了自己的目标和方向，并首先在议题的设置上体现出来。

本课题不是时下那些仅仅以具体理论或现象为话题的即兴式的访谈，也不是将美学史口头化的著作，而是一部旨在搜集、发掘、整理中国当代美学史资料的口述史著作。本课题的立意、问题意识和目标都以搜集中国当代美学史的资料为中心，以美学家的亲身经历为主（偏重于20世纪50—90年代末），兼及他们间接知道的资料，同时还涉及一些理论问题和学术反思。课题根据这个目标和每一位学者的特殊情况，在掌握时代背景、翻阅大量原始材料的基础上，科学地设计了口述的议题，保障了课题的学术价值。为此，本课题有意识地关注并研究了一些议题，其中，本课题的主旨报告及口述资料分析（之一）主要关注以下十二个问题：周谷城美学思想批判、"形象思维"的讨论、马克思《1844年经济学—哲学手稿》的讨论、关于实践美学与后实践美学的讨论、20世纪50—80年代的美学原理类教材建设、中国古代美学通史的著述情况、西方美学史研究、80年代的美育活动与美育研究、中国当代美学史上的资料建设、80年代"美学热"时的美学期刊、中国当代美学史上的外国美学翻译、中国当代美学机构的沿革；主旨报告及口述资料分析（之二、三）主要关注编写《美学概论》事件的还原及其评价议题；主旨报告及口述资料分析（之四）主要关注20世纪80年代高等院校美学教师培训班的情况；主旨报告及口述资料分析（之五）主要关注中国当代美学史上的主要会议。这些专题还涉及"自然美"的讨论、审美文化的讨论等重要的美学讨论；被采访者与美学有关的一些经历；被采访者的美学研究、主要代表作、美学思想；被采访者对一些重要美学问题的反思；20世纪80年代的"美学热"；文艺美学等美学分支学科的发展情况；北京大学哲学系美学教研室、中国人民大学哲学系美学教研室、中国社会科学院哲学所美学研究室等20世纪50年代和80年代重要的美学教研机构的情况；"美学小组"、中华美学学会、全国高校美学研究会等新中国美学研究社会团体的情况；20世纪50年代、80年代中国美学研究和教学的情况；中华全国美学会重要的美学学术会议；全国高校美学教师进修班等重要的美学活动；周扬等文化界重要领导人与中国当代美学的关系；重要美学家的研究资料的搜集，被采访者所了解的朱光潜、宗白华、蔡仪、王朝闻、李泽厚、马奇等重要美学家的学术研究和人生经历；美学资料的搜集与发掘，鉴于中国当代美学研究资料及其研究的实际情况，课题有意识地发掘、搜集了散佚的一些关于中国当代美学的研究资料，诸如重要的文本、信札、照片等。中国当代美学史内容丰富、复杂，任何美学史都很难面面俱到，为了抓住重点，我们主要设计了这些比较重要的议题，围绕这些议题展开访谈，并由此扩展到许多其他的问题，基本反映了新中国美学的历史（偏重于20世纪50—90年代末）。需要说明的是，由于学界对新世纪的美学比较熟悉，也由于这段历史较短、距离我们也太近，加上本课题在2001年已经启动，大部分成果完成于2009年左右，因此，本课题主要聚焦于20世纪50—90年代末这段美学史。当然，也并不局限于此，仍然根据实际情况，尽量获得更多的成果。

本课题围绕这些议题，尽量以美学事件的当事人或参与者为访谈对象。为了取得最大的成果，本课题曾经有一个庞大的访谈计划，并尽其所能地联系了应该采访的学者。如果最初的计划没能落实，就再找比较了解情况的学者。尽管做了最大的努力、想了各种办法，但是，由于种种原因，加上地域等问题的困扰，有不少采访计划最终没能落实，结果采访了

16 位学者，也就是现在呈报的成果。例如，课题负责人曾经联系过这些专家：中国社会科学院原副院长汝信先生，中国社会科学院哲学所朱狄先生、曹景元先生，中国社会科学院外国文学研究所的柳鸣九先生、朱虹先生，北京大学哲学系的叶朗先生，复旦大学中文系的朱立元先生，东南大学艺术学系的凌继尧先生，定居美国的高尔泰先生。有的学者已经拿到了我们拟定的采访提纲，但最终都没能落实，希望以后有机会弥补这个遗憾。课题负责人尽量客观、公平地对待历史上的人与事，课题基本根据录音整理，由被采访者定稿，征得他们的同意再发表。为了行文的方便，这里涉及的学者一律以姓名称呼，不再加类似于"先生"这样的称谓，并非不敬，特此说明。

本报告按照以上所列专题的顺序依次展开，说明本课题的主旨。

本课题主旨报告及口述资料分析(之一)

周谷城美学思想批判

周谷城（1898—1980）是当代著名的历史学家、复旦大学历史系教授，学贯中西，对中外历史都有深入的研究，著有《中国社会史论》、《中国通史》、《世界通史》等著作，影响甚大。而且，他的地位很特殊，不但是上海学界的领袖，还是毛泽东主席的同学，据说，毛主席到上海时都要看望他，"文革"后他还曾担任全国人大副委员长。有趣的是，他在20世纪五六十年代发表了几篇关于美学、艺术的论文（后来结集为《史学与美学》，1980年由上海人民出版社出版），但没有料到，这些文章引起了意识形态主管部门的注意。当时，出于批判修正主义的目的，中宣部发动、组织了对他的美学思想的学术批判，由中科院社会科学学部组织实施，作家协会等单位也协助参与。其中，朱光潜、马奇、李醒尘等许多学者都参与了批判，批判文章很多，重头批判文章大都刊发在《人民日报》、《文艺报》、《文学研究》等主流报刊上，也有不少文章散见于其他报刊。在当时的讨论过程中，就出版了《新建设》编辑部编辑的《关于周谷城的美学思想问题》（三卷，生活·读书·新知书店1964年），几十年后，还编辑出版了这些被批判文章的合集《史学与美学》（上海人民出版社1980年）。弄清这次批判运动的来龙去脉并予以实事求是的评价，是当代美学研究中不可回避的问题。但是，这样的研究却很不理想。而且，由于时过境迁，如果不了解当时的背景和具体情况，可能会影响我们对这些文本的理解，年轻学者对这个过程就更不清楚了。出于这方面的考虑，我们走访了当时参与批判的马奇、李醒尘，他们都详细地谈到了这次讨论的情况和他们写作文章的经历、体会，他们的访谈提供了不少有价值的材料，也做了一定的反思，对于我们全面而科学地认识这次运动很有帮助，也有助于研究的深入。

马奇是一位老革命，资历很老，他曾经经历过延安的抢救运动，在高教部做过管理工作，当时是中国人民大学美学教研室主任，当然是写文章的合适人选。据他讲,他接到任务后,首先阅读了周谷城的四篇美学论文,但感到很难理解。为了理解这些文章的原意,他钻研了大量的材料,并发现了这些文章难以理解的原因及其错误。例如,在《礼乐新解》一文中,周谷城把古代礼乐并举的事实错误地当做从礼到乐的规律。有时,周谷城使用的概念缺乏必要的界定,容易引起歧义:《美的存在与进化》中的"美"指"艺术","史学"指"历史";"无差别的境界",有时叫做"绝对境界",它有时指个人(或单个艺术家)所处的没有任何矛盾的环境或状态,有时则指极短暂、极少见的没有任何矛盾的历史时期;周谷城还独创了一些不好理解的概念;周谷城的理论体系也不好理解。他结合周谷城20年代的哲学著作,基本弄清了周谷城的历史哲学,人类社会的历史是"无差别境界"和"差别境界"的反复的交替及其循环,具体来说,原始社会时期没有任何矛盾、斗争,人们心情舒畅、无比快乐,这个时期可以称作"无差别境界";出现了冲突、矛盾、斗争后,人们的心情也随之变得忧郁、苦恼、压抑、痛苦,这个时期可以称为"差别境界";努力斗争、克服困难、解决矛盾后,就又迎来了新的"无差别境界"。周谷城根据这种历史观建立了其美学体系:"情感"是艺术的根本和来源,艺术创作是"使情成体"的过程,实现艺术的社会作用需要"以情感人"。而且,周谷城的"情"有其特定含义,指艺术家个人之情,它是单个艺术家在"无差别境界"中产生的那些极为畅快的、彻底摒弃了思念和苦闷的、个体性的情感。艺术家的创作使这种情感成为艺术作品,艺术品发挥作用、以情感人,进而推动社会历史发展到"差别境界",被"无差别境界"所切断的历史也由此连接起来,周谷城赋予艺术以"推动历史前进"的力量和作用。也就是说,历史的两种境界曾经被一种东西切断,然后再被艺术情感所发挥的社会作用连上,呈现出"断而相续"的状态。他理解了周谷城的美学思想体系后,以马克思主义进行具体分析,通过研究发现了周谷城的错误,然后撰文批评其错误,并没有武断地、仅仅响应上边的号召进行大批判。在他看来,"无差别境界"的历史是一种想象,不可能存在;历史不可能被切割、断裂、重新连接上;艺术发挥不了连接历史的作用;艺术包括情感、思想等内容,情感不是艺术的全部,艺术感情包括艺术家的个人情感,但内容更丰富、广阔,不应该把艺术情感局限于"无差别境界"中。在周谷城美学批判中,马奇以文章数量之多、发表刊物级别之高(《人民日报》)引人瞩目,难能可贵的是,虽然他是奉命写作,但他并没有按照意识形态主管部门定下的调子进行应景式的写作,也没有用大批判的方式、运动的方式代替学术研究,而是在广泛占有资料、深入研究、独立思考的基础上,得出了自己的结论,尽管文章不可避免地打上了时代的烙印,但基本观念是正确的,也经得起历史的检验。

与马奇不同,李醒尘是一个毕业留校不久的年轻教师,自然对未来心怀憧憬,也希望报效国家。他的经历也很有典型性,写作批判周谷城的文章崭露头角后,进入学界,并为学界和意识形态主管部门重视。阶级斗争、反修防修是时代的主题,批判资产阶级、修正主义当然义不容辞。他研究了周谷城的所有美学文章和一些批判周谷城思想的文章,主动为《新建设》写了批判周谷城资产阶级思想的文章,但因内容太宽泛遭到了退稿。尽管如此,他仍然坚持研究,并接受了《新建设》编辑部的建议,突出重点、围绕某个具体问题来写。同时,他希望完整地把握周谷城的美学思想体系以寻找突破口,因此阅读了大量的哲学、美学、文艺论著后,从实用主义哲学对自我与环境的关系的思想中找到了突破口。在他看来,周谷城的"境界说"与实用主义较吻合,主要涉及个人与环境的关系:"无差别境界"主要指个人与环境比较协调,"有差别境界"指个人与环境相互冲突。他以此发现为主题,写作了《周谷城美学的精神循环圈》,并按照朱光潜的意见进行了修改,文章发表于《文艺报》1964年第4期。之后,他又为《文艺报》写了两篇关于"批判时代精神汇合论"的文章,但在那里滞留了很久也没有发表,后来转到何其芳主编的《文学评论》并在第6期上发表了。原因是,何其芳对批判周谷城有不同意见,也不积极,《文学评论》就没有刊发批判文章,为了摆脱被动的局面,在批判周谷城的运动即将结束之际,就向《文艺报》借现成的稿子,何其芳拿到稿子,亲自做了修改,就发表了。李醒尘读了发表后的文章才知道,何其芳把周谷城的美学思想定性为"反社会主义文艺路线"。

建国以来,经常以大批判、运动的方式对待学术问题,甚至已成习惯,动辄上纲上线,有的还搞人身攻击,对学者和学术批评本身都造成了极大的伤害。随着"文革"后的拨乱反正,我们一定程度地清理了以前的错误、纠正了错误的做法。尽管应该承认当时历史的特殊性、某些做法的合理性,但还是应该正视其消极影响、总结其教训,并做进一步的反思。同时,我们也应该本着实事求是、对历史负责的原则,认真而科学地清理历史问题、学术问题。应该承认,从个人、学术方面讲,周谷城无疑是批判运动的受害者,他的观点有正确之处,但也有错误的、表述模糊的容易引起歧义的地方;批判文章中也存在着种种以运动代替学术研究、以批判代替讨论的情况,甚至大量存在着文风恶劣、上纲上线的大批判,但也有些文章、文章中的有些部分还是实事求是地探讨了具体的学术问题。为此,我们应该充分考虑当时的历史背景,仔细研究那些文章,做一些必要的辨析、清理,并给予适当的评价,以取得学术的真正发展,而不能以一种形而上学取代另一种形而上学,走向另一种极端:以"政治正确"代替学术分析,或以政治翻案的方式对待学术问题,即认为周谷城的所有观点全都是正确的,批判者则全错、一无是处。否则,就很难有学术的进步。具体而言,有像马奇那样奉命写作、认真研究的学者,也有像李醒尘那样响应号召、自愿写作的学者,还有不少人仅仅根据政治正确和上级的号召进行政治上的大批判,情况复杂,不一而足。但是,我们应该据此实事求是地还原、看待这段历史,全盘肯定或全盘否定固然决断,也容易做,但这样必然导致简单化,抹杀、牺牲历史的丰富性与复杂性。

关于形象思维的讨论

形象思维主要关涉文艺创作、文艺欣赏,长期受到文论界、美学界的关注,毛主席、陈毅等国家领导人也曾就这个问题发表过意见,加上一些政治因素的介入,致使这个问题一度受到许多学者的关注,并成为当代美学史、文论史上的一个重要话题,引发过多次讨论。本课题曾经就这个问题访问了参与讨论的马奇、李泽厚和比较熟悉讨论情况的刘纲纪,他们根据自己的亲身经历或间接知道的情况梳理了这个问题,有助于我们了解和研究这段学术史,也能够促进我们对文艺创作、思维的认识。

据马奇介绍,实际上,50年代初,中国文艺理论界就展开了对形象思维的讨论,这次讨论是由苏联文学界评论小说《收获》引起的,美学界随之也加入了讨论,讨论断断续续。实际上,绝大多数讨论者都承认形象思维的存在及其与文艺创作的密切关系,但具体的阐释稍有不同,其依据大致有两个:文艺创作者、创作过程都离不开想象,而形象思维即想象;人脑的左右半球分工不同,其中的一个半球擅长形象思维,艺术家的这个半球尤为发达,当然,还存在着其相互协作的问题。马奇认为,"文革"前主要有三个人反对形象思维论。中国科学院文学所毛星最早发表过反对形象思维提法的文章,但他当时却没有读到意见相反的文章。时任吉林省宣传部部长的郑季翘在1964年发表反对形象思维说法的文章,引发上级部门的注意,并曾经组过一些讨论这个问题的稿件,但之后就没有下文了。参加过讨论郑季翘文章的刘纲纪说明了他知道的当时的一些情况,当郑季翘的文章寄到中宣部后,《美学概论》编写组对此进行了讨论,但没有人同意他的观点,当时担任中宣部副部长的周扬也持反对态度。"文革"后，有批评者把郑季翘与"四人帮"联系起来，把他的观点说成是"三突出"的基础，是"四人帮"的支持者，政治因素的介入引发了学界对这个问题的更大关注，郑季翘写文章批驳了这种批评，之后也就没有再起波澜。马奇本人也反对形象思维论，1964年他曾经阅读过郑文发表前的清样，他们的基本观点一致，他曾经写了一篇讨论此问题的提纲并寄给杂志社，但没有写具体的文章。1979年，他重新发现当年的提纲后，就据此写作了《艺术认识论初探》一文，并在1980年的大《美学》发表了。他在这篇文章中重申：形象思维不是一种思维，形象思维的提法不科学；艺术创作离不开想象，但想象不可能贯穿艺术创作的全过程；作为形象思维依据的左右大脑分工说，只是一种假说，缺乏科学的根据，也没能够被证明。毛主席曾经说过，"诗要用形象思维"，林彪也有类似的表述。但是，在整个讨论过程中，只有郑季翘受到个别人的政治批判，其他的反对形象思维论者都没有受到批评，甚至连造反派都没有就此进行政治大批判。这令马奇感到非常奇怪，至今也是一个难解之谜。

刘纲纪从理论上对这个问题做了反思。黑格尔较早地使用过"形象思维"的概念，别林斯基从黑格尔那里借用了这个概念，但他们的用法存在着很大的差异。别林斯基把文艺当做一种独特的思维方式来看待，即用形象进行思维，文论界、美学界主要借鉴了别林斯基的用法，也主要是在别林斯基的意义上使用这个概念的。苏联"十月革命"后，这个概念广泛流行。但"形象思维"强调的是，艺术是一种思维，是用形象进行的思维，而不是如有的思维那样运用概念。实际上，艺术的创作、欣赏包含了思维，但还有其他因素，不能仅仅以思维来概括。苏联还有一种更机械的方法，即以反映论解释形象思维，把艺术视为一种独特的认识方式或思维方式，它以形象进行思维、认识，不同于诸如科学、经济学等其他领域的认识或思维方式，但是，它们所表达的内容都是相同的，都是社会生活。实际上，这种观点错误地否定了艺术与其他学科在内容、形式上的不同，混淆它们的区别，进而抹杀了其个性，导致艺术作品的概念化、公式化、图解化。1978年1月，《诗刊》公开发表了毛泽东的《给陈毅同志谈诗的一封信》，重新引发了"形象思维"的讨论。虽然毛泽东与陈毅的谈话肯定了形象思维及其重要性，但只是借用这个概念来强调艺术的特征。

参加了80年代形象思维讨论的李泽厚对形象思维的讨论评价很高，肯定了这次讨论对80年代的"美学热"所起的作用，甚至把它视为七八十年代美学大讨论的先声。他否定了逻辑学家王方名（王小波的父亲）的形象思维也有逻辑的看法，因为不可能在形象思维中找到形式逻辑的同一律、矛盾律。同时，他还认为，形象思维应该有逻辑，但那是情感逻辑，不是形式逻辑，形象思维的这种特点与美感两重性相联系，显示了艺术不同于科学、一般思维的重要特征，讨论有助于把文艺从当时的各种政治教条下解放出来。

在这些访谈者中，有的赞同形象思维，有的反对形象思维，这些访谈或者从理论上分析了形象思维成立或不成立的原因，或者介绍了当时的情况，对于我们理解这段学术史具有重要的意义。

实践美学与后实践美学

实践美学是发端于 20 世纪五六十年代的美学讨论并在 80 年代形成的美学流派，是中国当代美学史上最大的流派，李泽厚、朱光潜、刘纲纪、蒋孔阳等当代学者都是其重要的理论家，也被视为中国当代美学的重要成就之一。但是，自诞生起，就一直存在着对它的诘难、批评，直至"后实践美学"的出现，对实践美学的批评也达到高峰。对实践美学的理解既涉及对一些基本理论问题的理解，又关乎对其评价，这也是本课题特别予以关注的重要原因。为此，特意以此为议题进行了探讨。

在访谈中，实践美学的代表人物李泽厚详细地谈了工具本体、情感本体及其关系，有助于我们理解他的原意。他所说的"工具"本体（也叫"工具—社会"本体）在先，"情感—心理"本体在后，它与外在的工具本体对应，这两个本体都与他讲的自然人化有关联。人与整个自然界的关系、人与动物的区别，都是工具本体造成的；人本身也是一个自然，人的生存需要、情感、欲望也同样存在着一个人化的过程，美学是一种情感的方程式，它要研究情感的发展变化，但不是研究动物的情感，而是研究人类自己建造的情感。人类建造了外部世界的物质文明，也在长久的历史过程中建造了自己的心理和意识，由此获得的人类的情感就不同于动物。因此，人的所有的内在自然，都是自然人化的结果。他认为，这两个方面在他的思想中没有矛盾，恰好构成了一个整体。以前，他强调实践和外在的方面多一些，因为那是基础，况且在五六十年代也不能多讲美感的两重性。七八十年代，他讲内在的自然人化多些，内在的自然人化仍然来自于实践，但变成了人的心理后，就好像成了先验的东西。

关于"后实践美学"，李泽厚说，他不清楚"后实践美学"究竟是什么，他只是觉得，"后实践美学"有时候好像是在前进，但实际上是退回，主要还是在谈生命力，而生命力就是原始的情欲，或者说是一种神秘的东西，可是这些东西又源于何处？过去好些人已经讲过这些了，现在只是用新的话语重新表述了而已。他对这些问题——"后实践美学"或"生命美学"究竟能够解决多少美学问题、艺术问题、哲学问题，究竟能否推动对美和美感的认识——持怀疑态度，而是更倾向于支持实证性的、具体的美学研究。

实践美学的另一位理论家刘纲纪也发表了对这个问题的看法。在他看来，五六十年代美学大讨论时，大概李泽厚读了1956年出版的马克思的《1844年经济学—哲学手稿》的第一个中译本后，就提出用马克思的实践观点来解决美学问题，李泽厚较早提出了实践的观点，经过了其他学者的阐发，逐渐为多数美学研究者接受，后来占据了美学界的主流。论战中，几乎与李泽厚同时，朱光潜也接受了实践的观点。刘纲纪认为，对马克思主义实践观的接受是朱光潜美学思想发展中的一大飞跃，朱光潜是真诚的。在辩论的过程中，实践观点逐渐成为主流，美学讨论的最大成果就是把实践的观点确认为马克思主义美学的根本观点，把马克思主义的实践作为解决美学问题的历史的和逻辑的起点，为解决美学问题找到了正确的方向，这也是中国美学界对世界美学的贡献。

刘纲纪认为，实际上，他本人也对实践论美学做出了贡献。具体来说，李泽厚没能解释清楚实践为何产生美、如何产生美的问题，而他较为具体地阐明了这个问题，并说明了美的本质的规定性。李泽厚在《美学三题议》中对朱光潜的批评基本上是正确的，就是主客观统一的美的基础是意识还是实践。但他不同意李泽厚对美的本质的解释。李泽厚受康德影响很深，其美的本质观主要讲了两个意思：美是真与善的统一和美是"自由的形式"，它们都来自于康德。前者的缺陷在于，不能说所有真与善的统一都是美，而在刘纲纪看来，只有当真与善的统一表现为人在实践中掌握必然以取得自由的创造性活动时，才能成为美，也就是说，实践把真与善统一起来，并表现为主体的一种创造性的自由活动，同时感性地表现出来，那才是美的。因此，刘纲纪虽然不否定前者，但反对笼统地这么讲。后者的缺陷在于，它容易产生误解，使人仅仅把美作为形式，而康德就是这样把美作为纯粹的形式、把纯形式的美作为自由美和最高级的美，康德是不对的。鉴于此，刘纲纪提出"美是自由的感性表现（或显现）"，以克服后者的不足，虽然也来自于黑格尔，但以马克思的实践观点进行了重新的阐释。也就是说，一切美的形式都是自由的感性显现，否则，就不可能成为美，"自由的感性显现"也包含了形式，并且能够避免纯形式论的误解。而且，刘纲纪还谈及他对李泽厚的思想的总体认识，即李泽厚早期的思想是比较正统的马克思主义，80年代初以后的思想有些脱离马克思主义、迎合外国的一些新的思潮，对外国新思潮缺乏必要的辨析、清理，对青年产生了一些不良的影响。例如，《美学四讲》中讲，马克思主义美学是功利论的美学，并把它贬得很低，刘纲纪不同意这个判断，仅就马克思的《1844 年经济学—哲学手稿》而论，就不能得出这样的论断。从马克思主义的观点来看，他认为功利是美的基础，但美又是超功利的。他基本同意李泽厚写作《批判哲学的批判》时及之前的观点，但也有些保留意见。他对李泽厚后来的一些观点，都持保留意见，尤其是对李泽厚自以为很新的一些观点，他有很多保留意见，例如，他坚决反对把马克思主义哲学判定为"吃饭哲学"。

关于后实践美学，刘纲纪对"后实践美学"的出现是持欢迎态度的，认为这样有助于反思实践美学观的弱点、没有讲清的地方或者容易引起歧义的东西，以推动实践美学的发展。但是，他对"后实践美学"的理论基本上持否定意见，即"后实践美学"是西方当代美学冲击中国美学导致的现象，杨春时和潘知常的生命美学都是这样。尽管"后实践美学"也有一定的可取之处，但总体而言，没能真正地确立其哲学根基，也没有真正深刻的思想，而且，他们对五六十年代的美学讨论很生疏，对马克思主义实践观的美学也有许多误解。

自 20 世纪五六十年代到 90 年代，蔡仪一直反对实践美学，他的一部分学生也反对实践美学，他们与以李泽厚为代表的实践美学展开过激烈的争论。毛崇杰在访谈中讲述了这方面的情况，他认为，双方争论的焦点是什么是马克思主义的实践观念，是否存在非马克思主义的实践概念，或者说在实践概念上是否存在唯物主义与唯心主义的区别，能否笼统地讲实践就是"马克思主义"？他们倾向于认为，存在着马克思主义的实践与唯心主义的实践的区别，其最大区别在于"物质的实践"与"精神的实践"。为此，要从马克思那里寻求答案，马克思说过去的唯物主义是直观的唯物主义，意思是说，它把对象仅仅看作客体，没有从主体看，没有从实践方面看。于是，有人就由此引申出马克思主义是实践的唯物主义，马克思在这里强调的是实践在人的主体对客体世界的能动作用。但忽略了一点，马克思后来又在其他地方多次强调，人是在既有的历史条件下创造历史的，并由此进一步指出，主体的能动作用如果不能加以唯物主义地发挥，就会被唯心主义抽象地发挥。实践论美学就是把实践进行了唯心主义式的发挥，而"实践一元论"正是实践论美学的基础。

关于实践美学与后实践美学的争论，毛崇杰认为，人的实践本体与生命本体都有超越性和局域性限制：在"天地生人"各界，生命本体限于生命界，包括人，不包括非生命物质运动形式显现之美；实践本体仅限于自觉意识的人类本体对美的认知和艺术创造，不包括原生的自然美，两者都超出了各自的界限要想涵盖一切，进入美的宇宙本体论就陷于误区。其实，实践的物质性在于它是立足于现实的物质生产的、社会生活的，其人学本体论超越性则在于它的问题对现有的社会关系进行批判性改造，指向社会关系与其所规定的人的本质的新质，这也就是实践从人的物质生产活动开始走向社会革命的实践。李泽厚现在批评"后实践美学"是"原始的情欲，神秘的生命力"，但他的"实践的人类学本体论"并不比"后实践美学"高明；他说的"吃饭哲学"也同样与"原始欲望"的生命力有关。

不属于实践派美学但倾向于实践美学的聂振斌则较为客观、坦率地谈了他对以李泽厚为代表的实践美学和后实践美学的看法。他认为，李泽厚的实践美学建立于1960年代，80年代又进行了修改、补充，比原来丰富了，但基本框架没有变，仍然没有脱离唯物主义一元论的旧模式；李泽厚受马克思唯物主义哲学的影响，把美的本质、美的起源这样的美的根本问题都归结为物质生产实践、物质生产活动，但审美活动贯穿了精神、精神活动，不同于物质生产实践。因此，应该突破、超越李泽厚的实践美学，否则，美学就不能发展。问题是突破的方法和哲学基础究竟是什么？杨春时试图把存在主义作为其美学的基础，以存在主义哲学超越马克思主义哲学，把精神视为独立于实践的存在，似乎没能说清楚，也难以判断其对错。

从根本上看，美的本质与人的本质密切相关，如果说不清人的本质，也同样说不清美的本质。李泽厚的美的本质、人的本质的根源太笼统，也完全排斥了文化、精神对人的本质和美的本质的规定，将其归结为实践，而实践的主体又是抽象的群体，过于突出群体的主体性、社会性，结果就忽视了个体性和感性。潘知常看出了李泽厚美学思想的这种缺陷，就反对其过于强调社会性、忽视个体的局限。但他不同意，后实践美学以非理性反对李泽厚，认为这主要源于西方马克思主义。西方以前用理性反对、压制感性，现在则用感性反对理性，尽管如此，理性仍然是必要的。中国的情况就更不同了，我们的工具理性尚待建立，也经常缺乏理性，因此，这种说法很难成立。李泽厚把美的根源归结为社会实践、物质生产活动，而物质生产活动主要指制造和使用工具，还是物质的；其人的心理结构应该属于精神和文化的范畴，也应该从具体的物质实践活动独立出来，但李泽厚仍然使它受制于社会生产活动，主要原因还是它的工具性，更深的根源还是对物质一元论的坚持。他反对把物质一元论普遍化、绝对化：人起源时，确实是物质一元论，但人的发展、分化后，人的精神就独立出来，就不能用物质一元论继续套用了，如果这样，就会取消精神的独立性。他认为，可以从实践中找美的根源，但不能从实践中找美的本质，不能把社会实践作为美的本质。李泽厚坚持物质一元论，就把美的本质与美的起源相混淆，结果，始终摆脱不了原来的局限。精神独立、文化出现后，就可以改变物质生产活动，但李泽厚否认了这一点，否则，李泽厚就不能自圆其说。实际上，文艺和许多美学现象都是由精神、文化决定的，但我们受唯物主义的影响，只承认经济基础、社会存在的决定作用，却否认精神、文化的决定作用，这是违背事实的。

通过实践美学代表理论家之间彼此相同、差异的看法，实践美学同情者的看法，以及反对实践美学的学者的看法，我们看到了这个流派自身内部的复杂性，看到了诸多争论及其原因，尤其是马克思主义的实践概念的丰富性、歧义性，也了解了实践美学、实践美学的对立者、后实践美学争论的情况。目前，这个问题仍然没有解决，仍然存在着分歧和论争，相信这种状况还要持续一段时间。

关于《1844年经济学—哲学手稿》的讨论

马克思的《1844年经济学—哲学手稿》与中国当代美学关系密切，在中国就有两个汉译单行本出版：《1844年经济学—哲学手稿》（何思敬译，宗白华校，人民出版社1956年）、《1844年经济学—哲学手稿》（刘丕坤译，人民出版社1979年），80年代朱光潜还亲自翻译了该书的一些重要章节，而且，从五六十年代的美学讨论至今，一直有学者把它作为建立美学的重要思想资源。主要原因是，马克思在这本著作中谈论美的内容较多；以马克思主义作为立论的根据，具有天然的合法性；这部著作思想丰富，也容易引起分歧。这样，对《手稿》的讨论就涉及两个方面的问题：对《手稿》这部著作的理解和评价；能否以《手稿》为根据建构自己的美学思想、美学体系。其实，这两方面的问题是相互关联的。加之，《手稿》讨论还与当时的人道主义、异化讨论掺杂在一起，就更显复杂了。20世纪80年代关于《手稿》美学思想的研究曾经形成了一个高潮，召开过《手稿》的专题讨论会，出版了《马克思〈手稿〉中的美学思想讨论集》（程代熙编，陕西人民出版社1983年）等著作。鉴于此，本课题就此找到参与当年讨论的学者谈论这个问题，希望有助于我们了解这段学术史。

《1844年经济学—哲学手稿》是当代美学讨论的一个热点，讨论中的分歧很大。大致来说，可以分为两派：一派以李泽厚、马奇、刘纲纪等学者为代表，他们认为，《手稿》深入地论述了人的本质、人化自然、自然的人化、异化等问题，它反映了马克思主义的基本观念，与美学的关系也很密切，应该把它作为基本依据进行美学研究，一些学者还运用其基本观点建构了实践论美学；蔡仪等学者则相反，他们把《手稿》看作人本主义的唯物主义，视之为马克思的不成熟的著作，也反对把其基本观点作为美学研究的依据。同时，这两派对《手稿》中一些具体问题的理解也不同。

　　在蔡仪看来，青年马克思写作《手稿》时，他的历史观还没有成熟，他的历史观是人本主义的，或者说，是费尔巴哈人本主义唯物主义的，所以，《手稿》是青年马克思向成熟的马克思主义发展过程中的著作，具有过渡性、不成熟性，它当然也不是马克思主义思想的最高峰。蔡仪的思想在"文革"前后基本都如此，但是，他在80年代仍然写了不少文章，更加系统地、深入地阐发了他的基本思想。参与80年代讨论的蔡仪的学生毛崇杰也持同样的看法，而且，他认为，蔡仪研究《手稿》的四篇主要文章，尤其是《马克思究竟怎样论美》，对《手稿》的基本判断是正确的，蔡仪对《手稿》文本的解读更符合实际。他同时还认为，既然《手稿》不是马克思主义的成熟作品，笼统地说，"人是马克思主义的出发点"，也是不合适的，否则，马克思主义与以人为中心、以人为本的人本主义理论就没有区别了。这实际上也是一些拔高《手稿》意义的学者们的做法，他们把人本主义与马克思主义联系起来，故意突出了马克思的人本主义思想，进而把马克思主义说成是人道主义。实际上，《手稿》讨论包含着对"文革"时缺乏人道、尊严、安全感的畸形状况的反思与反拨，当时社会的各阶层都渴望人道主义，具有广泛而深厚的群众基础。但是，如果立足于学术本身、《手稿》本身，科学地看待人本主义和马克思主义的差异，就不能说人是马克思主义的出发点和中心。

　　与以蔡仪为代表的一派相反，李泽厚、马奇、刘纲纪等学者基本肯定了《手稿》、肯定了《手稿》在马克思主义发展史上的地位及其美学价值。

　　李泽厚当然肯定了《手稿》的价值，他从五六十年代的美学讨论起一直如此，并且自美学讨论始就一直运用《手稿》的思想解决美学问题。尽管他专门研究《手稿》的文章很少，也基本没有参与《手稿》讨论，但他的基本美学观、美的本质观、积淀说、美感说等问题都吸收了《手稿》的思想，并被公认为这一派的代表性理论家。同时，他认为，马克思主义包含了人道主义，但又不能把它们等同起来、等量齐观。他还说明了当时人道主义受欢迎的合理性："没能具体地科学地考察中国这股人道主义思潮的深厚的现实根基、历史渊源和理论意义，也就是说，这批判没有注意到这股人道主义思潮有其历史的正义性和现实的合理性。批判离开了这个活生生的现实，仍然是就理论谈理论，从而这批判也抽象、空泛、贫弱，离开了正在前进中的中国社会实践，它当然不能取胜。"（李泽厚《中国现代思想史论》，东方出版社1987年版，第209页。）

"文革"前就不同意蔡仪对《手稿》的评价的马奇也撰文发表自己的看法，他认为，写作《手稿》时期的马克思已经成为马克思主义，《手稿》中的思想是马克思主义的初始形态，也具备了马克思主义三个组成部分的雏形，因此，应该把《手稿》作为马克思主义看待，也应该运用其思想来研究美学。而且，就一些具体问题而论，《手稿》中对美的基本判断"劳动创造了美"是正确的；"自然的人化"、"人的本质力量的对象化"等命题非常重要，对美学建设也具有重要的意义。另外，当时与《手稿》相关联的人道主义、异化讨论时的许多命题有提倡民主的现实考虑。

蔡仪与刘纲纪的争论在80年代的《手稿》讨论中引人注目，参与论争的刘纲纪谈到了这段历史。在他看来，他们的主要分歧具体表现在：第一，蔡仪认为，写作《手稿》时的青年马克思受黑格尔的影响很大，抽象地谈人，没有脱离资产阶级的影响，因此，《手稿》是马克思早期的不成熟之作，作为过渡的思想，与其成熟的辩证唯物主义和历史唯物主义存在着很大的距离，不能代表马克思的基本思想；与此相反，刘纲纪认为，《手稿》是马克思主义美学的成熟之作。第二，蔡仪认为，《手稿》中的唯物主义没有达到马克思主义的唯物主义（历史唯物主义）的高度，也不能唯心主义地解释实践并把这种解释的实践作为唯物主义的基础。刘纲纪认为，马克思主义的唯物主义不同于旧的唯物主义，作为马克思主义的唯物主义，历史唯物主义以实践为基础，与实践的观点不能分离；蔡仪所理解的唯物主义带有机械论色彩，应该属于旧唯物主义或机械唯物主义。第三，根据实践观点研究美学是否是苏联修正主义在中国美学研究中的表现。第四，对诸如"美的规律"、美的客观性、美感等《手稿》中具体命题的不同理解。其一，对于"美的规律"的理解，蔡仪认为，"美在典型"，"美的规律"也就是典型的规律；刘纲纪认为，"美的规律"并非蔡仪讲的"典型的规律"，不能讲典型的东西都是美的、必定是美的，而且，它也离不开人的实践。应该说，美的最高规律是以人类实践（首先是物质生产）为基础的人的自由和客观必然性统一起来的规律。其二，对美的客观性的理解。蔡仪认为，美的客观性与作为物质存在的自然的客观性类似，具有客观性、自然性，并且不以人的意志为转移；刘纲纪认为，从根本上看，美的客观性不同于作为物质存在的自然的客观性，它是建立在人类实践基础上的一种历史的客观性，不能脱离人的实践，虽然实践有客观性，但这种客观性显然不同于以物质存在的自然客观性。而蔡仪所说的美的客观性是典型性，它是个别的、特殊的，但又最大程度地体现了一般性、普遍性，借助于这种典型性、客观性就能够得到美。其三，对于美感的理解。蔡仪认为，美感是（或基本上是）认识；刘纲纪认为，美感不能脱离认识，但美感更丰富、更复杂，它除了认识还有很多其他的因素，美感与认识的区别很大，不能把它们等同起来。刘纲纪还谈到了他对人道主义及其与马克思主义关系的理解：可以把最高的人道主义视为人的全面、自由的发展，而每个人的自由发展又是一切人自由发展的前提、条件。因此，可以这样看待人道主义与马克思主义的关系：马克思主义继承了人道主义的遗产，又克服了人道主义的局限，还能够解决人道主义不能解决的问题；马克思主义把实践作为人道主义的基础，使人道主义建立在物质生产的发展、社会关系的变革的基础之上；马克思主义结合社会实践的实际状况，具体地看待人性、人道主义，并能够科学地解决人的全面、自由发展的问题，克服了人性论、人道主义的抽象性和局限性。也就是说，马克思主义包含着人道主义，但比后者丰富、深刻，也更具实践性，不能把二者等同起来。

没有参与当时的讨论但比较同情李泽厚这一派的聂振斌谈及他对《手稿》及其论争的看法。他认为，争论的最根本的焦点在于重视还是轻视《手稿》。在他看来，应该肯定《手稿》的价值，特别应该肯定它与美学的密切关系。《手稿》以人、人的本质、人的解放、人的异化和人性复归为中心，论述了人的感性、审美感官、主体性、能动性的形成，劳动创造了美和美的规律，人的本质力量的对象化，人化的自然与自然的人化，共产主义的实现与人性复归（实现人的全面发展和完满的人格）等问题，它们与美学研究的根本问题都密切相关。而且，《手稿》中的美学思想要远远深刻于以后马克思对现实主义、悲剧等问题的论述，后者主要着眼于艺术的社会功能、艺术为政治服务等功利的视角谈论艺术或美，没有围绕人的中心探讨问题，也没有《手稿》有价值。此外，马克思对自然人与道德人的论述也为审美教育提出理想和目标，只有完成了社会政治的解放，才有可能实现完美的人格，否则，就无从谈起完美的人性。事实上，《手稿》的讨论还与美的本质的讨论密切相关。

《手稿》讨论涉及马克思主义、美学、政治等许多问题，而且，西方有过"《手稿》热"和"两个马克思"的争论，这些因素与人事关系、历史因素混合在一起，就使这次讨论显得非常复杂，至今仍无定论，双方仍然各持己见。这些当事人的介绍、反思，不但可以帮助我们了解这段历史，也有助于我们从各个角度研究当事人的观点，从而全面地、客观地、科学地把握《手稿》在马克思主义中的位置，及其与美学的关联。如今，随着商品对人的侵蚀，这些问题在新的语境仍然有其价值，也同样需要进一步的研究。

20世纪50—80年代的美学原理类教材建设

美学原理研究代表着美学界对理论问题的研究水平，美学原理教材建设是美学教学的基础性工作，美学讨论引起了学界对美学、审美的强烈关注，美学的教育和普及也被提到了议事日程。为此，在中宣部和高教部组织的高等院校文科教材规划中，就列入了编写《美学原理》的计划，这次编写教材活动奠定了中国美学的学科基础，也开辟了新中国编写美学原理教材的历史，并为这项工作打下了良好的基础。美学原理教材建设也成为本课题关注的重要议题。

作为本课题的成果，《中国当代美学史上的"教科书事件"——关于编写〈美学概论〉活动的调查》在充分占有资料（尤其是新发掘的资料）的基础上，研究了编写教材的时代背景、编写教材的组织机构、教材主编的选择与任命、教材编写组的成员及其情况、编写教材的大致过程、编写教材时的资料建设、周扬与教材编写工作的关联七个方面的问题，全面而细致地还原了编写《美学概论》教材事件的基本过程和细节，尝试回答了诸如选择王朝闻担任教材主编的原因等学术上的疑问，这些问题又直接影响了教科书的编写。由于当时美学研究的基础非常薄弱，资料建设又严重滞后，编写《美学概论》的起步晚、基础差也是事实，如果不梳理国内美学研究的现状、不了解家底，又不进行资料建设，编写高质量的教材就根本无从谈起。这样，编写工作就只能从最基础的工作做起，而这部教材又是当时规划中最基本（与《中国美学史》和《西方美学史》相比）、最重要（美学研究与教育的入门教材）的一种，其所有活动都可以与中国当代美学的起步相联系，把编写《美学概论》的活动作为中国当代美学建设的奠基性工作，也是恰当的、符合历史事实的。而且，教材的编写是一种国家的、集体的行为,既有财政、工作地点的保障,也可以在人事上动员全国的学者参与,还可以利用、整合国家的学术资源(尤其是图书资料,可以使用中央高级党校、北京大学等图书馆的资料),个人绝没有这样的力量。事实上,《美学概论》是经得起历史检验的,在80年代中后期,有的高校仍然把《美学概论》作为教科书使用。由于以前缺乏或没有这么系统、细致的研究,结果,除了编写教材的学者外,许多人只是把这本书作为教材或学术研究的参考书来阅读,但对于编写这本书的过程和背景却不甚了解,这种状况影响了对这本书的学术价值、具体观点的适当评价,进而影响了其作用的发挥,这不能不说是一个遗憾。

"文革"前,只有北京大学、中国人民大学开设了美学课,而且大都是专题课,美学教学的任务还不重。"文革"后,人们的审美热情高涨,美学的普及引起了人们的关注。随着大学招生的恢复,美学教学逐渐被提到了议事日程。第一次全国美学会议召开期间,成立了全国高校美学研究会,当时就提出了教材建设的问题。后来,又举办了第一届全国美学教师进修班,美学教材问题再次得到关注。"文革"前,北京大学哲学系就开设过美学原理类的专题课。"文革"后,为了教学的需要,就积极编写教材。访谈中,北大哲学系杨辛谈了他和甘霖合编的《美学原理》的情况,他们接受了美学界主流的看法,从实践中主体、客体的辩证关系中探索美的本质的哲学基础;教学中,既重视美的本质,也重视审美主体的素养,努力把美学原理和艺术实践结合起来;把教学成果吸收进教材。他们的《美学原理》(北京大学出版社1983年)最早被评为全国美学优秀教材,后来又修改了多次,截止到2005年,就印刷了20多次,发行了近90万册。进修班结束以后,为了适应高校开设美学课的需要,进修班的一些学员就组织起来着手编写新的美学教材。为了满足不同的需求,上海师范大学的刘叔成、山东师范大学的夏之放、华东师范大学的楼昔勇等一些大学中文系的教师联合编写出版了《美学基本原理》(上海人民出版社1984年),供中文系学生使用,到2009年时,该书已经印刷41次,共计615500册。辽宁大学的杨恩寰、上海复旦大学的樊莘森、北京师范大学的李范、南开大学的童坦、河北大学的梅宝树等大学哲学系的教师集体编写了《美学教程》(中国社会科学出版社1986年),供哲学系学生急用。据第一届全国美学教师进修班的班主任、《美学教程》主编之一、北京师范大学的李范介绍,他们组成了教材编写组,1985年1月在北京师范大学召开会议讨论制定了《编写大纲》,完成书稿后,又举行会议审定书稿,杨恩寰、樊莘森、李范最后统稿。这本教材依据马克思主义历史唯物主义的实践观点，遵循理论与实践相统一的原则编写而成。这本教材偏重于哲学的视角，注意吸收国内外美学研究的成果，深入地论述了美和美感的根源、本质和特征，艺术美的创造、欣赏，特别重视审美心理的展开过程及其组合方式、历史、美育等内容，角度新颖，也很有特色。该书出版以后，受到了各界的广泛欢迎，许多高校把它作为本科生和研究生的教材，曾经供不应求、一度脱销，还再版了，后来，编写组稍作修改，1992年5月由台湾晓园出版社在台湾出了繁体版。刘叔成、杨恩寰等学者都是第一届全国高校美学教师进修班的成员，如果结合讲课的具体内容，研究进修班获得的知识对他们的影响，进而研究对这些教材的影响，也许就更有意思了。此外，80年代，还出版了蔡仪的《美学原理提纲》（广西人民出版社1982年）、洪毅然的《新美学纲要》（青海人民出版社1982年）、陆一帆的《新美学原理》（广西人民出版社1983年）、蔡仪的《美学原理》（湖南人民出版社1985年）、汤龙发的《美学新论》（湖南文艺出版社1987年）、周忠厚编著的《美学教程》（齐鲁书社1987年）、胡连元的《美学概论》（高等教育出版社1988年）、陆乃智编著的《基础美学》（安徽人民出版社1988年）等不少原理类著作，当然其中有些并非专门用于教学，但也有利于解决当时的教材急缺的问题。这些著作基本上反映了建国后到80年代中期美学原理类教材的情况，对当时美学的教学和美学的普及发挥了重要的作用。

90年代至今，随着使用教材自由度的提高，许多大学都自编教材。这样，美学原理类教材出版得更多、更自由，也就更加繁荣了。

中国古代美学通史的著述情况

中国传统美学思想源远流长、丰富多彩，梳理古代美学思想的流变，总结中华民族的审美心理、审美趣味、审美观念，对于认识中国的社会、文明、文化，都是大有裨益的，也是推动当代审美文化建设、深化美学学科建设的重要一环。中国传统美学通史的撰写对研究者的知识、才能、精力、耐心都是严峻的考验，20世纪60年代，在中宣部和高教部组织的高校美学教材规划中就有一部中国美学史，任务交给了宗白华先生，因为当时条件的限制，最终没能完成任务，这是学界颇为遗憾的。后来，随着"文革"的爆发，完成这样的任务就更不可能了。80年代前，一直没有中国古代美学通史之类的著述，这也是美学界感到特别遗憾的事情。新时期以来，在拨乱反正的氛围中，学术界重新焕发生机，随着条件的成熟，出现了美学史研究的高潮，美学的断代史、门类史不断涌现，也出现了代表中国古典美学史研究实绩的规模宏大的通史。20世纪80年代，李泽厚的《美的历程》（1981年）、李泽厚与刘纲纪的《中国美学史》、栾勋的《中国古代美学概观》（漓江出版社1984年）、叶朗的《中国美学史大纲》（1985）、郁沉的《中国古典美学初编》（长江文艺出版社1986年）、郑钦镛等著的《中国美学史话》（河北人民出版社1987年）、敏泽的多卷本《中国美学思想史》（1987—1989年，2004年湖南教育出版社又出版了上下两册的修订版）、李泽厚《华夏美学》（1989年）等中国古代美学通史著作相继出版。90年代，出版了张涵的《中华美学史》（华中师范大学出版社1995年）、陈望衡的《中国古典美学史》（湖南教育出版社1998年）等和王兴华的《中国美学论稿》（南开大学出版社1998年）、李旭的《中国美学主干思想》（中国社会科学出版社1999年）等美学通史著作。新世纪以来，中国古代美学通史研究仍然势头不减，出现了鲁文忠的《中国美学之旅：从远古到清末古典美学的发展历程》（长江文艺出版社2000年）、张法的《中国美学史》（上海人民出版社2000年）、诸葛志的《中国原创性美学》（上海古籍出版社2000年）、王振复的《中国美学的文脉历程》（四川人民出版社2002年）、王文生的《中国美学史——情味论的历史发展》（上海文艺出版社2008年）、曾祖荫的《中国古典美学》（华中师范大学出版社2008年）、祁志祥的《中国美学通史》（人民出版社2008年）等通史著作，甚至还出现了陈望衡那样的一人多书现象，继《中国古典美学史》（湖南教育出版社1998年）之后，他又出版了《中国美学史》（人民出版社2005年）、《中国古典美学史》（上中下卷，武汉大学出版社2007年）。此外，还出版了许明、陈炎、周来祥分别担任主编的多种中国审美文化史著作，以及诸如佛教美学史、禅宗美学史、潘显一等人的《道教美学史》（商务印书馆2010年）等美学史著作。其中，李泽厚的《美的历程》、李泽厚与刘纲纪的《中国美学史》、叶朗的《中国美学史大纲》、敏泽的《中国美学思想史》等几部20世纪80年代出版的重要的美学通史格外引人注目，可以说，这几部美学通史的出版，填补了中国缺乏美学通史的空白，代表了当时中国古代美学研究的水平，也成为中国当代美学研究的重要成就。这几部美学通史关于中国古代美学的研究对象、研究方法、基本看法、写作模式，都很典型，开创了中国古代美学通史写作的基本范式，也基本代表了20世纪80年代中国传统美学通史的研究水平。所以，值得关注这些著作。针对采访的情况，本课题关注了《中国美学史》、《中国美学思想史》这两部通史，并请作者谈了它们的特点、写作情况。

《中国美学史》的执笔者刘纲纪谈到了关于这部美学史的写作经验和特点：第一，中国美学有其独立的价值，不能用西方美学史代替它；研究中国美学首先要深入了解中国哲学，在此基础上研究的中国美学思想才有深度，否则，脱离了哲学，仅仅抓住直接和美学有关的话去研究，是不行的。总之，这部书希望为理解中国美学提供一个基础，重视深入地探讨中国美学的哲学基础。第二，非常重视资料。作者采用详细的写法，大量引用材料（包括许多过去被忽视的材料）。这样做的好处是：无论是否同意我的观点，我起码为你提供了材料。中国美学的材料很零散，作者提供、排列、整理了材料，也方便了读者。第三，这部书梳理了中国美学的整体构架、基本脉络，它是一部美学史，同时又与哲学密切相关，涉及中国美学的哲学基础。这部美学史把中国美学放入了世界范围，包含了中西美学的比较。有人可能会认为这部美学史的哲学成分较重、对艺术现象的描述较少，实际上，也不是没有涉及艺术现象，只是较为概略，目的是为了节省篇幅，魏晋南北朝部分对具体艺术现象的描绘就多了。可以说，这部美学史第一次对中国美学的发展进行了一次马克思主义的说明，全书的基本观点是马克思主义的，这些观点也奠定了探讨中国美学史的理论基础或轮廓；作者在这部书中真正深刻而系统地阐明了儒、道、骚、禅美学。同时，这部美学史也有一些考证：第一卷考证了《乐论》的作者是谁、《毛诗序》原文的结构是怎样的；第二卷充分论证了"六法"的标点问题（看法与《管锥篇》不同）、陆机的《文赋》的成书年代、对《文赋》的某些解释（批评了《管锥篇》的一些解释）。此外，作者还谈到写作这部美学史的一些具体情况，有利于我们全面地认识这著作。

访谈中，《中国美学思想史》的作者敏泽谈及他的这部美学史的特点和价值：第一，充分地依据历史，着眼于中国文化和思维的特点，研究中国美学思想的发生和发展，揭示了中国美学思想的根本特点："以法自然的人与天调为基础，以中和之美为核心，以宗法制的伦理道德为特色。"这种特点是由中国文化的独特性造成的。第二，从发生学的角度探讨了中国美学思想的形成和发展，也就是说，从中国原始先民的审美意识的发生和发展入手，论述了审美意识的形成和演变。这项工作难度极大，需要阅读大量的考古文献、考古报告、出土文物、金文、甲骨文等，这一部分虽然只有几万字，但用了近两年的时间，具有开创性。许多美学史都是从论述老子、孔子的美学思想开始，忽视了作为美学史源头的他们之前的审美史，这样就根本无法科学地说明中国美学思想的形成和发展。第三，不但考察、论述了每个历史时期的重要美学家的思想，而且考察、论述了在特定的历史时期和历史文化状态中产生的有重要影响的美学概念，揭示了其萌发、产生及发展的历史，这也是该书的重要特点。第四，该书有很多独到精致的创见，诸如第一编《史前至商周时期》证明了中国古典早期的审美与模仿同样分不开，中国早期也有模仿之说，并揭示出，诗、乐、舞一体是人类早期艺术发展的共同规律；"文革"后，最早比较系统地论述了佛教对于中国艺术理论的影响、佛教输入对于中国审美意识发展的影响，都受到了钱钟书先生的肯定；对苦瓜和尚《一画论》的论述精到、清楚。第五，该书在分析重要的历史文化与美学问题时，常常进行中西比较，时有创意。在方法论上，该书非常重视综合创造，较好地体现了历史与逻辑、形上与形下、历史意识与当代意识的统一等。

本课题通过作者的访谈，为我们提供了 80 年代中国古代美学通史写作的第一手材料，这些材料加上其他通史的写作情况，为撰写美学通史、总结写作通史的经验教训都提供了方便，也希望由此得到启发，提高美学通史的写作质量。

聂振斌的《中国近代美学思想史》（中国社会科学出版社 1991 年）是一部重要的美学断代史，著者进行过王国维、蔡元培的美学思想的个案研究，并多年研究中国近现代美学，他的美学史分期也很独特。为此，课题也请该著作者谈了其特点、写作情况。《中国近代美学思想史》的鲜明特点之一就是对中国近代史的划分（1840—1949 年）、对中国近代美学史的划分（1900—1949 年）都很独特，一般人对这种划分感到奇怪。访谈中，该书作者聂振斌主要谈到了这样区分的原因。首先，他把 1840—1949 年作为近代，也没有采用通常的政治分期的惯例，把"五四"作为近代与现代的分界线，而是把 1949 年中华人民共和国的成立作为近现代的分界线，原因在于，他认为，"五四"时期中国社会的性质并没有改变，新中国的建立才真正改变了中国的性质。其次，虽然他把 19 世纪的后 60 年划入中国近代社会，却没有把这段历史划入中国近代美学史。在他看来，这种划分的依据是，文化的发展和社会的发展并不一定同步，19世纪后 60 年的美学思想基本上仍然属于古典的范畴，以 19 世纪末梁启超等提出"诗界革命"为标志，古代美学开始向近代美学过渡，逐渐具备了近代美学的特点。最后，他是严格按照中国近代美学思想的实际状况来撰写这部美学史的。因为真正的美学思想出现在 20 世纪初，因此，他就没有从 1840 年写起，也没有从龚自珍写起。对具体的美学家也是这样处理的，他把梁启超前期的思想都作为过渡，只写了其 20 年代的美学思想，这些思想的形成又晚于蔡元培，所以，就把他放在蔡元培的后面。只有严格遵循美学思想发展的实际来写，才能写出反映美学思想真实面貌的美学史。此外，他还说明了写作中的一些具体问题。鉴于新中国成立前后朱光潜思想的变化，就只写了其解放前的美学思想，也没有使用其新中国成立后的资料；而宗白华新中国成立前后的思想基本一致，写作时就使用了其新中国成立后的资料；根据近代美学思想发展的实际，重新评价了蔡元培、王国维、梁启超等美学家的思想，这部美学史反映了这些成果，这也是其重要的特点。当时，聂振斌的有些观点确实比较超前，也影响了不少美学研究者，今天，我们仍然可以由此获得一些启示。

西方美学史研究

新中国成立以后，西方美学史研究取得了一定的成就，但是，由于长期把西方文化视为洪水猛兽、资产阶级、修正主义的东西，这也影响到了我国的西方美学的研究，致使这方面的研究道路坎坷、经历曲折。尽管如此，中国的西方美学研究仍然在曲折中前行。长期在北大从事西方美学教学和研究的李醒尘谈到了中国当代美学研究。在他看来，新中国成立前，西方美学史的研究还很零碎。新中国成立后，朱光潜把西方美学作为一门学科进行了全面而系统的研究，也标志着中国西方美学史研究的开始，他的《西方美学史》出版得最早，也可以视为我国西方美学史研究的奠基之作，所起的作用也很大。改革开放前，研究西方美学史的人较少，基本上处于起步阶段，最有成绩的是汝信，他的《西方美学史论丛》（上海人民出版社1963年）和《西方美学史论丛续编》（上海人民出版社1983年）是很系统、扎实的论文集，蒋孔阳的《德国古典美学》也很扎实。改革开放后，许多大学都成立了美学教研室，研究西方美学史的人逐渐多了。朱狄的《当代西方美学》（人民出版社1984年）的出版，为知识贫乏时代的人们了解西方现当代美学提供了方便。为了教学的需要，他出版了《西方美学史教程》（北京大学出版社1993年），后来，他见到了一些年轻学者出版的好几本《西方美学史》、蒋孔阳与朱立元主编的七卷本的《西方美学通史》（上海文艺出版社2000年）。最近又见到汝信主编的《西方美学史》（四卷本，中国社会科学出版社2008年），这是一个国家社科基金项目，作者大都是活跃在我国学术界的骨干，他认为，这套西方美学史能够代表我国目前西方美学史研究的水平。其中，蒋孔阳、朱立元及其领导的团队在该领域的研究中作了许多富有成效的探索，他们以续写朱光潜的《西方美学史》为志向，90年代出版了朱立元主编的《现代西方美学史》（上海文艺出版社1993年），之后，出版了七卷本的通史，后来又出版了朱立元主编的三卷本的《西方美学思想史》(上海人民出版社2009年),丰富了我国对西方现当代美学史的研究。此外,还出版了诸如赵宪章主编的《西方形式美学》(上海人民出版社1996年)、基督教美学等专门的西方美学研究著述,大量的美学家个案研究的著作也相继出版。总地说来,近半个世纪以来,我国西方美学史的研究是不断进步的,取得了很大的成绩,但仍处在探索成长阶段。

李醒尘也谈到了他对西方美学史研究的看法。他认为,现在,西方美学史研究的对象和范围问题,指导思想问题,历史分期和发展规律问题,写作方法和方法论问题,传统与继承问题,古与今、中与西问题等,都还有不同的意见,仍然需要继续讨论。西方美学史是一门专业性很强、较为艰深的学科,研究者应当具备许多条件,不但要有较高的马克思主义理论水平,还要有坚实的哲学基础、良好的外语知识,以及文学艺术、历史学、心理学、社会学乃至自然科学等广博的理论知识和实际知识。当年朱光潜对他的《西方美学史》也是不满意的,《谈美书简》中有这样的话:"我希望青年朋友们不要再蹈我的覆辙,轻易动手写什么美学史。美学史或文学史好比导游书,你替旁人导游而自己却不曾游过,就难免道听途说,养成武断和不老实的习惯,不但对美学无补,而且对文风和学风都要起败坏作用。"可见,朱光潜对写美学史的要求是很高、很严格的。现在,有些研究西方美学史的学者根基并不很深,受市场经济的影响,难免有浮躁情绪,也缺乏治学所必须的"坐冷板凳"的精神,写出的往往是"急就章",希望他们有自知之明,不要骄傲。现在的科研条件比以往好得多,也相信并希望年青一代能做得更好。

80年代的美育及其研究

事实上,王国维、蔡元培、鲁迅、丰子恺都身体力行地倡导美育,也是我国的第一批美育家。20世纪20年代以后,随着社会的动荡,美育也一度被搁置。新中国成立后,人们又重提美育,50年代初,美育曾经被列入教育规划,但美育的发展仍然比较缓慢。60年代初期,上海《文汇报》发起的美育讨论,曾经引发了社会对美育的重视。但是,随着"文革"的爆发,美育又被打入了冷宫而无从谈起。

"文革"后,美育再次复兴。一方面源于社会的需求,另一方面也与美学界的推动有关。在20世纪80年代的美学活动中,美育相当突出。访谈中,参加过第一届全国美学代表大会的李范介绍了这方面的情况,为我们了解80年代的美育提供了一个线索。

在第一次全国美学会议上,大会播放了周扬的发言录音,周扬提出要注意研究美学对人民生活的作用,要重视美育问题,尤其是中小学生的美育。为了响应周扬的号召,也为了满足当时人民日益高涨的审美需求,大会还特意把美育拟为一个重要的议题进行了专门的讨论。大会主要讨论了美育的提高审美能力、改善社会风气的任务等问题,大会还提出了加强美育的建议和具体措施。根据学者们的建议,大会委托她起草了《建议书》,建议书有十项内容,其中包括:建议教育部将美育补充到教育方针中去,定为"德育、智育、体育、美育全面发展的教育方针";尽快培训美学师资,传承我国的美学传统,抢救美学遗产;在各类高校和中、小学开设美学课或美育课,提高学生的审美水平;组织编写美学和美育教材;组织科研队伍,加强对美学和美育理论的研究;出版美学著作,创办美学和美育刊物;组织和扩大国内外的学术交流活动;加强美学队伍和美学机构的建设,首先要成立全国美学会和地方性、专业性的分会;科研单位和高校可以建立美学研究所(室)或教研室,有条件的单位可以招收美学研究生;加强与有关单位的联系与协作,开展广泛的社会宣传和普及工作;等等。为了起到应有的效果,大会请杨辛先生用宣纸和毛笔工整地抄写了建议书,并由十位著名学者签名,最后递交给十个部门和单位(党中央、国务院、教育部、文化部、团中央、新华社、人民日报、光明日报等)。这份建议书有"十条建议"、"十位学者签名"、递交给"十个部门",就把它称作"三十建议书"。由此可见,这次会议对美育的重视。这次会议中,洪毅然和李范还在云南电视台作了美育的访谈节目,1983年在第二届全国美学会议中,洪毅然和李范又在厦门电视台作了美育的访谈节目。

可以说,第一次全国美学大会开启了"文革"后重视美育的风气,之后,美育及其研究迅速展开、蓬勃发展,并取得了很大的成绩。具体说来,第一次全国美学会议以后,中华全国美学会与共青团中央、中华全国总工会、全国妇联等九个群众团体联合发出了《关于开展文明礼貌活动的倡议》,提出在全国范围内开展"五讲、四美"的活动("五讲"是指讲文明、讲道德、讲礼貌、讲卫生、讲秩序;"四美"是指心灵美、语言美、行为美、环境美),该活动得到了中宣部、教育部、文化部等单位的积极支持,他们向全国各级宣传、教育、文化、卫生、公安等部门正式发出了积极开展"五讲"、"四美"活动的通知,使这个活动得以在全国轰轰烈烈地展开,也取得了空前的影响、效果。同时,一批美学通俗读物迅速出版,1981年湖南率先创办了全国第一份《美育》杂志,报刊发表了许多美育的文章，有的电视台还举办了美育知识讲座和美育知识竞赛，盛况空前。值得肯定的是，美育在教育方针中有了自己的地位。在1986年3月通过的国家第七个"五年计划"的报告中指出："各级各类学校都要加强思想政治教育工作，贯彻德育、智育、体育、美育全面发展的方针，把学生培养成为有理想、有道德、有文化、有纪律的社会主义建设人才。"随即，1986年4月，全国人大通过的《义务教育法》的说明中也指出，在中、小学的教育中，应当贯彻德、智、体、美全面发展的方针。国家教委负责人在1986年8月全国高等学校音乐教育学会成立大会上的讲话中明确指出："没有美育的教育是不完全的教育。"同时，国家教委在加强和实施美育方面采取了一系列的措施：成立艺术教育委员会、制定颁发了《1989—2000年全国学校艺术教育总体规划》、多次举办美育讲习班、培训美育教师、组织编写各种美育教材、组织美育的研究和交流。由此把中国的美育工作制度化，大大提高了美育工作的地位和影响。

现在看来，第一届全国美学会议确实是美育发展的一个新的起点，之后，洪毅然、王朝闻、朱光潜、宗白华、李泽厚、蒋孔阳等美学家积极推动，加上一批有志于美育的学者的努力，美育逐渐获得了社会的重视，并落实在制度、机制上。1981年，专业性的《美育》杂志由湖南出版社创刊出版，为美育工作者提供了一个学术交流和提高业务水平的平台，意义重大。1984年10月，全国第一届美育座谈会在湖南召开，并发出了倡议书，为美育提出了方向。美学界致力于美育的研究和实践，除了一批论文外，还出版了诸如王善忠的《美感教育》（1984年）、曾繁仁的《美育十讲》（1985年）、孟湘砥主编的《美育教程》（1986年）、曹利华的《美育》（1987年）、杨辛主编的《青年美育手册》（1987年）等著作。令人欣喜的是，1988年还出现了美育著作出版的"井喷"现象，当年出版了丁枫的《美育读本》、仇春林主编的《美育原理》等十多本著作，美育研究盛况空前、史无前例（详情见杜卫《美育学概论》，高等教育出版社2001年版，第288—290页）。此外，还有不少美育的社会实践活动，这些活动普及了美育，培养、提高了人们的审美能力，促进了社会的健康发展。学界的研究、实践与社会形成了良好的互动，也可以说，共同推动了80年代美育的发展。

如今，各地建立了全国性的美育研究会，从理论与实践两个方面开展工作，极大地拓展了美育的空间。同时，也出现了一批长期致力于美育研究与实践的学者，如蒋冰海、李范等学者，他们结合美育实践，出版了大量的论著。而且，一批更年轻的学者也不断涌现。新的《美育》杂志由杭州师范大学重新出版发行，为新世纪的美育研究提供了专业的交流平台。我们不应忘记80年代美育的这段历史，还应该由此总结经验、汲取营养，在新的历史条件下，继续推进美育的发展，以取得更大的成绩。

中国当代美学史上的美学研究资料建设

新中国成立后的相当一段时间中，美学资料的选编经常与美学批判运动相联系。在由批判朱光潜美学思想引发的五六十年代的美学讨论中，先后出版了规模宏大的六卷本的《美学问题讨论集》，其中，《文艺报》编辑部编辑的《美学问题讨论集》（一、二）由作家出版社1957年出版，《文艺报》编辑部编辑的《美学问题讨论集》（三、四）由作家出版社1959年出版；后来，随着讨论阵地的转移，《新建设》编辑部编辑的《美学问题讨论集》（五）由作家出版社1962年出版，《新建设》编辑部编辑的《美学问题讨论集》（六）由作家出版社1964年出版。与60年代对周谷城美学思想的批判相联系，1964年由《新建设》编辑部编辑的《关于周谷城的美学思想问题》（三卷）由生活・读书・新知书店出版。其他种类的美学资料建设几乎没有被提上议事日程。

在编写《美学原理》过程中，教材编写组非常重视资料的搜集、鉴定和整理。其前后期的工作各有侧重：前期的主要工作是根据各个专题进行资料的搜集、整理和汇编，参加讨论、撰稿的成员大都参与了资料工作；后期则专门指定一些人从事资料工作，但他们也要参与问题的讨论。具体来说，专题资料的分工是这样的：刘纲纪主要负责马克思、恩格斯论美专题；于民、叶朗整理了中国美学思想史资料专题（宗白华指导了资料的选编，提出了不少建议和意见，他实际上也参与了资料的搜集工作，并最后定稿）；李醒尘等主要负责西方美学家论美和美感专题（朱光潜为撰写《西方美学史》翻译的很多资料，也成为该专题的主要来源）；李泽厚主要负责现当代西方美学专题；刘宁主要负责苏联当代美学讨论专题。最后，《美学原理》编写组编出了《中国美学思想史资料选编》（油印本，三本）和《西方美学家论美和美感》（铅印，内部资料），编出的其他专题资料还有：马克思、恩格斯论美；苏联当代美学讨论；马克思《1844年经济学—哲学手稿》论文选；中国当代美学讨论；西方主要国家大百科全书美学词条的汇编。这些资料帮助教材编写者系统地了解了这些领域的研究成果，促进了教材的编写工作，也为后来的研究和资料建设工作打下了良好的基础。可以说，当时的资料建设确实是一穷二白，而且，当时中国并没有严格意义上的美学，即使从国外传来的一些美学观念也没有消化好，连美是什么、美学是什么都无法统一。因此，整理和编选中国美学史资料面临着巨大的困难。这些资料对编写教材起到了非常重要的作用，还对"文革"后的美学研究起到了重要的作用。"文革"后，北大美学教研室的部分学者对《中国美学思想史资料选编》进行了重新修订，最后出版了《中国美学史资料选编》（上下卷，中华书局1980年）；北大美学教研室的部分学者以教材编写组编辑的《西方美学家论美和美感》为基础，补充了朱光潜、缪朗山翻译的部分资料，编成了《西方美学家论美和美感》（商务印书馆1980年）；李泽厚负责编写的现当代西方美学专题以文章的形式刊发了；刘宁负责的苏联美学讨论专题资料在刘纲纪主编的《美学述林》上发表了。今天，这些资料仍然不失其重要的价值，有的资料仍然是美学研究的基本参考书，被美学研究者频繁地征引。在60年代编写教材时，伍蠡甫主编的《西方文论选》（上册，上海文艺出版社1963年）、《西方文论选》（下册，上海文艺出版社1965年）也收录了一些西方美学的文章，但是，主要限于西方古典、近代的美学文献。

其中，中国美学史资料的编选就很有代表性。这个工作最初是北大美学教研室的项目，后来于民调到了教材编写组，负责中国美学史资料的编选。据于民回忆，他们以教材编写组的图书和北大等其他图书馆的图书为主，先找出与美、审美有关的书籍，然后把这些书籍中与审美、艺术有关的内容摘录下来，再把美学史的资料与文论史的资料予以区分，才编选出了最初的资料。在编选资料时，他们还以"北京大学中国美学史资料编写组"的名义写信向郭沫若、侯外庐、魏建功、刘大杰、黄药眠、郭绍虞先生征求意见，广泛地吸收了他们的意见和建议。但是，这样编选的资料太多，经宗白华审定后，删去了将近一半才定稿，最后油印成了《中国美学史资料选编》（三册），美学教材使用了他们的成果，至今还被使用。当年编选资料的学者也大大地受益于当时的学术训练。于民在"文革"后出版了《春秋前审美观念的发展》（中华书局1984年）、《气化谐和》（东北师范大学出版社1989年）、《中国美学思想史》（复旦大学出版社2010年），还出版了大量的中国美学史资料选，如《先秦两汉美学名篇选读》（于民、孙道海选注，中华书局1987年）、《魏晋南北朝隋唐五代美学名言名篇选读》（于民、孙道海选注，中华书局1987年）、《宋元明美学名言名篇选读》（于民、孙道海选注，中华书局1991年）、《中国古典美学举要》（安徽教育出版社2000年）、《中国美学史资料选编》（于民主编，复旦大学出版社2008年；该书是1980年版的修订版）；叶朗在"文革"后很快出版了《小说美学》（北京大学出版社1982年）、《中国美学史大纲》（上海人民出版社1985年），还出版了他担任总主编的《中国历代美学文库》（高等教育出版社2004年）；参加编写美学教材的李醒尘后来主编了《十九世纪西方美学名著选（德国卷）》（复旦大学出版社1990年）。当时参与编写教材的周来祥也出版了研究中国古代美学史的论著《论中国古典美学》（齐鲁书社1987年）和《中国美学主潮》（周来祥主编，山东大学出版社1992年），这些成果应该受益于当时教材编写组的学术训练。当时在《文学概论》教材编写组的胡经之与美学教材编写组的主编和成员都很熟悉，也同在中央高级党校工作，他后来主编了《中国现代美学丛编》（北京大学出版社1987年）、《中国古典美学丛编》（中华书局1988年），还出版了《中国古典文艺学》（胡经之、李健著，光明日报出版社2006年），应该也得益于当时的影响。

　　20世纪80年代，为了适应当时美学教学和研究的需要，在第一届全国高校美学教师培训班结束后，出版了一批资料，如吴世常主编的《美学资料》（河南人民出版社1983年），作为朱光潜《西方美学史》辅助材料的马奇主编的《西方美学史资料选编》（上、下册，上海人民出版社1987年），蒋孔阳主编的《二十世纪西方美学名著选》（上、下册，复旦大学出版社1987年），后来，还出版了这个工程后续的李醒尘主编的《十九世纪西方美学名著选（德国卷）》（复旦大学出版社1990年）、高若海主编的《十九世纪西方美学名著选（英法美卷）》（1990年）。此外，一些西方文艺理论著作资料选中也收入了一些美学代表作，如伍蠡甫和胡经之主编的《西方文艺理论名著选编》（上中下，北京大学出版社1987年）、胡经之和张首映主编的《西方二十世纪文学理论选编》（四卷，中国社会科学出版社1989年）。1992—1999年，中国社会科学出版社出版了徐中玉主编的《中国古代文艺理论专题资料丛刊》，以美学范畴为线索，按照问题分类，分为15编，收录了大量的中国古代美学资料。刘小枫主编的《现代性中的审美精神——经典美学文选》（学林出版社1997年）主要关注近代以来的西方美学文献，出版后也产生了相当大的影响。

　　80年代末期以后，随着部门美学的发展，一些资料也应运而生，诸如侯镜昶编辑的《中国美学史资料类编·书法美学卷》（江苏美术出版社1988年）、吴调公编辑的《中国美学史资料类编·文学美学卷》（江苏美术出版社1990年）、蔡仲德注译的《中国音乐美学史资料注译》（上、下，人民美术出版社1990年）、孙菊园和孙逊编辑的《中国古典小说美学资料荟萃》（上海古籍出版社1991年）、隗芾和吴毓华编辑的《古典戏曲美学资料集》（文化艺术出版社1992年）。除此之外，一些中国古代哲学资料选、文艺理论、文艺门类的资料选也包含了不少美学资料。

进入新世纪后,由于条件的成熟,中西美学资料建设不断进步,并获得长足的发展。王振复主编的《中国美学重要文本提要》(四川人民出版社 2003 年)以美学史的发展为线索编辑资料,也很有特色。值得一提的是,叶朗担任总主编的《中国历代美学文库》由高等教育出版社出版(2004 年),该丛书规模浩大,共 19 册、1100 万字,颇为引人注目,堪称中国美学史资料建设的标志性工程。彭书麟、于乃昌、冯玉柱主编的《中国少数民族文艺理论集成》(北京大学出版社 2005 年)收录了一些少数民族的美学资料,很有特色,也极大地促进了少数民族美学的资料建设,值得重视。

80 年代"美学热"时的美学期刊

20 世纪 80 年代的"文化热"是中国当代思想史、文化史上的重要文化现象,其中,美学研究也掀起了热潮,美学杂志的繁荣则是其至关重要的环节和标志,它极大地推动了美学思想的传播,也由此展示了"美学热"的程度。1979 年,中国社会科学院哲学研究所美学研究室编辑的《美学》(即通常所说的"大美学")创刊,具体由上海文艺出版社出版,中国社会科学院文学研究所文艺理论研究室编辑的《美学论丛》(蔡仪主编)创刊,具体由中国社会科学出版社出版;1980 年,中国社会科学院哲学研究所美学室编辑的《美学译文》创刊;1981 年,《美育》杂志由湖南出版社创刊出版;1982 年,蔡仪主编《美学评林》创刊出版,丛刊《美的研究与欣赏》创刊出版,《美学文摘》创刊出版;1983 年,刘纲纪主编《美学述林》创刊出版,中国艺术研究院外国文艺研究所编辑的《世界艺术与美学》创刊出版,蒋孔阳主编的《美学与艺术评论》创刊出版;1985 年,汝信主编的《外国美学》由商务印书馆出版。回顾中国当代美学史,甚至 20 世纪中国美学史,美学研究杂志出版之多、之频繁、之繁荣都是绝无仅有的,盛况空前、堪称奇迹。李泽厚、聂振斌等访谈者都谈及这些杂志(如"大美学"等)的创刊、编辑、出版,以及在这些过程中发生的事件,不但使我们了解了这些杂志的出版情况,也有助于研究当时的"美学热",而这方面的情况恰恰是以前的研究所不太注意或重视的。

中国当代美学上的外国美学翻译

新中国成立初期的美学翻译与朱光潜密不可分。新中国成立伊始,很快就出版了朱光潜翻译的美国学者哈拉普的马克思主义美学著作《艺术的社会根源》（新文艺出版社1951年）；1956年，朱光潜翻译的《柏拉图文艺对话集》出版，紧接着他又着手翻译黑格尔的《美学》。1957年，中国美学界翻译出版了两本美学书，即法国哲学家亨利·列斐伏尔的《美学概论》（杨成寅、姚岳山译，朝花美术出版社）和苏联学者瓦·斯卡尔仁斯卡娅的《马克思列宁主义美学》，后者是作者在中国人民大学哲学系的讲稿。50年代，蔡仪主编的《文艺理论译丛》和《古典文艺理论译丛》发表了许多外国美学的名篇或代表作，为相对封闭的中国美学界提供了了解国外美学的一扇窗。值得一提的是，1959年，国家启动了"外国文艺理论丛书"和"马克思主义文艺理论丛书"两个项目，出版了一些外国美学著作的中文译本。60年代中宣部、高教部组织编写高等院校文科教材时，伍蠡甫主编的《西方文论选》（上册，上海文艺出版社1963年）、《西方文论选》（下册，上海文艺出版社1965年）也收录了一些西方美学的文章。当时，朱光潜翻译了不少外国美学论著，可惜有些当时没能出版，到了20世纪80年代才得以出版，如他翻译的黑格尔的《美学》自1959年出版第一卷后，直到1981年才全部出齐。

  影响甚大的"美学译文丛书"不仅在20世纪80年代引领了外国美学理论的翻译，而且巨大地推动了当时的"美学热"、"文化热"，也可以说，这些翻译活动也构成了"美学热"的组成部分，该丛书的主编李泽厚在访谈中谈及当时翻译的一些情况。他认为，七八十年代中国才开始大量翻译西方的美学著作，"美学译文丛书"是最早的，且内容广泛，有各种不同流派的代表作，那些著作也很有参考价值，已经成为许多美学、文学、艺术研究者的参考书。但是，在当时的条件下，翻译西方的文化是禁区，可能被带上贩卖资产阶级思想的帽子，也有好心人劝他们别干，但他们冒风险出了不少美学书，一定程度地满足了读者的需求，当时的影响很大，也比其他学科的书籍丰富得多。事实上，早在1982年，"美学译文丛书"中第一批外国美学译著已经由中国社会科学出版社开始出版，随后，光明日报出版社、辽宁人民出版社、中国文联出版公司先后加入了出版该丛书的队伍，这些著作以西方现当代美学为主，也兼顾了苏联、东欧和日本的现当代美学成果，共50多部，包括形式主义、符号学、自然主义、新康德主义等美学流派。实际上，原计划该丛书的出版规模更大，由于这种情况没能完全实施，以至于十多年后李泽厚对此仍然稍有遗憾："这套丛书原计划一百种，其中好些重要的著作，如杜威的《艺术即经验》、杜夫海纳的《审美经验现象学》、阿多诺的《美学理论》以及海德格尔、维根斯坦、贡布里希、本杰明等有关论著，或因未找到译者，或因译者未译或未完成译事，以致均付阙如。已出版的原作水平也参差不齐，有的质量颇差因某些原因也勉强收入。"（李泽厚《关于"美学译文丛书"》，《读书》1995年第8期。）不可否认的是，这部丛书确实引领了当时的翻译运动。一定程度上讲，这些外国美学理论著作的翻译与李泽厚的观念有关，通过大量翻译，尽快补课学习，也减少无谓的时间与精力的浪费。当然，为了克服当时书籍急缺的困境，加之译者水平的参差不齐，某些译著的质量问题也比较突出。之后，其他的美学译著开始出现。除了单独出版的美学译著外，许多美学译著还夹杂在其他的文化、文论丛书中出版，诸如金观涛主编的《"走向未来"丛书》，北京三联书店的《"文化：中国与世界"丛书》、《现代西方学术文库》，商务印书馆的《汉译世界学术名著丛书》，中国社会科学院文学研究所文艺理论研究室王春元、钱中文主编的《现代外国文艺理论译丛》，中国社会科学院外国文学研究所文艺理论研究室吴元迈主编的《当代外国文艺理论译丛》，中国社会科学院外国文学研究所和中国艺术研究院编辑的《外国文艺理论研究资料丛书》，北京大学出版社的《文艺美学丛书》，等等。80年代，蒋孔阳主编的《二十世纪西方美学名著选》（上、下册，复旦大学出版社1987年），以及这个工程中李醒尘、高若海分别任分卷主编的《十九世纪西方美学名著选（德国卷）》（复旦大学出版社1990年）、《十九世纪西方美学名著选（英法美卷）》（1990年），收入了西方现当代美学流派中的代表作，对当时的西方美学研究也发挥了重要的作用。值得注意的是，80年代对西方美学史的翻译也比较热，相继出版了李斯特威尔的《近代美学史评述》（蒋孔阳译，上海译文出版社1980年）、克罗齐的《美学历史》（王天清译，中国社会出版社1984年）、鲍桑葵的《美学史》（张今译，商务印书馆1985年）、奥夫相尼科夫的《美学思想史》（吴安迪译，陕西人民出版社1986年）、舍斯塔科夫的《美学史纲》（樊莘森等译，上海译文出版社1986年）、吉尔伯特和库恩的《美学史》（夏乾丰译，上海译文出版社1989年）、塔塔科维兹《美学史》的前两卷《古代美学》和《中世纪美学》（褚朔维等译），有意思的是，塔塔科维兹的《美学史》第一卷有两个译本，同时在1990年分别由广西人民出版社（理然译）、中国社会科学出版社（杨力等译）出版。还有一些刊物及时地刊登了美学译文，诸如中国社会科学院哲学所美学研究室编辑的《美学译文》、中国艺术研究院外国文艺研究所编辑的《世界艺术与美学》、四川省社会科学院编辑的《美学新潮》，等等。

进入新世纪后，2002 年，高建平、周宪主编的"新世纪美学译丛"开始出版，已经出版了理查德·舒斯特曼的《实用主义美学》（彭锋译，商务印书馆2002 年）、杜威的《艺术即经验》（高建平译，商务印书馆2005 年）等名著；周宪、许钧主编的"现代性译丛"也收入了马泰·卡林内斯库的《现代性的五副面孔》（顾爱斌等译，商务印书馆2002 年）、彼得·比格尔的《先锋派理论》（高建平译，商务印书馆2002 年）、哈维的《后现代的状况》等西方当代美学名著；2002 年，金惠敏主编的"国际美学前沿译丛"也开始出版，收入了沃尔夫冈·伊瑟尔的《虚构与想象》（陈定家等译，吉林人民出版社2002 年）、阿莱斯·艾尔雅维奇的《图像时代》（胡兰菊、张云鹏译，吉林人民出版社2003 年）等著作；张一兵主编的"当代学术棱镜译丛"（南京大学出版社）也收录了诸如斯蒂芬·贝斯特、道格拉斯·科尔纳的《后现代转向》等许多美学著作；有意思的是，2011 年，"美学译文丛书"改名为"美学艺术学译文丛书"，由中国社会科学出版社继续出版。这些著作大大丰富了以前的外国美学翻译，外国美学的翻译也出现了又一次繁荣，相信这些丛书必将带动中国的外国美学研究。

中国当代美学机构的沿革

如果允许把自发组织视为美学机构最初形态的话，那么，我们就可以把最早的中国当代美学机构追溯到"美学小组"。50 年代的美学大讨论开始后不久，也由于受到批评朱光潜美学思想的触动，一些美学家或对美学感兴趣的学者感到有必要通过学术讨论解决一些问题，于是，在黄药眠先生、朱光潜先生等多位学者的共同倡导下，根据自愿结合的原则，在1956 年9 月份成立了"文艺报美学小组"，组长是黄药眠，黄药眠、蔡仪、贺麟、宗白华、朱光潜、张光年、王朝闻、刘开渠、王逊、李长之、陈涌、侯敏泽等10 多人参加过讨论，总共进行过三次讨论，讨论的地点就设在《文艺报》，《文艺报》还详细地报道了这几次讨论的情况。"美学小组"虽然是学者们自愿组织的个人团体，但考虑到其有些成员的权威性、其活动实际上受到了《文艺报》和中国作家协会的支持，所以它仍然带有一定的官方色彩，是一个个人自愿结合的、同人性质的社会团体，从这种意义上讲，可以把它视为中国当代第一个美学社团机构。实际上，美学小组活动的时间并不长，虽然仅仅进行过三次讨论就停止了活动，但由于小组的成员大都是中国美学研究领域或艺术研究与创作领域中的重要学者，或当时美学研究的骨干，他们发自内心地对美学感兴趣，因此，讨论的问题仍然十分广泛,有的问题还讨论得挺深入,也取得了一些共识。第一次讨论主要关注的学术问题是,中国的歌舞、绘画、雕塑的民族形式,以及如何接受民族文化遗产的问题。其中,刘开渠对雕塑的民族形式发表了自己的看法。他认为,魏晋或魏晋之前是中国雕塑的发达期,中国的雕塑始终与宗教联系在一起;最初,西方的雕塑与宗教的关系也非常密切,文艺复兴把雕塑从宗教的束缚中解放出来,转而表现人。中国没有经历这种转变,现在要以表现社会主义的人为中心,就涉及民族形式问题:究竟什么是雕塑的民族形式的问题?第二次讨论进行了六个小时,由批评朱光潜的美学思想扩展到许多问题,诸如美学讨论中的破与立的关系、美学的研究对象、美的主观与客观的问题、美的客观规律性问题、形象思维与逻辑思维在创作中的作用与关系等问题,其中,美的主观与客观的问题争议最大,学者们对此进行了广泛而热烈的讨论,大家开诚布公、争论激烈。① 可惜"美学小组"的活动没能继续下去。尽管如此,在当时的条件下已经难能可贵了。美学大讨论后,学界对美学的热情已经得到了充分的展示,美学的教学也被纳入了议事日程。1960 年,由教育部批准,北京大学哲学系美学教研室、中国人民大学哲学系美学教研室相继成立,并开始美学的教学、研究工作。据杨辛回忆,他到北大工作后,他最初的编制在冯友兰担任室主任的哲学系中国哲学教研室,后来,为了工作的需要,他转到了由哲学系党总支书记王庆淑负责的美学组。之后,他在 1959 年就开设了美学专题课,1960 年,北京大学哲学系成立了美学教研室,他就开始负责美学教研室的业务。虽然朱光潜先生的编制在西语系,但所做的工作都是美学教研室的工作,除研究外,还讲西方美学史专题课。朱光潜、宗白华、邓以蛰和马采等老先生都是美学前辈,杨辛和甘霖、于民等这些老师都还比较年轻。当时,宗白华讲中国美学史专题课,杨辛和甘霖讲美学原理专题课。根据李醒尘的回忆,美学组最初隶属于辩证唯物论和历史唯物论教研室,最初的教师有王庆淑、杨辛和甘霖,后来成为独立的美学教研室,也是全国第一个美学教研室。教研室除原来的教师外,还增加了留校的于民等年轻教师,被错划为"右派"的金志广专搞资料工作。不久,朱光潜先生、宗白华先生也到了美学教研室。实际上,北大的美学教研室与当时进行的全国美学讨论关系密切。

"文革"的文化浩劫刚过,在拨乱反正的气氛中,1977 年 5 月,隶属于中国科学院的哲学社会科学学部独立出来,建立了以它为基础的中国社

---

① 《〈文艺报〉成立美学小组并展开活动》,《文艺报》1956 年第 23 期。

会科学院。1978年，中国社会科学院哲学所就成立"美学研究室"。据齐一回忆，"文革"后，他恢复工作不久，就建议在中国社会科学院哲学所建立美学研究室、伦理研究室，美学研究室随后就成立了。他在延安时学的是哲学专业，对美学也感兴趣，就亲自担任研究室主任，李泽厚、郭拓担任副主任。研究室还有几位从事门类美学研究的学者：学绘画的朱狄、学建筑的王世仁、研究电影美学的张瑶均，还有从《新建设》杂志调来的聂振斌。其中，齐一、李泽厚和朱狄原来都在哲学所的历史唯物主义研究组。同样，"文革"结束后，北京大学、中国人民大学都恢复了美学教研室的建制，国内的大学也纷纷建立了美学的科研、教学机构，山东大学美学研究所、武汉大学美学研究所等一些大学的美学研究所也建立起来。

"文革"后，国家开始了现代化建设，在当时改革开放的新形势下，为了适应人们对审美日益高涨的需求，也为了适应美学的研究和教学，1980年6月4—11日，在昆明召开了第一次全国美学大会，也正是在这次美学会议上成立了全国美学学会，同时还宣布成立了全国美学学会下属的全国高校美学研究会，马奇担任会长，杨辛担任副会长。至此，中国当代美学研究机构的雏形终于基本建立起来。以后，又进一步发展、逐渐完善起来。在1980年举行的第一届全国美学会议上，成立了中华全国美学学会，学会的领导分别为：名誉会长周扬；会长北京大学哲学系朱光潜先生；副会长中国艺术研究院王朝闻先生、中国社会科学院哲学所李泽厚先生、中国社会科学院文学所蔡仪先生、中国人民大学哲学系马奇先生；秘书长中国社会科学院哲学所齐一先生，副秘书长中国社会科学院哲学所张瑶均、北京舞蹈学院朱立人。该学会下设全国高校美学研究会、美育研究会。第一届全国美学大会建立起了美学学会的雏形，极大地推动了美学机构的建设，这次会议之后的秋天，河北省美学学会就宣布成立。之后，许多省市纷纷建立起了自己的美学学会，不少大学还建立了美学研究所或其他美学研究机构，有的省市的社会科学院、社科联合会也建立了美学研究机构。在1984年举行的第二届全国美学会议上，选举产生了中华全国美学学会的第二任学会领导：名誉会长朱光潜；会长中国艺术研究院王朝闻先生；副会长中国社会科学院哲学所汝信先生、中国社会科学院哲学所李泽厚先生、上海复旦大学中文系蒋孔阳先生、中国人民大学哲学系马奇先生；新增了顾问复旦大学外文系伍蠡甫先生、中国人民大学哲学系宗白华先生、北京师范大学中文系黄药眠先生、中国社会科学院文学所蔡仪先生；秘书长中国社会科学院哲学所张瑶均先生，副秘书长北京舞蹈学院朱立人先生。全国美学会下设全国高校美学研究会、美育研究会。在1988

年举行的第三次全国美学会议上,选举产生了中华全国美学学会的第三任学会领导:顾问中国社会科学院文学所蔡仪先生、上海复旦大学外文系伍蠡甫先生、西北师院洪毅然先生;会长中国艺术研究院王朝闻先生;副会长中国社会科学院副院长汝信先生、中国社会科学院哲学所李泽厚先生、上海复旦大学中文系蒋孔阳先生、中国人民大学哲学系马奇先生、武汉大学哲学系刘纲纪先生;秘书长中国社会科学院哲学所张瑶均先生;副秘书长北京舞蹈学院朱立人先生、北京大学哲学系叶朗先生、上海社会科学院哲学所蒋冰海先生、天津社会科学院徐恒醇、北京师范大学哲学系李范。全国美学学会下设全国高校美学研究会、美育研究会。1988年,中华全国美学学会成立了"青年学术委员会"(简称"青美会")。1993年,在北京举行的第四届中华全国美学会议上,选举产生了中华全国美学学会的第四任学会领导:名誉会长王朝闻先生;会长中国社会科学院副院长汝信先生;顾问北京大学哲学系杨辛先生;副会长复旦大学中文系蒋孔阳先生、中国社会科学院哲学所李泽厚先生、武汉大学哲学系刘纲纪先生、北京大学哲学系叶朗先生、上海社会科学院蒋冰海先生;秘书长中国社会科学院哲学所聂振斌先生,副秘书长中国社会科学院哲学所滕守尧先生、首都师范大学中文系王德胜先生。全国美学学会下设全国高校美学研究会、美育研究会。1994年,中华全国美学学会成立了"审美文化学术委员会"。1998年,第五届中华全国美学学会召开,选举产生了新一届领导:名誉会长中国艺术研究院王朝闻先生;会长中国社会科学院副院长汝信先生;顾问中国人民大学哲学系马奇先生、中国社会科学院哲学所李泽厚先生、北京大学哲学系杨辛先生、中国社会科学院文学所敏泽先生、复旦大学中文系蒋孔阳先生;副会长北京大学哲学系叶朗先生、武汉大学哲学系刘纲纪先生、东南大学张道一先生、中国社会科学院哲学所聂振斌先生、上海社会科学院蒋冰海先生、中国社会科学院哲学所滕守尧先生;秘书长中国社会科学院哲学所滕守尧先生;副秘书长首都师范大学中文系王德胜先生、中国社会科学院哲学所高建平先生、中国社会科学院哲学所徐碧辉先生。

进入新世纪以来,中华全国美学学会积极适应新形势,获得了巨大的发展,并最终形成了现在规模浩大的中华全国美学学会及其各分会。2003年召开了中华全国美学大会,选举产生了第六届大会的领导:名誉会长中国艺术研究院王朝闻先生;会长中国社会科学院副院长汝信先生;顾问武汉大学哲学系刘纲纪先生、中国社会科学院哲学所李泽厚先生、北京大学哲学系杨辛先生、中国社会科学院文学所敏泽先生;常务副会长中国社会科学院哲学所滕守尧先生；副会长广西师范大学中文系王杰先生、首都师范大学中文系王德胜先生、北京大学哲学系叶朗先生、复旦大学中文系朱立元先生、厦门大学中文系杨春时先生、中国社会科学院哲学所聂振斌先生、山东大学中文系曾繁仁先生；秘书长中国社会科学院哲学所徐碧辉先生；副秘书长中国社会科学院哲学所刘悦笛先生、北京第二外国语学院跨文化研究所杨平先生、北京大学哲学系彭锋先生。中华全国美学学会还成立了隶属于它的全国高校美学研究会、审美文化研究会、青年审美委员会、全国美育研究会，还设立了七个专业委员会，涉及高校美学研究会中国美学（会长叶朗）、外国美学（会长高建平）、文艺美学（会长聂振斌）、审美文化（会长王一川）、审美教育（会长蒋冰海）、技术美学（会长徐恒醇）、青年美学（会长王德胜）、党校美学研究会（会长陈瑞生）、美学通讯（负责人徐碧辉）等部门。在2009年举行的全国美学会议上，选举产生了中华全国美学学会的第五任学会领导：顾问叶朗先生（北京大学哲学系）、刘纲纪先生（武汉大学哲学系）、李泽厚先生（中国社会科学院哲学所）、杨辛先生（北京大学哲学系）、聂振斌先生（中国社会科学院哲学所）；会长汝信先生（中国社会科学院）；副会长王一川先生（北京师范大学中文系）、王岳川先生（北京大学中文系）、王德胜先生（首都师范大学中文系）、朱立元先生（复旦大学中文系）、张法先生（中国人民大学哲学系）、杨春时先生（厦门大学中文系）、陈炎先生（山东大学中文系）、周宪先生（南京大学中文系）、徐碧辉先生（中国社会科学院哲学所）、高建平先生（中国社会科学院文学所）、曾繁仁先生（山东大学中文系）、滕守尧先生（中国社会科学院哲学所）；秘书长徐碧辉先生（中国社会科学院哲学所）；副秘书长刘悦笛先生（中国社会科学院哲学所）、杨平先生（北京第二外国语学院跨文化研究所）。应该说，就目前的情况来说，是中华全国美学学会规模最大的时期，各种学术活动非常频繁，经常组织各种学术研讨会，既有中华全国美学学会独立举办的全国代表大会，又有美学学会与其他研究机构联合举办的美学会议，还有美学学会的国际交流。地方的美学机构建设也有长足的发展，2001年，教育部批准成立了教育部百个人文社科重点研究基地之一的山东大学文艺美学研究中心，该中心除了学术研究和交流外，还培养美学专业的硕士、博士，2003年出版了学术研究集刊《文艺美学研究》。2004年，教育部批准成立了教育部百个人文社科重点研究基地之一的北京大学美学与美育研究中心，该中心主办的学术刊物《意象》也于2006年创刊，并由北京大学出版社出版。

新中国美学机构的建立、演变和发展，是新中国美学发展的缩影，从一定程度上反映了新中国美学的发展。同时，它为美学的研究、交流提供了一个平台，也在制度上保障了美学研究的正常进行，还有利于培养美学人才、壮大研究队伍。经过半个多世纪的发展，新中国的美学机构从无到有，从小到大，美学队伍也随之壮大，不仅有数量上的增加，更有质量的提升。相信在今后的日子中，美学机构会更为完善，有更大的发展。

重要美学家的研究资料的搜集

与其他国家相比，社会因素对中国学术的影响更大，中国当代美学和中国当代美学家的经历也都较为曲折、复杂。由于许多重要的美学家已经去世，所以，有必要关注这些美学家的学术思想与人生经历之间的复杂关系。为此，本课题有意识地搜集了这方面的材料，并让每一位访谈者都谈些他（她）们与这些美学家的交往，了解其学术、人生，并从中挖掘有价值的资料。就此而言，这是其他当代美学史所缺乏的，也是本课题的重要特色与贡献。如今，有些访谈者已经去世，这些被抢救的资料就显得弥足珍贵。朱光潜是中国最有成就的美学家之一，尽管他的经历坎坷，但仍然取得了极大的成就。为此，本课题就请他北大的同事杨辛、李醒尘、于民、胡经之谈了他的不少情况，包括人生经历、学术研究、教学、日常生活等方面的情况。杨辛谈了他不少生活方面的情况；李醒尘谈了他的西方美学的研究和教学情况；于民谈了他对自己的帮助以及他的诗论研究；胡经之谈了他与周扬之间的交往。此外，北大之外的许多学者也都与朱光潜有所交往，就又让马奇、李泽厚、敏泽、刘纲纪、刘宁分别谈了各自与朱光潜的交往，马奇谈了朱光潜对反映概念的误解以及他虚心好学的精神；李泽厚谈了他们的交往；敏泽谈了美学讨论时《文艺报》组织的对朱光潜的批判、他们的交往以及代表《文学评论》为他修改稿子的事情；刘纲纪谈了朱光潜对他的帮助并提供了其往来信件，刘宁谈了他对俄苏美学的看法以及在朱光潜帮助下写作《中国大百科全书》辞条的情况；周来祥谈了他们之间的交往；李范谈了他们在第一届全国高校美学进修班时的交往。这些材料为我们了解和研究朱光潜提供了丰富的第一手材料，有助于我们全面地理解朱光潜新中国成立后的学术研究。同样，对宗白华也是如此。杨辛谈了他对意境的理解；于民谈了他对中国的文艺、美学的理解，以及整理中国美学资料时对自己的帮助；李醒尘谈了他的人生经历和学术研究；李泽厚介绍了为宗白华写序言的事情；刘纲纪谈了他对自己成长的帮助，并提供了他们的往来信件；胡经之谈了他们之间的交往。这些材料都很有价值，有利于我们全面理解他的人生和学术研究。

本课题请不少访谈者谈了蔡仪的情况。蔡仪社科院的同事敏泽谈了他们的交往，社科院哲学所的李泽厚、聂振斌谈了对他的美学理论的看法，周来祥、胡经之谈了他们与蔡仪的交往。蔡仪美学理论的独特性使他在晚年经常处于孤立和论战的状态，对此，他的学生、同事杜书瀛全面而客观地介绍了蔡仪的人生经历和学术研究；他的学生、同事毛崇杰为蔡仪晚年的学术研究进行了辩护，重新评价了他的学术研究，充分肯定了蔡仪对马克思主义的精辟解读。这些材料有助于我们准确地理解蔡仪，也有助于澄清以往的一些误读。

王朝闻是著名的美学家、艺术家，他交友广泛，加之曾经担任过《美学概论》的主编，因此，多数访谈者都谈到了他们与王朝闻的交往、王朝闻对他们的帮助，都肯定了他的丰富的知识、敏锐的观察力和高超的欣赏力，刘纲纪高度评价了他的学术研究，这些材料有助于我们了解这位把理论与实践融合起来的美学家的丰富人生，也有助于我们认识他对中国当代美学的独特贡献。

此外，也有不少访谈者谈到了邓以蛰、马奇、李泽厚、杨辛等美学家，有助于我们把握他们的美学思想。

值得一提的是，本课题还把周扬作为关注的对象，不仅因为他与中国当代美学的密切关系，还因为他对当代文化的重要影响。课题主要涉及了周扬与五六十年代美学讨论的关系，周扬与《美学概论》的关系，周扬与朱光潜、蔡仪的关系，胡经之谈了 50 年代周扬在北大开设"建立有中国特色的马克思主义美学"讲座的情况，这些材料对于我们了解中国当代美学、文化都有非常重要的价值，也有助于我们认识周扬的人生、学术思想。

美学资料的搜集与发掘

由于被采访者中马奇、王朝闻、敏泽、刘宁、周来祥五位先生已经先后去世，杨辛、齐一先生已经 90 多岁，多数被采访者都是 80 多岁、70 多岁，他们大都年事已高，搜集、整理这些资料具有抢救意义，其重要性将日渐显示出来。

本课题还搜集了大量宝贵的资料，有的资料没有公开发表，主要包括侯外庐、魏建功、刘大杰、黄药眠关于中国美学史的五封通信，周扬与朱光潜的通信，朱光潜在纪念《延安文艺座谈会上的讲话》40 周年会议上的发言，胡乔木与朱光潜的通信，宗白华、朱光潜、马采回复刘纲纪的信函，第一届全国高校美学教师进修班的学员名录，中华全国美学学会的机构设置，中华全国美学学会的历届全国代表大会及其议题；搜集了20余幅20世纪50—60年代、80年代的美学家与美学学术活动的照片，对于直观地认识中国当代美学具有重要的辅助作用。这些资料将深化学界对中国当代美学和美学家的研究，也有助于我们了解中国当代美学史。

本课题还发掘了一些重要的史料，如胡经之借助于当年的笔记提供了50年代周扬在北大开设"建立有中国特色的马克思主义美学"讲座的情况，这次讲座非常重要，对于认识当时的文化、学术、美学、文艺等方面的情况很有价值，也有助于促进我们对周扬的研究。课题根据访谈内容，还原了编写《美学概论》的过程，对于教材及其学术史意义都有一定的价值。

总之，课题搜集的资料中，有些资料和研究填补了空白，有些资料克服了此前资料的局限、纠正了其错误，这些资料为中国当代美学史和重要美学家的研究提供了客观、真实、准确、丰富的原始资料，既可以从微观性的专题研究、个案研究等方面拓展和深化当前的研究，又有利于从整体上把握中国当代美学史，出版后必将发挥更大的作用。

综上所述，本课题从一些具体的点入手，梳理了一些学术史的重要事件和发展线索，注意了点、线、面的结合，有利于全面地把握中国当代美学的发展状况。本课题还有助于从宏观与微观、资料与理论等方面深化中国当代美学的研究，能够一定程度地克服当前这些领域中所存在的历史意识和科学性的缺失等问题，有助于深化中国当代美学的研究。中国当代美学的经验、教训，对当前的美学发展既具有借鉴意义，也有助于认识和反思中国当代文艺、人文学术和文化的历史，并为它们的发展提供有益的参照。

本课题主旨报告及口述资料分析(之二)

中国当代美学史上的"教科书事件"
——关于编写《美学概论》活动的调查

为了了解有关中国当代美学讨论的情况,笔者与另一位合作者自 2001 年 10 月起,陆续走访了一些中国当代美学家、美学研究学者,[①] 就中国当代美学的一些重要事件作了一系列的访谈。其中,很多学者都参与了《美学概论》的编写工作(实际上,最初这部教材的书名为《美学原理》,1981 年出版时才改为《美学概论》,美学界大都笼统地谈论《美学概论》,出于尊重事实的原则,本文根据事实进行了区分,把该著的"文革"前、后版分别称为《美学原理》和《美学概论》),他们从各个角度回忆了编写《美学概论》的情况,为我们提供了丰富而翔实的材料。其间,《美学概论》编写组的主要负责人之一马奇、主编王朝闻已经分别于 2003 年、2004 年先后辞世,这使我们认识到了及时抢救资料的紧迫性。所幸的是,我们终于及时地抢救了这些资料。

《美学概论》是新中国成立以后由国家动员、组织全国美学科研力量编写的第一部美学教科书,在中国当代美学发展史上具有非常重要的意义。但迄今为止,尚缺乏对这个事件的全面的、系统的描述。因此,有必要还原这段历史,并通过这个事件丰富我们对中国当代美学史的认识。

如今,访谈工作已基本结束。现在,笔者根据这些访谈所涉及的编写《美学概论》情况的材料,还原了这个历史事件的大致情况,希望有助于加深我们对这个事件和中国当代美学的认识。本文所引用的公开发表的材

---

① 他们是中国艺术研究院的王朝闻,中国人民大学哲学系的马奇,北京大学哲学系的杨辛、于民、李醒尘,中国社会科学院哲学所的齐一、李泽厚、聂振斌,中国社会科学院文学所的敏泽、杜书瀛、毛崇杰,北京师范大学外语系的刘宁、李范,武汉大学哲学系的刘纲纪,山东大学中文系的周来祥,深圳大学中文系的胡经之,共 16 位美学研究者。

料已经注明，其余的材料也主要来源于尚待发表的访谈。

（一）编写《美学概论》的背景

新中国成立初期，我国进行了全国规模的院校调整，把全国高校、系、专业打乱后进行调整。自1958年起全国又开展了"大跃进"运动，在极左思潮影响下，各行各业集中力量、争创成果，但把人的主动性、能动性强调到了不合适的地步，结果导致了包括教育在内的许多行业的倒退。"大跃进"对高等教育的消极影响是，一方面引起了教学和研究的混乱，其中文科学更为严重；另一方面是各高校学生自编教材蔚然成风，旧的教材都遭到了彻底的否定，由学生重起炉灶进行编写，这样编写出来的教材也只能在政治上贴些标签罢了，连基本质量都难以保障，更不要说什么创新了。例如当时北大、北师大的学生都开始集体编写文学史。到了60年代，"大跃进"的弊端已经暴露出来。出于对这种混乱状况的反拨，1960年在邓小平的主持下，党中央开始对当时的教育、文化进行了整顿，也就涉及了对作为高等教育基础教材的整顿，大学文科教材的建设问题也就是在这时候被提到议事日程上来的。此外，当时的教学、教材还存在着另一个问题，我国从1950年代初就开始学苏联，由于采用了"一边倒"的方针，我国高校的许多文科教材、教学大纲，甚至院系和学科的设置都完全照搬苏联的模式，有些高校还直接从苏联聘请教师到中国授课。当时，文艺理论、美学、新闻等文科学科都存在这样的问题。1961年4月，中宣部组织召开了关于全国高校文科教材编选会议，周扬在会上作了长篇报告，部署了全国高校文科80多个专业的教材编写工作，文科教材由教育部负责。大学文科教材编选工作主要由时任中宣部副部长的周扬亲自来抓，中宣部和高教部联合成立了全国文科教材办公室，直接负责教材的规划、协调。当时规划编写的大学文科教材有80多种，包括了中国哲学、西方哲学、逻辑学、美学、文学等许多学科。其中，文学方面的教材有《中国古代文学史》、唐弢主持编写的《中国现代文学史》、杨周翰等主持编写的《欧洲文学史》，文艺理论有蔡仪主持编写的《文学概论》和以群主持编写的《文学的基本原理》，王朝闻主持编写的《美学原理》也是规划编写的教材之一。

作为一门学科，美学是从国外传入我国的。王国维、蔡元培等第一代美学家把西方美学传播到我国，并且以西方美学成果来解释中国的审美现象；朱光潜、宗白华为代表的第二代美学家在国外接受过系统的美学学习与训练，他们把所学的美学知识与中国的审美思想结合起来，促进了美学在中国的"本土化"和中西美学观念的融合，宗白华先生的一些论文、朱光潜先生的《文艺心理学》都体现了这方面的追求；马克思主义传入中国后，出现了马克思主义美学、俄苏美学在中国的传播，也出现了一些以马克思主义为指导的美学研究，蔡仪的《新美学》就是这方面的代表。但在新中国成立前，只有少数学者在大学中开过美学课，美学没有独立出来，也没有成熟的学科建制。新中国成立后的一段时间内，我国仅有少数几所大学开设有美学的专题课，美学教学受到中苏关系的影响，基本上采用苏联的教学模式，甚至直接使用苏联的教科书、教学大纲和教师。例如，北京大学用的教材就是苏联学者瓦·斯卡尔仁斯卡娅的《马克思列宁主义美学》，哲学色彩很浓，学生读起来很困难；中国人民大学的美学教师就是一位在人大新闻系任教的苏联专家的妻子。由于教材的内容、讲课方式和中苏国情的差异，教学效果并不理想。这时，美学教材才被提到了议事日程，时代迫切需要既反映了中国审美特色、时代特色，又适合中国学生的美学教材。值得指出的是，北大、人大两校美学教研室的成立，为编写教材提供了一定的条件。在1952年院系调整时，虽然北大哲学系的科研实力在全国最强，但并没有设置美学专业，也没有人讲美学课。最初哲学系在辩证唯物论和历史唯物论教研室设置了美学组，成员有王庆淑、杨辛和甘霖，由作哲学系党务工作的王庆淑负责。1960年，在美学组的基础上成立了美学教研室，王庆淑因为党务工作任务重而没有参加美学教研室，由杨辛担任教研室主任，教员有甘霖、于民、李醒尘和阎国忠，金志广专门作资料工作。后来为了响应建设马克思主义美学的倡议，宗白华、马采才被调进了美学教研室，朱光潜编制在西语系，但他的研究、教学大都属于美学教研室的工作。当时，北大也只是开了些专题课性质的美学课程：朱先生讲西方美学史，宗先生讲中国美学史，杨辛和甘霖讲美学原理。继北大美学教研室之后，中国人民大学哲学系也成立了美学教研室，室主任是马奇。这两个有独立建制的美学教研室的成立，为美学的教学和科研提供了保障，也成为编写《美学概论》的重要力量。

  50—60年代进行了美学大讨论，讨论的主要目的是为了清除朱光潜的资产阶级美学思想的影响，并进一步引起对资产阶级思想的全面而深入的批判，有非常明确的政治目的。但与心理学等其他学科相比，美学讨论基本上仍然保持在学术的范围内，也没有把美视为小资产阶级、资产阶级的专利而中断了美学讨论。因此，美学讨论仍有不少收获，主要是确立了探讨美的本质的哲学基础。讨论中形成了以唯物主义、唯心主义和辩证唯物主义为哲学基础的美的本质观，基本上确立了美学研究中的四个流派。

从美学大讨论的实际情况看,美的本质是讨论的主要问题。而且,对许多具体问题的讨论大都是着眼于从哲学上进行唯物主义、唯心主义的区分,常以标签代替了对具体问题的分析,美学研究与具体的审美现象、文艺现象较为脱离。这些缺陷与当时我国美学研究的整体水平有关,也与受到苏联美学讨论的影响有关。从美学讨论中可以发现:一方面学术界对美学研究具有浓厚的兴趣,美学在社会的影响也很大;另一方面,与讨论的热烈程度相比,美学的普及程度确实令人担忧,美学的教学状况更是非常薄弱,美学的普及和提高显得非常必要,对学术界、学生和普通群众都是如此。因此,总结美学大讨论和以往美学研究的成果,形成一些比较一致的看法,以教科书的形式确定下来,既有助于对大众进行美学知识的普及和提高,又有助于推进美学研究的深入发展。在当时的条件下,这种做法不失为一条促进当时美学发展的捷径,也是时代对美学发展提出的要求。

此外,发生在美学讨论期间的"美学小组"事件也值得关注。1956年七八月份,在黄药眠先生、朱光潜先生等人的倡导下,以自愿结合的方式成立了美学小组,黄药眠、蔡仪、贺麟、宗白华、朱光潜、张光年、王朝闻、刘开渠、陈涌、李长之和敏泽等10多人参加过讨论,《文艺报》的敏泽担任美学小组的秘书,负责会议的联络和组织工作。美学小组是新中国成立后我国成立的第一个美学组织,也是一个活动松散而自由的学术社团,讨论的主要地点在《文艺报》社,讨论涉及了美学的对象问题、美的主观与客观问题、美的主观规律性问题、美感的差异性、形象思维和逻辑思维在创作和欣赏中的原则等问题,曾经对中西雕塑的差异性进行过深入的讨论,但进行过三次讨论后就停止了。[①]

由此可以看出,除了个人的研究活动外,"文革"前我国美学界的主要活动就是美学讨论、美学小组以及之后展开的《美学原理》的编写活动,也可以看到,当时的美学原理研究、美学分支学科研究、美学史、美学资料建设、美学研究机构的建制、专业研究队伍的培养、美学教育和美学教材建设等方面的基础都很薄弱。

(二) 编写《美学概论》的组织机构

这次全国高校文科教材编写工作,是在中宣部领导下进行的,由时任中宣部副部长的周扬主抓。同时,还要求高教部参与,高教部是由杨秀峰

[①] 李世涛:《"国家不幸诗家幸,赋到沧桑句便工"——敏泽先生访谈录》,《文艺研究》2003年第2期。

牵头的。

中宣部和高教部联合设立了全国文科教材编写办公室作为具体的办事机构，具体负责教材的规划、协调和组织工作，由胡沙、季啸风（曾经在国家教育部门工作，现为国家图书馆的退休干部）具体负责日常工作，他们受中央宣传部教育处一名姓吴的副处长的领导，这位副处长则直接对周扬负责。业务方面则由各个学科的组长负责，如哲学组的组长是艾思奇，哲学组副组长是齐一，全国文科教材编写办公室各个学科的组长、副组长与教材的主编分配任务，相互联系。

据齐一回忆，他当时担任全国文科教材编写办公室哲学组副组长，主要负责美学学科的联络和组织工作，直接与各位教材的主编联系，宣布上级的有关指示。当时，美学学科的教材规划是这样的：《美学原理》的主编是王朝闻；《西方美学史》的主编是朱光潜；《中国美学史》的主编是宗白华。齐一代表教材办公室分别给王朝闻、朱光潜、宗白华传达、布置了任务，并沟通双方的联系。但美学学科的规划并没有完全实现，后来的结果是，朱光潜独立完成了两卷本的《西方美学史》，并于1962年7月出版；《美学原理》完成了初稿；宗白华负责的《中国美学史》没能编成，只是进行了中国古典美学资料的选编工作。实际上，包括由任华任主编的《西方哲学史》等在内的好多书都没有完成。

《美学原理》教材编写组根据自己的实际情况，对日常工作进行了具体的安排：《美学原理》教材编写组组长是王朝闻（著名雕塑家，时任中国美术家协会党组成员）；副组长是马奇（中国人民大学哲学系美学教研室主任）、杨辛（北京大学哲学系美学教研室主任）；负责支部工作的是中国人民大学哲学系的田丁。由于王朝闻担任美术协会的工作，他平时在城内办公，工作需要的时候才来党校；马奇在中国人民大学还担任着具体的行政工作，身体也不是很好，可能还因为他与教材编写组对美学研究对象问题的分歧，他不常到编写组。因此，在相当长的一段时间内，实际工作是由杨辛和田丁具体负责的。

（三）关于《美学概论》主编的选择问题

在访谈过程中，许多学者都不约而同地谈到了关于《美学概论》主编的选择问题，他们谈到了自己对这个问题的看法，但很多人都有困惑和疑问：为什么周扬没有选择其他人（特别是蔡仪先生）而选择了王朝闻先生担任《美学原理》的主编？由于当时人已经去世，笔者只能根据多位访谈者的看法，希望为这个问题的理解提供一些线索和推测性的结论。

2001年10月，王朝闻在回答笔者提问时曾经回忆说，在一次好多人参加的会议上，突然听说周扬要张光年、王朝闻主持高教部美学教材的编写工作。最初让张光年当主编，让我当副主编。张光年当众推掉了，周扬就让我来当这个主编。① 我们知道，张光年辞去了主编之后，周扬决定由王朝闻担任主编，这都是事实。但是，朱光潜、蔡仪、李泽厚专门从事美学研究，在美学大讨论中很有影响并发展成为独立的一派，新中国成立后黄药眠主要从事文艺理论研究，在美学讨论中也很活跃。而当时王朝闻是雕塑家，并没有专门从事美学研究，而且在美学讨论中也并不怎么活跃。但周扬为什么选择王朝闻担任《美学原理》的主编而没有选择其他人呢？

当时，李泽厚很年轻，黄药眠已经是"右派"了，他们显然不适宜担任主编。当时担任哲学组副组长、负责美学组联络工作的齐一先生认为，《美学原理》的主编要求是党员，而且蔡仪已经担任《文学概论》的主编，就让王朝闻担任了《美学原理》的主编。朱光潜不但不是党员，而且还有一段为国民党服务的经历，在美学讨论中他的美学思想曾经被视为资产阶级、唯心主义的靶子受到过批判，而且已经计划由他担任《西方美学史》的主编。从这些情况来看，朱光潜显然不合适担任《美学原理》的主编。所以，这些人中就蔡仪有担任主编的可能。

蔡仪是我国著名的马克思主义美学家，也是老党员，他新中国成立前在重庆"国统区"从事抗日救亡活动，曾经在郭沫若领导的第三厅工作，那时他就有多种文艺论著问世，其《新美学》是我国最早运用马克思主义来分析审美现象的美学著作，并且建构了独立而完整的美学体系。新中国成立后先是在北大文学研究所，后到中国科学院社会科学学部文学研究所的文学理论组，担任理论组组长，一直从事美学和文学理论的研究工作。但周扬却没有选择蔡仪担任《美学原理》的主编，而让他担任《文学概论》的主编。以至于聂振斌发出了这样的困惑："周扬让王朝闻主持编写《美学概论》，而不让蔡仪主持，却让蔡仪主持编写《文学概论》。其实，把他俩的工作调换一下可能更合适些，但不知为什么周扬不那么做。"② 这实际上也是令许多人费解的问题。

王朝闻是来自延安的艺术家和文艺评论家，五六十年代他已经创作了许多雕塑作品，出版过《新艺术创作论》等文艺评论著作，有丰富的艺

---

① 李世涛、戴阿宝：《王朝闻先生访谈录》，《东方丛刊》2002年第4期。
② 李世涛、戴阿宝：《聂振斌先生访谈录》，《文选前沿》（十），学苑出版社2005年版。

术创作和艺术欣赏的经验，当时他是中国美术家协会党组成员之一。但他没有专门地学习和研究过美学，在美学讨论中并不怎么活跃。但有一点可以肯定的是，他与周扬的私人关系一直很好。周扬做过延安"鲁艺"的院长，王朝闻曾经是"鲁艺"的学员，他们都曾经参加过延安文艺座谈会，1942年王朝闻为延安中央党校大礼堂创作了毛主席的雕像，后来又创作了刘胡兰塑像、民兵塑像，当时就很有名气。因此，在延安时他们就认识，加上他们之间的师生关系，这些因素都加深了周扬对王朝闻的信任。还有一件事可以说明周扬和王朝闻之间的关系。据王朝闻回忆，60年代，他的《一以当十》遭到批判，处境非常困难，他曾经向时任中宣部副部长的周扬求助，通过核查原书渡过了难关。[①] 而且，王朝闻知识面广、思想开放，很有艺术家的气质，容易与人沟通，做过管理工作，有灵活性，这些特点与周扬本人的性格有相通之处。后来，王朝闻自学理论，在华北大学就教过创作方法课，1948年在中央美院教的也是创作方法课，并开始发表理论方面的短论，想必周扬也了解王朝闻的这些经历和理论基础。所以，周扬可能既欣赏王朝闻的艺术修养，又认可其驾驭教材的理论水平，可能这就是周扬决定让王朝闻作《美学原理》主编的主要因素。此外，还有一些因素值得考虑：在美学讨论中，王朝闻写文章不多，不属于四派中的任何一派，这样更容易吸收美学讨论的成果，也有利于保障教材的客观性和全面性；全国研究美学的人员较为分散，由王朝闻出面，从组织上讲比较合理。

但蔡仪的情况就不同了。40年代，周扬主要在延安工作，蔡仪主要在"国统区"工作，不知道这段时间他们是否熟悉，可能他们之间的交往主要在新中国成立后。还有一点可以肯定的是，新中国成立后周扬与蔡仪之间的关系一直不太融洽。美学大讨论时，周扬在中宣部工作，美学讨论的选题也是经他同意后才展开的。美学讨论时，周扬希望朱光潜写文章作自我批评，并承诺他可以进行反批评，朱光潜的文章在《文艺报》、《新建设》都发过，既可以说明自己的观点，又可以反驳别人的批评，但蔡仪的有些文章却不允许发。[②] 这不可能不影响到他们之间的关系。之后，就是选择《美学原理》主编的事情了。后来发生的一些事情也说明了他们关系的不和谐，其中发生在编写《文学概论》中的一件事很有说服力。编写《文学概论》时，已经是反右、反修之后，为了适应形势，

---

① 李世涛、戴阿宝：《王朝闻先生访谈录》，《东方丛刊》2002年第4期。
② 李世涛、戴阿宝：《聂振斌先生访谈录》，《文选前沿》（十），学苑出版社2005年版。

突出毛泽东文艺思想的重要性，周扬要蔡仪在《文学概论》中贯彻毛泽东的文艺思想。但在蔡仪看来，文艺是反映生活的特殊方式，反映生活要有倾向性，也要有真实性，这与毛泽东文艺思想所坚持的文艺为政治服务、文艺是阶级斗争的工具有一定的距离。为此，蔡仪主张重新编一本《毛泽东文艺思想》的教材，使它与《文学概论》各有侧重，并让张炯、王燎荧负责编出了提纲。但两本书的提纲一起送给周扬后，被他否了，只让他编一本《文学概论》。结果，《文学概论》比较注重突出政治性，其学术性比《美学概论》要差些。① 他们的私人关系可能会影响到周扬的选择。关于周扬与蔡仪之间的关系，李泽厚认为："蔡仪嘛，周扬不喜欢他。当时有这样一个逻辑，认为政治上是马克思主义，那学术上也一定是马克思主义，便一定要高明一些。但到了蔡仪那里就行不通。周扬就是认为他不行。"② 从李泽厚的说法中，我们至少可以发现，周扬不大喜欢蔡仪，其原因就不得而知了。因此，我们还需要考虑其他因素，才可能全面地理解周扬没有让蔡仪担任《美学原理》主编的原因。

在这个问题上，毛崇杰认为，周扬与蔡仪没有私人过节，完全是思想体系不同的问题。周扬翻译过车尔尼雪夫斯基的《生活与美学》，其思想体系就是从车氏那里来的，是费尔巴哈式的人本主义，也很容易与《手稿》的人本主义联系起来。这样，就导致了两人理论体系上的不同。此外，我们还可以发现，蔡仪的美学研究严谨、逻辑性极强，是美的本质讨论中公认的一派，他批评过其他派别是反马克思主义，其他人也批评他是机械论，这个因素可能会涉及能否客观对待其他美学派别的问题；文学所是编写《文学概论》的重要力量，蔡仪在那里工作，如果把他与王朝闻调换一下，在管理、组织上都存在着舍近求远的问题，显得不太顺畅。

结合被采访者的这些看法，大概只能从这些因素来推测这个问题的答案了。从深层次看，周扬与蔡仪的美学体系不同，这影响到他们之间的关系。周扬可能无形中受到他与王朝闻、蔡仪关系的影响，也考虑到王朝闻与蔡仪各自的性格、研究特点和组织关系等方面的因素，才做出了这样的决定。这个问题看似无关紧要，但实际上却很重要，如果让蔡仪担任《美学原理》的主编，可能编出的教材与现在的《美学概论》会有很大的不同。但历史又是无法假设的！

---

① 李世涛：《杨晦、周扬与文学理论教材建设——胡经之先生访谈录》，《云梦学刊》2006年第3期。
② 戴阿宝：《我与共和国美学50年——李泽厚先生访谈录》，《文艺争鸣》2003年第1期。

（四）教材编写组的成员

最初参加教材编写的北大的老师有杨辛、甘霖、于民、李醒尘；人大的老师有马奇、田丁、袁振民、丁子霖、司有伦、李永庆、杨新泉。王朝闻担任主编后，调入了中国科学院社会科学学部哲学所的李泽厚、叶秀山；武汉大学哲学系的刘纲纪；山东大学中文系的周来祥；《红旗》杂志社的曹景元；北师大的刘宁；中央美术学院的佟景韩；音乐所的吴毓清；《美术》月刊的王靖宪（后来调往人民美术出版社）；中宣部文艺处的朱狄；兰州师院的洪毅然等。这些人都参与了教材的资料整理工作、讨论工作。

大约是1962年8月，王朝闻留下了李泽厚、叶秀山、刘纲纪、杨辛、甘霖、刘宁等一部分人，在党校继续写作，其他人都陆续回原单位工作。1964年，《美学原理》编写组写出了一部40多万字的讨论稿。1966年"文革"爆发，编书中断，编写组解散，大家回原单位。

"文革"后，王朝闻分头让参加过教材编写的社科院和北大的学者修改，杨辛、甘霖、李醒尘都做了不少工作。1979年的暑假，王朝闻又找了刘纲纪、刘宁和曹景元三人帮助他修改，最后由他本人与刘纲纪、曹景元定稿。

在编写教材过程中，老一辈的美学家不但亲自参加了教材的编写，还发挥了传帮带的作用，以其良好的学风、严谨的治学态度培养和熏陶了中青年学者，使他们在编写教材过程中学到了不少美学知识和研究方法，提高了自己的修养和美学研究水平，为以后的学术研究打好了基础。

（五）编写教材的过程

随着"大跃进"弊端的逐渐暴露，大学教学、教材的问题也显得非常突出。北大美学教研室和人大美学教研室成立之后，很快就要进行教学工作，教材建设也就被提到了议事日程。杨辛和马奇两位美学教研室主任商量后，决定两家合作在1962年7月之前，编写出一套马克思主义美学的教科书。据李醒尘回忆，1961年5月9日下午，两个美学教研室的部分同志在人大开会，讨论后共同制订了计划，马奇谈了几点注意事项：政治挂帅，理论联系实际，反对修正主义，贯彻党的二百方针，等等。参加这次会议的北大美学教研室的老师有杨辛、甘霖、于民和李醒尘，人大的有马奇、田丁、丁子霖、李永庆和杨新泉。

但是两校合作的计划很快就改变了。1961年5月27日,参加两校合作的老师被召集到民族饭店(位于当时的白象街)7楼48号开会,王朝闻主持会议,马奇传达了周扬的指示,决定把这些老师从北大、人大抽调出来,再与其他单位抽调的人一起组成美学原理编写组,由王朝闻担任主编,归全国文科教材办公室领导。他们将来与已经集中起来的《文学概论》、《现代文学》等编写组一样,都住到高级党校去集中编写教材,当时应该做的工作是搜集资料。

据李醒尘回忆,当时由于党校的住房还没有安排好,1961年6月13日,《美学原理》编写组暂时先到石驸马大街88号教育部招待所工作,编写组在这里住了两个月左右,期间的主要工作是搜集资料、读书、讨论和调人,也等待新调的人前来报到。在这段时间内,齐一给编写组同志传达过周总理在文艺座谈会上的讲话,王朝闻给编写组同志传达过周扬和陈毅有关文艺的讲话,并且大家都进行了认真的讨论。

1961年8月20日,《美学原理》编写组搬到了中央高级党校,那时大部分人已经报到了,8月31日开始讨论编书搭架子等主要事情。当时,美学组、哲学组住在党校的北楼,文学概论组、现代文学组住在党校的南楼,在同一个餐厅就餐。前后大约有20多人参加编写组的活动,北大的老师有杨辛、甘霖、于民、李醒尘,人大的老师有马奇、田丁、袁振民、丁子霖、司有伦、李永庆、杨新泉,后来陆续调入的有中国科学院哲学所的李泽厚、叶秀山,武大的刘纲纪,山东大学的周来祥,《红旗》杂志社的曹景元,北师大的刘宁,中央美院的佟景韩,音乐所的吴毓清,《美术》杂志的王靖宪,中宣部文艺处的朱狄,兰州师院的洪毅然等。其中,李醒尘和丁子霖负责资料工作。教材编写组还从北大、北师大的图书馆借来有关美学的书籍,建立了一个小图书室。

编书的前期工作主要是搜集资料、消化资料和讨论提纲。从开始编教材起,编写组就非常重视调查研究和资料建设。编写组拟定了中国美学资料选编,马克思、恩格斯论美;西方美学家论美和美感;西方现当代美学;苏联当代美学讨论;中国当代美学讨论;马克思的《1844年经济学—哲学手稿》论文选;西方主要国家大百科全书美学词条汇编七个专题,进行美学资料的搜集和整理工作。通过这些资料,编写组了解了中外美学研究状况,也了解了美学基本问题研究方面的新进展,为编写教材打下了牢固的基础。其中,有如于民先生一样专门整理美学资料的,也有如李泽厚、刘纲纪一样主要从事研究工作但也编资料的。编写组经讨论后确定,把马克思主义作为探讨美的本质的哲学基础,以马克思主义对"生活本质"、"人的本质"的论述和马克思主义实践观为根据,来处理美的本质、美的对象、审美主客体及其关系和审美现象。其中,美的本质是教材的重点和难点,对这个问题的处理会影响到整部书的主要观点、结论、结构。因此,主编王朝闻非常重视这个问题,他首先肯定美的本质是可以被逐渐认识的,然后带领大家反复地讨论这个问题。王朝闻曾经幽默地说:"这个问题好像在草堆中抓兔子,反正兔子就藏在草堆中,跑不掉,我们可以逐步缩小包围圈。"① 他把美的本质称为"红毛兔子",把美的本质的研究称为"抓红兔"。在他的带领和启发下,大家集思广益,在充分吸收前人研究成果的基础上,得出了自己的结论。据刘宁回忆,在编写教材过程中,王朝闻把自己丰富的艺术创作经验和欣赏经验讲给大家听,讲他对审美现象的认识。例如在颐和园休息时,他利用散步的机会,给大家分析了中国园林艺术的审美特色,如何在园林布局中做到动静结合、曲径通幽,以及达到以小见大、以一当十效果的方法等,使大家能够把抽象的理论与丰富多彩的审美现象结合起来,既提高了大家的审美修养和分析问题的能力,也有助于提高编写教材的质量。此外,编写组还请朱光潜等学者给编写组成员讲课,给大家带来了新的知识和信息,开阔了他们的学术视野。

  编书后期的主要任务是写作。大约是1962年8月,王朝闻留下了李泽厚、叶秀山、刘纲纪、杨辛、甘霖、刘宁等一部分人,在党校继续写作,其他同志就都陆续回原单位了。经历了一年多的时间,也就是1964年,《美学原理》编写组写出了一部40多万字的讨论稿(16开,人民文学出版社印刷后供内部使用,广泛地征求意见,但并没有出版)。1966年"文化大革命"爆发,整个编书工作被迫中断,美学编写组也随之解散了。

  "文革"后,美学研究开始复苏,美学教材又成了问题。在这时候,《美学原理》的修改和出版重新被提到议事日程。教育部要求重新修改这本书,并专门拨了款,人民出版社希望出版这本书,此书的责任编辑田士章希望能尽快修订、出版。

  王朝闻先是分头让社科院和北大参加过编书组的同志修改,但感到不满意。于是,王朝闻找了刘纲纪、刘宁和曹景元三人帮助他修改,由于大家比较忙,就把时间定在1979年的暑假。据刘宁回忆,这次修改,虽然全书的基本论点和章节安排没有作大的改动,但删节还是较多,对于争议

---

① 杨辛:《编写〈美学概论〉的一些回忆》(未刊稿)。

的问题，不作武断的结论。他们先到哈尔滨，后来为了避免干扰，就转移到了牡丹江的镜泊湖，用近一个月的时间，把全书讨论了一遍。在修改讨论中，他们希望教材尽可能全面地反映出美学研究的成果，并客观、系统地介绍和评介美学的基本知识。写进教材的，尽量依据材料加以论证，使其有理有据，也使读者容易理解。讲不清的，就存而不论。王朝闻有丰富的艺术创作和欣赏的经验，也有一套明确的见解。所以，整个教材的修改尽量体现王朝闻的艺术观，教材中艺术创作、艺术欣赏的部分，吸收他的观点更多。1981年6月这部教材由人民出版社正式出版，出版时书名改成了《美学概论》。

（六）编写教材时的资料建设

在《美学原理》的整个编写过程中，一直都非常重视资料工作。早在王朝闻担任主编之前，教材编写组的主要任务就是熟悉情况、读书、搜集资料。王朝闻到任之后，也非常重视资料的搜集和整理。

实际上，这时的资料工作是整个编写教材活动的一个重要环节和有机组成部分。但教材组的资料工作是有侧重的：前期编写组的主要工作就是根据各个专题进行资料的搜集、整理和汇编，参加讨论、撰稿的成员也大都参与了资料工作；虽然后期的主要工作转入讨论和撰稿，但又专门指定一些人从事资料工作，同时也要求他们参与对问题的讨论。

具体而言，承担搜集、整理和汇编各个专题资料的分工是这样的：刘纲纪主要负责马克思、恩格斯论美专题；于民负责中国美学思想史资料选编专题（宗白华指导了资料整理工作，提出了不少建议，实际上，他也参与了资料的整理工作，并最后定稿）；李醒尘等主要负责西方美学家论美和美感专题（朱光潜为准备《西方美学史》翻译了很多资料，原计划作为《西方美学史》的附编，但因为没有完成，就没有与《西方美学史》一起出版，由于这些材料没有发表，也就成为该专题的主要来源）；李泽厚主要负责现当代西方美学专题；刘宁主要负责苏联当代美学讨论专题。最后，《美学原理》编写组编出了《中国美学思想史资料选编》（油印本，三本）和《西方美学家论美和美感》（铅印，内部资料），编出的其他专题资料还有：马克思、恩格斯论美；苏联当代美学讨论；马克思《1844年经济学—哲学手稿》论文选；中国当代美学讨论；西方主要国家大百科全书美学词条的汇编。这些资料帮助了《美学原理》的编写者全面而系统地了解了这些专题的研究成果，极大地促进了教材的编写工作。从后来出版的《美学概论》中可以看到，许多资料都被吸收进了教材，教材在对美的本质的处理上借鉴了马克思主义的实践观，并非常重视马克思《1844年经济学—哲学手稿》的美学思想；教材列有专门的章节介绍了西方美学史、中国美学史对美的本质的理解。一方面，这些资料作为论据被教材的撰写者广泛地引用；另一方面，教材编写组对这些资料进行过多次的研究、讨论，在充分地消化和吸收这些材料的基础上，形成了该教材的基本观点。从现在看来，这些资料在当时还发挥了一种非常特殊的作用。在当时较为封闭的情况下，这些资料有助于开阔学者们的视野，从中外比较的角度考虑许多问题，为该教材吸收国外的学术成果提供了保障和条件，也提高了整个教材的学术水准。在这些资料中，朱光潜翻译的西方美学资料、刘宁整理的苏联美学研究的成果、李泽厚整理的西方现当代美学资料，以及编写组整理的马克思的《1844年经济学—哲学手稿》研究论文，都起到了开阔视野的作用。

如果仅从美学资料的建设而言，可以说当时的美学资料建设真正是一穷二白，因为在此之前，这些工作基本上就没有人做过。所以，整理美学资料面临着很多困难。其中，编选中国美学史资料的难度更大。这里仅仅以当时编选中国美学史资料的情况为例，就可以说明整理资料工作的艰辛。

中国历史悠久，有非常丰富的美学思想，但并不系统，而且大都分散在浩如烟海的典籍之中。而且，当时中国并没有真正意义上的美学，只有从国外传来的一些美学观念，还没有消化好，至于国外美学观念与中国审美现象的深入结合就更谈不上了，甚至连美是什么、美学是什么都缺乏统一的认识。因此，整理和编选中国美学史资料所面临的困难是可想而知的。

在这种困难的情况下，教材编写组中从事资料工作的同志充分发挥自己的主动性，并借助北大美学教研室的力量，终于完成了整理中国美学史资料的任务。实际上，这个项目最初是北大美学教研室的项目，后来于民被调到《美学原理》教材编写组，并负责编选中国美学史资料的工作，于民身兼两职。后来，这两个项目合并，这个项目也就成为《美学原理》教材编写组的项目，于民还动用了北大哲学系美学教研室的力量来完成这项工作，宗白华指导了资料的搜集、整理和最后定稿，于民和叶朗负责资料的搜集、整理。于民为此专门请教过朱光潜好多次，还从他那里借过《词话丛编》等书。宗白华学贯中西，对中西哲学、美学、艺术都有很深的造诣。恰好他也负责《中国美学史》教材的编写工作，于民就向他请教编写中国美学思想史资料的问题。宗白华认为，应该先有史，后有资料,他所说的"史"首先指的是文论史、画论史等,完成这些史之后,再编中国美学史资料。但教研室大部分教师的意见是,要从当时的实际出发,先做些资料的搜集和整理工作,然后再搞史。后来,教研室决定先搞资料,并让宗白华当主编,他同意了大家的意见。据于民回忆,在编选资料过程中,利用教材编写组的图书馆,还从其他图书室调来了很多图书,再从这些古代典籍中找出与美、审美有关的书籍。他们从这些书籍中,把凡是与审美、艺术有关的内容都摘录下来,再把美学史的资料与文论史的资料进行了区分,并编选成了最初的资料。这样编选的资料很多,经宗白华审定后,删去了将近一半多才定稿。最后,油印成三册供教材编写组使用。[①]

此外,在编选中国美学史资料时,他们还广泛地吸收了学术界的意见和建议,尽量提高整理资料工作的质量。在整理中国古典美学资料时,资料整理者曾经以"北京大学中国美学史资料编写组"的名义给当时中国著名的文史专家郭沫若、侯外庐、魏建功、刘大杰、黄药眠、郭绍虞等先生写信征求意见,这些专家都有回信。他们大都非常认真地阐明了自己的意见和建议,他们的回答不仅涉及中国古典美学领域,还涉及古代文化史、思想史和古代典籍等领域,这些意见包括了入选的范围、内容、分类、断代、体例等具体问题。虽然他们不是研究美学的专家,但他们所发表的意见和建议大都很中肯,有些意见和建议直到今天仍然很有参考意义,也很值得重视。例如郭沫若对入选资料的《尚书》部分发表了中肯的意见,指出了部分材料的真伪,建议注意克服资料汇编中可能出现的"大头症",并建议收录《书谱》;侯外庐建议,要把美学、文艺理论和文章学的资料区别开来;魏建功建议,按照时间线索进行分期,并且要有反映整个美学发展情况的总目;刘大杰补充了自己认为有价值的美学资料;黄药眠指出了分类中出现的不妥之处,并就分类发表了自己的意见,认为应该注意区分不同的阅读对象,并补充了自己认为应该入选的美学资料。当时,这些专家知识渊博,在文史界享有很高的声誉,这些意见和建议不仅对编写中国美学史资料起到了很大的作用,而且也鼓舞了资料和教材编写者的士气,有助于促使他们克服困难,顺利地完成这些任务。从今天的眼光来看,这些专家的意见和建议也仍然具有重要的参考价值。而且,他们都已经去世,这些书信也是研究他们学术思想的重要材料。

这些资料还对新时期以来的美学研究起到了非常重要的作用。"文

[①] 李世涛:《于民先生访谈录》,《云南艺术学院学报》2006年第4期。

革"后，北大美学教研室中从事中国美学史研究的部分学者对《中国美学思想史资料选编》进行了重新修订，最后由中华书局出版了《中国美学史资料选编》（上下卷）；"文革"后，在《西方美学家论美和美感》（铅印，内部资料）的基础上，北大美学教研室中从事西方美学史研究的部分学者对这些资料做了加工、补充，除了使用了朱光潜先生的译文外，还在缪灵珠先生家人的帮助，从缪先生遗稿中选用了部分资料，并最终编成了《西方美学家论美和美感》，由商务印书馆出版。此外，李泽厚负责编写的现当代西方美学专题以文章的形式发表了；苏联美学讨论专题资料基本上在刘纲纪主编的《美学述林》上发表了。这些资料在20世纪80年代的美学复苏和"美学热"中都发挥了很大的作用，对于人们认识中国美学发展史、西方美学发展史、马克思主义美学、苏联当代美学都起到了不可替代的作用。2001年，王朝闻先生还从另一个角度肯定了当年的资料整理工作的价值："'文革'之后，过去只做资料工作而未能参与撰写篇章的同志，大都能够独立作战，教授美学和出版专著，这与当年收集和整理资料是密切相关的。"[①] 而且，这些资料在今天仍然不失其重要的价值。迄今为止，其中的有些资料仍然是美学研究的基本参考书和必备书，《中国美学史资料选编》和《西方美学家论美和美感》仍然被现在的美学研究者频繁地征引。

（七）周扬与《美学原理》编写工作

周扬一生对文艺都具有浓厚的兴趣，也研究过文艺理论、美学。20世纪30年代周扬曾经在上海领导过"左联"的工作，延安时担任过"鲁艺"的院长，编辑出版过《马克思主义与文艺》，翻译过车尔尼雪夫斯基的《生活与美学》。周扬在延安时，朱先生给他写信，希望到延安去，但由于周扬的回信晚了一个月。当朱先生接到信时就已经在嘉定教书了，错过了到延安去的机会。实际上，五六十年代的美学讨论是在周扬提议下进行的，而且，《文艺报》的选题计划也是经周扬批准的，其主要目的是为了批判朱光潜的资产阶级美学思想的消极影响。在讨论之前，周扬与朱先生商量，先由他进行自我批评，同时还允诺他可以进行反批评，他对朱先生是比较尊重的。[②] 1958年，周扬在北大中文系作过一次《建设中国马克思主义美学》的演讲，也是他第一次提出了这样的口号，说明他对学苏

[①] 李世涛、戴阿宝：《王朝闻先生访谈录》，《东方丛刊》2002年第4期。
[②] 戴阿宝：《我与共和国美学50年——李泽厚先生访谈录》，《文艺争鸣》2003年第1期。

联和"大跃进"的过激做法并不满意。周扬的这些经历当然影响到了他对美学教材的规划。

在规划大学文科教材时,周扬分别选择王朝闻、朱光潜先生担任《美学原理》、《西方美学史》的主编。不知让宗白华担任《中国美学史》的主编是否是周扬的提议,但最终也是由他决定的。因此,可以说是周扬规划了美学教材,并选定了这些教材主编。

当周扬决定由王朝闻担任《美学原理》主编之后,就鼓励他说:"要钱给钱,要人给人,你可以按需要从全国调人。"① 与传统学科相比较而言,当时的美学研究力量很薄弱,研究人员也很分散,而且,《美学原理》教材编写组成立得比较晚。在这种情况下,他们从全国各地调来了新人,搬到中央高级党校,并很快地理顺了关系,进入了正常的工作状态。这应该与周扬的支持不无关系。

在教材的编写过程中,周扬更是对这部教材给予了关照,他多次到编写组,鼓舞大家的士气,并对一些包括整理美学资料、研究美的本质和美学研究队伍建设等在内的具体问题发表过意见和建议。

在整理资料期间,教材编写组曾做过几个专题性质的资料汇编,周扬在接见他们的时候,还专门肯定了他们这方面的成绩。刘宁还回忆起另外一件事。当时,从国外寄给洪毅然的材料说,马克思曾经给美国的大百科全书写过美学的词条,编写组特意把它翻译出来,并请朱光潜等一些专家来鉴定、讨论,最后被否了。这件事也惊动了周扬,他还专门过问过此事。

美的本质是全书的核心和重点,为了取得共识,编写组付出了很大的力量,不但阅读了很多材料,还组织过很多讨论,周扬对美的本质的研究也很关心。据杨辛回忆,当时周扬曾经说过:"至少要查一查门牌号,关于美的本质,历史上有哪些人谈过这个问题?对,对在哪里?错,错在什么地方?这个工作一定要做,一定要做好调查。"② 这对于研究前人在研究美的本质上的得失、编写组重新认识美的本质,都起到了积极的作用。

编写组刚开始工作,周扬在接见编写人员时,就寄希望于他们,希望能从他们中产生几个美学家。1961 年,周扬曾经说:"一个大儒(学者)在一个地区招一批徒弟(门生),一个带一批,在一批中又出几个,由这

---

① 李世涛、戴阿宝:《王朝闻先生访谈录》,《东方丛刊》2002 年第 4 期。
② 杨辛:《编写〈美学概论〉的一些回忆》(未刊稿)。

几个再去带一批，这样一来不断滚雪球地成长起来，形成一支队伍。"①也就是说，如果老一代能够身体力行地起到示范作用，年青一代能够好好地提高修养和知识水平，那么，借助于编写教材这件事，就可以不断地培养新的美学研究人才，促进美学队伍的建设。也许，在规划教材时，周扬就有这方面的考虑。

　　本文从以上七个方面还原了编写《美学原理》教材的情况，希望由此了解一些编写美学教材的事实，也加深我们对中国当代美学发展史的了解。如今，《美学原理》的编写活动距今已近半个世纪了。回顾这段历史，可以使我们清楚地了解当代美学所走过的曲折道路，总结经验、教训，以利于今后美学的健康发展。

---

① 杨辛：《编写〈美学概论〉的一些回忆》（未刊稿）。

本课题主旨报告及口述资料分析(之三)

一本教科书与一个学科的奠基
——《美学概论》编写活动的学术意义

《美学概论》是新中国成立之后的第一部美学原理教材,从开始编写到现在已经有近半个世纪了,将编写教材时的美学研究状况与现在的研究状况进行比较,不仅可以发现当代美学研究的进展,而且也可以更清楚地研究《美学概论》对中国当代美学的贡献及其学术意义。本文就是从这个视角来研究编写《美学概论》的学术意义的。

(一)

新中国建立之后,各行各业百废待兴,包括美学在内的学术研究也进入了新的历史时期。但与传统学科比较起来,美学的知识积累和建设都非常有限,不仅因为它是"舶来品",由国外传入中国尚未充分地发育,还因为它的学科意识并不强,诸如美学基本问题研究、美学分支学科的建立、美学史资料建设基本上都没有被提到议事日程,更谈不上自觉的学术研究了。甚至可以说是,在当时的历史条件下,美学研究的基础是一穷二白。

从新中国成立到编写《美学原理》之前,有关美学的学术活动也就是屈指可数的两个。第一个活动是 20 世纪五六十年代的美学大讨论。美学大讨论的主要目的并不是着眼于学术上的考虑,而是为了清除朱光潜的资产阶级美学思想的影响。美学讨论确立了探讨美的本质的哲学基础,讨论中形成了美的本质的四大派别。但对许多具体问题的讨论大都是着眼于从哲学上进行唯物主义、唯心主义的区分,与具体的审美现象、文艺现象较为脱离,可能与受到苏联美学讨论的影响有关。从美学讨论中可以发现,美学的普及程度令人担忧。另一个活动是美学讨论期间成立的美学小组的讨论活动。美学讨论开始后不久,在黄药眠先生、朱光潜先生等人的倡导下，1956年七八月份成立了美学小组，黄药眠、蔡仪、贺麟、宗白华、朱光潜、张光年、王朝闻等10多人参加过讨论，但进行过三次讨论后就停止了。① 从这些很有限的美学活动可以看出，当时美学研究的基础是多么的薄弱。此外，当时的美学研究还缺乏对中外美学史的系统梳理，对美的本质之外的美学理论的研究也很少，美学资料的建设工作基本上还没有展开。

再从美学研究队伍、美学研究机构的建制、美学教学和美学教材的建设等方面看，美学学科面临的问题更大。当时，即使在作为国家最高科研机构的中国科学院社会科学学部哲学所，也没有专门的研究美学的机构，只有李泽厚先生和主要研究西方哲学的叶秀山先生做些美学研究工作。在院系调整时，北大哲学系只是在辩证唯物论和历史唯物论教研室设置了美学组，1960年，北大哲学系美学教研室成立。稍后，中国人民大学哲学系也成立了美学教研室。新中国成立后，朱光潜先生主要从事美学研究工作，但最初他的编制在北大西语系；宗白华先生在北大哲学系。只是在建设中国的马克思主义美学的倡议中，宗先生等学者才调到了美学教研室，朱先生主要承担美学教研室的工作，但其编制仍然在哲学系。在美学教学方面，北大只开设了一些专题性质的美学课程，如朱光潜先生的西方美学专题课、宗白华先生的中国美学专题课、杨辛先生与甘霖先生的美学原理专题课程。从美学教师队伍来看，北大除了朱先生、宗先生外，其余的教师大都是从其他专业转入美学教学的，还有一部分则是从毕业生选出来的助教；人大美学教研室主任马奇先生是从伦理学转入美学教学的，其余的老师大都是刚留校的助教，讲美学原理课程的老师是一位在人大新闻系任教的苏联专家的妻子。在教学与教材方面，由于当时片面地强调学习苏联，北大哲学系美学教材使用的是苏联学者瓦·斯卡尔仁斯卡娅的《马克思列宁主义美学》，教材的哲学性强、与中国的审美现象较为脱节，学生也很难理解，美学教材、教学难以适应当时形势的发展。由是观之，美学的教材、教学和队伍建设也都很薄弱，难以适应时代发展的需要，只有从根本上改变这种状况，才能提高美学的研究水平、教学水平和人们的审美能力。

因此，在这种状况下，需要总结以往美学研究（特别是美学大讨论）的成果，形成一些共识，进行美学知识的积累，并建立起一套比较清晰的

---

① 李世涛：《"国家不幸诗家幸，赋到沧桑句便工"——敏泽先生访谈录》，《文艺研究》2003年第2期。

美学知识谱系，以教科书的形式确定下来。这样，既有助于以此为基础进行进一步的研究，也有助于进行美学的普及和提高工作，这也是一条促进当时美学发展的捷径。从这种意义上来说，《美学概论》的编写是时代发展的要求，也是中国当代美学发展链条上的一个不可或缺的环节，具有总结以往成果、开启新的道路的意义。当然，"文革"的爆发彻底地中断了处于起步状态的中国当代美学研究，也使《美学概论》成为新时期美学发展的一个重要基础和起点，由此也更凸现了其学术价值和意义。

（二）

《美学概论》是新中国成立后动员国家力量组织编写的第一部概论性质的美学教材，在中国当代美学史上具有开创意义。这样说，不仅因为它是新中国成立后编写的第一部美学原理教材，总结了以往美学研究（特别是美学大讨论）的成果，反映了新中国成立后相当长历史时期内美学研究的水准和美学界对美学问题的基本看法，具有多方面的学术史意义，更重要的是，它在促进美学的学科建设、资料建设和研究队伍建设等方面都做出了贡献，并极大地推动了新时期以来的美学研究、教学、教材建设和美学普及工作。这里主要以《美学概论》的编写活动为考察对象，探讨这个活动在中国当代美学史上的意义，而《美学概论》是教材编写活动的主要目的和最重要的成果。这样，考察编写教材活动的意义，首先就需要考察《美学概论》的学术史意义。因此，本文既包括了对《美学概论》的学术史意义的研究，也包括了对编写教材的其他活动的学术意义的研究，这里首先来分析《美学概论》的学术史意义。

第一，总结了新中国成立后美学研究（特别是美学讨论）的成果，形成了对美、美学的比较系统的、自成一家的解释，代表了新中国成立后中国美学研究的学术水准，基本上反映了中国当代美学研究的成绩，成为中国当代美学研究的重要收获。

（1）《美学概论》对美的本质的研究在当时达到了新的高度。美学讨论的主要成果之一便是形成了研究美的本质的四个派别。作为教材，应该吸收这些成果，客观地介绍和评价这些观点，但又不能仅仅拘泥于这些成果，应该把美的本质的研究向前推进一步，并要求能够自圆其说，形成自己的一家之言，这显然是一个挑战。而且，美的本质又是教材的核心和重点，它影响到对美学的其他问题的理解，也影响到整个教材的结构和章节安排。为此，主编王朝闻调动大家的积极性，群策群力，依靠集体智慧，终于达成了共识。编写组经过多次研讨马克思主义经典作家的理论论著，中西美学史对美的本质的解释，形成了研究美的本质的思路。这就是，把马克思主义的实践观作为探讨美的本质的哲学基础，以马克思主义对"生活本质"、"人的本质"的理解为指导，从实践中主体与客体之间的辩证的、相互作用的关系中认识美的客观性与主观性，以全面地掌握美的本质。为此，既要克服纯粹从主观或客观研究美的本质的倾向，又要反对机械唯物主义或人本主义式的理解方式。由此得出了这样的结论："美是人们创造生活、改造世界的能动活动及其在现实中的实现或对象化。作为一个客观的对象，美是一个感性具体的存在，它一方面是一个合规律的存在，体现着自然和社会发展的规律，一方面又是人的能动创造的结果。所以美是包含或体现社会生活的本质、规律，能够引起人们特定情感反映的具体形象（包括社会形象、自然形象和艺术形象）。由此可见，就其本质而言，美并不是事物的某种与人无关的自然属性，也不是意识、精神的虚幻投影，而是事物的一种客观的社会价值或社会属性。这也就是美的客观社会性。"① 从这个定义可以看到，教材既吸收、总结了美学讨论中萌芽的从实践探讨美的成果，也注意了价值的视角，从而形成了对美的本质的新的理解。

（2）当时的教材对许多具体问题的研究都达到了新的高度，至今仍然具有价值。在当时的条件下，心理学问题经常被视为唯心主义，对诸如包括感觉、知觉、联想与想象、情感、思维等在内的审美感受的心理形式的研究显得有些不合时宜。但教材在研究这些问题时，并没有采用简单化的处理办法，通过贴标签将其打发掉，而是结合审美体验或艺术的特点，具体地分析了它们在审美活动中所发挥的独特的作用，无疑有助于真实地认识审美活动的特点。此外，教材在分析形式的作用时，结合艺术谈到了它的作用，并没有仅仅把它作为内容的可有可无的陪衬或附庸，这为后来美学界探索形式美的意义奠定了基础。

（3）《美学概论》对美学研究对象的界定有利于教学。该教材对美学研究对象的界定是这样的："美学则研究在社会实践基础上产生的客观现实的美和人对现实的审美关系的反映，揭示审美活动的普遍规律。"② 也就是说，美学研究对象应该包括客观现实的美、审美意识和审美规律，而审美意识又包括审美感受、审美趣味、审美理想等内容，教材对这些研究对象都作了深入的分析。此外，教材还非常重视对艺术的研究，这也构成

---

① 王朝闻主编：《美学概论》，人民出版社1981年版，第29页。
② 同上书，第3页。

了这部教材的一个特色。我们知道，以黑格尔为代表的许多美学家都主张，美学研究的对象应该是艺术哲学，教材部分地接受了这个观念，加重了艺术哲学研究的分量。在他们看来，艺术与美学的关系是这样的："因为艺术既是社会的审美意识（包括审美感受、审美趣味、审美理想等在内）的集中表现，又是比现实生活本身更便于把握的、更有普遍性的审美对象，它对于形成和发展社会的审美意识起着积极的作用，社会的审美意识对社会的实践斗争的反作用和艺术的创造与欣赏密切相关；美的研究如果离开了艺术，就会局限在单纯从哲学上和心理学上对美的本质、审美感受、审美趣味等作抽象分析，使美的研究失去丰富具体的社会历史内容，既无从真正认识美和审美感受、审美趣味等的本质，又无从积极作用于艺术的发展，最终导致美学与社会实践相脱离。"[1] 这样，一方面把美学的研究对象视为客观现实的美、审美意识和审美规律；另一方面又把美学的研究对象视为艺术哲学。实际上，正是在这两种观念的指导下，教材才大大地拓展了美学研究的范围，并据此安排了全书的章节。《美学概论》除了绪论、后记外，其章节依此分为审美对象、审美意识、艺术家、艺术创作活动、艺术作品、艺术的欣赏与批评共六章，由此可见艺术哲学在教材中的分量了。可能考虑到他们的研究目的是为了编写教材，综合这两种看法会比较全面，也利于教学，而不必为了研究的自足性仅仅采用一种观点。这样处理美学的研究对象，促进了美学与艺术的结合，有助于通过艺术现象理解美学问题，但也破坏了教材的独立性和自足性，有拼凑之嫌。也许是发现了这种做法的局限，新时期许多原理、概论性质的美学教科书就避免了这种综合。

第二，探索了从实践角度研究美学的各种可能，为后来深化实践论美学研究提供了重要的起点。在五六十年代的美学讨论中，已经有论者尝试从实践的角度来研究美学，还吸收了一些马克思的《1844年经济学—哲学手稿》中的思想，但并不是很自觉。在编写教材时，编写组明确地把马克思主义作为指导思想，反复地学习诸如《〈政治经济学批判〉导言》、《关于费尔巴哈的提纲》、毛泽东的《实践论》等马克思主义的经典论著，还专门选编了关于《1844年经济学—哲学手稿》专题的论文选。经过对这些著作的多次研讨，编写组认识到马克思主义的实践观之于美学研究的重要意义，并把实践观贯彻到对许多具体问题的研究之中。

教材就是从实践的视角来解释美的本质的。编写组对实践的重视对实

---

[1] 王朝闻主编：《美学概论》，人民出版社1981年版，第6页。

践论美学的产生和发展起到了很大的作用。在实践论美学中,李泽厚先生、刘纲纪先生和蒋孔阳先生的影响最大,前二人都参加了教材编写组,李泽厚在美学大讨论中就尝试从实践的角度研究美学问题。在教材组研讨美的本质的过程中,吸收了李泽厚先生的很多思想;刘纲纪先生参加了教材的定稿工作。"文革"后,他们又从各自不同的角度发挥了实践论美学。因此,可以说教材编写组从实践角度对美学问题的探讨,对实践论美学有很大的影响。此外,在分析自然美、社会美、审美意识、审美主客体之间关系、美的主观性与社会性、审美规律,以及美、艺术与客观世界的关系时,都贯穿了马克思主义实践观的精神。真、善、美三者之间的关系非常密切,也很重要,作为美学原理教材,理应对此做出合理的解释。教材正是从实践的角度来看待它们之间的关系的:"真、善、美,就其历史的发生发展来说,只有当人在实践中掌握了客观世界的规律(真),并运用于实践,达到了改造世界的目的,实现了善,才可能有美的存在。但作为历史的成果、作为客观的对象来看,真、善、美是客观对象的密不可分地联系在一起的三个方面。人类的社会实践,就它体现客观规律性或符合于客观规律的方面去看是真,就它符合于一定时代阶级的利益、需要和目的的方面去看是善,就它是人的能动的创造力量的具体表现方面去看是美。"[1] 以实践为出发点,从人类的实践活动中揭示了真、善、美各自的特点,以及三者之间的联系和区别。这里需要说明的是,由于教材是从实践的视角来观照艺术与美之间的关系的,即"总的说来,社会实践在客观方面产生了客观世界的美,在主观方面产生了人对客观世界的审美意识,艺术则是审美意识的物质形态化了的集中表现"。[2] 因此,艺术哲学就成为美学的研究对象,这也是教材研究大量的艺术现象,并把艺术哲学作为美学研究对象的依据之一。

第三,《美学概论》对美学教材建设具有重要的示范意义。"文革"后,美学教育和美学研究复苏,美学教材建设又被重新提到了议事日程,在王朝闻的主持下,及时地修改、出版了《美学概论》。当时,美学很受欢迎,但大学美学教学没有教材,《美学概论》填补了这一空白,也为当时的美学研究提供了必要的参考书,并成为推动当时的"美学热"的重要因素之一。从现在来看,作为教材,《美学概论》仍然有示范作用和参照意义,其经验也值得总结和发扬。

---

[1] 王朝闻主编:《美学概论》,人民出版社1981年版,第34—35页。
[2] 同上书,第6页。

（1）编写组尊重学术和学术规律，以严肃、严谨的态度对待学术问题。在编写教材的时候，各种政治运动不断，对意识形态的重视到了无以复加的程度，追求政治上的正确和思想上的进步几乎成为学术无意识。在这种情况下，编写组把编写教材工作主要作为一项学术事业来对待，克服了时代的局限，将政治运动的消极影响减到了最小。尽管因受到了左倾思想的影响而不可避免地打上了时代的烙印，但教材的主要观点大都经受住了时代的考验和检验。这既需要对政治形势的洞察和对学术规律的掌握，又需要合适地把握二者之间的平衡，更是对胆识、勇气和智慧的考验。正因为基本观点和框架没有大的变动，所以"文革"后《美学概论》的修改工作才比较顺利，这也是他们的一个重要经验。"大跃进"期间编写的许多教材、大学文科教材建设的有些教材，都因为没有处理好学术与时代之间的关系问题，而留下了不少遗憾，类似的问题今天仍然存在。因此，《美学概论》编写组的经验值得今后的教材编写工作重视和发扬。

（2）《美学概论》总结了新中国成立后美学研究的成果，发挥了它应有的历史作用，起到了不可替代的作用。编写《美学原理》的主要目的是为了克服当时大学教材的混乱和贫乏，但由于历史原因，"文革"前没有出版。"文革"后，教材及时出版，填补了大学美学没有教科书的空白。《美学概论》客观而系统地介绍了美学知识，持论公允，建立了独立而完整的体系，又能够自圆其说，在理论的表述上又通俗易懂，比较适合教学，出版后受到了师生的欢迎。《美学原理》总结了五六十年代中国美学研究的成果，修改时又吸收了70年代末、80年代初的美学研究成果，其基本观点和许多主要观点仍然能够成立。这样，《美学概论》成为当时美学研究的重要参考书，其许多观念都成为后来的美学研究的起点和基础。因此，从这些方面看，《美学概论》已经完成了自己的历史使命。

（3）《美学概论》还具有承上启下的作用，影响了它之后的美学原理类教材的编写，仍有其现实意义。通过对比这类教材，我们可以发现，从《美学概论》出版到现在，虽然出版了许多美学原理、概论类的教材，但它们受《美学概论》的影响是很大的，其相似性能够从基本思路、主要观点和章节安排等方面反映出来。杨辛、甘霖先生编写的《美学原理》的影响仅次于《美学概论》，通过对比这两本教材的章节安排和对美的本质的解释，就足以反映《美学概论》的影响了。《美学原理》全书分为十七章，章节的安排依此为：什么是美学，西方美学史上对美的本质的探讨，中国美学史上对美的本质的探讨，美的本质的探索，真善美和丑，美的产生，社会美，自然美，形式美，艺术美，意境与传神，艺术的分类及各类艺术的特征，优美与崇高，悲剧，喜剧，美感的社会根源和反映形式的特征，美感的共性与个性和客观标准。我们由此可以发现《美学原理》的特点：它非常重视形式美，并列有专门的章节进行详细的分析；从章节安排看，它只是把艺术美作为与社会美、自然美和形式美并列的美的类型，并没有像《美学概论》那样部分地接受了艺术哲学是美学研究对象的观念。甚至可以说，《美学原理》所涉及的绝大部分内容和审美范畴都可以在《美学概论》中找到，分析问题的许多思路、方法和结论也基本相同。此外，《美学原理》以马克思主义对"人的本质"、"生活的本质"和社会实践的解释为基础，进而转入对美的本质的解释："美是人的自由创造的形象体现。在自由创造中主观与客观、自由与必然、内容和形式是统一的。"① 这个结论与《美学概论》对美的本质的解释也非常相似。从这些方面看，《美学概论》对新时期以来的美学原理教材的影响是深远的。

《美学概论》自 1981 年由人民出版社出版后，迄今为止仍在重印，甚至现在还被作为"中国文库"的一种由中国出版集团继续刊行。即使是在后来美学原理、概论性质的教材和著作不断出版的情况下，《美学概论》仍然被一些学校作为教材或教学参考书继续使用，这也从另一方面说明了其超越性、学术生命力和影响力。

（三）

就教材编写组的全部学术活动而言，编写《美学概论》只是其中的一项工作，编写组还有其他学术活动，而且这些活动都促进了美学人才的培养。因此，虽然《美学概论》是教材编写活动的最重要的成果，但仅仅研究其学术史意义并不能全面地说明整个教材编写活动的意义，这里主要研究教材编写活动在资料建设和培养美学人才方面的意义。

第一，教材编写活动促进了美学资料建设。（1）搜集整理资料是编写教材的重要的准备工作，在编写教材的过程中，教材编写组在美学资料的搜集、整理和汇编等方面，做了大量的工作，其中的一些工作很有开拓性。这些美学资料包括马克思、恩格斯论美专题；中国美学思想史资料选编；西方美学家论美和美感专题；现当代西方美学专题；苏联当代美学讨论专题；马克思《1844 年经济学—哲学手稿》论文选；西方主要国家大百科全书美学词条的汇编。最后，《美学原理》编写组编出了《中国美学思想史资料选编》（油印本，三本）和《西方美学家论美和美感》（铅

---

① 杨辛、甘霖编：《美学原理》，北京大学出版社 2001 年版，第 316 页。

印，内部资料）。1979年，由中华书局出版了《中国美学史资料选编》（上下卷）；由商务印书馆出版了《西方美学家论美和美感》；李泽厚先生负责编写的现当代西方美学专题以文章的形式发表了；苏联美学讨论专题资料基本上在刘纲纪主编的《美学述林》上发表了。这些资料发表、出版以后，在20世纪80年代的美学复苏和"美学热"中都发挥了很大的作用，对于人们系统地认识中国美学发展史、西方美学发展史、马克思主义美学、苏联当代美学都起到了不可替代的作用。（2）有些资料选编工作具有开拓性意义，为美学资料建设奠定了良好的基础，也为以后的美学资料选编工作提供了很好的参照。其中，《中国美学史资料选编》的选编就属于这种类型的资料建设。中国具有丰富的美学思想，但大都很分散，以前没有人做过这样的工作，加上当时对美是什么、美学是什么都不是很清楚。这样，选编工作不仅工作量大，而且还面临着许多理论上的困惑。但这些学者充分发挥自己的主动性，借助北大美学教研室的力量，在宗白华先生的指导下，终于完成了任务。因此，这些工作具有较大的开创性和多方面的学术意义，不仅这些资料有助于系统而全面地理解中国美学的发展，而且资料的甄别、鉴定、分类、取舍的标准、经验和失误，都为以后的中国美学史资料整理工作提供了参考，并发挥着潜移默化的影响。之后虽然有多种中国美学史资料的选本，但大都参考了《中国美学史资料选编》，其影响是深远的。此外，当时一批文史学者对选编中国美学史资料的意见、建议仍然值得现在的美学研究者重视。当时在选编中国美学史资料时，宗白华先生认为，应该先撰写出文论史、画论史等具体艺术门类的理论史，然后再编中国美学史资料。宗先生学贯中西，对中西哲学、美学、艺术都很有研究，他的设想肯定有其根据，但由于当时特定的情况，这个设想不太符合实际，也很难做到。如今，中国古代文论史、画论史、建筑理论史、书法史等理论的研究都有很大的进展，美学资料的整理和美学基本理论的研究也都有了很大的进展，也具备了宗先生所设想的选编中国美学史资料的条件。我们能否根据宗先生的设想，选编出一部更为完备的中国美学史资料汇编呢？起码可以充分地吸收这些具体艺术门类的理论研究的成果，在重新阐释旧的资料、纠正以前的错误理解和挖掘新的有价值的资料等方面，促进美学资料建设工作。在当时编选中国美学史资料时，资料整理者曾经以"北京大学中国美学史资料编写组"的名义给当时中国著名的文史专家郭沫若、侯外庐、魏建功、刘大杰、黄药眠、郭绍虞等先生写信征求意见，他们就分期、体例、材料的真伪、篇目的选择等问题，发表了自己的意见和建议，这些意见和建议不仅对当时编写中国美学史资料起到了很大的作用,就现在看来,这些专家的结论、意见和建议仍然具有参考价值,也值得从事中国美学史研究的学者认真对待。①
(3) 有些资料在今天尚不失其重要的参考价值,仍然被广泛地使用,继续发挥着作用。其中,《中国美学史资料选编》和《西方美学家论美和美感》现在仍然是美学研究者的重要参考书和工具书,引用率还很高。当时,《西方美学家论美和美感》主要是从朱光潜先生翻译的译文选编出来的,朱先生的美学素养颇深,又长期留学英国,驾驭语言的能力很强,由他翻译西方美学资料是非常合适的,也很有质量保障;出版时又补充了一些缪灵珠先生翻译的西方美学资料,缪先生是老一代的外国文学研究专家,学养很好,曾经翻译过许多美学、文艺理论论著。他们的眼光和翻译水平,都保障了这本资料的学术水准,也是至今不失其价值的主要原因。
(4) 资料是学术研究的基础,资料的整理、甄别和正确运用是培养与提高研究能力的重要步骤,当时的资料搜集整理汇编工作提高了教材编写者的能力,即使那些当时从事资料搜集整理汇编工作但没有撰写教材的同志,也在搜集整理汇编资料工作中提高了自己的能力,在"文革"后都可以独立地从事教学和科研工作,这也是当时搜集整理汇编资料工作的意义。其中,于民先生在"文革"后除撰写的研究论著外,还继续选编了包括《中国古典美学举要》等在内的多种中国古典美学资料的选本,这些成果的取得与当时所做的资料整理工作有很大的关系。刘宁先生编辑的苏联当代美学讨论的资料在编写教材过程中发挥了一定的作用,"文革"后他把这些材料修改后曾经在全国第一届美学讲习班授过课,后来又发表在刘纲纪主编的《美学述林》上,这些材料在促进学术界对苏联美学的认识方面发挥了很重要的作用。在编写教材过程中,李泽厚负责整理西方现当代美学资料的工作,他在"文革"后主持翻译了包括许多西方现当代美学代表作在内的"美学译文丛书",这可能与他当年从事资料整理工作的经历不无关系。

第二,编写教材活动为中国培养了一支基础良好的美学队伍,他们在"文革"后的美学研究和美学教学中发挥了不可替代的作用。在编写教材过程中,老一辈的美学家王朝闻先生、朱光潜先生、宗白华先生不仅为编写教材做出了贡献,还发挥了传帮带的作用,以其良好的学风、严谨的治学态度培养和熏陶了中青年学者。中青年学者不但为编写教材贡献了力量,而且还从美学资料的搜集与运用、具体的研究和写作等各个环节学到

---

① 李世涛:《于民先生访谈录》,《云南艺术学院学报》2006年第4期。

了不少知识和研究方法，提高了自己的知识修养和美学研究水平，为今后的学术研究打下了良好的基础。而且，主编王朝闻先生针对参编者的不同特点和优势进行分工，不仅有利于整个教材的研究和编写，也发挥了他们的长处。比如李泽厚先生在美学大讨论中崭露头角，成为公认的一派，教材组在讨论、确定美的定义时，吸收了他的许多看法，还让他承担了搜集与整理西方当代美学资料的工作；于民先生在宗白华先生的指导下，从事中国古典美学资料的搜集和整理；刘宁先生从苏联留学回来，又有教学的经历，就让他整理苏联当代美学讨论的资料，并让他参加了教材的最后定稿；李醒尘先生原来是朱光潜先生的助教，在朱先生指导下从事西方美学的研究和教学工作，在编写组除负责资料工作外，还承担了选编《西方美学家论美和美感》的任务。参加教材编写的其他人员也都承担了适合自己的工作。后来，参加过教材编写工作的学者，在"文革"后大都重新以美学为业，成为中国美学研究和教学的骨干。杨辛和周来祥先生的美学基本原理研究，李泽厚、刘纲纪和于民等先生的中国美学研究，马奇、李醒尘和朱狄先生的西方美学研究，李泽厚和刘纲纪先生的实践论美学研究，都是"文革"后中国美学研究的重要组成部分。也有一些学者调整了研究方向。其中，李泽厚先生成为"文革"后人文社会科学研究领域中有重要影响的学者，他在哲学、思想史和美学等多个学科都有建树，但他的美学论著在其整个学术著述中所占的分量很大，其美学研究也占据了其学术研究的重要地位。虽然叶秀山先生后来转搞哲学（特别是西方哲学）研究，但仍有不少美学方面的论著问世，其20世纪90年代出版的《美的哲学》现在仍然很有影响。刘宁先生后来主要从事俄苏文学史、文学批评史和文学理论研究，出版过《俄苏文学批评史》、《俄国文学批评史》等著作，翻译过《历史诗学》等批评、理论论著，应当说，这些成果与他当年的经历关系密切，甚至可以说这些成果直接受惠于他在整理与翻译苏联美学讨论资料时的学术训练。

从这些学者的构成来说，他们主要来自于中国科学院社会科学学部哲学所（也就是后来的中国社会科学院哲学所）、北京大学、中国人民大学、武汉大学、山东大学等重要的美学研究机构。编写完教材之后，他们基本上又返回到这些机构，重新承担起研究和教学任务，并成为这些机构中的骨干力量，为"文革"后美学的发展做出了重要的贡献。如果没有这次教材编写活动，以及他们在这个过程中所接受的培养和学术训练，"文革"后中国美学的研究队伍和整体的研究水平都是难以想象的。

从编写教材到现在，已经将近半个世纪了。从学科的发展状况看，现在的美学研究在美学原理、美学史、应用美学和美学资料建设方面都取得了可观的成绩，在研究机构的建制、专业研究队伍的培养、美学教育和美学教材建设等方面也都有了一定的基础。这些成绩与新中国成立后第一代美学家的努力密不可分，他们的辛勤耕耘既从某种程度上改变了当时美学研究中起点底、研究薄弱的状况，又为后来的美学研究奠定了良好的基础。其中，编写《美学概论》是这些奠基性工作之一，也是中国当代美学发展史上不可或缺的一环。追溯这段学术史，研究美学教材编写活动，不仅仅是为了回顾过去、检视我们走过的曲折道路，更重要的是认识现在的美学研究的成绩与局限，少走弯路，以促进、深化美学的发展。

本课题主旨报告及口述资料分析（之四）

中国当代美学史上的全国高校美学教师进修班

新中国成立后，美学还不是显学，经过20世纪五六十年代的美学大讨论后，美学得到了学界的高度关注。之后，随着全国高等院校系的调整，北京大学、中国人民大学分别成立了美学教研室，开设美学课，中宣部、高教部开始组织编写国家级的美学教材。美学的研究、教育和普及逐渐恢复。但是，随着"文革"的爆发，这种局面发生了逆转。粉碎"四人帮"以后，随着大学教育、学术研究走上正轨，高校美学课的开设也提到了议事日程。一个重要的问题也随之而来，就是开设美学课急需大量的美学教师，但是"文革"导致了整个美学学科的荒芜，更不必说高校美学教师的培养了。为了教学的正常开展，只有在较短的时间内，通过大规模的培训，以传帮带的方式提高原有教师的知识水平和教学水平，加速培养新教师。而且，80年代知识传播的速度和渠道也远没有现在这样快捷、丰富。在这种历史背景下，高等院校美学进修班就应运而生了。事实证明，这种形式是行之有效的，确实一定程度地满足了当时高校对美学教师的需求，缓解了美学教师的"饥荒"，满足了美学界对新知识的渴求，促进了美学的普及。后来，这种形式被保留了下来，随着"美学热"的到来，为了满足社会对美学、审美的需要，新的进修班又出现了。就全国性的高校美学教师进修班（不包括类似于"美育"这样的具体领域的进修班）而言，共举行过四次，下面分而述之。

第一期全国高等院校美学教师进修班

在1980年6月召开的全国第一次美学会议上，参加会议的学者建议，为了满足当时兴起的"美学热"，高校应该尽快开设美学课，希望教育部出面，搞一个全国性美学教师的进修班。后来，教育部委托全国高校美学研究会和北京师范大学共同举办全国高校美学教师进修班。在北师大哲学系的支持下，1980年10月，进修班在北京师范大学正式开学。第一届美学进修班的正式学员（30人）大都是国家省市重点大学的老师、文艺工作者和新闻出版单位的工作者，他们来自全国29所高等院校和文化艺术单位，常住北师大学习，还有些北京市、河北省等高校的走读生、旁听生，所有学员加起来有100多名。班主任是全国美学学会常务理事、全国高校美学研究会会长、中国人民大学哲学系教授马奇，北京师范大学哲学系李范和北京舞蹈学院朱立人是副班主任，他们协助马奇做进修班的教务行政工作，管理学员们的学习和生活。马奇负责进修班的管理、组织工作，还主讲了马克思的《1844年经济学—哲学手稿》与美学的问题。第一届全国美学教师进修班从1980年10月开始，持续了四个月，到1981年1月结束。学员们结业后，返回各自的学校继续从事美学的教学、研究工作。

  进修班邀请了中国社会科学院、北京大学、中国艺术研究院、中国人民大学、北京师范大学、中央美术学院、北京舞蹈学院、北京电影学院等单位的专家学者为学员们授课。授课的内容非常丰富，包括美学理论、美学史、马克思主义美学、艺术史、艺术创作、艺术欣赏等。具体的讲课题目分别为：朱光潜（北京大学教授）的《怎样学美学》；李泽厚（中国社会科学院研究员）的《美学的对象》；汝信（中国社会科学院研究员）的《谈谈美学研究中的两个问题》；蔡仪（中国社会科学院研究员）的《关于〈1844年经济学—哲学手稿〉和美学研究中的几个问题》；马奇（中国人民大学教授）的《马克思〈1844年经济学—哲学手稿〉与美学问题》；陆梅林（中国艺术研究院研究员）的《马克思恩格斯美学思想初探》；杨辛、甘霖（北京大学教授）的《关于美的本质问题的一些探索》；克地（北京大学教授）的《美感》；赵璧如（中国社会科学院研究员）的《想象与艺术形象》；敏泽（中国社会科学院研究员）的《关于中国古代美学的几个问题》；葛路（北京大学教授）的《魏晋南北朝的艺术美》；朱狄（中国社会科学院研究员）的《现代西方关于美的本质的争论》；刘宁（北京师范大学教授）的《苏联美学现状简介》；王朝闻（中国艺术研究院研究员）的《艺术的创作与欣赏》；程代熙（人民文学出版社编审）的《论现实主义的源流》；周荫昌（解放军艺术学院教授）的《音乐形象的美学特征》；钱绍武（中央美术学院教授）的《雕塑和美》；许淑英（北京舞蹈学院教授）的《中国民族民间舞蹈美的规律初探》；贾作光（北京舞蹈学院教授）的《论舞蹈艺术》；郑雪莱（中国艺术研究院研究员）的《电影美学研究的几个问题》。此外，北京大学的宗白华、北京电影学院的黄式宪等老师也受邀为学员们授了课,只是后来出版的《美学讲演集》没有收录他们的讲稿。

三十多年后,当年的进修班学员楼昔勇(华东师范大学中文系教授)为我们还原了当时授课的大致情况。据他回忆,北京大学哲学系朱光潜讲了进修班的第一堂课,题目是"怎样学美学",主要内容有:要懂点文艺,学好马列主义,多学习些历史、心理学、哲学、社会学的知识,重视外语学习、至少掌握一门外语。中国社会科学院文学所蔡仪讲了第二次课,主要内容是关于《1844年经济学—哲学手稿》一些问题的看法、对实践观点和相关问题的看法、对自然美的一些问题的看法。中国艺术研究院王朝闻主要讲了艺术的创造、创作和欣赏。北京大学哲学系宗白华在中国音乐学院(现在的恭王府)以座谈会的方式主要讲了三个问题:从比较的角度看中国美学的特点;重视研究中国人美感的发展史;艺术创作应该自由地实践、探索。北京大学哲学系杨辛、甘霖讲课的题目是"关于美的本质问题的一些探索",中国社会科学院赵璧如讲了"想象与艺术形象",北京大学哲学系葛路讲了"魏晋南北朝的艺术美",北京大学哲学系克地讲了美感问题。一些中年学者也受邀讲课。中国社会科学院汝信在讲课中特别强调,当前的美学研究必须加强对历史问题和对人的研究。中国社会科学院哲学所李泽厚讲课的题目是"美学的对象问题",但他并没有按讲稿讲,而是与学员们随便交谈,他高度评价了《1844年经济学—哲学手稿》,还谈了审美理解问题,尤为强调情感之于审美理解的作用。中国社会科学院哲学所朱狄讲了"现代西方关于美的本质的争论",北京师范大学刘宁讲课的题目是"苏联当代美学中的几个问题",中国艺术研究院郑雪莱讲课的题目是"电影美学研究的几个问题"。有的授课老师专门从事艺术实践,他们帮助学员们体验、感受了现代艺术。北京电影学院黄式宪为学员们讲了西方电影中的意识流问题,讲课时,学员们观摩了一部意大利影片《$8\frac{1}{2}$》,黄老师亲自为学员们讲解。解放军艺术学院周荫昌讲了"音乐形象的作用和意义"、"音乐形象的美学特征"等问题,她还以《中国人民解放军进行曲》的开头为例,启发学员体会音乐形象。有的老师是艺术理论与创作、表演相结合的专家型学者,中央美术学院钱绍武结合雕塑实践,讲了雕塑语言的问题。北京舞蹈学院贾作光重点讲了舞蹈节奏的美,他把舞蹈节奏概括总结为"轻、稳、准、洁、敏、柔、键、韵、美、情",结合其表演细致地分析这些特点,他表演的其代表作《鹰舞》很震撼。北京舞蹈学院许淑英主要讲了民族舞与现代舞、外国舞的区别，以及民族舞与民族地区、民俗特点的关联，她把讲课与表演结合起来，使学员们获得了感性的体验。事实上，陆梅林、敏泽、程代熙等老师并没能亲自为学员讲课，但他们都提供了讲稿，陆梅林讲稿的题目是"马克思恩格斯美学思想初探"，中国社会科学院文学所敏泽讲稿的题目是"关于中国古代美学的几个问题"，人民文学出版社程代熙讲稿的题目是"论现实主义的源流"，学员们也得到了学校印发的这些讲稿，后来，这些讲稿也被编入了《美学讲演集》出版。[①]

这些学有专长的专家、教授的美学课或讲稿为学员们提供了新鲜而深刻的美学理论、知识，开阔了视野，启发了思维，学员们感到很有收获。此外，进修班还组织学员参观了故宫等京城的建筑艺术，欣赏了中外名曲名画，观看了戏剧、舞蹈和电影，并与老师们进行座谈、交流。据美学进修班班主任李范的回忆，为了学员们以后教学的方便，把所有授课内容制成了录像带，也把这些内容作了一套教学幻灯片（250 张）和一套音乐欣赏磁带（10 盘）。进修班结束后，整理、出版了老师们的讲课稿《美学讲演集》（全国高等院校美学研究会、北京师范大学哲学系合编，北京师范大学出版社 1981 年 10 月版）。这些资料极大地推动了美学的研究、教学、普及。

朱光潜在讲课时曾经说过："（美学研究）要摆脱落后状况，主要靠你们在座的一批中年人。你们将来再带动一批，这样，美学一定会有一个健康的发展。"事实上，学员们没有辜负朱先生的期望，在各自的岗位上为新时期的美学研究做出了自己的贡献。当时，进修班提供了机会，使学员们编写了两部教材。刘叔成、夏之放、楼昔勇等学员编撰的《美学基本原理》，作者大都是中文系的老师，最初是作为华东地区的美学教材构思、写作的，上海人民出版社 1984 年出版后，深受欢迎，随即被指定为"高校文科教材"，30 年来，印过 10 多次，印数达到 65 万册。辽宁大学的杨恩寰、上海复旦大学的樊莘森、北京师范大学的李范、南开大学的童坦、河北大学的梅宝树、山西大学的郑开湘合作编写了《美学教程》（中国社会科学出版社 1986 年），作者主要是大学哲学系的一些教师，教材出版后也很受欢迎，再版多次，后来该书传到了台湾，台湾美学界、出版界也很重视该书，1992 年 5 月台湾晓园出版社出版了该书的繁体修订版。当时，美学学科百废待兴，美学教材急缺，这些教材及时地弥补了教材的紧缺，极大地促进了大学美学的教学和研究工作。美学进修班结束后，学

[①] 楼昔勇：《难忘美学班的师友》，《美与时代》2012 年 8 月号（下）。

员们回到各自的学校,很快开设了美学课,不少学员都成为单位的科研、教学骨干,有的学员还招了硕士生和博士生,极大地普及了美学。这期进修班学员作为中国美学界承上启下的"第二梯队",被誉为"美学界的黄埔一期",极大地推动了高校美学乃至于全国美学的发展。

第二期全国高等院校美学教师进修班

为了普及高校老师的美学知识、加快高校的美学建设,在教育部和中华全国美学学会的委托下,1981年7—9月,上海市美学研究会和上海戏剧学院联合在上海举办了全国高等院校美学教师第二期进修班。美学进修班的班委会成员有蒋冰海(上海社会科学院哲学研究所美学研究室)、林同华(上海社会科学院哲学研究所美学研究室)、陈恭敏(上海戏剧学院院长)、楼昔勇(华东师范大学中文系)等。进修班邀请北京、上海、武汉三地哲学界、美学界和艺术界的专家学者,以学术报告或讲课的方式讲授了美学和艺术知识。美学进修班的学员有陈望衡(现任教于武汉大学)、王臻中(现任教于南京师范大学)、同向荣(西北大学)、郑开湘(山西大学哲学系)、周长鼎(山西师范大学)等。

讲课的内容基本上分为三类:"(一)美学的哲学问题,包括美学研究的对象、美和美感问题、真善美的关系问题等;(二)中国与西方美学史,包括中国美学特征的探讨、西方美学史上的重要美学范畴、黑格尔的美学原理、当代美国美学流派等;(三)部门艺术中的美学问题,包括艺术的形式美、音乐的内容和形式、中国绘画、雕塑、戏剧和戏曲的审美、表演的心理分析,以及建筑、园林中的美学问题。"[①] 讲演的具体题目分别为:《论真、善、美》(冯契);《从真善美谈到有关道德学的几个问题》(周原冰);《美感的二重性与形象思维》(李泽厚);《关于美的本质问题》(刘纲纪);《从美的形态到美的本质》(林同华);《关于美学的对象问题》(蒋冰海);《关于中国美学史的几个问题》(李泽厚);《西方美学史上"美"的概念的发展》(汝信);《关于黑格尔的美学原理》(姜丕之);《当代美国美学流派及其主要代表人物简介》(朱狄);《弗洛伊德和他的心理动力学理论》(胡寄南);《艺术的形式美》(伍蠡甫);《论艺术美的延续性》(余秋雨);《论音乐内容和形式》(钱仁康);《漫谈西方音乐的历史发展》(廖乃雄);《试论悲剧美》(陈恭敏);《中国戏剧美学

---

① 上海市美学研究会、上海社会科学院哲学研究所美学研究室编:《美学与艺术讲演集·编者说明》,上海人民出版社1983年8月版。

浅探》（夏写时）；《中国戏曲的审美特征》（章力挥）；《表演心理分析》（陈明正）；《中国画的美学思想和技巧特点》（邵洛羊）；《雕塑的审美》（张充仁）；《漫谈中国的工艺美术》（卢栋华）；《西方建筑史漫谈》（罗小未）；《中国的园林艺术与美学》（陈从周）。

进修班结束后，美学进修班全体学员们整理了演讲稿，上海人民出版社出版了其成果《美学与艺术讲演录》（上海市美学研究会、上海社会科学院哲学研究所美学研究室编，1983年8月版）。

第三期全国高等院校美学教师进修班

随着"美学热"的到来和全国高校美学课程的逐步开设，为了开阔全国高校美学教师的视野、提高其业务水平，1985年7—9月，中华全国美学学会、中央电化教育馆、上海市美学研究会和上海社会科学院哲学研究所美学研究室在上海联合举办了全国高等院校美学教师第三期进修班。美学进修班的班委会成员有蒋冰海（上海社会科学院哲学研究所美学研究室）、林同华（上海社会科学院哲学研究所美学研究室）等。进修班邀请北京、上海、山东、四川等地哲学界、美学界和艺术界的专家学者和艺术家，以学术报告的方式讲授了美学、艺术知识。

讲课的内容以美学专题和部门美学问题为主，同时注重联系实际，尤其是中外美学、艺术的现状和发展趋势。讲演的具体题目分别为：《中西艺术与中西美学》（蒋孔阳）；《中西绘画美学的"画中诗"理论》（伍蠡甫）；《美学系统导论》（林同华）；《美学对象探源》（朱狄）；《审美功能初探》（齐一）；《审美教育探讨》（蒋冰海）；《尼采的美学思想》（汝信）；《论中国古典的和谐美和古典和谐美的艺术》（周来祥）；《中国近代美学关于意境理论的探讨》（冯契）；《简论中国文论的民族特色》（徐中玉）；《从封闭走向开放——文艺理论趋势谈》（王纪人）；《生活丑在艺术中的审美价值》（楼昔勇）；《论"文人画"与"南北宗"》（谢稚柳）；《生活、艺术、生活》（程十发）；《作为信息的音乐》（叶纯之）；《戏剧美学与戏剧批评》（陈恭敏）；《戏曲改革与美学》（章力挥）；《运用系统论研究影视美学》（张瑶均）；《现代派舞蹈家的审美观》（朱立人）；《中国建筑的审美价值与功能要素》（王世仁）；《技术美学的对象与功能》（张帆）；《设计、风格与美学》（陈麦）；《服装与服装美》（苏石风）。

美学进修班结束后，出版了这次进修班讲课老师们的演讲稿《美学与艺术讲演录续编》（蒋冰海、林同华编，上海人民出版社1989年4月版）。

第四期全国高等院校美学教师进修班

为了提高全国高校美学教师的学术视野、知识水平和教学效果，1985年7月15日至8月15日，中华全国美学学会高校美学研究会和山西教育学院在山西教育学院联合举办了第四期全国美学教师进修班，全国68所高等院校的78位学员参加了进修班。

进修班的主要负责人是全国高校美学研究会会长马奇，为学员们讲课的老师有：马奇（中国人民大学哲学系）、杨辛（北京大学哲学系）、阎国忠（北京大学哲学系）、丁子霖（中国人民大学哲学系）、杨恩寰（辽宁大学哲学系）、李范（北京师范大学哲学系）、郑开湘（山西大学哲学系）。讲课内容包括：美学研究的对象、美的本质、美的产生和发展、自然美、社会美、艺术美、形式美、美感、喜剧和悲剧、审美教育、西方美学史、中国美学史、普列汉诺夫的美学思想、柏拉图的灵感论、亚里士多德的悲剧论等。进修班还组织了艺术观摩活动，放映了书法、绘画、雕塑、舞蹈、戏剧、电影、自然风光等录像，引导学员们进行艺术欣赏。此外，课余还参观了刘胡兰烈士墓和晋祠、五台山等名胜景点。

综上所述，全国高等院校美学教师进修班是特定历史时期的产物，这些进修班依托于中华全国美学学会，得到了朱光潜、王朝闻、蔡仪、宗白华、冯契、马奇、杨辛、汝信、李泽厚等美学家和贾作光等艺术家的支持。在知识饥荒的年代，学员们学习了国内最新、最前沿的美学知识，开阔了视野，提高了科研水平、教学水平和艺术修养，学员们还编写美学教材服务于教学。这些举措极大地提高了高校美学教师的业务水平，一定程度地缓解了高校教师、教材、美学知识的匮乏，促进了高校的美学教学、美学知识的普及、美学人才的培养，从而推动了中国当代美学教学、美学和教育的发展，也对社会产生了深刻的影响。同时，作为一种独特的现象，美学进修班因其特殊的作用在中国当代美学发展的长河中占据了一定的地位，也理应得到中国美学界的关注、研究。

（本文写作得到了北京师范大学哲学系李范先生、华东师范中文系楼昔勇先生的支持和帮助，特此谢忱。）

本课题主旨报告及口述资料分析(之五)

新时期以来中国美学发展的一个侧影
——以美学会议为中心

新时期以来,中国美学界召开了许多美学会议,这些会议极大地推动了中国美学的发展。实际上,一些重要的美学会议对中国当代美学思想、美学观念和美学研究的影响非常大,但这些研究却很薄弱、很少。鉴于此,本文对此作些尝试性的梳理、研究。

1980年,在云南昆明召开了第一次全国美学会议,除中青年学者外,朱光潜等许多老一辈学者应邀出席了大会,并在会上成立了中华全国美学学会。经过了"文革"的破坏,美学研究近乎荒废,学者们大都中断了美学研究。在这种百废待兴的氛围中,学者们爆发了巨大的热情,带着一种兴奋、期待与焦虑混杂起来的情感投入了美学研究,其中,这次全国美学会议作为一种象征、感召,好似为代表们注入了兴奋剂,极大地鼓舞了大家的士气。第一次全国美学会议的召开有着重要的历史意义,现在,其意义也逐渐彰显出来:成立了全国美学研究会、全国高校美学研究会,之后,各个省的美学研究会相继成立,建立起了美学研究机构的雏形,并推动建立地方性、专业性的分会,以及科研单位的美学研究所(室)、高校的美学研究所(室)或教研室,这次会议为建立、健全全国各级美学研究机构做出了重要的贡献;集中探讨了一些重要的美学问题,美的本质问题(涉及能否把主观与客观的美的本质问题与唯物、唯心的哲学的基本问题进行类比,对美的本质的解释、研究美的本质的具体途径等问题);美育问题(主要涉及美育的任务等问题,并且提出了加强美育的具体措施,提交了"三十建议书");中国美学史研究中的方法论问题(主要涉及如何看待中国美学史的对象、中国美学史的发展线索、研究中国美学史和研究西方美学史的关系等问题);形象思维(主要涉及看待形象思维时出现的肯定的、否定的和保留的三种看法);加强部门美学研究的问题

（主要涉及各种绘画、书法等艺术部门美学的研究，以及艺术美学或文艺美学等美学新学科的建设问题）。学者们以真诚的态度认真地探讨学术问题，不乏激烈的争论。应该说，当时讨论的问题都很有意义，也是真问题，这些讨论影响了相当一个时期的中国美学的研究，有些结论至今仍有意义。当时，为了适应新形式，一些学者在这次会议上提出了进行艺术美学研究的建议和构想，诸如绘画美学等部门美学的研究也被提到了议事日程。之后，书法美学、绘画美学、小说美学、戏剧美学、文学美学、电影美学、音乐美学、舞蹈美学、园林美学、建筑美学、技术美学、服饰美学、工艺美学、设计美学等部门美学纷纷涌现，继郭因的《中国绘画美学史稿》（人民美术出版社1980年）、叶朗的《小说美学》（北京大学出版社1982年）、杜书瀛的《论李渔的戏剧美学》（中国社会科学出版社1982年）、郑雪莱的《电影美学问题》（文化艺术出版社1983年）等著作出版后，这类著作一直没有间断。其中，值得一提的是文艺美学（或艺术美学）研究的兴起与发展。这次会议后，我国内地的艺术美学逐渐从无到有、蓬勃发展，继美学会议上倡导建立"文艺美学"的胡经之的《文艺美学》（北京大学出版社1989年）出版后，这类著作纷纷涌现。据胡经之回忆，"文革"期间，他从台湾学者用美学研究《红楼梦》的方法中受到启发，尤其是1978年读到王梦鸥的《文艺美学》后，他感到台湾学者已经继承了朱光潜等先生的治学路子，内地应该向他们学习。后来，他逐渐感到，哲学系应该讲哲学美学；文学、艺术主要涉及体验，但是，哲学美学太抽象，解决不了文学、艺术问题；我们的文艺理论的政治性又太强。因此，中文系、艺术院校应该把文艺与美学结合起来，开设文艺美学的课程。于是，他在会议上就提出了建设文艺美学的建议和构想，大会之后就率先在北大开设了文艺美学课程，后来把讲稿整理成《文艺美学》出版了，课程和教材都很受欢迎；1981年开始招收"文艺美学"方向的硕士研究生；1981年冬，北京大学就成立了《文艺美学丛书》编辑委员会，1982年，编委会主编的"文艺美学丛书"开始由北京大学出版社出版；1998年，又出版了北京大学"文艺美学丛书"精选版；1984年由胡经之担任会长的北京大学文艺美学研究会成立，由他负责编辑《文艺美学》论丛，1985年，《文艺美学》论丛（第一辑）由内蒙古人民出版社出版。第一届全国美学会议10年之后，1990年，王朝闻主编"艺术美学丛书"开始出版，收入了于民《气化谐和——中国古典审美意识的独特发展》（东北师范大学出版社1989年）多种等著作。如今，文艺美学这门学科已经成为文学下面的二级学科，发展成了建制齐全、成果丰富、不可忽视的学科。现在，有些高校设立了文艺美学专业的硕士点、博士点，出版了类似于周来祥主编的《文艺美学》的专业性教材，教育部批准成立了教育部百个人文社科重点研究基地之一的山东大学文艺美学研究中心，该中心培养了许多该专业的硕士、博士，还于 2003 年出版了学术研究集刊《文艺美学研究》。而且，文艺美学带动了文学美学、艺术各个门类的部门美学的研究。需要指出的是，尽管部门美学的研究非常丰富，但仍然不能替代文艺美学的研究，它仍然有其存在的必要性，仍然需要研究各种文艺门类中存在的美学现象、审美特征、审美的规律。

第一届全国美学会议后，中华全国美学学会多次召开全国性的代表大会：1983 年 10 月 7—13 日，在福建厦门召开了第二届全国美学会议，会议议题是：美学在社会主义两个文明建设中的地位和作用。1988 年 10 月 7—11 日，在北京昌平召开第三届全国美学会议，会议的主要议题是：美学基本问题、艺术美学、技术美学等。1993 年 10 月 16—20 日，在北京召开了第四届全国美学大会，会议议题：新形势下美学各学科的建设问题，涉及三个论题：（1）当代美学的现状和发展；（2）我国当代文艺与审美文化，包括美学研究的形势、关于"实践美学"、关于当代审美文化与后殖民主义问题；（3）物质生产中的美学问题。1999 年 5 月，在四川成都召开了第五届全国美学大会，会议议题：走向 21 世纪的美学。2004 年，在吉林长春召开了第六届全国美学大会，会议的中心议题是"全球化与中国美学"，涉及全球化背景下的美学与艺术研究、中国传统美学的现代意义、媒介文化、审美文化等问题。2009 年 8 月 14—17 日，在辽宁沈阳召开了第七届全国美学大会，会议议题："新中国美学六十年：回顾与展望"。从这些会议的议题看，一方面，这些会议仍然注意对美学基本问题的研究，如实践美学、后实践美学的研究；另一方面，这些会议面对社会发展的新形势和人文社科领域出现的新问题，并结合美学学科自身的特点及时地做出反应，提出议题进行广泛的讨论，如对部门美学、审美文化、大众文化、全球化引发的文化变革、社会转型的文化战略等问题的研究，就比较迅速地回应了社会的挑战，为学术探讨提供了很好的平台，经过学者的讨论后，也取得了一些共识。不仅如此，中华全国美学学会还与地方的美学会或科研院所联合召开了许多研讨会，内容也相当广泛。

值得一提的是中华全国美学学会下属的"青年美学学术委员会"（简称"青美会"）和"审美文化专业委员会"，这两个学会非常活跃，召开过多次全国性的会议，极大地推动了美学研究的发展。仅以 20 世纪 90 年代为例，"青美会"就召开多次会议，1990 年，青年学术研究会在浙江金华召开了第一次研讨会；1993年5月23—27日在北京召开了"美学与现代艺术"学术讨论会，讨论了社会转型期的文化与艺术发展的新动向、新的文化战略、文化价值标准等主要论题；1994年5月28—31日在山西省太原市召开了"大众文化与当代美学话语系统"讨论会；1996年10月9—12日，在海口市召开了"世纪之交的中国美学：发展与超越"学术讨论会，讨论会以"实践美学与后实践美学的理论前景"为主要议题，反思了"实践美学"，并展望了"后实践美学"的发展。

中华全国美学学会下属的"审美文化专业委员会"也是如此。20世纪90年代初期，民众对审美的需求强劲，审美文化、大众文化迅速崛起，为了及时地研究现实问题，回应了时代对美学的要求和挑战，也推动了审美文化的研究，1993年10月16—20日，在北京召开了第四届全国美学大会，其中一个重要的议题就是我国当代文艺与审美文化。随即，1994年，中华全国美学学会又成立了"审美文化专业委员会"。在该会成立的1994年，就召开了"大众文化与当代美学话语系统"学术研究讨会（太原），深入地研讨大众文化，还与汕头大学"当代审美文化研究"课题组在京共同举办"当代中国审美文化前瞻"学术研讨会，讨论中国当代审美文化的现状、审美文化的发展战略、主流文化、大众文化、精英文化、美育等问题；1995年7月19—23日，审美文化委员会在呼和浩特召开了"走向21世纪：艺术与当代审美文化"研讨会，就审美文化的概念的界定、审美文化建设、提高大众审美文化的价值、民族艺术的发展等问题展开了讨论；1996年7月28日，审美文化专业委员会在云南召开了"1996中国当代审美文化学术研讨会"；2003年1月，审美文化专业委员会、北京师范大学文艺学研究中心和中国艺术研究院马克思主义文艺理论研究所联合在北师大召开了"媒介变化与审美文化创新"学术研讨会。这些会议极大地推动了当时兴起的大众文化、审美文化的研究。同时，这些讨论对于廓清审美文化的理论、实践起到了重要的作用，引发了学者对中西审美文化理论、现象的关注，掀起了审美文化研究的高峰，涌现了数量可观的有关中西审美文化研究的著作，诸如夏之放的《转型期的当代审美文化》（作家出版社1996年）、王德胜的《扩张与危机——当代审美文化理论及其批评话题》（中国社会科学出版社1996年）、周宪的《中国当代审美文化研究》（北京大学出版社1997年）、聂振斌等的《艺术化生存——中西审美文化比较》（四川人民出版社1997年）、姚文放的《当代审美文化批判》（山东文艺出版社1997年）、陈超男与姚全兴的《走向新世纪的审美文化》（上海社会科学院出版社2000年）等，还有相当可观的论文。

值得关注的是，这次讨论引发了学界对中国审美文化史研究的巨大热情，甚至还在 1997 年召开了"审美文化与美学史学术讨论会"，这些讨论为研究开启了新的视角，引发了研究的创新，众多志趣相投的学者团结协同、集体攻关、联合作战，具体落实在两套大型的中国审美文化史丛书的出版，即许明主编的近 400 万字的《华夏审美风尚史》（河南人民出版社 2000 年）和陈炎主编的《中国审美文化史》（山东画报出版社 2000 年）。前者规模宏大，包括序卷的腾龙起飞和俯仰生息、郁郁乎文、大风起兮、六朝清音、盛世风韵、徜徉两端、勾栏人生、残阳如血、俗的滥觞、凤凰涅槃十分卷，共十一册，近 400 万字；后者包括先秦卷、秦汉魏晋南北朝卷、唐宋卷、元明清卷四卷，共四册，近 100 余万字。中国审美文化研究的高潮一直持续到新世纪，2003 年上海复旦大学出版社出版了吴中杰主编的《中国古代审美文化论》（史论卷）和《中国古代审美文化论》（范畴卷），2006 年安徽教育出版社出版了周来祥主编的《中华审美文化通史》（六卷本）。之前，这些大型丛书的出版不仅不可能，也是难以想象的，以前虽然不乏中国审美文化的研究成果，但基本上缺乏自觉性（尤其是理论上的自觉），成果也较为零散、薄弱，这些成果的问世不仅把中国的审美文化研究、审美文化史的研究推向高峰，也推动了对中国传统文化的全面而科学的认识。应该肯定的是，这几部丛书都是集体项目，作者们大都是中青年学者，经过这样的磨砺、训练，既促进了学术的发展，又培养了中国的美学研究队伍。值得注意的是，这两部丛书的主编许明、陈炎都参加过审美文化的会议，从某种程度讲，这些会议也会影响到他们的思想，进而影响到这些著述的构思与写作。

  一些专业性较强的会议也推动了当代美学研究的深入发展。就新时期以来的美学研究而言，中国古典美学和中国古代美学史的研究确实是亮点，这与美学会议对古典美学的关注密不可分。1980 年，在全国第一次美学会议上，学者就中国美学史的对象、发展线索、研究中西美学史的关系等问题展开了深入的讨论；1983 年，全国首届以中国古代美学史为主题的"中国美学史学术讨论会"在无锡召开，这次研讨会广泛而深入地探讨了中国古代美学史研究的诸多问题，极大地推进了该领域的研究。20 世纪 80 年代出现了多部中国古代美学史、美学思想史之类的著作和大量论文，如李泽厚的《美的历程》、李泽厚和刘纲纪的《中国美学史》、叶朗的《中国美学史大纲》、敏泽的《中国美学思想史》、林同华的《中国美学史论集》、周来祥的《论中国古典美学》、郁沅的《中国古典美学初编》等著作，这些成果与这些会议营造的氛围及其推动不无关系。在之后的 90 年代，相继召开了专业性的中国古典美学讨论会：1995 年，"第一届中国古典美学学术"研讨会在贵阳市召开；1997 年 8 月 21—24 日，山东大学美学研究所、广西师范大学等单位联合主办的第二届中国古典美学研讨会在桂林举行，对中国古典美学的性质、特点、体系、研究方法、转型等问题进行了讨论。在这些会议的推动下，中国古典美学的研究逐渐走向深入，陈望衡的《中国古典美学史》（湖南教育出版社 1998 年）、《中国美学史》（人民出版社 2005 年）、《中国古典美学史》（上中下卷，武汉大学出版社 2007 年）等著作的出版，与受到这些会议的影响应该有一定的联系。20 世纪末，随着环境问题的突出，生态美学应运而生，并召开了多次"生态美学"的学术研讨会：2001 年 10 月在陕西西安召开了"美学视野中的人与环境"研讨会；2003 年 11 月在贵州召开了"人与自然生态环境"学术研讨会；2004 年 10 月在广西召开了第三届全国生态美学研讨会；2005 年 8 月在山东青岛召开了"人与自然：当代生态文明视野中的美学与文学"国际学术研讨会；2007 年 11 月在湖北武汉召开了第四届全国生态美学学术研讨会。这些会议极大地促进了生态美学的发展，使这一新兴学科焕发出勃勃生机，涌现了诸如曾永成的《文艺的绿色之思》（人民文学出版社 2000 年）、鲁枢元的《生态文艺学》（陕西人民教育出版社 2000 年）、袁鼎生的《生态美学》（中国大百科全书出版社 2002 年）、邓绍秋的《道禅生态美学智慧》（延边大学出版社 2003 年）、张华的《生态美学及其在当代中国的建构》（中华书局 2005 年）、曾繁仁的《生态存在论美学论稿》（吉林人民出版社 2003 年）、《生态美学导论》（商务印书馆 2010 年）等大量的生态美学著作和论文。实践美学是中国当代美学取得的重要成果，反思、总结其得失对于它自身乃至于新世纪美学理论的发展具有重要的意义，2004 年，中国社会科学院哲学所美学室与北京第二外国语大学跨文化学院合作召开"实践美学的反思与展望"国际学术研讨会，围绕着实践美学所涉及的各种问题进行了深入的探讨。会议设立了五个方面的议题："实践美学中的理性是否压倒了感性？""实践美学中的哲学是否代替了美学？""实践与生存是何关系？（总体是否压倒了个体？）""实践美学是否与当代审美文化脱节？""实践美学的问题与前景（工具与符号的关系）"。实际的讨论则主要集中在以下几个问题上：（1）实践美学的主要贡献与存在的主要问题，（2）实践美学中工具本体与情感本体双重本体问题，（3）如何立美的问题，（4）什么是"实践"？（5）实践美学与当代审美文化建设。在这次会议上，李泽厚第一次公开接受"实践美学"这一名称（此前，他从未承认自己的美学是"实践美学"，而是称自己的美学为"人类学历史本体论美学"或"主体性实践美学"）。会后，根据会议记录出版了这次会议的成果《跨世纪的论辩——实践美学的反思与展望》（安徽教育出版社 2006 年）。此外，一些纪念性、总结性、反思性的会议也会推进对某些相关问题的研究，1998 年 4 月 20—25 日，中华全国美学学会与贵州师范大学等单位联合在贵阳主办了"百年中国美学学术讨论会"，大会讨论了 20 世纪中国美学进程中的性质、特点、分期、重要美学问题争论等问题，与这次会议的议题相关联，汝信、王德胜主编的《美学的历史——20 世纪中国美学学术进程》（安徽教育出版社 2000 年）迅速出版。

此外，中华全国美学学会等单位还召开过一些国际会议：1995 年，中华全国美学学会在深圳召开了国内第一个国际美学会议；2000 年，中华全国美学学会、中国中外文艺理论学会等单位在广西桂林联合召开了"马克思主义美学的现状与未来"国际研讨会；2002 年，中华全国美学学会联合北京第二外国语学院在北京举办了"美学与文化：东方与西方"国际学术研讨会；2006 年，中华全国美学学会与四川师范大学合作在四川成都召开了"美学与多元文化对话"国际学术研讨会暨国际美学协会理事会；2010 年 8 月 9—13 日，北京大学成功举办了规模宏大的第 18 届世界美学大会，400 多位外国美学家和 600 多位国内学者与会，讨论内容涉及美学理论、西方美学、东方美学、中国美学和戏剧美学、建筑美学、环境美学等，分为 26 个会场，盛况空前。这些会议促进了中外学者的交流与沟通，为中国的美学研究打开了一扇窗户，也向世界展示了中国美学的成就。

学术会议与学术研究的关系非常密切，前者往往为后者提供了交流、探索的平台，并促进后者的发展，有必要研究二者的关系，特别是前者对后者的影响。本文梳理了中国新时期以来召开的主要美学会议及其影响，从一个侧面展示了中国当代美学的成绩，也有助于我们深入地了解当代美学发展过程中的诸多现象。

（本文写作得到了中国社会科学院哲学研究所徐碧辉先生的支持和帮助，特此谢忱。）

后　　记

　　这本《中国当代美学口述史》，从动议到完成，近十五年已经过去了。在这个凡事讲究效率、信息爆炸的时代，这种速度显然与时代不合拍、慢得有些不可思议。而且，在学术批量生产、注重量化考核的今天，这无疑是一种"费力不讨好"的工作，不仅不合时宜，而且难以理喻。事实上，作为当事人，我也没有料到这样的结果，否则，性急如我者可能根本就不会做这件事了，现在，才真正体会到了"说着容易做着难"的滋味。我内心曾经无数次地追问过这项工作的意义并打算放弃，只是不忍心留下一个遭人诟病的"烂尾工程"，才在一次次泄气之后，拼命地为自己鼓气，这样，就断断续续地"拖"了十几年。当然，也与这项工作的性质、难度有很大的关系。不过，经过努力，还是战胜了自己，克服了一些主客观方面的困难，终于有了结果，尽管与当初的设想尚有很大的距离，但总算可以暂时先缓一口气了。在本书即将出版之际，有必要向读者交代一下本书的情况，并衷心感谢支持过本书的所有专家、学者、编辑和读者。

　　20 世纪末，汝信先生、王德胜先生酝酿编写一部"20 世纪美学史研究丛书"。当时供职于中国艺术研究院的傅谨先生承接了撰写 20 世纪中国美学论争史的任务，但是由于傅先生工作繁忙，一时无暇顾及，与戴先生和我商量后，这项工作就由我们二人接手来做。傅先生当时建议我们先采访一些美学家，以期了解新中国成立后美学讨论的一些情况，为写作做些准备。可以说，没有傅先生的建议，就不可能有这本书，在此特别感谢他的学术眼光。戴阿宝和我接受了傅先生的建议，陆续采访了敏泽、王朝闻、李泽厚、周来祥、马奇、聂振斌等先生，但采访的进度远远滞后于写作，也不成系统，并经常被写作打断，当然写作也受惠于采访所了解的情况。2003 年，《问题与立场——20 世纪中国美学论争辩》交稿，完成的几个访谈稿在刊物上陆续发表，采访工作也可以到此结束了。戴先生此时也提出无意再继续这项工作。面对这种状况，我总是感到有点遗憾，就想试着再做几次，如果自己不满意，就彻底放弃了。幸运的是，李醒尘先生找到了当年的笔记，不少事情由此清晰起来，他和其他几位学者的访谈增强了我继续工作的信心。当时我正计划作一项中国"十七年"文学批评的研究，这些因素促使我补充了一些访谈、完善了此前的成果。2005年，我申请到一个与本书有关的文化部课题，2007年结项，这项课题带动了本书的后续工作。2009年前后，本书的大部分访谈稿已经完成，我一直积极寻找出版机会，但结果都不太理想。后来，我尝试通过申请课题来解决出版问题。2010年申报国家社科基金未果，2012年申报国家社科基金后期资助项目获准立项。之后，我根据国家社会科学规划办反馈的意见和建议进行了修改，补充了李范教授、杜书瀛研究员的访谈，增加了第三部分——主旨报告和口述资料分析，加强了对一些具体问题的梳理、研究，大大地改变了原书的思路、构思和结构，也比原书稿多出了11万字，并顺利结项。结项后，我又根据专家的评审意见进行了修改、补充，并最终定稿。应当说明，采访的过程是，我们征得被采访者本人的同意后，提供采访提纲，进行采访并现场录音，整理录音形成初稿，最后由被采访者定稿。之后，在征得被采访者同意后，再发表、出版。在采访过程中，我们也特别注意，不向被采访者传阅别人的访谈稿。因此，访谈所涉及的人、事、观点都代表了被采访者的看法，我们秉承对历史、学术负责和实事求是的原则，尽量客观地记录下他（她）们的看法。由于访谈涉及的面比较宽、不少事件距离现在较远，因此，如果无意地伤害了某些当事人或评价不当，也敬请谅解。另外，综合考虑各种因素，本书按照被采访者年龄的大小进行了排序，并据此排列了稿件的顺序。

  本书的照片由北京大学哲学系的杨辛教授、李醒尘教授、于民教授，以及深圳大学文学院的胡经之教授提供。北京大学哲学系于民教授提供了郭沫若等学者关于中国美学史资料的通信。北京大学哲学系杨辛教授提供了周扬在庆祝朱光潜任教六十周年时与朱光潜的通信、80年代胡乔木与朱光潜的两封通信。深圳大学胡经之教授提供了朱光潜在纪念毛泽东《延安文艺座谈会上的讲话》四十周年的发言《怀感激心情重温〈讲话〉》。武汉大学哲学院资深教授刘纲纪提供了邓以蛰、宗白华、朱光潜、马采给他的回信。北京师范大学哲学院李范教授提供了全国第一届高校美学教师进修班学员名单。中国社会科学院哲学研究所徐碧辉研究员提供了中华全国美学学会历届领导的名单。

  感谢本书中访谈的十六位美学学者，他（她）们克服了高龄、身体虚弱、工作忙、地域限制等种种困难，不但接受采访，而且还协助修订访谈稿，不少稿件几易其稿，他们的热情、耐心、认真、执着都令人感动。至今，我的脑海中还经常浮现出王朝闻先生写在访谈稿和药物说明书上的密密麻麻的修改文字，记得我取稿子时，他幽默地说："识别我的字，是对你的挑战。"采访马奇先生、杨辛先生、齐一先生时，他们都年逾八十，仍然不辞劳苦地准备采访内容、修订文稿。在完成本书的过程中，马奇、王朝闻、敏泽、刘宁、周来祥诸先生先后辞世，在此，愿以本书作心香一瓣，以告慰他们的在天之灵。如今，健在的受访者中年龄最大的杨辛先生、齐一先生已经93岁了，年龄最小的毛崇杰先生也已经75岁了，尽管如此，杨先生依然活跃在书法领域、潇洒的齐先生在海南颐养天年、毛先生仍然经常出席学术会议，更不必说才华横溢、指点江山、声名远扬的李泽厚先生了，其他诸位先生同样笔耕不辍，继续为美学的发展辛勤耕耘。在校订书稿的过程中，我再次地体会到了这些文字的温度、生命和力量。我由衷地感谢诸位先生为本书付出的辛劳，更祝愿健在的各位先生高寿、风采依旧、永葆青春。

感谢我曾经联系过计划采访但没有能够接受采访的学者。我联系过中国社会科学院原副院长、中华全国美学学会会长汝信先生，中国社会科学院哲学研究所叶秀山先生、曹景元先生、朱狄先生，北京大学哲学系叶朗先生，复旦大学中文系朱立元先生，东南大学凌继尧先生，以及远在美国的高尔泰先生，有的学者答应接受采访，有的学者已经拿到了采访提纲，但由于种种原因，最终都没能落实，至今我仍然深感遗憾。但是，我不止一次地麻烦过他们，也从他们那里获得了很多教益。在此，我要向他们表示感谢，也希望以后能够弥补这个遗憾，补充些他们甚至更多学者的访谈，以更加丰富我们对中国当代美学的了解、认识。

年高德劭的学界前辈、华东师范中文系徐中玉教授一直关注本书的进展，他不但决定在他主编的《文艺理论研究》上刊发了多篇访谈稿，还多次在电话中约稿、鼓励我，理应感谢先生之大德。今年，徐老已经一百高龄，衷心祝愿先生永葆青春。感谢中国社会科学院原副院长、中华全国美学学会会长汝信研究员在百忙中为本书赐序，汝先生的序言饱含着对中国美学界的殷切期望，也希望他的愿望早日实现。北京大学哲学系杨辛教授不但接受了采访，还为本书题写书名、贡献一些资料、提供许多照片并帮助辨别人物，衷心祝愿先生健康、高寿。北京大学哲学系李醒尘教授不但提供了精彩的访谈稿、有价值的老照片，还帮助我们解惑，令人感动。深圳大学文学院胡经之教授慨然接受采访，还热情地提供了很多极有价值的线索、建议和意见，以及多幅珍贵的照片，他的支持极大地推动了本书的进展，对此深表感谢，更为珍贵的是，我们也由本书结为超越时空的"忘年交"。感谢武汉大学哲学系资深教授刘纲纪先生的支持、鼓励，他多次在电话中关注本书的进展，并慷慨提供了老一辈美学家与他的通信，使我们有机会更深入地了解这些美学家的学术人生。感谢中国社会科学院文学研究所杜书瀛研究员的鼓励、支持，他在百忙中接受访谈、高效地修订稿件，令我们不敢懈怠。感谢北京师范大学哲学院李范教授热心地提供了很多情况，事无巨细地解答了许多疑惑，她还抱病帮助我辨别照片的人物，她的热情、耐心令我们感动不已。感谢华东师范大学中文系楼昔勇教授帮助我澄清了全国高校美学教师进修班的诸多事宜。感谢中国社会科学院文学所钱中文研究员多年来对本书的支持、鼓励，他大病初愈就为本书写了推荐书，本书出版之际，理应感念先生之厚爱。感谢中国社会科学院外国文学研究所赵一凡研究员对本书的支持、推荐。感谢中国艺术研究院李心峰研究员、祝东力研究员在课题立项时给予的帮助。感谢2007年课题结项时鉴定专家党圣元研究员（中国社会科学院）、王旭晓教授（中国人民大学）、袁济喜教授（中国人民大学）、王列生研究员（中国艺术研究院）、李心峰研究员（中国艺术研究院）付出的辛劳及其宝贵的意见和建议。感谢参加本课题立项、结项的匿名评审专家和鉴定专家，虽然我们至今都不知道他们的姓名，但他们事无巨细的宝贵的建议都大大提高了本书的质量，其社会责任感、敬业精神都令人尊敬。我的导师陈传才教授（中国人民大学）以及杜道明教授（北京语言大学）、牛宏宝教授（中国人民大学）、陈剑澜研究员（中国艺术研究院）、高建平研究员（中国社会科学院）、金惠敏研究员（中国社会科学院）、刘成纪教授（北京师范大学）、丁国旗研究员（中国社会科学院）、丁忠伟博士（湖南师范大学）等师友都以各自的方式支持过我们的研究，在此亦深表谢意！我本人曾经多次听到不少读者对本书部分内容的肯定、支持和建议，及其希望尽快读到完整成果的愿望，也对他（她）们表示衷心的感谢。

感谢刊发了本书部分内容的《文艺理论研究》主编徐中玉先生、《文艺研究》主编方宁先生、《河北学刊》总编辑王维国先生、《文艺争鸣》的朱竞编审、《东方丛刊》和《马克思主义美学研究》主编王杰先生、《艺术百家》主编楚小庆先生、《开放时代》的曾德雄先生和于喜强先生、《东南大学学报》的许丽玉编辑、复刊的大《美学》主编滕守尧先生、《云南艺术学院学报》主编孙伟科先生、《云梦学刊》主编余三定先生，以及推荐发表访谈稿的东南大学的凌继尧先生、首都师范大学的王德胜先生、中国社会科学院哲学所的刘悦迪先生。同时，也感谢转载了本书部分内容的《人大复印资料·美学》、《人大复印资料·文艺理论》的编辑们。

感谢全国艺术科学规划办、全国哲学社会科学规划办组织的专家评审及其提出的修改意见，不仅使本成果获得了出版资助，也补充了一些采访、改变了本书的整体构架，增加了本书的第三部分（即主旨报告和口述资料分析），深化了对一些具体问题的研究，提高了本书的学术含量。否则，本书的面世不知还要拖延多久。感谢中国艺术研究院科研处、财务处在课题立项和结项过程中的支持。中国社会科学出版社支持学术的社会责任感令人敬仰，衷心感谢中国社会科学出版社总编辑周慧敏女士、本书责任编辑王茵女士的支持和帮助，她们的敬业、高效和责任心不仅使本成果得以立项，也保障了本书的编校质量。

我和戴阿宝先生承担的工作为：戴先生独立完成了与李泽厚先生、周来祥先生的访谈和访谈稿的整理，并与我合作采访了敏泽先生、马奇先生、聂振斌先生；我整理了敏泽先生、马奇先生、聂振斌先生的访谈稿，并完成了本书的其他所有工作。戴先生宽厚、超脱、通达、睿智、认真，我们合作非常好，他自始至终地关心本书的进展，提出了许多切实可行的建议和意见，本书的书名就受惠于他的启发，多年过去了，至今我仍然十分怀念我们一起采访、愉快交流的时光。20 世纪末以来，口述史得到了学界的广泛重视，但美学界的成果并不是很多，我们初次从事这样的工作，缺乏经验，加上学识所限，肯定有不少不尽人意之处、缺陷、错误，恳请专家、学者和读者的谅解和指正，使本书及时得以纠正、补充，日臻完善。

李世涛

2014 年 5 月